FOUNDRY.推薦

業界標準のコンポジット&VFXソフトウェア

Nuke教科書

澤田 友明 ● 田原 秀祐 ● 野口 智美 ● 吉沢 康晴 ● 菅原 ふみ ─ 著

本書のダウンロードデータと書籍情報について

本書のウェブページでは、ダウンロードデータ、追加・更新情報、発売日以降に判明した正誤情報などを掲載しています。

また、本書に関するお問い合わせの際は、事前に下記ページをご確認ください。

https://www.borndigital.co.jp/book/9784862466297/

著作権に関するご注意

本書は著作権上の保護を受けています。引用の範囲を除いて、著作権者および出版社の許諾なしに複写・複製することはできません。本書やその一部の複写作成は、個人使用目的以外のいかなる理由であれ、著作権法違反になります。

責任と保証の制限

本書の著者、編集者および出版社は、本書を作成するにあたり最大限の努力をしました。ただし、本書の内容に関して明示、非明示に関わらず、いかなる保証も致しません。本書の内容、それによって得られた成果の利用に関して、または、その結果として生じた偶発的、間接的損害に関しての一切の責任を負いません。

商標

- The Foundry Visionmongers Limitedは、英国およびウェールズにおける登録商標です。
- Nuke™は、The Foundry Visionmongers Ltdの商標です。
- Nuke™合成ソフトウェア© 2020年 The Foundry Visionmongers Ltd.
- Maya、Arnoldは、米国Autodesk, Inc.の登録商標です。
- その他、本書に記載されている社名、商品名、製品名、ブランド名、システム名などは、一般に商標または登録商標で、それぞれ帰属者の所有物です。
- 本文中には、©、®、™は明記していません。

はじめに

　本書は、Foundry社が提供しているコンポジット＆VFXソフトウェア「Nuke」の解説書です。Nukeは、デジタル・ドメイン社のインハウス・ツールとして開発されたのが始まりですが、2007年にFoundry社に引き継がれました。その後20年近くに渡ってバージョンアップが繰り返され、映像業界で最も使われるデジタル合成ソフトウェアとなりました。

　本書の読者対象は以下の方を想定しており、それを踏まえて書籍の内容を構成しています。

> - 3DCGの基礎知識は持っているが、Nukeをこれから触る方
> - 1～2年程度のNukeでの制作経験がある方
> - 「新しい3Dシステム」など、Nukeの最新機能を知っておきたい方

　本書の執筆を担当した著者陣は、教育機関でNukeの教鞭を執っている方や第一線の映像制作現場で活躍されている方々で、そこでの経験と知見を踏まえて担当パートを解説してもらいました。本書は、大きく6つのパートで構成されており、基礎から応用、実践的なテクニックまで、Nukeに関する幅広いテーマを網羅しています。

　また、実際にNukeを触りながら知識やノウハウを取得できるように、各パートでは作例制作で使用する「画像」「動画」「CG」素材ファイルをダウンロードして使用できます。進めていくなかで困ったり、うまく行かなかったりした際には完成ファイルも付属しているので、そちらを参照することも可能です。

　なお、本書を利用してNukeを学習する際に気をつけていただきたい事項として、本書で紹介する手法や手順は、あくまで一例であるという点があります。どのような作品を作るのか、またどのようなアプローチで進めるのかは、さまざまであり唯一の正解があるわけでありません。

　Nukeでの制作手法は、経験を積み重ねていくことで蓄積され理解が深まっていきます。映像制作現場では、さまざまな職種の人たちとチームとして取り組んで作業していくことになるので、本書などで得た知見もチームとして共有していくことがたいへん重要です。

　本書は、コンポジターとしての第一歩に過ぎません。また、Nukeは今後もアップデートが継続して行われていきます。そうした中で、少しでも本書が映像制作のさらなるクオリティアップのお役に立てるものになっていれば幸いです。

ボーンデジタル 編集部

Contents

Part 0 　序章　Nukeを始める前に　015

1章　Nukeとは　016

1-1　Nukeの特徴　016
1-2　Nukeの製品ラインナップ　018
　　Nuke　019
　　NukeX　019
　　Nuke Studio　020
　　Nuke Assist　020
　　Nuke Indie　020
　　Nuke Non-commercial　020

2章　本書を読み進めていく前に　021

2-1　コンポジットとは?　021
2-2　Nukeを始める前に知っておきたい事項　022

3章　本書での学習方法　026

3-1　本書の構成　026
　　Part 1：入門編　Nukeの基本操作　026
　　Part 2：基礎編　2Dノード基礎（基本合成）　026
　　Part 3：実践編　ノードツリーによる合成　027
　　Part 4：応用編　用途別の実践ツール　027
　　Part 5：Nukeの3Dシステム　027
　　Part 6：Nukeシーンリニアとカラーマネージメント　027
　　Appendix：付録　027
3-2　本書のダウンロードデータ　028
　　外部の素材データダウンロードサイト　028

Part 1 　入門編　Nukeの基本操作　029

1章　基本のインターフェース　030

1-1　Nukeの画面構成　030
1-2　①メニューバー　031
1-3　②ツールバー　033
1-4　③ビューアー　035
1-5　④ノードグラフ（カーブエディター、ドープシート）　038
1-6　⑤プロパティ　039

2章　プロジェクト設定（Project Settings）　041

3章 プリファレンス設定（Preferences） 044

4章 ノード（Node）の作成 047

5章 ノードの接続と無効化 050

6章 ノードの種類 053

7章 ファイルやシーンの読み込みと書き出し 059

8章 シーンのプレビュー 062

Part 2 基礎編 2Dノード基礎（基本合成） 067

1章 Mergeノード 068

1-1	使用素材	068
1-2	事前準備	068
1-3	Mergeノードでの合成手順	069
1-4	Mergeノードの設定	070
1-5	Overによる合成	070
1-6	プリマルチプライでの合成方法	072

2章 Maskの作成：Rotoノード 075

2-1	事前準備	075
2-2	Rotoノードの基本操作	075
2-3	ツールバーメニュー	081
2-4	Propertiesメニューのopacity	081
2-5	マスクのアニメーション	083

3章 Rampノード 085

3-1	使用素材	085
3-2	事前準備	085
3-3	Rampノードをマスクで利用	086
3-4	Constantノードでグラデーションに色を設定	088

4章 2DTracking：Trackerノード 091

4-1	使用素材	091
4-2	事前準備	091
4-3	素材データの確認	092
4-4	基準となるフレームを決める	092
4-5	トラッカーの作成と設定	093
4-6	動画の解析	095
4-7	合成素材の準備	095
4-8	マッチムーブ	096
4-9	トラッキングポイントを増やす	098

5章 2DTracking：PlanarTrackerノード 100

5-1	使用素材	100
5-2	事前準備	100
5-3	素材データの確認	101
5-4	前景の準備	101
5-5	PlanerTrackerの設定	102

6章 Keying：Keyerノード 106

6-1	使用素材	106
6-2	事前準備	106
6-3	Keyerの設定	107
6-4	素材の配置と調整	108

7章 Keying：Keylightノード 110

7-1	使用素材	110
7-2	事前準備	110
7-3	Keylightの接続と設定	111
7-4	Rotoノードでのマスクの調整	113

8章 RotoPaintノード 117

8-1	使用素材	117
8-2	事前準備	117
8-3	RotoPaintノードの基本機能	118
8-4	ベジェカーブとクローンブラシ	121
8-5	画像でペイントする	122

Part 3 実践編 ノードツリーによる合成 127

1章 Mask（静止画） 128

| 1-1 | 使用素材 | 128 |

1-2	事前準備	129
1-3	マスクを分ける	130
1-4	頂点（ポイント）の数を意識する	131
1-5	Rotoマスクを適用する	131
1-6	異なる解像度の合成（バウンディングボックス）	132
1-7	Reformatで解像度を合わせる	133
1-8	背景素材を加工する	134
1-9	マスクの輪郭の調整	137
	まとめ	137

2章 ● Mask（動画）　138

2-1	使用素材	138
2-2	事前準備	139
2-3	Retimeで編集	139
2-4	キーフレームアニメーションとは	140
2-5	どのフレームからマスクを切るのか	140
2-6	キーフレーム間隔を意識する	142
2-7	偶数フレーム数ごとにキーを打つ	145
2-8	背景を作成して合成	147
	まとめ	151

3章 ● 2DTracking（実践編）　152

3-1	使用素材	152
3-2	事前準備	153
3-3	作業パフォーマンスを上げる	153
3-4	トラッキングの精度を上げる	154
3-5	CornerPin2Dノードの作成と設定	155
3-6	素材の要素を忠実に再現	157
3-7	上部のマスクを複製して、下部に反転	161
3-8	前景素材をカラーコレクションして馴染ませる	164
3-9	反射（汚れ）を再現する	166
	まとめ	174

4章 ● Keying（実践編）　175

4-1	使用素材	175
4-2	事前準備	176
4-3	キーイングのテンプレートフローチャート	176
4-4	①ガベージマット（Garbage Matte）	177
4-5	②デノイズ（Denoise）	178
4-6	③アルファチャンネル	181
	エッジマット（Edge Matte）	181
	コアマット（CoreMatte）	187
4-7	アルファ残りを除外・軽減する	192
4-8	④カラーチャンネル	196
	デスピル（Despill）	197
	背景の作成	201
4-9	カラーコレクション（馴染ませ作業）	204
	色味の調整	206

コントラスト感を合わせる 209
輪郭のラインをなくす 210
4-10 ⑤Transform系・Filter系ノードで調整する 214
まとめ 216

5章 ● CleanPlate（バレ消し）　218

5-1 使用素材 218
5-2 事前準備 218
5-3 パッチ画像の作成 219
Rotopaint－Cloneで綺麗に消すコツ 221
5-4 パッチ画像を被せる部分のみのマスクを切る 222
5-5 2DTrackingで不要物の動きをとる 223

6章 ● 動体のバレ消し　226

6-1 使用素材 226
6-2 事前準備 226
6-3 Rotopaint－Cloneで船を消す 227
6-4 2DTrackingでカメラの動きをとる 229
6-5 Trackerのデータを数値として活用する 230
まとめ 233

7章 ● CG Compositing　234

7-1 3DCGのレンダリング 234
7-2 Lightingの要素 234
Direct Lighting（直接照明） 235
Indirect Lighting（間接照明） 235
7-3 Shadingの要素 236
Diffuse（拡散反射） 236
Specular（鏡面反射） 236
Transmission（透過） 237
Subsurface Scattering（サブサーフェス散乱）＝SSS 238
Emission（発光） 238
Diffuse（拡散反射）とSpecular（鏡面反射） 238
7-4 AOVsとは 239
①Beautyカテゴリー 239
②Utilitiesカテゴリー 240
③IDs（mask）カテゴリー 242
7-5 Maya ArnoldでのAOVsマルチチャンネルレンダリング設定 243
7-6 Maya Arnoldでのライト要素のレンダリング設定 246
7-7 NukeでのBeautyの分解と再構築 248
足し算のオペレーション 248
AOVの個別調整 253
7-8 From（引き算）、Plus（足し算）を使用した調整 255
まとめ 257

Part 4　応用編　用途別の実践ツール　259

1章　Upscale　260

1-1　使用素材と事前準備　260
1-2　Upscaleノードの最適化　261
1-3　Upscaleを使った処理結果の比較　262
1-4　Upscaleを使う上での注意点と使い方の応用　264

2章　CopyCat　265

2-1　Machine Learning（機械学習）とは　265
2-2　使用素材　265
2-3　事前準備　266
2-4　CopyCatのフローチャート　266
2-5　①Input（素材の下準備）　267
2-6　②GroundTruth（目標・正解）　269
2-7　③CopyCat（学習モデルを生成）　272
　　（1）出力先を作成　272
　　（2）学習設定　273
　　（3）Training　274
2-8　④Inference（学習モデルを反映）　276
2-9　精度を上げるには　277
　　①キーフレームを追加作成　278
　　②学習設定を精度優先に　279
　　結果の確認　280
2-10　素材のクロップ　280
2-11　クロップした学習データの反映と解像度の戻し方　282
2-12　スーパーホワイトとカラースペース　284
　　まとめ　284

3章　Expression　285

3-1　リンク（親子関係）によるコントロール　285
　　エクスプレッションの基本操作　285
　　エクスプレッションの活用　286
3-2　ノードにノブの情報を表示　287
3-3　Textノードを使用した情報の表示　288
　　Textノードの使い方　288
　　Textノードでのエクスプレッションの活用　289
3-4　Expressionノードを使用したチャンネルの計算　292
3-5　Expressionノードを使用したSTMapの作成　293
3-6　$guiとnuke.excuting()　294
　　$guiの使用　294
　　視認性の向上　296
　　nuke.executing()関数の活用　297
3-7　Expressionを使用したアニメーション　298
3-8　NoOpノードを使用したノードのコントロール　302
3-9　そのほかの便利なExpression TIPS　305

Part 5　Nukeの3Dシステム　309

1章　3Dコンポジットのインターフェースと基本操作　310

1-1　3Dコンポジットの画面と操作 310
2Dと3Dのコンポジットのワークフロー 310
3Dコンポジットのインターフェース 313
3Dモードのキー操作 313
ワークスペースの切り替え 314
3Dビューアーの機能 315
3D選択ツール 318

1-2　3Dシーンの作成 323
一般的な3Dシーンのノードグラフ 323
ビューアー上での調整 326
オブジェクト表示プロパティ 328

1-3　ほかのアプリケーションからのデータのインポート 329
エクスポートする3Dデータ 329
OBJインポート 330
FBXインポート 332
Alembicインポート 333
USDインポート 337
ほかのアプリケーションからのカメラのインポート 337
FBXデータのずれ 342
Alembic、USDによるカメラインポート 343

1-4　ライト、マテリアル、レンダリングのインポート 343
ほかのアプリケーションからのライトのインポート 343
影を落とす 346
ScanlineRender使用時の影の調整 347
RayRender使用時の影の調整 349
マテリアル設定 350
BasicMaterialノード 351
Emissionノード 351
ApplyMaterialノード 352
MergeMaterialノード 354
AmbientOcclusionノード 355
Reflectionノード 355
まとめ 356

2章　Nukeの新しい3Dシステム　357

2-1　新しいUSDベースの3Dコンポジット 357
USDについて 357
USDがコンポジターにとって便利なのはなぜか 358
「新しいUSDベースの3Dシステム」と「Classic 3Dシステム」 358
USDの基礎 359
NukeのUSDレイヤー 361

2-2　USDシーンの作成 361
シーンにUSDオブジェクトを作成する 361
シーンにUSDオブジェクトをインポートする 364
Up Axisの変更 365
Scene Graphの詳細 366
ファイルパスまたはプリムパスを使用してオブジェクトを参照 370

マスクとパスを使用してシーングラフ内のアイテムを配置　　....................372
GeoImportとGeoReference：どちらのノードを使用するか？　....................377

2-3　USD対応の新しいノード　....................381
MayaのUSDファイルをNukeで読み込み　....................381
Autodesk標準サーフェイスの使用　....................383
USDネイティブデータ　....................384
ライトノード　....................385
BasicSurfaceノード　....................387
PreviewSurfaceノード　....................387
GeoBindMaterialノード　....................393
ScanlineRender2ノード　....................394
まとめ　....................395

3章　3Dノードコンポジット実践　396

3-1　3Dプロジェクションマッピング　....................396
Photoshopによる写真の加工　....................396
写真に合わせた3Dモデリング　....................398
プロジェクションマッピングの準備　....................402
プロジェクションマッピング−Classic 3Dシステム　....................403
アニメーションカメラの作成　....................408
プロジェクションマッピングのレンダリング　....................410
プロジェクションマッピング−新しい3Dシステム　....................412
まとめ　....................415

3-2　ディープコンポジット　....................416
通常の2Dコンポジットの利用　....................416
ディープイメージの設定　....................417
ディープコンポジットノードの種類　....................419
ディープコンポジットの手順　....................421
ディープコンポジットの2D化とディープクロップ　....................423
ディープコンポジットと3Dコンポジットの利用　....................424
ディープとBokehノードの利用　....................428
まとめ　....................431

4章　3Dノードコンポジット応用　432

4-1　3Dカメラトラッキング　....................432
合成作業の流れ　....................432
①動画の撮影　....................433
②カメラトラッキング　....................434
CG合成の準備　....................441
シーンデータの出力　....................445
③DCCツールへの読み込みと3Dシーンを設定　....................446
④レンダリング設定　....................451
⑤Nukeでのコンポジット　....................452
まとめ　....................454

4-2　DepthGeneratorによる合成　....................454
3Dカメラトラッキングの走査　....................454
DepthGeneratorノードの設定　....................456
深度情報を使ったオブジェクトの作成　....................458
DepthGeneratorを使った2D画像へのデフォーカス　....................459
位置情報と法線情報の設定　....................460
リライティング　....................461

4-3 UDIMテクスチャ 464
UDIMの構成 465
UDIMインポート 466
UDIMワークフロー 467

4-4 Deepを使ったBokeh効果 469
サンプルの作例 469
Kernelでのボケ形状の設定 470
Optical Artifactsのボケとブルーム効果の設定 471

4-5 PositionToPoints 473
この節での作例 473
レンダリングとカメラの設定 474
Classic 3Dシステムでの設定 475
PositionToPointsを使ったリライティング 477
新しい3Dシステムでの設定 479

4-6 3D Gaussian Splatting in Nuke 483
3D Gaussian Splattingとは 483
OFX Gaussian Splatting Plugin for Nukeプラグイン 484
3DGaussian Splattingのデータの準備 484
Gaussian Splatting for Nukeプラグインでの操作 486
Gaussian Splatting for Nukeプラグインでのエフェクト 489
まとめ 490

Part 6　Nukeシーンリニアとカラーマネージメント　491

1章 ● シーンリニアとは　492

1-1 デジタル画像の3つのステート 492
アウトプット・リファード：output-referred 493
インターミディエイト・リファード：negative-referred、intermediate-referred　493
シーン・リファード：scene-referred 493
3つのステートが必要な理由 493
1-2 アウトプット・リファードでのワークフロー 495
1-3 シーンリニアワークフローとは? 496

2章 ● カラースペース（色空間）— color space —　497

2-1 色域（gamut） 497
2-2 トランスファーカーブ（OETF／EOTF／gamma） 498
2-3 白色点（white point） 498
2-4 映像制作で使用される代表的なカラースペース 498
Rec.709／Rec.1886 499
sRGB 499
DCI-P3 500
Rec.2020 501
Cinema Camera 501
ACES 502
ACEScg 503
2-5 リニアライズとモニタ出力 504

3章　NukeのColor Management I/O 506

3-1　Nukeのカラーマネージメントの流れ 506
Process処理 506
Input処理 506
Viewer処理 507
Output処理 507
Nukeのカラーマネージメントの実装 508
3-2　Nuke default 508
Nuke defaultのfile I/O 508
Nuke defaultのViewer Process 510
Input Process 511
3-3　OpenColorIO（OCIO） 512
OCIOのワークフロー 512
PreferenceのOCIO設定 514
Project Setting OCIO 515
OCIO nodes 517

4章　実践：NukeでのOCIO 518

4-1　OpenColorIOの中身 518
YAMLフォーマット 518
config.ocioのフォーマット 518
カラースペース変換のTransform 520
4-2　OCIO configのカスタマイズ 521
aces_ocio_v1の場合 522
aces_ocio_v2の場合 525
付録：nuke scriptの使い方 528
スクリプト実行前の準備 528
OCIO configの構成の確認 529
nuke scriptの構成 529

Part A　Appendix：付録 531

1章　Nukeの環境設定 532

1-1　Nukeの環境設定の概要 532
1-2　.nukeの構成要素 532
init.py 533
menu.py 533
1-3　.nukeフォルダー内のフォルダー 533
「NodePresets」フォルダー 534
「ToolSets」フォルダー 534
「Workspaces」フォルダー 535
1-4　GizmoノードとGroupノード 535
Gizmoノード 535
Groupノード 536
GizmoノードとGroupノードの使い分け 536
1-5　ToolSetsとCatteryフォルダー 536
ToolSets 536
Catteryフォルダー 537

2章 インターフェースのカスタマイズ　539

2-1	Nukeの画面構成	539
2-2	①メニューバー	540
2-3	③ビューアー	541
2-4	インターフェースのカスタマイズの方法	542
2-5	ワークスペースの作成	544

3章 プリファレンス設定（Preferences）　545

Performance－Caching画面	545
Performance－Localization画面	545
Performance－Threads/Processes画面	547
Behaviors－Nodes画面	548
Panels－Node Graph画面	549
Panels－Viewer Handles画面	550
まとめ	551

4章 ショートカットキー　552

全般	552
Fileメニュー	552
Editメニュー	553
Viewer内のショートカット	553
Node Graph内でのNode作成	555
掲載ノード一覧	556
索引	558
著者紹介	567

Part 0

序章 Nukeを始める前に

　Nukeは、英国The Foundry Visionmongers Limited社が販売するデジタル合成ソフトウェアです。ノードベースのインターフェースは複雑な処理であっても全体像を視覚的に把握し、いつでも途中箇所を確認、変更ができることが最大の特徴です。また、高い汎用性とカスタマイズ性を兼ね備えており、さまざまな合成作業を可能とします。3Dソフトとの連携にも長けており、実写映画やCM、ドラマ、アニメなど幅広い映像分野で活用されています。日本でもNukeは広く普及してきており、学校などでも使われるソフトウェアになりました。

　本書は、Nukeをこれから学習していく方々を主な対象としています。前半ではインターフェイスの紹介から、基本操作や合成の実践などを解説していきます。また、後半ではNukeの新しい3Dシステム、カラースペースまわりといった、よりテクニカルな内容も取り扱っています。これらは、経験豊富なコンポジター向けの内容になるかと思います。

　Nukeには数多くのノードがあり、コンポジターの数だけアプローチの仕方は異なります。どのノードをどのように使用するのか、どのようにコンポジットするのかなどは、経験を積み重ねていくことで蓄積され理解が深まっていきます。本書で紹介するのは、あくまで一例として捉えていただけると幸いです。

1 章 Nukeとは	016
2 章 本書を読み進める前に	021
3 章 本書での学習方法	026

Nukeとは

Nukeを始める前に、Nukeの全体像を把握しておきましょう。ここでは、Nukeの特徴と製品ラインナップについて紹介します。

1-1 Nukeの特徴

Nukeは、解像度に依存しないコンポジット・システムであり、広範なチャンネル・サポート、強力な画像操作ツール、豊富な3Dコンポジット環境を備えています。またNukeは、業界標準ツールとしての地位を持ちながら、AI機能やUSD、リアルタイム技術を活用したアップデートが今後も行われていきます。

● ノードベースのワークフロー

Nukeは、ノードベースのインターフェースを採用しており、各処理をノードと呼ばれるものを使って、視覚的に管理できます。これにより複雑な合成作業でもわかりやすく、柔軟な操作が可能です。

● 3Dワークスペースの対応

2D合成だけでなく、3Dシーンを構築して合成作業を行うことができます。ジオメトリ、カメラのインポートなどのCGと、実写の統合に役立つ機能を備えています。

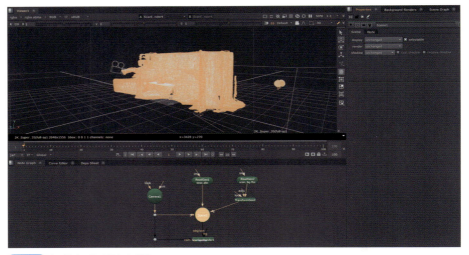

図1-1-1 ノードベースで3Dにも対応

● トラッキング機能

2Dトラッキングやプラナートラッキングに加え、3Dカメラトラッキングも搭載しており、動きのあるシーンの合成に強みを発揮します。

図1-1-2 3Dカメラトラッキングでの合成処理

● Pythonによる拡張性

Pythonスクリプトを使用して、カスタムツールや自動化されたワークフローを構築できます。また、サードパーティプラグインを利用できる拡張性の高さも備えています。

● 高い処理精度

浮動小数点演算（32bit float）をサポートしており、HDR画像やフィルムのワークフローにも対応しています。高品質な映像を損なうことなく処理できます。

● マルチチャンネル画像処理

1つの画像ファイルに複数のデータ（AOVsやパスなど）を保持できるため、効率的な合成作業が可能です。

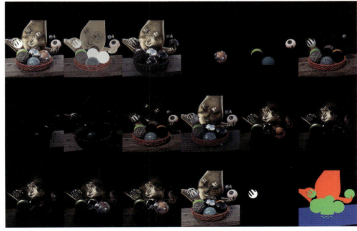

図1-1-3 マルチチャンネルに対応した合成処理

● ディープコンポジット対応

ディープデータ（ピクセルごとの深度情報）を活用した合成が可能で、よりリアルなエフェクトや高い自由度の編集を実現します。

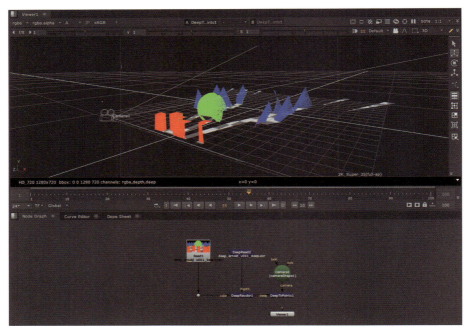

図1-1-4 深度データを活用した合成処理

1-2 Nukeの製品ラインナップ

Nukeには、用途や制作環境に応じて選べる複数の製品ラインナップがあります。それぞれの製品とその特徴を以下にまとめます。なお、詳細はFoundryの公式Webページを参照してください。各製品のサブスクリプション価格についても、以下のWebページをご覧ください。

● FoundryのNukeファミリーのWebページ
https://www.foundry.com/ja/products/nuke-family/nuke

図1-2-1 NukeファミリーのWebページ

教育機関向けのライセンスも提供されています。詳細は、以下のWebページを参照してください。

- Foundry Education
  https://www.foundry.com/ja/education

Nuke

　Nukeは、Nuke製品群の基本となるノードベースのデジタル合成ソフトウェアです。
　Nukeで行ったコンポジット作業の設定やノードの配置、調整を保存するファイルを「Nuke Script」と呼びます。Nuke Scriptファイルは、Nukeの作業環境、ノードネットワーク、パラメータ設定、エクスポートされたメディアなどの情報を含んでおり、拡張子は通常「.nk」です。

図1-2-2 Nukeの画面

NukeX

　NukeXは、Nukeの機能を拡張した上位モデルで、高度な3D作業やトラッキング、特殊効果の作業をサポートします。主な特徴は、以下のとおりです。

- Nukeの全機能を含む
- 高度な3Dカメラトラッキング機能
- パーティクルエフェクトやレンズディストーション補正機能

図1-2-3 NukeXの画面

019

Nuke Studio

　Nukeの機能に加えて、マルチショットの管理、編集、コンポジットから納品までのプロジェクト管理機能が強化された上位モデルです。本書では取り上げていないので、詳細はFoundryの公式Webページをご確認ください。

Nuke Assist

　Nuke Assistは、Nukeの補助作業用として設計された軽量版のNukeです。Nuke Assistは、NukeXおよびNuke Studioの1ライセンスにつき、2ライセンスが提供されます。主な特徴は、以下のとおりです。

- 基本的なロトスコーピングとペイント機能を提供
- キーイングやトラッキング作業が可能
- 3D機能や高度なエフェクト機能は非対応
- ColorSpaceおよびLog2Linノードのサポートなし

Nuke Indie

　Nuke Indieは、フリーランスや小規模なスタジオ向けに提供される低コストの商用版Nukeです。主な特徴は、以下のとおりです。

- Nukeの主要機能をほぼすべて提供
- 一部の機能（例：ディープコンポジットや一部プラグイン使用）は制限あり
- 商用利用可能（一定の収益制限付き）
- 月額または年額の手頃なサブスクリプションプラン

Nuke Non-commercial

　Nuke Non-commercialは、学習や非商用プロジェクト用に提供される無料版Nukeです。主な特徴は、以下のとおりです。

- Nukeの基本機能を無償で利用可能
- ファイルフォーマットや解像度に制限あり
- Pythonスクリプトや商用プラグインの使用は不可
- 商用利用は不可
- 製品版との互換性なし

CHAPTER 02 **0 Part**

本書を読み進めていく前に

本書で扱うNukeのバージョンには、「14.0」と「15.0」が2つがあります。本書の前半部分での基本操作やオペレーションの確認でバージョンが重要になってくる場合は、章の始めに使用しているバージョンに関して記載されています。そちらを確認してください。

2-1 コンポジットとは？

本書の主題であるNukeで行うコンポジット（合成）作業の役割について解説しておきます。

「コンポジット」（Compositing）は、映像制作の最終工程の1つであり、さまざまな素材を統合して完成したショットを作り上げる役割を担います。「実写」「CG」「アニメーション」など、どの形式の映像作品においても、個別に制作された要素を組み合わせ、視覚的に一貫性のある、統合されたビジュアルを作成することが目的です。

また、品質の管理もコンポジターの重要な役割の1つであり、最終的な映像のクオリティを保証する責任を持ちます。主な役割は、次のとおりです。

● 異なる要素の統合

実写とCG、異なる撮影素材を合成し、1つのシーンとして成立させる。

● ライティングとカラーコレクション

実写とCGが同じ環境で撮影されたかのように、光の方向や色味、コントラストを調整する。

● エフェクトの追加

炎、煙、爆発、水しぶき、光線などの視覚効果を追加し、統合する。被写界深度（Depth of Field）、モーションブラー、グロー、レンズフレアなどの効果を加えて、リアリズムを向上させる。

● ショット間の統一感の確保

ショットごとにバラつきが出ないように、全体のトーンやライティングを調整し、一貫性を持たせる。

● ポストエフェクトによる仕上げ

作品に合わせて、フィルムグレイン、ビネットなどのポストエフェクトを必要であれば追加する。

● 品質管理

エッジやマットの精度、アーティファクトなどを確認し、適切な映像に仕上げる。

コンポジット作業は、実写、CG、アニメーションではそれぞれ求められるスキルやアプローチ、品質管理が異なりますが、どの作品であっても映像の要素を統合し、最終的な完成形へと仕上げる重要な工程です。

単なる合成作業ではなく、映像の完成度を左右するクリエイティブな工程であり、最終的なクオリティコントロールを担う重要なポジションです。プロダクションで働く場合、監督やVFXスーパーバイザー、アートディレクターからの指示や意図を反映し、作品のスタイルに合った合成を行う必要があります。

2-2 Nukeを始める前に知っておきたい事項

以降の本文でNukeを始める前に、知っておきたいトピックをいくつか解説しておきます。不明な用語も出てくるかと思いますが、ここではそれぞれの概要を把握してください。

ノードベースでの作業

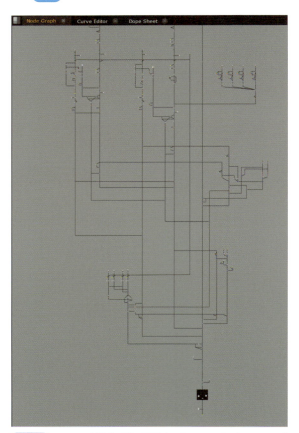

図2-2-1 Nukeでノード構成の例（※環境設定でデフォルトから色を変更しています。）

Nukeは、基本的にBラインをベースにしたノードの組み立て方が採用されています。ノードベースで作業を進めることで、各処理がどのように行われているのかがわかりやすく、流れを把握しやすくなります。

また、Nukeでは「縦に組む」ことが基本となります。ノードを上から下に、縦方向に積み上げる形で構築していくスタイルが推奨されています。これにより、作業の流れが視覚的にシンプルで理解しやすくなり、処理の順番や依存関係を自然に把握できます。

このノードベースのワークフローは、それぞれのノードに意味を持たせ、計画的に加えることが重要です。コンポジット作業は、シンプルな処理から複雑な処理まで多岐に渡りますが、処理が複雑になるほどスクリプトが膨大になる傾向があります。

そのため作業を効率よく管理し、将来的な調整を容易にするためには、コントロールされたスクリプトの構築が必要です。スクリプトの設計においては、明確な階層構造を持たせ、必要に応じてノードを整理・

分割することが求められます。

　さらに、コンポジット作業は引き継ぎが行われることが多いため、ほかの作業者がスムーズに作業を理解できるように、スクリプトをわかりやすく組み立てることが重要です。これは、チームでの作業効率を高め、作業のミスや不整合を減らすためにも欠かせない要素です。

グレインの扱い

　「グレイン」とは、映像や画像に現れる小さな粒のような模様やノイズのことを指します。この粒状の質感は、フィルムやデジタル映像の見た目に独特な風合いを与える重要な要素です。

　たとえば、映画や写真をじっくり見たときに、画面全体に微細なザラザラとした質感が感じられることがあります。これがグレインです。フィルムカメラで撮影された映像では、フィルムの感光材（写真の粒子）が原因でこのような粒状の模様が現れます。一方、デジタル映像でも、カメラや処理の特性によって似たような粒状のノイズが発生します。

● グレイン除去の理由と目的

　VFXの作業において、グレインの除去（デノイズ処理）は、VFX作業の中で頻繁に行われるステップです。

　グレインが含まれた素材をそのまま使用すると、映像の微細な粒子状のノイズが、マスク作成やトラッキング作業の精度に影響を与える可能性があります。グレインを除去することで、データをクリーンにし、より正確な作業が可能になります。

図2-2-2 グレインあり（左）とグレイン除去（右）

● CGにグレインを追加する理由

　実写映像には元々グレインが含まれているため、グレインがないCGをそのまま合成すると、CG部分が浮いてしまいます。実写のグレイン特性に合わせてCGにグレインを加えることで、両者を自然に統合することができます。

　また、合成後の映像でグレインの特性が不統一だと、不自然に見える場合があります。これを防ぐために、CGを含むすべての映像要素に同じグレイン処理を施します。

本書では、キーイングやトラッキングといった手順を紹介する際に、デノイズ処理について特に言及しておりません。しかし、これらの作業においては、デノイズ処理を行うことで、より精度の高い結果が得られる場合があることをご留意ください。

Nukeを学習するに当たってのおすすめサイト

本書は、Nukeの主要な項目をできるだけ網羅的に扱っていますが、すべてを紹介することはできません。また本書では、制作過程をステップを追って解説していますが、制作物によっては必ずしも適切ではない場合もあるかもしれません。

本書でNukeの学習を終えたり、またその途中であっても、Webに公開されているさまざまなNukeのコンテンツに触れることは重要です。特にNukeの学習にお勧めなのは、Foundryの公式チュートリアルです。

● Foundryの公式チュートリアル
https://learn.foundry.com/nuke

図2-2-3 Nuke公式チュートリアル

公式チュートリアルでは、基礎から実践的なテクニックまでわかりやすく解説されており、初心者でも無理なく学習を進めることができます。

また、公式ならではの正確な情報が得られるだけでなく、最新バージョンの新機能やワークフローのアップデートにも対応しているため、常に最新の知識を身につけることができます。公式チュートリアルは基本的に英語ですが、動画や実演を交えた解説が多いため、視覚的に理解しやすい内容になっています。

また、英語が得意でなくても、字幕機能や翻訳ツールを活用することで、学習を進めやすくなります。最新の機能や業界標準のワークフローを学ぶのに最適なので、ぜひ活用してみてください。

もう1つ有用なWebサイトを紹介しておきます。「Nukepedia」は、Nukeユーザー向けの無料リソースサイトです。スクリプトやGizmo（カスタムツール）、Pythonスクリプト、プラグイン、チュートリアル、テクニックなどが豊富に揃っており、初心者から上級者まで役立つ情報を見つけることができます。

Nukeの機能を強化したり、作業を効率化するための便利なツールも多く公開されているので、ぜひ活用してみてください。

・Nukepedia — over 1,000 free tools for The Foundry's Nuke
　　https://www.nukepedia.com/

図2-2-2 有用なツールなどが無償で公開されている「Nukepedia」

Part 0 **CHAPTER 03**

本書での学習方法

本書は、Nukeをこれから触る方から、ある程度Nukeでの制作経験がある方までの読者を想定して内容を構成しています。本書の全体像を事前に把握しておくことで、効率よく学習を進めていくことができるでしょう。

3-1 本書の構成

本書は、6つの「Part」と「付録」で構成されています。各Partの概要を事前に把握しておくと読み進めていきやすいと思いますので、ざっと目を通してみてください。

また各Partでは、基本的にサンプルの素材を使ってNukeの操作を行っていく過程をステップ・バイ・ステップで解説しています。実際の制作現場のコンポジット作業は、視覚、知覚の知識、アートへの理解から目指すルックを作るのが目的の1つではありますが、それらについては本書では触れずに、まずは基本的な操作を学び、制作現場でNukeを使えるようになることを目標にしています。

本書で紹介する基礎となる考え方や、フローを理解することで、エラーへの処理対応、目指すルックへの助けになることを願っています。

Part 1：入門編　Nukeの基本操作

入門編では、はじめてNukeに触れる方に向けてNukeの基本を解説します。いろいろな用語や特有の操作などが出てきますが、ここですべて覚えてもらう必要はありません。まずは、Nuke全体の概要を理解してください。

どのアプリケーションを覚える際も同様ですが、まずはNukeの画面構成やメニューの概要、そして最低限知っておきたい設定関連を解説します。またファイルの作成や保存など、何をやる際にも必須になる操作を学びます。また、Nukeの操作の最も中心となる「ノード」について解説します。

Part 2：基礎編　2Dノード基礎（基本合成）

基礎編では、Nukeで最もよく使われる2Dノードによる合成（コンポジット）について解説します。「Merge」ノードでの基本的な合成方法から解説し、人物などを切り抜くために頻繁に行われる作業であるマスク機能について取り上げます。

また、特定の物体を追跡するために使われるトラッキング機能や、グリーンバック撮影された人物などをマスク処理を行って合成するためのキーイング機能、映像内の特定部分を置き換えるペイント機能について解説しました。ここでは、Nuke操作の基礎を身につけましょう。

Part 3：実践編　ノードツリーによる合成

　実践編では、映像の制作現場で必要となる、さらに踏み込んだ合成方法について学んでいきます。最もよく使われる「Mask」については、実践的なマスクの切り方のポイントやコツを解説します。時間が掛かり根気のいる作業になりますが、クオリティに直結しますので何度もトライして自分のものにしてください。

　さらに、2DTrackingによる「画面はめ込み合成」、グリーンバックの素材を切り抜いて合成を行う「Keying」、不要な素材を削除するための「バレ消し」について詳しく解説しました。

Part 4：応用編　用途別の実践ツール

　応用編では、制作現場でよく使用される実践的なツールを3つ紹介します。「Upscale」と「CopyCat」は、ともに機械学習をベースにしたツールです。CopyCatにより、時間の掛かる緻密な作業であった「マスク」「ビューティワーク」「バレ消し」などを効率よく行うことが可能になります。

　「Expression」（エクスプレッション）は、Nukeでの作業効率を向上させる実践的な機能です。関数や数式などの知識が多少必要にはなりますが、実作業で使ってみることでその便利さを体感できるでしょう。

Part 5：Nukeの3Dシステム

　Part 5では、Nukeの非常に強力な機能である「3Dコンポジット」について、詳しく解説します。3Dシーンを扱うために「Classic 3Dノード」と「新しい3Dノード（BETA）」の2つが搭載されており、後者は「USD」アーキテクチャをベースにしたものです。

　「3Dプロジェクションマッピング」「ディープコンポジット」「3Dカメラトラッキング」「DepthGenerator」「3D Gaussian Splatting in Nuke」と言った最新トピックについても、実例を使って利用方法を解説しています。

Part 6：Nukeシーンリニアとカラーマネージメント

　Part 6では、「シーンリニア」とそのシーン構築に必要な「カラーマネージメント」を解説し、それらがNukeでどのように機能し、処理されているかを詳しく解説します。シーンリニアの理解と適切なカラーマネージメントは、高品質なコンポジット作業を行う上で欠かせない要素です。

　また、掲載している画像を作成した「nuke script」、および「Nuke-default」「OCIO」の動作確認用のサンプルファイルを用意しました。

Appendix：付録

　付録では、本文で紹介できなかった項目やリファレンスをまとめています。「Nukeの環境設定」は、作業の効率化などに繋がるため、目を通しておくことをお勧めします。ただし、チームでの作業を進める上では注意すべき点もあるので、どのような設定を行うかはメンバーとの共有が必須です。

そのほか「インターフェースのカスタマイズ」「プリファレンス設定」を解説しています。また、Nukeの作業を効率よく進めるための「ショートカットキー一覧」も掲載しました。

3-2 本書のダウンロードデータ

各Partの各章ごとに、作例制作で使用する「画像」「動画」「CG」素材ファイル、および完成ファイル（Nukeファイル）を用意しており、ボーンデジタルの書籍のWebサイトより、ダウンロードして利用することができます。なお、Part 1と付録にはダウンロードデータはありません。

また、一部の素材は外部のWebサイトから、ご自身でダウンロードしていただく場合があります。ダウンロードのリンク先URLは、ボーンデジタルのWebサイトのダウンロードデータに含まれていますので、そちらからコピー＆ペーストしてご利用ください。

ダウンロードデータのなかに「Readme.txt」ファイルが含まれている場合は、そちらの内容を先に確認してください。

- 本書のダウンロードデータ
  https://www.borndigital.co.jp/book/9784862466297/

なお、各データは本書の学習のために作成したもので、実用を保証するものではありません。学習用途以外ではお使いいただけませんので、ご注意ください。

外部の素材データダウンロードサイト

本書の一部の素材データは、以下の2つのWebサイトから読者ご自身で、ダウンロードしてください。利用に当たっては、使用許諾やライセンスなどをご確認の上、使用してください。

- Pexels
  https://www.pexels.com/

- Pexelsのライセンス
  https://www.pexels.com/ja-JP/license/

- Videezy
  https://www.videezy.com/

- Videezyのライセンス
  https://support.videezy.com/en_us/videezy-standard-license-and-usage-HylDtxsDK

※Videezyの素材を利用した作例を公開する場合は帰属表示が必要です。帰属表示をしない場合は商用利用ライセンスを購入する必要があります。

Part

1

入門編　Nukeの基本操作

　入門編では、はじめてNukeに触れる方に向けてNukeの基本を解説していきます。いろいろな用語や特有の操作などが出てきますが、ここですべてを覚えてもらう必要はありません。実際に作例を作りながらNukeを操作していくのは、Part 2以降になりますので、ここではNuke全体の概要を理解してもらえれば十分です。

　どのアプリケーションを覚える際も同様ですが、まずはNukeの画面構成やメニューの概要、そして最低限知っておきたい設定関連を解説します。またファイルの作成や保存など、何をやる際にも必須となる操作を学びます。

　さらに、Nukeの操作の最も中心となる「ノード」（Node）について解説します。Nukeでは、ノードと呼ばれる機能の固まりを接続して組み合わせることで、画作りを行っていきます。そのためノードの種類の把握や接続などの操作方法を身に付けることはたいへん重要です。

　冒頭でも述べたように、入門編では「このような機能があるんだ」「このような設定が必要なんだ」ということをざっと把握して、Part 2以降で必要になった際に、入門編を見直してもらえればと思います。

1	基本のインターフェース	030
2	プロジェクト設定（Project Settings）	041
3	プリファレンス設定（Preferences）	044
4	ノード（Node）の作成	047
5	ノードの接続と無効化	050
6	ノードの種類	053
7	ファイルやシーンの読み込みと書き出し	059
8	シーンのプレビュー	062

CHAPTER 01

基本のインターフェース

最初に、基本となるNukeのインターフェースを解説します。NukeX 14.0での画面となりますので、お使いのバージョンとは差異があるかもしれませんが、ご了承ください。ここでは最低限知っておくとよい部分だけを抜粋して紹介していきますが、この段階で覚えてもらう必要はなく、どんな機能があるかをざっと把握してもらえればと思います。

1-1 Nukeの画面構成

Nukeの画面には、ブロックごとに役割があります。個別のブロックの詳細は、この後の節で解説します。

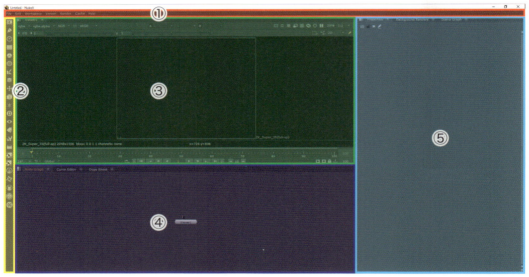

図1-1-1 Nukeの画面構成

①メニューバー（赤色）
シーンを開く／保存する、ワークスペース、環境設定など、Nukeの基本的なメニューが格納されている場所です。

②ツールバー（黄色）
各種ノードやGizmo、サードパーティ製プラグインなどが格納される場所です。

③ビューアー（緑色）
素材や合成結果が表示／再生される場所です。

④ ノードグラフ（青色）

　ノードを作成し繋げてコンポジットを行っていく場所で、いわば作業台です。別のタブにはカーブエディタやドープシートがあります。

⑤ プロパティ（水色）

　各ノードのパラメーターの調整を行う場所です。

1-2 ① メニューバー

メニューバーには、Nuke全体の設定や機能がまとめられています。

● File メニュー

　一般的なファイルメニューです。新規シーンの立ち上げやシーンを開く、保存、ノードのインポート、エクスポートなどができます。

図1-2-1 Fileメニュー画面

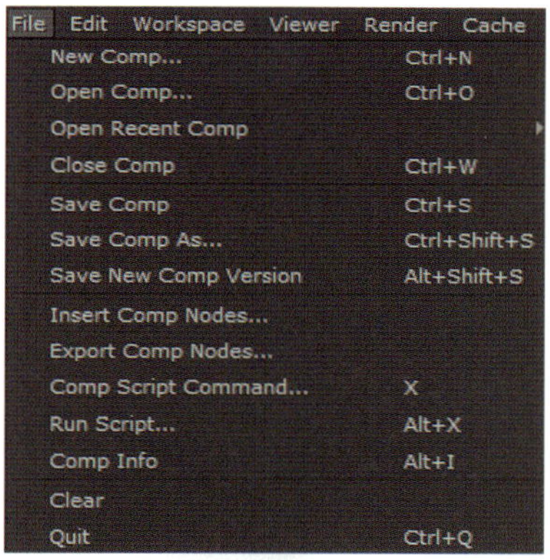

File	Edit	Workspace	Viewer	Render	Cache
New Comp...					Ctrl+N
Open Comp...					Ctrl+O
Open Recent Comp					▶
Close Comp					Ctrl+W
Save Comp					Ctrl+S
Save Comp As...					Ctrl+Shift+S
Save New Comp Version					Alt+Shift+S
Insert Comp Nodes...					
Export Comp Nodes...					
Comp Script Command...					X
Run Script...					Alt+X
Comp Info					Alt+I
Clear					
Quit					Ctrl+Q

表1-2-1 Fileメニューの機能

メニュー	機能
New Comp...	新規シーンの立ち上げ。今開いているシーンとは別で新しくNukeが立ち上がる
Open Comp	シーンを開く
Open Recent Comp	最近作業したシーンがリストアップされ、簡単に開くことができる
Close Comp	現在のシーンを閉じ、再度起動。見た目上Nukeは起動したままに見えるが、メモリクリア、プラグイン読み直し、init.pyとmenu.pyファイルの再読み込みが行われる
Save Comp	シーンの上書き保存。一度も保存していない場合、別名保存になる
Save Comp As...	シーンの別名保存
Save New Comp Version	バージョン管理されているシーンの場合、バージョンを上げて保存（保存するシーン名の末尾に［_v001］など入れておくことでバージョンとして認識される）
Insert Comp Nodes...	nkシーンを選択すると、シーンの中のノードを現在のシーンに読み込む
Export Comp Nodes...	選択したノードだけをエクスポート
Comp Script Command...	単一行のTCLまたはPythonコマンドを入力、実行できる
Run Script...	Comp Script Commandで入力したコマンドを実行
Clear	ノードをすべて消し、リセット
Quit	Nukeを終了

● Edit メニュー

　一般的なUndoやコピー＆ペーストからノード操作、便利機能、環境設定やプロジェクト設定などが格納されています。ショートカットキーで使用することが多い便利機能がまとめられていますので、慣れてきたらぜひショートカットで覚えてください。

表1-2-2 Editメニューの機能

メニュー	機能
Undo	操作を元に戻す
Redo	戻した操作を再び実行
Cut	カット（切り取り）
Copy	コピー
Paste	ペースト（貼り付け）
Paste Knob Values	貼り付け先のノードを選択して実行。コピーしたノードと同じノブに貼り付ける
Duplicate	選択したノードを複製
Delete	選択したノードを削除
Clone	選択したノードと同一のノードを作成。クローン化されたノードはどちらのパラメーターを変えても両方変わる
Copy As Clones	選択したノードのクローンをコピー。貼り付けが必要
Force Clone	最初に選んだノードと次に選んだノードを強制クローン化。情報は最初のノードが引き継がれるが、同じクラス（ノード）でなければならない
Declone	クローン化されたノードの解除。クローン化されたノードを選択して行う
Search...	現在開いているシーン内のノードを検索
Select All	現在開いているシーン内のノードをすべて選択
Select Similar	選択したノードと同じ色、クラス（ノード名）、ラベルを持つノードだけをシーン内から選択
Select Connected Nodes	選択しているノードに繋がっているすべてのノードを選択
Invert Selection	選択しているノード以外のすべてのノードを選択
Bookmark	ブックマーク登録されたノードを検索でき、そのノードにジャンプ。また、任意のロケーションを登録することもでき、登録したロケーションにジャンプできる
Node	ノードに対して行う処理がまとめられている場所
Remove Input	選択したノードのインプットを外す
Extract	選択したノードを外して移動
Branch	選択したノードの複製。同じインプットに繋がった状態で複製される
Expression Arrows	ノードグラフ上でのExpressionアローの表示／非表示の切り替え
Preferences...	Nukeの環境設定（詳しくは後述）
Project Settings...	プロジェクト設定（詳しくは後述）

図1-2-2 Editメニュー画面

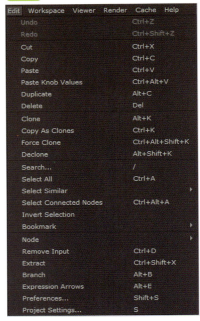

● Workspaceメニュー

　Workspaceでは、作業画面の変更やカスタムが行えます。デフォルトでは「Compositing」ワークスペースが適用されています。各項目の詳細やカスタム方法などは、巻末の「付録」を参照ください。

図1-2-3 Workspaceメニュー画面

● Helpメニュー

役立つ各種のヘルプが格納されています。

表1-2-3 Helpメニューの機能

メニュー	機能
Keyboard Shortcuts	現在割り振られているショートカットキーのリストを表示
Documentation	Nukeに関する各種ドキュメントがまとめられたリンクへジャンプ
Release Notes	リリースノートへジャンプ
Training and Tutorials	Foundryチュートリアルにジャンプ
Nukepedia	さまざまなギズモやプラグインが共有されているNukepediaへジャンプ
Forums	FOUNDRYホームページのフォーラムへジャンプ
License...	現在使用のライセンスの確認
Nuke Plug-ins	Foundryが紹介しているサードパーティ製プラグインのページへジャンプ
About Nuke	Copyrightを表示

図1-2-4 Helpメニュー画面

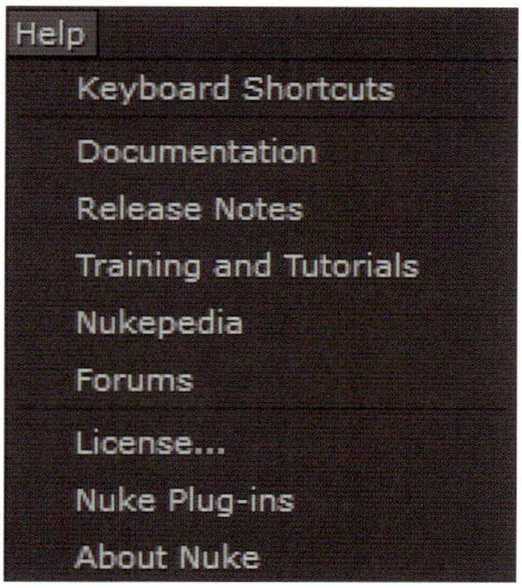

1-3 ②ツールバー

ツールバーは、各種ノードやギズモ、プラグインなどが格納されている場所です。それぞれノードがジャンルごとにカテゴライズされているので、最初はここから作成していくとよいでしょう。

・Image

画像や素材に関してのノードが格納されています。ReadやWriteなどの読み込み、書き出しノードから、ConstantやChecker Boardなどの画像作成ノードがあります。

・Draw

シェイプやペイントに関してのノードが格納されています。マスクを描くRoto、ペイントすることができるRotopaint、グラデーションを作成するRamp、フラクタルノイズを作成できるNoise、グレインを作成できるGrainなどがあります。

・Time

タイミングや時間を調整するノードが格納されています。素材の尺を任意に変更できるRetime、静止画を作り出すFrameHold、速度をアニメーションカーブで制御できるTimewarp、画像解析でフレーム補間を行えるKronos、OFlowなどがあります。

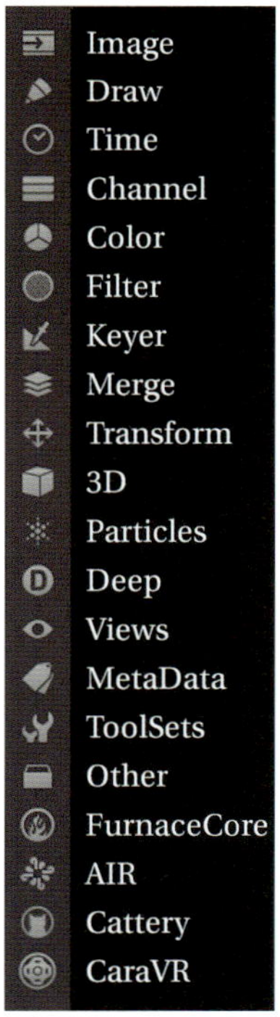

図1-3-1 ツールバーの一覧

・Channel

チャンネルに関してのノードが格納されています。チャンネルを自由に変換できるShuffle、チャンネル同士をマージできるChannelMerge、チャンネルを削除できるRemoveなどがあります。

・Color

色に関するノードが格納されています。明るさやガンマ、黒点白点などの調整を行えるGrade、色をカーブで調整できるColorLookup、色域を変換できるColorspace、色相を転がすことができるHueShiftなどがあります。

・Filter

ボカしたり光らせたりといったフィルター系のノードが格納されています。ボカすことができるBlur、光らせるGlow、太らせる／痩せさせるErode、Z情報を元に被写界深度を入れるZDefocusなどがあります。

・Keyer

キーヤーが格納されています。明るさや色の強さなどでアルファを作成できるKeyer、ピックした色からキーイングを行うKeylight、CleanPlateとの差でキーイングを行うIBKなどがあります。

・Merge

合成に関してのノードが格納されています。最も使用される合成ノードのMerge、アルファチャンネルを乗算するPremult、インプットを切り替えるSwitch、素材の各チャンネルを一括確認できるLayerContactSheetなどがあります。

・Transform

移動回転、リサイズ、変形などのノードが格納されています。画像の移動、回転、スケールが行えるTransform、解像度を変更するReformat、画の中を2D的に追跡するTracker、uvを元に歪ませるIDistortなどがあります。

・3D

3D系のノードが格納されています。BETAとClassicで分かれており、BETAは最新の3Dシステムで使用でき、Classicは従来のNukeの3Dシステムになります。カメラを作成／読み込めるCamera、カメラの動きをトラッキングするCameraTracker、そのほかジオメトリやライトを作成、読み込むノードがあります。一部ノードはNukeXやStudioのみで使用できます。

・Particles

パーティクル系のノードが格納されています。粒子を発生させるParticleEmitter、重力を与えるParticleGravity、風を与えるParticleWind、動きに減衰を加えるParticleDragなどがあります。

・Deep

ディープ（深度情報）を元に合成するディープコンポシット系のノードが格納されています。ディープ情報を読み込むDeepRead、ディープを元に合成するDeepMerge、ディー

プを元に移動・スケールを行えるDeepTransformなどがあります。

・Views

ビューに関するノードが格納されています。立体視（ステレオ作業）で使用できるビューや、マルチビューに使用できるノードなどがあります。

・MetaData

メタデータ関連のノードが格納されています。素材のメタを確認できるViewMetaData、メタの編集ができるModifyMetaData、メタのコピーができるCopyMetaData、タイムコードを追加するAddTimeCodeなどがあります。

・ToolSets

テンプレートとして準備されているノードツリーや、自分で登録したノードツリー、ノードが格納されています。自分で作成したノードツリーやノードを選択して登録することで、検索などでいつでも呼び出すことができます。

・Other

そのほかのノードが格納されています。ノードグラフで色を付けて囲うことができるBackdrop、メモが書けるStickeyNote、分岐点を作れるDot、音声データをカーブ化して読み込むことができるAudioReadなどがあります。

・FurnaceCore

Foundryが開発したプラグインノードが格納されています。NukeXやStudioに組み込まれています。

・AIR

AI、機械学習系のノードが格納されています。先生と生徒、正解を教えることで機械学習を行うCopyCat、機械学習データを適用するInferenceなどがあります。

・Cattery

機械学習のツールセットが格納される場所です。FoundryホームページにあるCatteryからダウンロードして使用できます。Catteryは機械学習の無料ライブラリです。

・CaraVR

VR（360°）系プラグインが格納されています。Nuke内でパノラマ化（スティッチング）を行えるC_Stitcher、360°映像のカメラの動きを検出するC_Trackerなどがあります。NukeXやStudioに組み込まれています。

1-4 ③ビューアー

ビューアーは、素材や合成結果が表示される場所です。プレビューのほか、便利な機能などが備わっています。

035

図1-4-1 ビューアーの基本画面

Viewer上部

Viewerの上部には、表示に関する機能がプルダウンやアイコンでまとめられています。
なお、ViewerProcessはリニアワークフローに関係しますので、Part 6の「Nukeシーンリニアとカラーマネージメント」を参照してください。

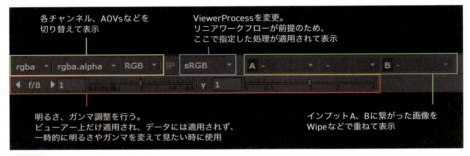

図1-4-2 画面上部の左の項目の機能

画面右側のアイコンの機能は、以下の表に示します。

図1-4-3 画面上部の右のアイコン

表1-4-1 ビューアー上部のアイコンの機能

アイコン	機能
①	セーフゾーン（タイトルセーフ、アクションセーフなど）や解像度の中心を表示
②	画面の比率ガイドを表示。「4：3」からシネマスコープ（2.35：1）まで、一般的に使用される比率があり、表示方法もLines（ライン）として表示、Half（グレーアウト）で表示などがある
③	0〜1の範囲外の数値エリアにストライプを表示
④	プロキシモードのオン／オフの切り替え
⑤	フルフレームレンダリングに切り替え。デフォルトでは現在表示している範囲しかプレビューしないが、これを入れると表示範囲外もすべてレンダリングするので、プレビュー時にズームイン・アウトを行っても再計算が発生しない

アイコン	機能
⑥	再計算の実行
⑦	Viewer上でのプレビューする範囲を四角形のエリアで指定
⑧	Viewerの更新を停止。これがオンだとプレビューされない
⑨	ズームレベルの設定。画像のような細かい数値だと補間が入った画になるため、50%や100%で見ることを推奨
⑩	プレビュー速度が遅い場合、ここで解像度を下げて計算できる。これはプレビューに対して適用されるもので、データには反映されない
⑪	Viewer上での選択モードを変更。デフォルトでは四角形での選択だが、円形選択、自由選択などに切り替え可能
⑫	3D表示時のトランスフォーム軸を変更。オブジェクト軸、スクリーン軸、ワールド軸がある
⑬	ビューを切り替え。2D・3D表示やフロントビュー、サイドビューなどがある
⑭	Viewer画面下部のInfo barのオン／オフを切り替え

Viewer下部

Viewer下部には、再生に関する機能がプルダウンやボタンでまとめられています。

図1-4-4 ビューアー下部の各アイコン

表1-4-2 ビューアー下部のアイコンの機能

アイコン	機能
①	再生時のFPSを変更。通常はProject Settingsで設定された数値になるので、ここだけを変更することはあまりない
②	タイムラインの表記を「TF（フレーム）」か「TC（時間）」に変更。通常はTFで使用
③	タイムラインの表示範囲を変更。通常は「Global（ProjectSettingsのframerange範囲）」だが、「Input（Viewerに繋がっている素材のframerange範囲）」や「In/Out（⑤のインアウトを設定した範囲）」、「Visible（任意に変更した範囲）」もある
④	再生モードを変更。通常は「Repeat（ループ再生）」だが、「Bounce（再生後逆再生し戻ってくる）」、「Stop（再生後停止）」、「Continue（範囲外も再生し続ける）」もある
⑤	イン／アウト点を設定。一部分のみ作業、再生したい場合などに使用。現在のフレームに対して行うので、イン点に設定したいフレームへ移動し「I」ボタン、アウト点に設定したいフレームへ移動し「O」ボタンを押す
⑥	最初のフレーム、最後のフレームへ移動。イン／アウト点が設定されている場合、イン／アウト点へ移動
⑦	現在のフレームから前後のキーが打たれているフレームへ移動。Set keyされたノードをプロパティに表示している場合に使用できる
⑧	前後のフレームへ移動。左右の矢印キーでも行える
⑨	再生／逆再生を行う
⑩	現在のフレームを表示。ここに入力してフレーム移動することも可能
⑪	現在のフレームから、ここで設定されたフレーム数分、前後へ移動
⑫	現在のタイムラインをレンダリングし、FlipbookまたはHiero Playerでプレビュー。チェックなどに使われるが、データとして出力はできない
⑬	現在のViewer画面を録画。画面操作なども録画される。Custmise write pathにチェックを入れることでjpg連番で出力が可能
⑭	Viewerを複数作成しマルチビューアーで表示している際に、全Viewerの再生を同期させるか、個別にするかを切り替え
⑮	イン／アウト点の有効／無効を切り替えます。

1-5 ④ノードグラフ（カーブエディター、ドープシート）

ノードグラフは、Nukeの「作業台」のような場所です。Nukeを起動した状態では、ビューアーだけが最初に作成されます。②ツールバーから、各種ノードを作成することでグラフ画面に表示され、繋げていくことでコンポジットを行います。

Nukeではコンポジット作業を行っていくと、複数の素材が1本のラインに収束していきます。その様子が木のように見えるため、「ノードツリー」や「ツリー」と言われています。

図1-5-1 ノードグラフの画面

カーブエディター

カーブエディターは、アニメーションカーブを調整する場所です。アニメーションキーが打たれているノードをプロパティに表示することで、ここに表示されます。縦軸はアニメーションキーの数値、横軸がフレーム数になります。

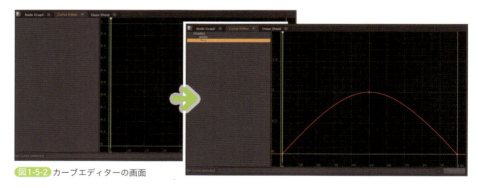

図1-5-2 カーブエディターの画面

ドープシート

ドープシートは、アニメーションキーのタイミングを調整する場所です。カーブエディターと同じように、アニメーションのキーが打たれているノードをプロパティに表示することで、ここに表示されます。横軸がそのままフレーム数になり、キーフレームの位置がバーになります。

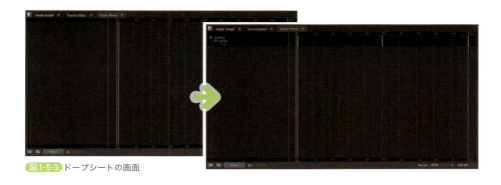

図1-5-3 ドープシートの画面

1-6 ⑤プロパティ

　プロパティは、ノードグラフで作成したノードのパラメーターを表示、調整する場所です。ノードグラフでノードをダブルクリックすることでプロパティに表示されます。

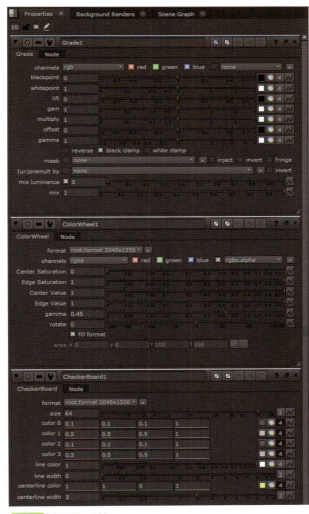

図1-6-1 プロパティの例

039

以上が、Nukeの基本インターフェースになります。どの場所でどういったことができるのかを、事前知識としてざっと把握しておいてください。また、そのほかインターフェースのカスタマイズも行うことができますが、詳細は巻末の「付録」で解説しています。

プロジェクト設定（Project Settings）

Project Settingsとは、基本となるプロジェクトの設定（フレームレンジやFPS、解像度、カラーマネジメントなど）を行う行程であり、その設定画面です。実作業を始める前に最初に設定することをお勧めします。

 プロジェクト設定画面の表示

メニューバーから開く場合は、「Edit→Project Settings...」を選びます。ショートカットで表示する場合は、ノードグラフ内にマウスカーソルがある状態で「S」キーを押すことで、PropertiesにProject Settingsが表示されます。

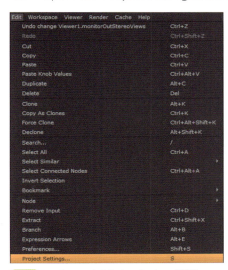

図2-1 EditメニューからProject Settingsを選択

図2-2 ショートカット「S」でプロジェクト設定画面を表示

 重要な3つの設定

Project Settingsでは、特に「frame range」「fps」「full size format」がとても重要です。

「frame range」は、このシーンの基本となる尺（長さ）を指定するものです。Nukeは1ショットを仕上げるソフトウェアです。複数ショットを一括で作業することは、あまりありません。そのため、1ショットごとにそれぞれの長さで作成していきます。

「fps」（frame per second）は、フレームレートになります。シーンの基本のfps設定を行います。再生時もこのfpsで再生されます。デフォルトは24ですが、任意のものに変更可能です。

「full size format」は、シーンの基本となる解像度を設定する場所です。ここでの設定は、ほぼすべてのノードに影響があると思っていたほうがよいかも知れません。さまざまなノードで［root.format］と表記されるメニュー項目があり、それはすべてこの「full size format」での設定が適用されるからです。

041

この3つは、特に重要なので覚えておいてください。

図2-3 Project Settingsの重要な3つの設定

「Root」タブの設定項目

ProjectSettingsの「Root」タブは、現在開いているプロジェクトのfpsやフレームレンジなどを設定する場所です。それぞれの項目について、以下で解説します。

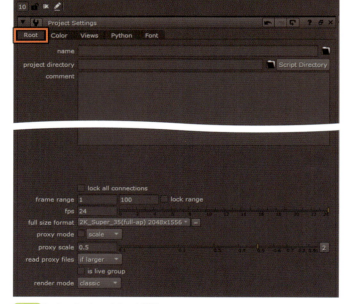

図2-4 Project Settingsのルート画面

● name

プロジェクトの保存先が設定されます。オートセーブもここに作成されます。

● project directory

プロジェクトのディレクトリが設定されます。「Script Directory」ボタンを押すことでスクリプトが入力され、プロジェクトに使用する素材などのパスを置き換えられるように設定することができます。

● comment

コメントです。共有する際にプロジェクトメモとして残すことができます。

・frame range（重要）

プロジェクトのベースとなる長さを設定します。フレーム数で入力します。

・fps（重要）

fpsを設定します。デフォルトで24に設定されます。

・full size format（重要）

プロジェクトのベースの解像度を設定します。Nuke内で作成するImage系ノードの解像度やTransform系ノードの設定は、ここでの解像度に関連して作成されます。

・proxy mode

プロキシモードのオン／オフ、プロキシのタイプを設定します。

・proxy scale（format）

プロキシモードにした場合のプロキシのサイズの設定です。

・read proxy files

プロキシモードで使用されるファイルの定義を変更します。

表2-1 read proxy filesの設定項目

項目	機能
never	プロキシモードでプロキシファイルを使用せず、フルサイズのファイルをスケーリングする
if larger	デフォルトの設定。2つの画像のうち小さい画像が、希望するサイズより大きいか同じ場合それを使用し、必要であれば縮小する。そうではない場合、大きいほうを使用し、必要に応じて縮小または拡大する
if nearest	希望するサイズに最も近い画像を使用し、必要に応じて拡大縮小する
always	常にプロキシモードのプロキシ画像を使用し、必要であれば拡大縮小する

・is live group

Live Groupを有効にします。

・render mode

レンダリングモードを変更します。

表2-2 render modeの設定項目

項目	機能
classic	Nuke従来の方法でのレンダリング
top-down	グラフの先頭から下にレンダリングし、効率的にデータをキャッシュできるトップダウンレンダリング

本格的な作業に入る前に、素材、プロジェクト、ワークフローなどでどのように進めていくかを設定します。企業によっては、ツールによって制御されている場合もあります。

本書では、各章の最初にProject Settingsの設定を載せていますので、その通りに設定してください。

プリファレンス設定（Preferences）

Preferencesは、Nukeの環境設定になります。オートセーブ機能やデフォルトのカラーマネジメント、キャッシュ、ノードグラフなどさまざまな設定を行うことができます。

デフォルトの設定でも問題なく使えますが、各作業環境やプロジェクトに合わせて設定してください。設定項目が多いのと、変更を推奨しない項目もあるため、ここでは一部を抜粋して紹介します。

プリファレンス設定画面の表示

メニューバーから開く場合は、「Edit→Preferences...」を選びます。ショートカットで表示する場合は、ノードグラフ内にマウスカーソルがある状態で「Shift」+「S」キーを押すことで、Preferencesが表示されます。

図3-1 EditメニューからPreferencesを選択

図3-2 ショートカット「Shift」+「S」でプリファレンス設定画面を表示

General設定画面

Generalでは、オートセーブ機能、パス置換の設定を行うことができます。Nukeにはオートセーブ機能があり、シーンを保存していれば一定間隔で自動で保存されていきます。

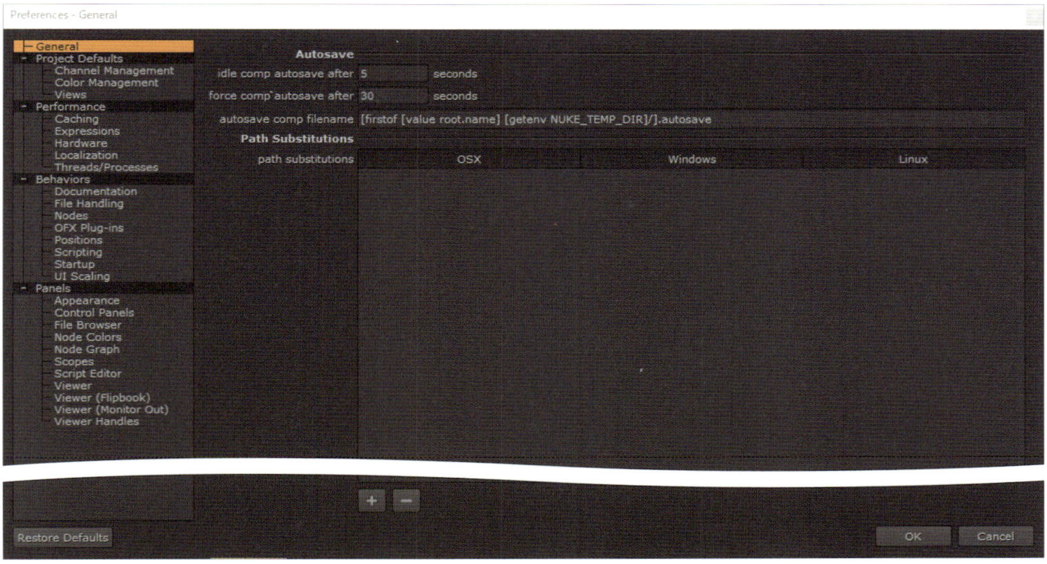

図3-3 General 設定画面

表3-1 Generalの設定項目

項目	機能
idle comp autosave after	ここで設定した秒数間、Nukeが無操作状態であった場合、自動でオートセーブを作成。デフォルトは5秒
force comp autosave after	ここで設定した秒数経過後、強制的にオートセーブを作成。デフォルトは30秒
Path Substitutions	それぞれのOS間での共有を可能にするためのパス置換設定

　オートセーブデータは、シーンを保存したディレクトリに作成されます。拡張子の最後に「.autosave」と付いて自動で作成され、設定時間ごとに更新されていきます。

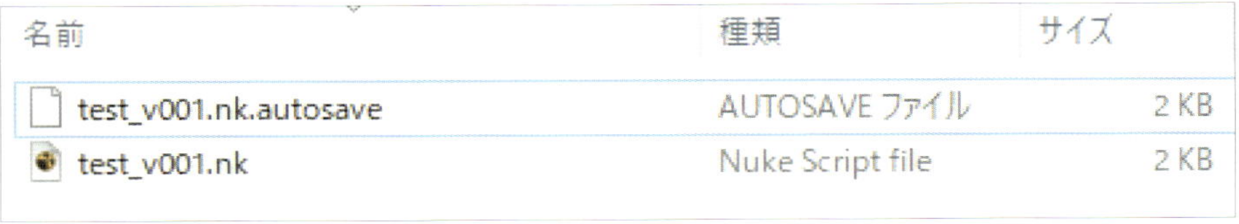

名前	種類	サイズ
test_v001.nk.autosave	AUTOSAVE ファイル	2 KB
test_v001.nk	Nuke Script file	2 KB

図3-4 オートセーブのファイル画面

Project Defaults－Color Management画面

　Project Defaultsでは、新規シーンを作成した際のデフォルト設定を行うことができます。「Color Management」では、Nukeを起動した際のデフォルトのカラーマネジメント設定を行います。

　ワークフローが決まっていれば、それに合わせた設定を行うことで、新規シーンはすべてその設定で作成されます。現在のシーンの設定を変更するには、Project Settingsで行ってください。

　このほかにもさまざまな環境設定項目がありますが、最初はデフォルトの設定に慣れましょう。

045

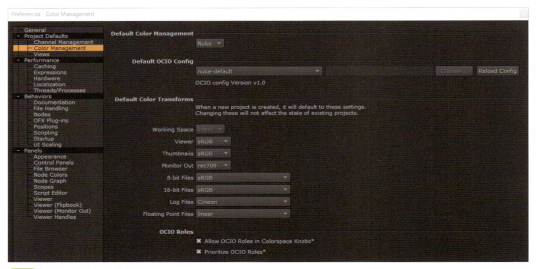

図3-5 カラーマネジメント設定画面

プリファレンス設定（Preferences）

046

ノード（Node）の作成

　Nukeでは、ノードでシーンを構築していきます。ノードの作成方法にはいくつかありますが、どの方法で作成しても問題ありません。作業していく中でやりやすい方法で慣れていってください。

ツールバーから作成

　ノードは、左のツールバーから呼び出したいメニューを選択して、作成する方法があります。よく使用するノードには、右端にあるアルファベットがショートカットになっています。

図4-1　ツールバーからのNodeの作成

Tabキーから呼び出して作成

　呼び出したいノードの名前がある程度わかっていれば、ノードグラフ（Node Graph）内にカーソルがある状態で「Tab」キーを押して、表示された入力ウィンドウにノードの名前を打ち込み、表示されるリストから選択することでノードを作成できます。

図4-2　Tabキーから呼び出してNodeの作成

ノードグラフ内で右クリックメニューから作成

ノードグラフ内で、マウス右クリックで表示されるメニューからノードを選択することで、ノードを作成できます。各ノードは機能ごとに分類されています。

図4-3 ノードグラフ内で右クリックメニューからノードの作成

ショートカットキーで作成

マウスカーソルがノードグラフ内にある状態で、キーボードからキー入力で直接ノードを作成できます。よく使用する主なノードは、図の通りです。

「R」キーで作成される**Read**ノードはプレートの読み込みを行うことで作成されるため、プレートの画像で表示されます。

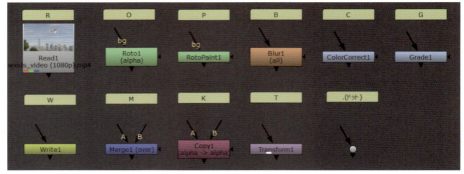

図4-4 ショートカットキーでノードの作成

プレートの読み込みに関しては、PCのフォルダからまとめてドラッグ＆ドロップでも読み込めます。

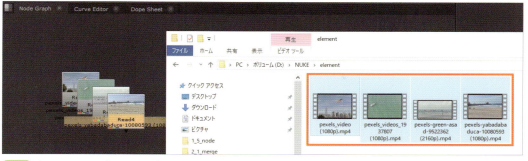

図4-5 プレートをフォルダからドラッグ&ドロップで読み込み

　ノードの上に出ている矢印が「インプット」、下にあるのが「アウトプット」、右は「マスク」の接続場所になっています。別で用意したマスク素材をこちらに繋いで、アルファチャンネルにすることが可能です。

　ノードの選択はマウスでクリック、選択を解除する場合は何もない空間をクリックで外れます。

図4-6 ノードの接続関係

Part 1　CHAPTER 05

ノードの接続と無効化

Nukeの操作は、各種のノードを組み合わせてシーンの構築を行っていきます。その際に頻繁に行われるのは、それぞれのノードの接続と無効化になります。それぞれの操作を見ていきましょう。

ノードの接続操作

ここでは、プレートを合成する際に使われる**Merge**ノードを使って、接続の操作を行ってみます。ショートカット「M」でNode Graphに**Merge**ノードを作成してください。

ノード上部にあるAインプット、Bインプットを合成したいプレートのNodeの上に、それぞれドラッグ＆ドロップで持っていくと接続されます。接続の練習として、素材を2つツールボックスから作成しましょう。

Nuke左のツールバーから、それぞれ「**CheckerBoard**」と「**ColorWheel**」をクリックしてNode Graph上に作成してください。ColorWheelを「前景」、ChekerBoardを「背景」として作業していきます。

図5-1 Mergeノードの作成

図5-2 背景と前景のノードの作成

AにはBに合成したい素材を繋ぎます（前景）。Bには背景などベースとなる素材を繋ぎます（背景）。今回は、「A」をドラッグして「**ColorWheel**」に、「B」をドラッグして「**ChekerBoard**」に繋ぎます。

図5-3 Mergeノードに前景と背景を接続

050

ショートカットで繋ぐ場合は、「Margeノード」→「Bに繋ぐ素材（背景）」→「Aに繋ぐ素材（前景）」の順で「Shift」＋クリックし、ショートカット「Y」で繋ぐことができます。

　AとBの繋ぎ先が合っているかをきちんと確認しておきましょう。なお、ノードの選択の解除は、何もない所をクリックすることで外れます。

　Mergeノードを選択して、ショートカット「1」キーで合成結果をViewerで確認すると、Bに繋がっているチェッカーボードの上にAに繋がっているカラーホイールが合成されています。

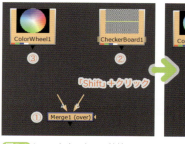
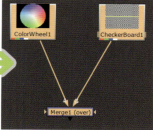

図5-4 ショートカットでの接続

図5-5 Mergeノードでの合成結果

 ノードの無効化／有効化

　ノードを削除せずに一時的に無効にしたい場合や、効果のON／OFFを確認したい場合は、ノードを選択している状態で「D」キーで無効にすることができます。無効の状態で「D」キーで無効を解除して再度有効化できます。

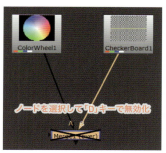

図5-6 ノードの無効化

 接続関係の反転

　「A」「B」が接続されている状態で**Merge**ノードを選択して、「Shift」＋「X」で「A」「B」の接続を反転することができます。

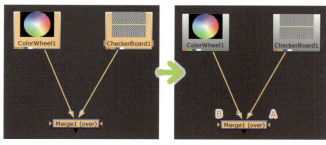

図5-7 接続関係の反転

 ノードの配置レイアウト

　ノードの配置を見やすくするための機能として、**Dot**ノードを使うことができます。実際に試してみましょう。

　どこかのノードを選択している状態で、キーボードの「Ctrl」キーを押すと矢印の中間に黄色い◇が表示されます。黄色い◇をクリックすることで、矢印の中間に**Dot**ノード

051

が作成されます。また、何もない所でDotノードを作成して、矢印にドラッグ＆ドロップしても接続することができます。何も選択していない状態で、キーボードの「.」（ピリオド）でマウスカーソルの位置にDotノードが作成できます。また、ノードを選択している状態で「.」を押すと、ノードの直下にDotノードが作成されます。

矢印のレイアウトを整理する際には、こちらのドットを使用して見やすい配置にしてください。

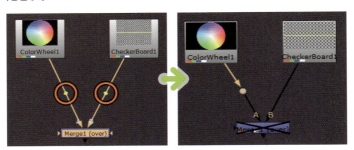

図5-8 Dotノードの作成

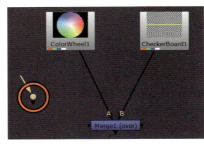

図5-9 新規でDotノードを作成

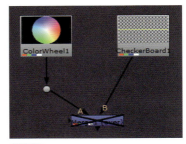

図5-10 Dotノードで矢印の配置を変更

CHAPTER 06 Part 1

ノードの種類

最初はどのノード（Node）を使用していいかわからないと思いますが、「Draw」「Color」などある程度カテゴリー毎に格納されているので、カテゴリーを目安にいろいろ試していきましょう。

ノードのカテゴリー

Nuke画面左にツールボックスもありますが、ノードグラフ上でマウスの右ボタンクリックからノードが作成できます。表示されたカテゴリーごとにたくさんのノードが格納されています。

ただし「File」「Edit」「Render」カテゴリーには、ノードグラフ上にノードとしては作成されないメニューになります。「File」メニューは読み込み、保存関連、「Edit」メニューは編集関連、「Render」メニューは動画の出力計算などを行う操作が集められています。

図6-1 右クリックによるノードのカテゴリ

図6-2 Fileメニューの内容

図6-4 Renderメニューの内容

図6-3 Editメニューの内容

カテゴリー内のノードの概要

主に「Image」カテゴリー以下が、ノードグラフでノードとして作成されます。それぞれの概要を簡単にまとめておきます。

・Imageカテゴリー

イメージ関連ノードは、イメージシーケンスの読み込み、表示、レンダリングを処理するだけでなく、チェッカーボードやカラーホイールなどの組み込みのNuke要素の作成も処理します。

053

・Drawカテゴリー

　ロトシェイプ、ペイントツール、フィルムグレイン、塗りつぶし、レンズフレア、スパークル、そのほかのベクターベースの画像ツールが含まれています。

・Timeカテゴリー

　タイムノードは、時間の歪み（クリップの減速、加速、または反転）、モーションブラーの適用、およびスリップ、カット、スプライス、フリーズフレームなどの編集操作の実行を処理します。

・Channelカテゴリー

　チャネルノードは、コンポジット内のチャネルとレイヤーの使用を処理します。一般的なチャネルは「赤」「緑」「青」「アルファ」です。ただし、固有のチャネルに保存できる有用なデータはほかにもたくさんあります。

・Colorカテゴリー

　カラーノードは、色補正、色空間、および色の管理を処理します。

・Filterカテゴリー

　フィルターノードには、ブラー、シャープ、エッジ検出、浸食などの畳み込みフィルターが含まれています。

図6-5　Imageカテゴリーのノード

図6-6　Drawカテゴリーのノード

図6-7　Timeカテゴリーのノード

図6-8　Channelカテゴリーのノード

図6-9　Colorカテゴリーのノード

図6-10　Filterカテゴリーのノード

・Keyerカテゴリー

　キーヤーノードは、ルマキーイング、クロマキーイング、および差分キーイングを使用してイメージシーケンスから手続き型マットを抽出します。

・Mergeカテゴリー

　マージノードは、さまざまな関数を使用して複数の画像をレイヤー化します。

・Transformカテゴリー

　トランスフォームノードは、トラッキング、ワーピング、モーションブラーだけでなく、移動、回転、スケールも処理します。

・3Dカテゴリー

　クラシック3Dノードに代わる新しいUSDベースのノードは、Nukeの3Dワークスペースを処理し、カメラの移動、セットの置換、および「本物」をシミュレートする必要があるそのほかのアプリケーション用の3Dコンポジットをセットアップできるようにします。

・3D Classicカテゴリー

　Nukeの3Dワークスペースを処理します。これにより、カメラの移動、セットの置換、および「実際の」次元環境をシミュレートする必要があるそのほかのアプリケーション用の3Dコンポジットをセットアップできるようにします。

図6-11 Keyerカテゴリーのノード

図6-12 Mergeカテゴリーのノード

図6-13 Transformカテゴリーのノード

図6-14 3Dカテゴリーのノード

図6-15 3D Classicカテゴリーのノード

・Particleカテゴリー
　パーティクルノード（NukeX、およびNuke Studioのみ）は、霧、煙、雨、雪、爆発などのエフェクトの作成によく使用される組み込みのパーティクルシステムを処理します。

・Deepカテゴリー
　ディープカテゴリは、各ピクセルが複数の値を持つことができるDeep画像合成を処理します。

・Viewsカテゴリー
　ビューノードは、立体視またはマルチビューの合成を処理します。

・MetaDataカテゴリー
　メタデータノードは、画像の元のビット深度など、画像に埋め込まれた情報を処理します。

・ToolSetsカテゴリー
　ここでは、Nukeで作成されたカスタムツールを扱います。独自のツールセットを作成したり、既存のセットを変更したりできます。

・Otherカテゴリー
　Otherメニューには、スクリプトおよびビューアー管理用の追加ノードが含まれています。

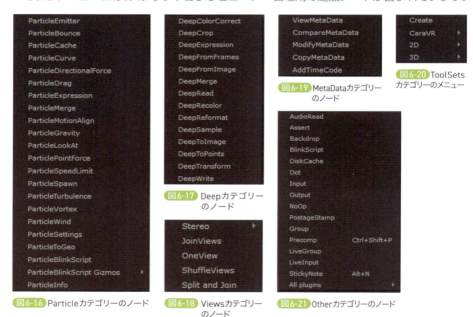

図6-16 Particleカテゴリーのノード
図6-17 Deepカテゴリーのノード
図6-18 Viewsカテゴリーのノード
図6-19 MetaDataカテゴリーのノード
図6-20 ToolSetsカテゴリーのメニュー
図6-21 Otherカテゴリーのノード

・FurnaceCoreカテゴリー
　FurnaceCoreメニューには、NukeXおよびNuke Studioに組み込まれている最も人気のある「Furnace」プラグインが含まれています。

・AIRカテゴリー
　AIRメニューには、アーティストによるVFX作業の一部の作業を支援するために設計さ

れた機械学習ツールが含まれています。

・Catteryカテゴリー
　Catteryメニューには、機械学習モデルの無料ライブラリへのリンクが含まれています。

・CaraVRカテゴリー
　CaraVRメニューには、Nuke専用のVRプラグインが含まれています。

図6-22 Furnaceプラグイン

図6-24 機械学習モデルの無料ライブラリ

図6-23 機械学習ツール群

図6-25 Nuke専用のVRプラグイン群

ノードのカラー

　ノードは、カテゴリーが一目でわかるようにカテゴリー毎に色が統一されています。図は、Ver14での色分けです。

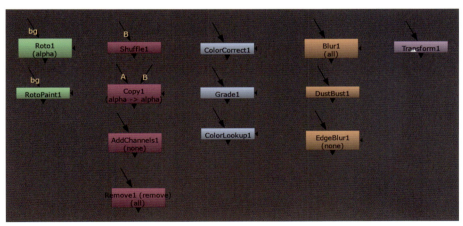

図6-26 カテゴリーごとのノードのカラー

ノードグラフ内の操作

　ノードグラフには、ノードを見やすく整理するための機能がいくつかありますので、紹介しておきます。

・ノードの整列

　複数の素材を同時に読み込んだ場合などは、図のように重なった状態で読み込まれます。整列させたいノードをまとめてドラッグで囲んで選択した状態で、「L」キーで横一列に整列させることができます。

図6-27 ノードの整列の操作

・シーン内の整理とメモ機能

　Otherカテゴリーの中には、シーンにメモを残したり視覚的にグループ化したり、カテゴリー分けをするのに便利なノードがあります。

　「`Backdrop`」を使うと、操作の一連毎に色分けしてシーンをわかりやすく整理することができます。文字の大きさや板の色も自由に変更できるため、素材はグレー、エフェクト部分は紫など一目でわかりやすいノード構成を作ることが可能です。

図6-28 ノードの整理機能メニュー

図6-29 ノードをわかりやすく整理する

図6-30 Backdropの色の変更

　ノードグラフ上にメモを残す場合は、「`StickyNote`」を使います。

図6-31 StickyNoteでメモを残す

ファイルやシーンの読み込みと書き出し

この章では、Nukeで扱うファイルの基本的な読み込み方や出力方法、作業シーンの読み込みや保存方法を解説します。

シーンの保存

Nukeは、アプリを立ち上げれば新規シーンが開かれている状態なので、新しく作業する場合はそのまま進められます。シーンを保存する場合は、Fileメニューから保存方法を選んで保存しましょう。

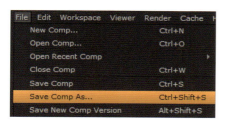

図7-1 Fileの保存関連のメニュー

表7-1 シーンの保存方法

メニュー	機能
Save Comp	初めて保存する場合は名前を設定して保存。シーン名がすでにある場合は上書き保存される
Save Comp As...	別名でシーンを保存
Save New Comp Vewsion	バージョン管理をしている場合は、新しいバージョンで保存

保存し忘れてNukeを閉じてしまうと次にシーンを開く場合、Nukeのオートセーブから作業した最終のデータを開くか、自分で保存したシーンを開くかを確認されますので、シーンを開く時にはメッセージウィンドウをしっかり確認しましょう。

新しくシーンを始める時には名前を付けて、素材と近いフォルダー階層など、わかりやすい場所にシーンを保存しておきます。

そのほかのシーン関連のメニュー

シーン関連のメニューとして、新規シーンの作成やシーンの読み込みなど、表のような機能があります。

図7-2 Fileメニューの機能

表7-2 シーン関連のメニュー

メニュー	機能
New Comp...	新規シーンを作成
Open Comp...	シーンデータを開く
Open Recent Comp	最近作業したシーンファイル履歴から開く
Close Comp	作業中のシーンを閉じる

シーン内への素材の読み込み

ノードグラフ内でショートカット「R」キーから読み込みウィンドウが開くので、階層をたどっていって素材を選択します。素材はまとめて読み込むことも可能です。

左下の「sequences」にチェックが入っていると、3DCGツールなどで作成した連番素材を1つのファイルとして読み込みます。

また、画像や動画ファイルはエクスプローラーなどからも直接ドラッグ＆ドロップで読み込むことが可能です。

図7-3 シーン内への素材の読み込み

図7-4 連番素材の読み込み

図7-5 画像や動画ファイルをドラッグ＆ドロップで読み込み

3Dノードの読み込み

3Dノードは現在v14、v15でbeta版と、レガシー版が存在しています。使用するバージョンを確認してご使用ください。

`GeoImport`ノードでは、3DCGツールなどで作成した「OBJ」ファイルや「FBX」ファイルを読み込むことが可能です。

`Camera`ノード（3D）も「Import Scene Prim」から3Dツールのカメラを読み込むことができます。

図7-6 GeoImportノードで、3Dのファイルを読み込み

図7-7 Cameraノード（3D）で3DCGツールなどで作成したカメラの読み込み

ファイルへの書き出し

ショートカット「W」キーでファイルのWriteノードを作成することで、上流の作業結果をディスクに保存できます。ダイアログのそれぞれの機能は、表の通りです。

図7-8 Writeノードでファイルの書き出し

表7-3 Writeノードの設定項目

項目	機能
channels	レンダリングするチャンネルを設定
file	レンダリングするファイルパスと名前を設定。シーケンスを連番ファイルで設定する場合は「####」、もしくはprintfスタイルの書式設定「%04d」を使用。拡張子の指定も必要 例1）D:/WORK/renderImage.####.png（ファイルパス/ファイル名.4桁連番指定.拡張子） 例2）D:/WORK/renderImage.%04d.png
proxy	関連するプロキシイメージのファイルパスを名前を設定
frame	フレームモードを設定
output transform	カラー変換を設定
view	プロジェクト設定に依存（ステレオフッテージを操作する場合は、レンダリングに必要なビューを選択）
file type	出力ファイル形式を設定
create directories	チェックをオンにすると、ファイル名を指定する際にまだ存在しない名前のフォルダを記載してもそのフォルダを作成してファイルを保存。チェックがオフの場合、ファイル名に存在しないフォルダ名などのパスがあるとエラーでレンダリングが開始されない

Part 1 CHAPTER 08

シーンのプレビュー

Nukeは新規でシーンを開くと、ノードグラフ上に1つのViewerノードが存在しています。これはViewerに処理の結果を表示させるためのノードで、ほかのノードと同様に増やすことも削除することできますが、合成の経過を確認するには必要なノードになります。

Viewerノードの操作方法

Viewerノードを作成して、中身を見てみます。

図8-1 Viewerノードの画面

操作を確認するために、左側のツールバーから複数の素材を追加してみましょう。「Constant」「CheckerBord」「ColorBars」「ColorWheel」の4つノードをメニューからクリックして作成します。作成したノードを横一列に整列させるには、すべて選択して「L」キーを押してください。

図8-2 操作を確認するためのノードの追加

ViewerにColorBarを表示するには、ColorBarsノードをマウス左ボタンでクリックで選択し、キーボードから「1」を実行します。画像ノードとViewer1ノードが点線で

062

繋がり、Viewer上に表示されます。

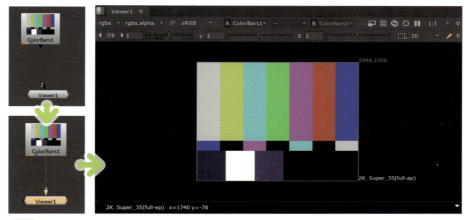

図8-3 ColorBarをViewerに表示

　Viewer画面内やノードグラフ内では、マウスの真ん中ボタンドラッグで画面の移動が行え、真ん中ボタンスクロールで拡大／縮小ができます。
　イメージそれぞれをクリックし、キーボードから「1」「2」「3」「4」とショートカットでそれぞれに割り当てることもできます。キーボートの「1」〜「0」までをViewerのショートカットキーに使用できます。
　キーボードから「2」「3」キーを交互に押すことで、Viewer表示上も切り替わります。矢印の先端をクリック＆ドラッグで、**Viewer**ノードから離せば割り当ても消えます。
　「**ColorBars**」と「**CheckerBoard**」を「1」と「2」に割り当てて、Viewer上で同時に確認してみましょう。

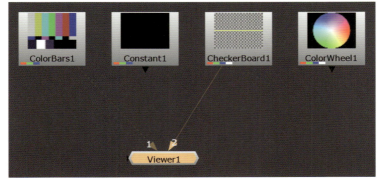

図8-4 「ColorBars」「CheckerBoard」をViewerに表示

Viewer画面の操作

　Viewer画面メニューの中央を確認してください。Viewer1画面中央の上部「A」「B」の枠内に選択した画像がそれぞれ登録されているのを確認します。「A」「B」に選択しているノード名が表示されていますが、「B」はグレーアウトしている状態です。
　Viewer上で簡易的に「A」と「B」に表示されているノードをコンポジットして確認することができます。

図8-5 接続されている画像の確認

　小さくてわかりにくいですが、「A」の隣のノード名のさらに右側に▼のプルダウンがあります。ノードの名前が長く隠れて見えない場合もあります。▼をクリックして開くと、登録している2つのノード名が確認できます。

図8-6 登録されているノードの確認

　「A」と「B」の間のプルダウンを開くと、表示方法、コンポジットの設定が選択できます。ここでは「wipe」を選択してみます。

図8-7 合成方法として「wipe」を選択

Viewer画面でのwipeの操作

　2つのノードが半分ずつ表示されました。上の「B」のノード名も白く表示が変わっています。2つの画像は、中央にあるコントローラーを境に切り替わっています。
　コントローラー自体をドラッグ＆ドロップで移動したり回転をさせることで、2枚の画像の切り替え角度や位置は自由に調整できます。なお、ここでの操作はあくまでも見た目の確認用なので、画像素材自体は何も編集されていません。

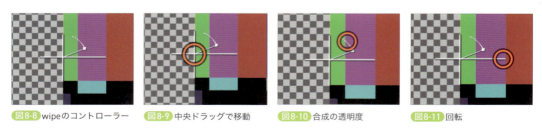

図8-8 wipeのコントローラー　　図8-9 中央ドラッグで移動　　図8-10 合成の透明度　　図8-11 回転

　ここでは、コントローラーの位置や角度を調整して、次ページの図のようにしてみました。

中央のプルダウンから選択して、表示方法を変更できます。Viewe上で「1」を実行すると合成表示は解除されます。

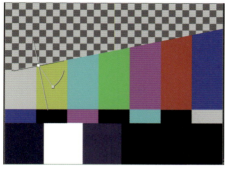

図8-12 コントローラーでwipeの合成結果を変更　　図8-13 合成結果の表示方法

左から「ゲイン」、「ガンマ」、「彩度」（Ver15以降）のバーを調整することで、作業上の見た目を変更することも可能です。変更した数値をリセットする場合は、「Y」や「S」の文字を「Ctrl」＋クリックすることで戻ります。

図8-14 Viewer上の見た目の変更

Viewer画面のショートカット

Viewer内にマウスカーソルがある状態で、キーボードの「スペースバー」でViewerの全画面表示のオン／オフを切り替えることががができます。そのほかのショートカットは、表の通りです。

表8-1 Viewer画面のショートカット

ショートカット	機能
Alt（Option）＋マウス左クリック&ドラッグ	表示しているイメージを上下に移動
Alt（Option）＋中ボタンクリック&ドラッグ	表示しているイメージを拡大縮小
ホイールを上下にスクロール	表示しているイメージを拡大縮小
テンキーの＋－	マウスカーソルを中心に拡大縮小
F	イメージをViewerの中央に配置（イメージの大きさはViewerサイズに最も近い整数値）
H	イメージの上下をViewerにピッタリ合わせた中央に配置
R	Rチャンネル表示
G	Gチャンネル表示
B	Bチャンネル表示
A	アルファチャンネル表示
Y	イメージの輝度表示
M	マスクのオーバーレイ表示
右クリックまたはスペースバー長押し	Viewerの操作などのメニューを表示
スペースバー	Viewer全画面表示

クリップの再生

クリップの「再生」「逆再生」などは、図のボタンで行います。ショートカット「L」キーで、再生／停止、「J」キーで後方に再生／停止ができます。

フレームレート（1秒間に何枚のイメージを表示するか）を指定して再生を実行すると、画像がキャッシュファイルにキャッシュされていきます。重い動画も何度かループ再生しキャッシュが溜まると、スムーズに再生されていきます。

使用する素材によってフレームレートは異なりますので、素材に合ったフレームレートを指定しましょう。映画やアニメは24fps（フレーム／秒）が多いです。

図8-15 クリップの再生ボタン

素材が読み込まれている状態で、「Flipbook」をクリックします。出力設定では、主に再生範囲や表示チャンネルを確認して実行します。

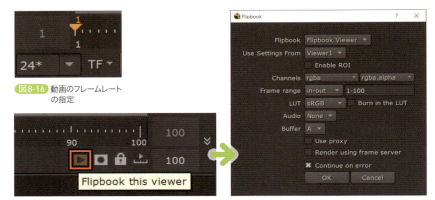

図8-16 動画のフレームレートの指定

図8-17 Flipbookを設定

計算が終了すると、別ウィンドウでFlipbookが立ち上がり再生が確認できます。こちらは確認のためのキャッシュデータなのでウィンドウを閉じてNUKEを終了したら、データとしては残りません。

図8-18 Flipbookの再生

Part 2

基礎編 2Dノード基礎 （基本合成）

基礎編としてNukeで最もよく使われる2Dノードによる合成（コンポジット）について解説します。Nukeには詳細なコントロールが可能な合成機能が多数用意されています。これらを使うことで、映像素材やシーンに応じて高品質なコンポジットを行うことが可能です。

ここでは、最も基本的な「Merge」ノードでの合成方法から解説し、人物などを切り抜くために頻繁に行われる作業である「マスク機能」について取り上げます。また、特定の物体を追跡するために使われる「トラッキング機能」や、グリーンバック撮影された人物などをマスク処理を行って合成するための「キーイング機能」、映像内の特定部分を置き換える「ペイント機能」ついて解説しました。

いずれもごく基本的な使用方法の紹介となっていますが、すべての章では動画や画像素材を使って、実際に操作をしながら機能を学べるように構成していますので、いっしょに試してみましょう。

1章	Mergeノード	068
2章	Maskの作成：Rotoノード	075
3章	Rampノード	085
4章	2DTracking：Trackerノード	091
5章	2DTracking：PlanarTrackerノード	100
6章	Keying：Keyerノード	106
7章	Keying：Keylightノード	110
8章	RotoPaintノード	117

Mergeノード

Nukeではさまざまな合成方法がありますが、もっともよく使用されるMergeノードを使用した代表的な合成方法を紹介していきます。操作の基本的な流れをマスターしていきましょう。

1-1 使用素材

この章での使用素材です。

図1-1-1 サンプルの使用素材

1-2 事前準備

女性の素材は前景（FG）、街並みの画像は背景（BG）として使用します。

1 新規シーンを立ち上げ、2つの素材を読み込む

2 Project Settingsを開き、full size formatを「HD_1080」に変更

今回の作業解像度は、HD_1080（1920×1080）で行っていきます。

3 名前を付けて、シーンを保存

図1-2-1 新規シーンに素材を読み込み、プロジェクトを設定

1-3 Mergeノードでの合成手順

Mergeノードは複数の画像を重ねることができる合成において、最も基本的なノードになります。ノードグラフ上でショートカット「M」で作成できます。

ノードの右にある三角は、マスクを繋ぐラインになります。ドラッグして引っ張ると、mask表示が現れます。町の背景とキャラクターをMergeで合成してみましょう。

1 素材の読み込み

ショートカット「R」でmerge_charaとmerge_bgを読み込み、Mergeノードの「A」と「B」のインプットをドラッグで伸ばして、画像ノードの上で離すと繋がります。Bのインプットを背景に、Aのインプットをキャラクターに接続してください。

2 合成結果の表示

Mergeノードをクリックで選択して、ショートカットで数字の「1」を実行します。Nuke左上のViewerタブに合成結果が表示されます。Mergeノードでは、AがBのプレートの上に乗っている状態になります。

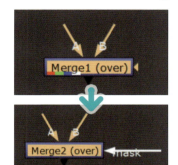

図1-3-1 Mergeノードの構成

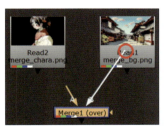

図1-3-2 Mergeノードにキャラクターと背景を接続

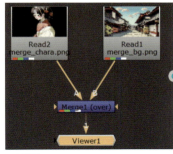

図1-3-3 Viewタブに合成結果が表示

069

1-4 Mergeノードの設定

Mergeノードでは、「operation」のプルダウンでPhotoshopなどと同様にさまざまな合成方法が選択できます。

「set bbox to」では、バウンディングボックスの処理を設定します（デフォルトは「union」）。バウンディングボックスは、Viewer上で点線の四角い枠として表示されています。この枠よりはみ出た部分は切り取られます。

デフォルトの「union」ではA、Bの両方の領域が足されたサイズになり、「intersection」は重なって重複した部分のみで切り取ります。「metadata from」と「range from」は、AもしくはBのいずれかのバウンディングボックスを継承するかを指定します。意図せず大きくなってしまうのを防ぐ場合は、「B」に設定しておくことをお勧めします。

このほかの詳細は、Foundryのユーザーガイドを参照してください。

● ユーザーガイド：マージ操作
https://learn.foundry.com/ja/nuke/content/comp_environment/merging/merge_operations.html

図1-4-1 Mergeノードの設定画面

1-5 Overによる合成

図1-4-1の「Operation」にある「over」をクリックすると、プルダウンでさまざまな合成方法が現れます。かなりの数の合成方法がありますが、通常一部しか使用しません。プルダウンを開かず、overの上にカーソルを置いたままにしてみましょう。それぞれの計算方法が一覧で表示されます。

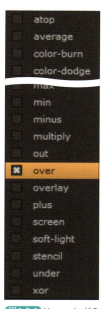

図1-5-1 Mergeノードの合成方法の選択

operation
atop Ab+B(1-a)
average (A+B)/2
color-burn darken B towards A
color-dodge brighten B towards A
conjoint-over A+B(1-a)/b, A if a>b
copy A
difference abs(A-B)
disjoint-over A+B(1-a)/b, A+B if a+b<1
divide A/B, 0 if A<0 and B<0
exclusion A+B-2AB
from B-A
geometric 2AB/(A+B)
hard-light multiply if A<.5, screen if A>.5
hypot diagonal sqrt(A*A+B*B)
in Ab
mask Ba
matte Aa+B(1-a) (unpremultiplied over)
max max(A,B)
min min(A,B)
minus A-B
multiply AB, A if A<0 and B<0
out A(1-b)
over A+B(1-a)
overlay multiply if B<.5, screen if B>.5
plus A+B
screen A+B-AB if A and B between 0-1, else A if A>B else B
soft-light B(2A+(B(1-AB))) if AB<1, 2AB otherwise (less extreme than hard-light)
stencil B(1-a)
under A(1-b)+B
xor A(1-b)+B(1-a)

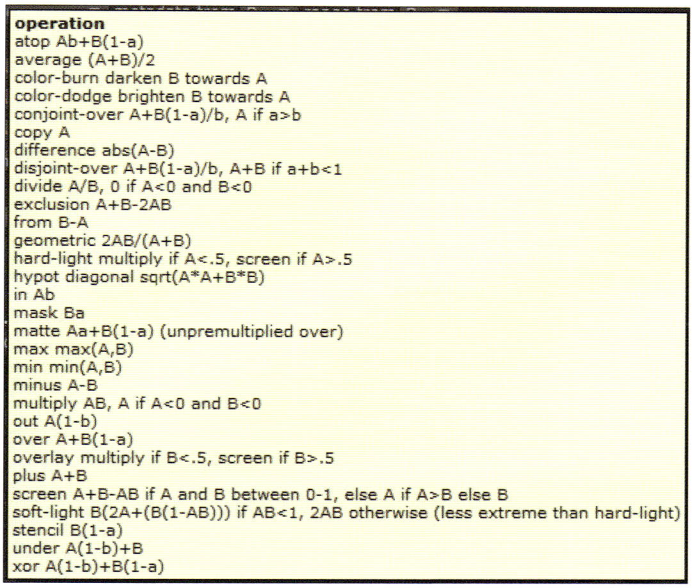

図1-5-2 合成の計算方法

図1-5-2にあるように、overの計算式は「A+B（1-a)」です。A+BというのはMergeノードに繋がっているA、Bのプレートになります。この例では、キャラクターと背景が加算されていることになります。(1-a)のaは、Aラインのアルファチャンネルを表します。アルファチャンネルの値「0」（黒）は何もない状態です。

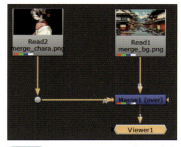

図1-5-3 アルファチャンネルを使った合成

Bに対してAのアルファチャンネルが「反転して」「乗算された」ものに、AのRGBチャンネルが「加算された」結果が最終的に表示されています。

マウスカーソルをViewer内に持っていき、ショートカット「a」でキャラクターのアルファチャンネルを見てみると、キャラクターの部分が白で塗りつぶされています。

キャラクターの白い部分にカーソルを持っていくと、右下のmaskの値が「1」になっていることが確認できます。

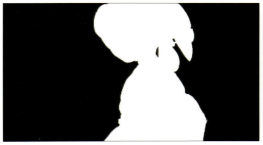

図1-5-4 アルファチャンネルの表示

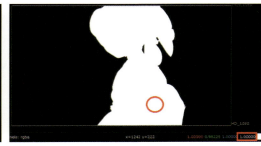

図1-5-5 マスクの値の確認

ちなみに「plus」の合成方法では、AとBを加算するだけなので2つが重なって明るくなります。AとBのRGBを加算では、黒い部分の値は「0」のため、結果的にBに変化はありません。

Nukeは、このようなアルファチャンネル付きの画像を合成することが前提となっています。ほとんどの3DCGソフトウェアによるレンダリングイメージでは、このようなプリマルチプライ済みの形式が出力できます。

図1-5-6 Plusでの合成結果

図1-5-7 RGB（左）とアルファチャンネル（右）

1-6　プリマルチプライでの合成方法

　もう1つ合成を試してみます。新たにflowerのプレートを読み込みましょう。この素材では、RGBのアルファチャンネルの外側にも色が乗っています。事前にアルファチャンネルがRGBチャンネルに乗算されていないということです。このような素材を「ストレートアルファ」と言います。

図1-6-1 flower素材の読み込み　　図1-6-2 RGB（左）とアルファチャンネル（右）

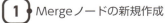 Mergeノードの新規作成

　Mergeを作成して、こちらの素材を先ほどの結果にさらに繋げてみます。

072

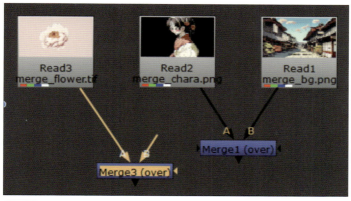

図1-6-3 新規Mergeノードの作成

2 結果の確認

Bラインを繋いで結果を確認します。マスクの外側の情報も足し算されてしまいました。

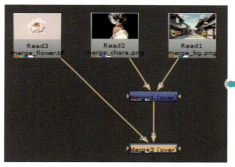

図1-6-4 マスクの外側も合成されてしまった

3 Premultノードの作成

このようなストレートアルファ素材を合成する際には、**Premult**ノードを使用します。ノードをAラインの上にドラッグすると繋がります。結果を確認すると、問題なく合成されています。

図1-6-5 Premultノードでの結果の確認

4 大きさと位置の調整

ショートカット「T」でTransformノードを使用し、スケールや位置調整をしてみてください。

図1-6-6 花を髪の毛に配置

5 ノード情報の整理

右側の「Properties」タブにノード情報が溜まっているので、バツ印のアイコンをクリックして表示をクリアしましょう。Propertiesタブを選択した状態で、「Ctrl」+「Shift」+「A」のショートカットでも同様です。これで、Transformの中心点の表示が消えました。

図1-6-7 Propertiesタブのノード情報のクリア

Viewerには、基本的にPropertiesとしてアクティブになっているノードオペレーションが表示されています。一時的にViewer上から表示のオン／オフを切り替えたい場合は、ショートカット「Q」を使います。

POINT

Margeで合成する際、Aインプットにはプリマルチプライ設定にしたプレートを繋ぎます。Nukeの基本構造ではBインプットが引き継がれます。主軸になるBを縦に引き、追加していくものをAとして追加します。

CHAPTER 02 · **2 Part**

Maskの作成：Rotoノード

Nukeでは、さまざまなノードにMaskを繋ぐことができます。ここではMask作成に頻繁に使用するRotoノードの使用方法を主に紹介していきます。後半では、マスクを活用した合成の基本操作までを行っていきます。

2-1 事前準備

新規のシーンを作成して、以下の設定を行います。

1 新規シーンを立ち上げる

2 Project Settingsを開き、full size formatを「HD_1080」に変更
今回の作業解像度はHD_1080（1920×1080）で行っていきます。

3 名前を付けて、シーンを保存

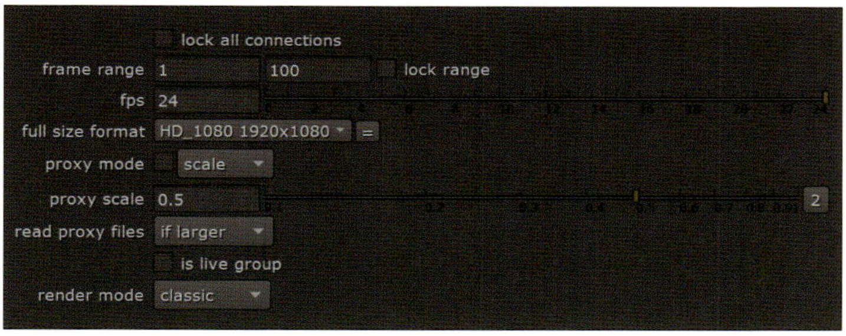

図2-1-1 新規シーンを立ち上げ、プロジェクトを設定

2-2 Rotoノードの基本操作

　一般的な3DCGソフトウエアでレンダリングした画像にはアルファチャンネルがありますが、Nukeで任意のアルファチャンネルを作成する際によく使用するのが、**Roto**ノードになります。ショートカット「O」で作成できます。

1 Rotoノードの作成
　ノードには最初からノードに（alpha）と表示されています。Rotoを作成すると、Viewer画面の内側に新たにメニューが表示されます。ここでカーブを描くことでマスクを作成し、アルファチャンネルとして使用するノードとなります。

075

図2-2-1 Rotoの作成画面

2 ラインを繋いでマスクの形状の作成

まずは作成してみましょう。Viewer画面の中で、マウス左ボタンを数回クリックしてください。クリックしたポイントが黄色くなり、赤いラインが繋がっていきます。「Enter」キーを押すと、最初のポイントとカーブが繋がり、カーブを閉じることができます。

図2-2-2 ラインを繋いでマスクの作成

3 アルファチャンネルの確認

Rotoノードを選択している状態で、Viewer画面をアルファチャンネル表示にします。いま作成した形状で、アルファチャンネルが作成されているのが確認できます。

図2-2-3 アルファチャンネル表示で確認

4 カーブの編集メニューの操作

左のメニューにあるペン先のアイコンから、カーブの編集メニューが選択できます。ここでポイントを追加、削除、スムースのオン／オフなどが行えます。

操作するには、矢印ボタンでマスクが選択されている状態であることを確認してください。カーブポイントが黄色く表示されていることを確認しましょう。

図2-2-4 カーブの編集メニューの「Smooth Point」を選択

例として、「Smooth Point」でカーブポイントをクリックすると角が曲線に変化します。

5 作成したマスクの削除

カーブを削除して作り直してみましょう。「Select」ボタンをクリックし選択モードに切り替えて、全体をドラッグして囲み、「Delete」キーで削除できます。

また、Propertiesに自分が作成したカーブが「Bezier1」として表示されています。こちらをクリックして「Delete」キーでも削除できます。

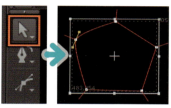

図2-2-5 全選択して削除

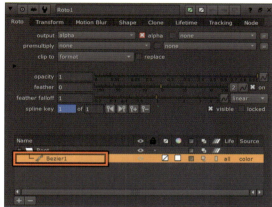

図2-2-6 Propertiesから削除

6 曲線でのマスクの作成

左メニューの一番下のベジェアイコンで、曲線を使ったマスクを作成してみましょう。最初から曲線でカーブを描く場合は、クリックしながらドラッグするとコントロールバーが伸びていきます。

最後のポイントで「Enter」キーを押すか、最初のカーブポイント上でクリックするとカーブを閉じることができます。

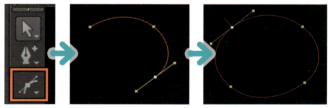

図2-2-7 ベジェ曲線でマスクの作成

以降で、ベジェ曲線の操作をいくつか紹介しておきます。

● 既存のシェイプにポイントを追加

操作：「Ctrl(Cmd)」+「Alt」+クリック

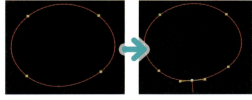

図2-2-8 ポイントの追加

● 滑らかさの変更

操作：ポイントを選択して「Z」（押すたびに滑らかさが変わる）

図2-2-9　曲線の滑らかさの変更

● ポイントを尖らせる

操作：ポイントを選択して「Shift」+「Z」

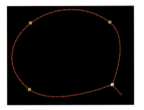

図2-2-10　ポイントが角ばる

● ポイントの削除

操作：ポイントを選択して「Delete」

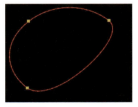

図2-2-11　ポイントを削除

● ベジェカーブの操作（反対側のハンドルを同じ長さで操作）

操作：「Shift」+ハンドルをドラッグ

図2-2-12　ベジェカーブの操作①

● ベジェカーブの操作（片方のハンドルを独立して操作）

操作：「Ctrl（Cmd）」+接線ハンドルをドラッグ

図2-2-13 ベジェカーブの操作②

● 全体の移動、回転、スケール

　ポイントをドラッグで選択すると、トランスフォームボックス表示が出てきます。

操作：テンキー「4」「6」→左右に1ピクセル移動

操作：テンキー「2」「8」→上下に1ピクセル移動

操作：「Shift」+テンキー「4」「6」→左右に10ピクセル移動

操作：「Shift」+テンキー「2」「8」→上下に10ピクセル移動

図2-2-14 トランスフォームボックスの表示

● 四隅の変形

操作：「Ctrl」+「Shift」+ドラッグで、四隅のポイントを選択

図2-2-15 全体の変形①

● 歪ませ

操作：「Shift」+ドラッグで、中間のポイントを選択

　なお、マスクはいくつも作成することができます。作成するとPropertiesに追加されていきます。

図2-2-16 全体の変形②

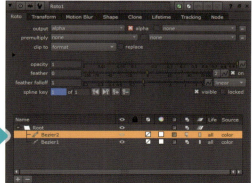

図2-2-17 マスクは複数作成できる

079

ここで、Propertiesにある個々のカーブ設定について解説しておきます。アトリビュートの一番下の欄には、作成したカーブがリストとして表示されます。

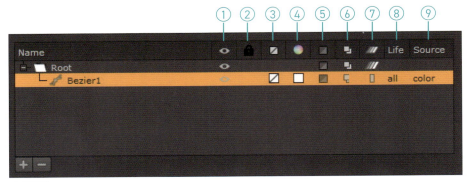

図2-2-18 各アイコンの機能

① 表示のオン／オフ
② 形状のロックのオン／オフ
③ Viewerに表示されるカーブの表示色
④ レンダリングする際の色
⑤ 形状、またはグループを反転
⑥ リスト上下のカーブ同士のブレンドモード設定
⑦ モーションブラーのオン／オフ
⑧ カーブが表示されるフレーム範囲
⑨ ソース

⑥のブレンドモードを変更する例を示します。

1 マスクの確認

2つ目のカーブを1つ目にかぶせて作成してみます。アルファチャンネルを確認してみると、デフォルトではマスクが繋がっています。

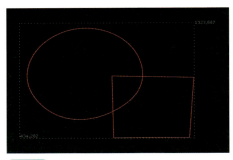
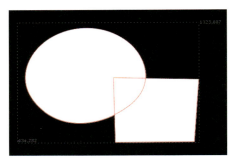

図2-2-19 マスクの確認（左：RGB、右：アルファチャンネル）

2 ブレンドモードの変更

ブレンドモードを「difference」に変更してみます。重なっている部分がくりぬかれました。

図2-2-20 マスクの形状が変更された

2-3 ツールバーメニュー

画面左のツールバーメニューの詳細は、以下のとおりです。

図2-3-1 セレクトメニュー

図2-3-2 ペンツール

図2-3-3 矩形ツール

2-4 Propertiesメニューのopacity

画面上部のPropertiesメニューにある「opacity」（透明度）の詳細を解説します。これは、feather、feather falloffマスクのエッジをぼかすための機能です。

1 featherの利用

featherを使用するには、ハンドルの中央の赤いラインを「Ctrl」＋ドラッグで伸ばします。アルファチャンネル表示にすると、伸ばした部分にかけてエッジがぼかされているのがわかります。

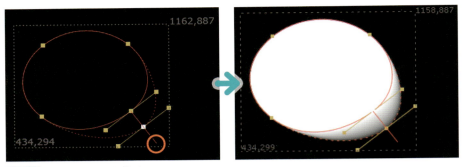

図2-4-1 featherでマスクをぼかす

全体に追加したい場合は、ポイントをすべてドラッグで選択して「E」キーを数回押します（「Shift」+「E」で削除）。

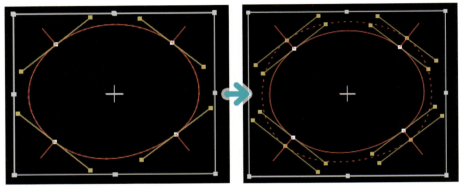

図2-4-2 すべてのポイントの選択

2 ぼかし具合の変更

Linearのプルダウンから「smooth0」などにすると、エッジのぼかし具合も変化します。

図2-4-3 ぼかしの変更

3 全体的なぼかしの追加

マスクの形状全体をぼかしたい場合は、**Blur**ノードを繋いで、ぼかしを追加します。sizeに任意の値を設定することで、ぼかし具合を調整できます。

図2-4-4 Blurノードで全体をぼかす

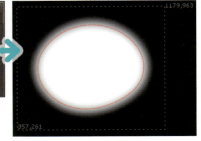

2-5 マスクのアニメーション

マスクは、アニメーションさせることができます。たとえば、画面手前を横切る車にマスクを作成して、マスクアニメーションで追従させ車のみ色を変更したり、車の後ろにCGなどを合成させるといったように、マスクにアニメーションをつける機会は数多くあります。

1 アニメーション機能の確認

SelectモードでのViewer内のツールバーで確認できます。デフォルトでオートキーが有効になっています。オートキーをデフォルトでオフにしたい場合は、Preferenceから変更できます。

オートキーが有効の場合は、カーブを作成した時点でノードの右上に「A」とアニメーション情報を持っている表示が付いています。「Dope Sheet」で確認すると、アニメーションキーが確認できます。

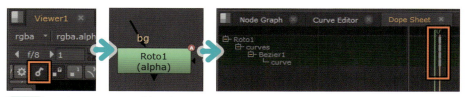

図2-5-1 マスクのアニメーション機能の確認

2 カーブの変形

タイムラインで10フレーム目に移動し、カーブポイントを移動させ、変形します。タイムライン上に青くキー表示され、Dope Sheetにも10フレームの位置にキーが作成されているのが確認できます。カーブポイントを移動すると、自動的にキーが作られます。

図2-5-2 カーブを変形させてタイムラインを確認

3 カーブ全体をコピー

タイムラインの「0」フレームの位置でカーブ全体をコピーして、20フレームに移動してペーストします(次ページの図2-5-3)。「Ctrl」+「C」、「Ctrl」+「V」でのキーのコピー&ペーストができます。

083

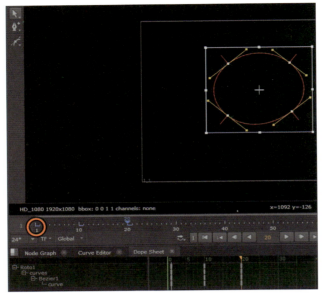

図2-5-3 カーブ全体をタイムラインに設定

4 キーフレームの確認

「0」フレームにいる状態でPropertiesを確認して、「spline key」を見てみましょう。「3 of 3」でキーが3つあるうちの3つ目にいることがわかります。ここで右端のキー削除ボタンをクリックすると、3つ目のキーを削除することができます。

図2-5-4 キーフレームの確認

図2-5-5 キーフレームの操作（左：前後のキーに移動、右：キーの追加と削除）

意図せずフレーム移動したために、Keyが作成されてしまうこともあります。アニメーションKeyの削除は、Viewer上でカーブを選択している状態でカーブの上で、右クリックメニューから「no animation→curve（all）」で行うことも可能です。

図2-5-6 Viewer上でカーブを選択し、右クリックからキーの削除も可能

Rampノード

Rampノードは、グラデーションを作成するためのノードです。ここでは、Rampノードをマスクとして活用した合成方法を解説します。

3-1 使用素材

この章での使用素材です。

図3-1-1 サンプルの使用素材
https://www.pexels.com/ja-jp/photo/1768073/

3-2 事前準備

最終的な出力はHDを想定していますが、今回の素材のように元の素材の解像度が高い場合は、たとえば作業は4K、出力はHDにしておくと後々高解像度で出力したい場合に安心です。今回は、4Kで作業をしてみましょう。

① 新規シーンを立ち上げる

② Project Settingsを開き、full size formatを「UHD_4K」に変更

今回の作業解像度は、UHD_4K（3840×2160）で行っていきます。

③ 名前を付けて、シーンを保存

4 サイズの調整

　素材と設定のサイズが合わないので、`Reformat`ノードを使用してサイズを合わせます。`Reformat`ノードはデフォルトで横サイズ合わせで、シーンセッティングのサイズにリサイズを行います。今回はデフォルトのまま4Kにリサイズし、上下を切り取った状態で進めます。

　これで4Kの背景の準備が整いました。

図3-2-1 新規シーンを立ち上げ、プロジェクトを設定

図3-2-2 Reformatノードでサイズの調整

図3-2-3 Reformatノードの設定画面

3-3　Rampノードをマスクで利用

　`Ramp`ノードをマスクとして利用する手順を解説します。

1 Rampノードを作成

　Viewer画面に表示させると、画面左下に「P0」「P1」の表示が確認できます。

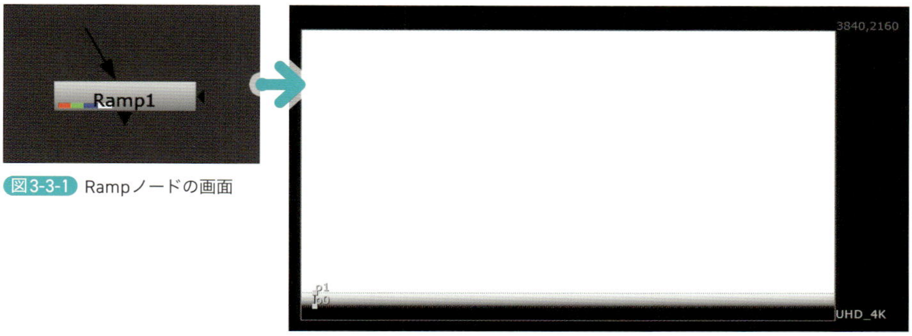

図3-3-1 Rampノードの画面

2 Attributeの確認

「point 0」「point 1」の横に座標の値が入っています。

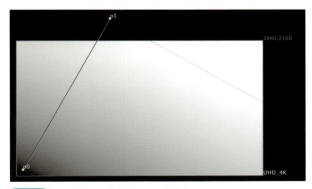

図3-3-2 P0、P1の横の座標を確認

3 ポイントを移動してグラデーションを確認

Viewerにある「P1」のポイントを上のほうへ移動させてみてください。ポイント間でグラデーションが作成されているのが確認できます。

図3-3-3 P1を移動してグラデーションを確認

4 Mergeノードで合成

Rampノードを先ほどの背景にMergeノードで繋ぎます。グラデーションの白い部分が背景に加算されます。

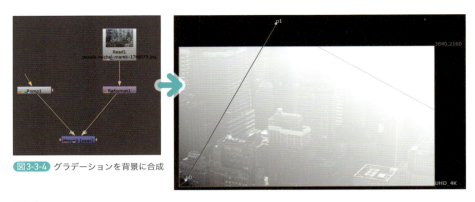

図3-3-4 グラデーションを背景に合成

5 グラデーションの調整

「P0」「P1」を移動させて、画面上部にグラデーションが乗るように調整してください。Attributeのtypeを「smooth0」などに変更すると、グラデーションの滑らかさも変化します。

図3-3-5 グラデーションの範囲を変更

図3-3-6 グラデーションを滑らかに変化させる

6 Rampノードの設定変更

今回**Ramp**ノードはマスクとして使用するので、余計なチャンネルの計算はしないようにoutputは「alpha」へ変更します。ただし、こちらは変更しなくても結果は変わりません。

図3-3-7 Rampノードの出力を「alpha」に変更

3-4 Constantノードでグラデーションに色を設定

`Constant`ノードは、すべてのピクセルが同一の色である画像を作るノードです。これを使って、グラデーションに色を設定してみます。

1 Constantノードで色の指定

新たに**Constant**ノードを作成します。色の作り方はいくつかありますが、今回はカラーホイールをクリックして色を調整してみましょう。上からRGBそれぞれの値をスライダーバーで調整して、色を作ります。

図3-4-1 カラーホイールで色を指定

2 合成して見栄えを調整

任意の色味を作成したら、**Ramp**ノードと**Constant**を**Merge**ノード（mask）で前景を作成し、新たな**Merge**（over）で背景のビルと重ねます。好みで明るく重ねたい場合は、**Merge**（plus）を選択するなど、見比べながら選択してください。

図3-4-2 合成して見栄えを調整

3 ポイント表示の消去

Rampノードのポイント表示が要らない場合は、Propertiesから表示を消しましょう（次ページの図3-4-3）。ショートカットは「Q」キーです。「Q」を押すたびに、表示のオン／オフが切り替わります。

画面がすっきりして、しっかり結果が確認できます。結果を確認しながら、さらにRampやカラーを調整しましょう。

図3-4-3 Rampノードのポイント表示を消す

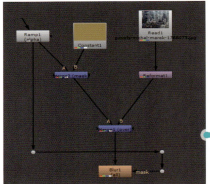

4 ぼかしの追加

Rampノードのグラデーションを流用して、**Blur**ノードを追加しぼかします。これで作例の完成です。

図3-4-5 ぼかしを追加して、作例の完成

CHAPTER 04 | 2 Part

2DTracking：Trackerノード

2DTrackingとは、画像内のピクセルの並びをフレームごとに追跡し、画像の中の任意の位置情報を座標データとして収集します。これにより、収集したデータでフレーム間での移動量を計測することができます。また移動量を差し引くことにより、動きが止まっているように見せる処理（スタビライズ）も可能です。

4-1 使用素材

この章での使用素材です。動画と画像の2つを使用します。

図4-1-1 サンプルの使用素材（動画）
https://www.pexels.com/ja-jp/video/3129424/

図4-1-2 サンプルの使用素材（画像）
https://www.pexels.com/ja-jp/photo/7414225/

4-2 事前準備

以下の手順で、作例制作の準備を行います。

① 新規シーンを立ち上げ、2つの素材を読み込む

② frame rangeを「1〜100」に設定

③ Project Settingsを開き、full size formatを「UHD_4K 3840×2160」に変更

④ 名前を付けて、シーンを保存

図4-2-1 新規シーンに素材を読み込み、プロジェクトを設定

4-3 素材データの確認

まずは、Viewerで素材を再生して全体を確認しましょう。手振れの目立つ動画なのが確認できます。

ガラスのボードに付箋がたくさん付いています。静止画から付箋部分を切り取りこの動画に合成したいと思います。

動画は641フレームあり長いですが、今回は100フレームだけ使用します。このままでも作業できますが、きちんと100フレームで完結の動画とするため、`FrameRange`ノードを繋ぎ、endに「100」と入力します。このノードがあることで、時間が経ってからこのシーンを開いた場合でも、使用フレームをカスタマイズしていることに気づくことができます。

図4-3-1 動画素材の100フレームまでを使用

4-4 基準となるフレームを決める

トラッキングを始める前に基準となるフレームを決める必要があります。画面がブレていない綺麗な状態で見えている必要があります。今回は1フレーム目を基準としましょう。基準となるフレームを「リファレンスフレーム」と呼びます。

① Trackerノードの追加

画面の揺れの値を取得するに、`Tracker`ノードを追加します。再生していて途中で止めている場合は、1フレーム目に戻ってください。

2 Tracker用のツールバーの操作

Viewer内にtracker用のツールバーが表示されます。これを使って、フレーム移動などの操作を行います。カーソルをボタンに重ねると、英語ですが機能説明や登録されているショートカットキーが確認できます。

以降では、よく使う基本項目とショートカットをまとめておきます。

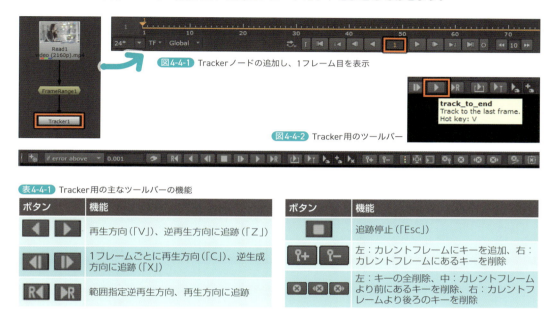

図4-4-1 Trackerノードの追加し、1フレーム目を表示

図4-4-2 Tracker用のツールバー

表4-4-1 Tracker用の主なツールバーの機能

ボタン	機能
	再生方向（「V」）、逆再生方向に追跡（「Z」）
	1フレームごとに再生方向（「C」）、逆生成方向に追跡（「X」）
	範囲指定逆再生方向、再生方向に追跡

ボタン	機能
	追跡停止（「Esc」）
	左：カレントフレームにキーを追加、右：カレントフレームにあるキーを削除
	左：キーの全削除、中：カレントフレームより前にあるキーを削除、右：カレントフレームより後ろのキーを削除

4-5 トラッカーの作成と設定

動画の追跡を行うためのトラッカーの作成と設定を行っていきましょう。

1 トラックの追加

プロパティから「add track」ボタンをクリックすると、「track1」が作成されます。なおViewer内で、「Ctrl」＋「Alt」＋マウス左クリックでもトラックは作成できます。

図4-5-1 トラックの追加

② トラックの位置の変更

Viewer中央にtrack1が表示されるので、ドラッグ＆ドロップで画面内の移動値を取得したいポジションに移動します。

今回はガラスのボードの動きを追いたいので、ボード上にあり周りの色や物に溶け込まない、再生中に画面の中で移動しないポイントを探します。そこで、ガラスにぴったり張り付いているピンクの付箋の角を解析します。

パターンの枠と解析範囲は大きくするほど重くなるため、なるべく最小限の値を探ります。今回はデフォルトのままで試してみましょう。何度でもやり直せるので、うまく取れなかった場合に大きくしてみてもよいと思います。

図4-5-2 トラックしたい位置にtrack1を移動

trackで表示されるアンカーやボックスの意味は、それぞれ次のとおりです。

● トラッキングアンカー

このポイントの座標が、トラッキングデータとして出力されます。

● パターンボックス

このボックス内の画像をパターンとしてフレームごとに追跡します。なるべく追いやすいパターンを指定します。

● 検索領域ボックス

次のフレームでパターンを追跡する範囲を定義します。動きの激しいパターンを追う場合は、この範囲を大きくする必要があります。

図4-5-3 トラッキングアンカー

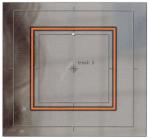
図4-5-4 パターンボックス

図4-5-5 検索領域ボックス

4-6 動画の解析

trackの設定が終わったら、動画の解析を行ってみましょう。

1 解析の開始

Viewer内の上にあるツールバーにある「▶」ボタンをクリックして、解析を開始します。終了フレームまでオートで解析しましょう。

図4-6-1 解析の開始

2 解析の終了

100フレームまで、オートで解析が終了します。動画の途中で隠れてしまったりすると解析できなくなるため、そういった素材の場合は再び現れたフレームにtrackerを移動させて続きを解析します。

オートでうまくいかない場合でも、1コマずつだと取れる場合があるので、何度でもトライ＆エラーしてみましょう。

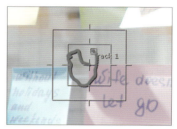

図4-6-2 オートでの解析の終了

3 解析内容の確認

Curve Editorタブを開くと、フレームごとにKeyが作成されていることが確認できます。トラッキングデータができたら、準備完了です。

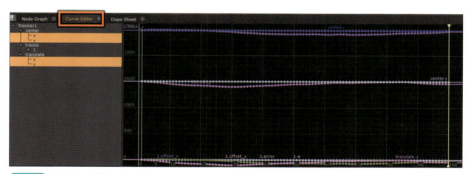

図4-6-3 トラッキングデータの確認

4-7 合成素材の準備

それでは、合成する付箋の画像の準備を進めましょう。

1 画像の表示

Viewer内にトラッキングの表示が残っている場合は、Propertiesタブにマウスポインタを持っていき、「Ctrl」+「Shift」+「A」などの操作で消します。

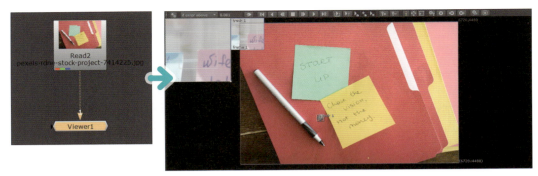

図4-7-1 画像をViewerに表示

② サイズの変更

この素材はかなりサイズが大きいため、動画のオフィスにフォーマットを合わせます。`Reformat`を繋ぎ、設定は「resize type width center」のまま使用します。横幅がProject Settingsで設定した3840ピクセルに合わせて縮小されます。

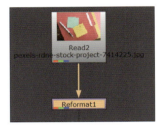

図4-7-2 画像を縮小して動画に合わせる

③ 付箋のみの画像を作成

`Roto`ノードで付箋をていねいに囲います。`Copy`ノードで`Roto`を繋ぐことで、付箋のアルファチャンネルに`Roto`ノードが設定されます。

さらに`Premult`を繋ぐことで、アルファチャンネルでrgbが乗算されます。Viewerが図の状態になっていれば、合成する付箋の準備も完了です。

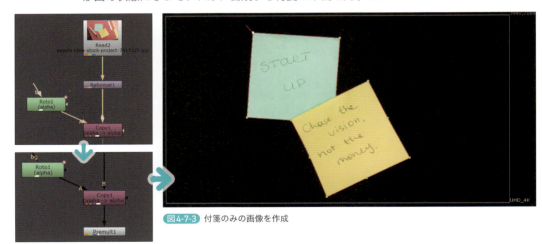

図4-7-3 付箋のみの画像を作成

4-8 マッチムーブ

マッチムーブ（match-move）は、trackerで解析した移動値を合成する素材に反映させます。また、この章では紹介していませんが、カメラの手ぶれを画像に逆変換を適用して、その場に静止させる「stabilize」機能もあります。これを使用する場合は、「Transform」

タブのtransformプルダウンから設定します。

　ここでは、マッチムーブを行ってみましょう。

1 マッチムーブの作成

　TrackerのProperties内Exportのプルダウンを開き、「Transform（match-move）」を選択します。プルダウンの下にある（「match-move、baked」）は、作成されたキーアニメーションをベイク処理して書き出すため、Trackerとの繋がりが切れます。bakedをしなければ、トラッキングをやり直しても常に新しい値を参照します。

　最終的に間違いないデータが取れたら、「match-move、baked」に差し替えてもよいでしょう。

図4-8-1　マッチムーブの作成

2 Transform_MatchMoveノードの作成

　Trackerが解析した移動値が`Transform_MatchMove`ノードとして作成されます。ただ、今回はtrackポイントを1つしか作成しなかったため、transformのみチェックがついて出力されています。

　`Transform_MatchMove`を付箋に繋ぎ、付箋と背景を`Merge`（over）で重ねます。

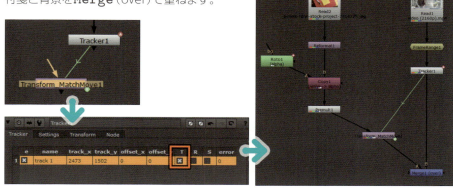

図4-8-2　Transform_MatchMoveノードの作成

3 素材の大きさと位置の調整

　付箋がまだ大きいため、`Premult`と`Transform_MatchMove`の間に`transform`ノードを追加して、大きさと位置を調整します（次ページの図4-8-3）。

　縦線横線にカーソルを合わせると縦横のスケール、右に長く伸びている部分で回転、円の際をドラッグ＆ドロップで全体スケール、中央付近をドラッグ＆ドロップで移動になります。付箋の並びに配置してください。

097

図4-8-3 素材の位置の調整

4 再生して確認

Mergeノードを再生して確認してみましょう。位置は合っているように見えますが、背景とズレて見えます。

図4-8-4 合成結果を再生して確認

4-9 トラッキングポイントを増やす

動画のブレを解消するために、Trackを増やしてみましょう。

1 add trackでトラックを追加

再生を停止して1フレーム目に戻り、「add track」ボタンでトラックを追加します。track2は、ここでは付箋の右上に合わせました。

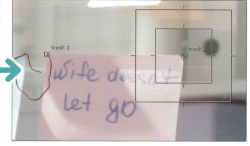

図4-9-1 トラックを追加

2 オプションの設定

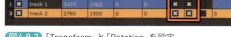

図4-9-2 「Transform」と「Rotation」を設定

解析を開始する前に、「Transform」と「Rotation」にチェックを入れます。解析ポイントが2点あることにより、画面の揺れによる回転やスケールも解析できるようになります。今回のサンプルでは、TransformとRotationで十分です。

3 解析を実行して、結果を確認

Viewer内のボタンからオートで解析を実行しましょう。Exportから先ほどと同様に`Transform (match-move)`を「create」で実行します。新たに`Transform_MatchMove`ノードが作成されます。

新しいノードに繋ぎ変えて、結果を確認してみましょう。先ほどよりも自然に合成されていることが確認できます。実際にはこの後、合成した付箋のエッジを馴染ませたり、色見を合わせるなどの処理を加えて、動画を完成させていきます。

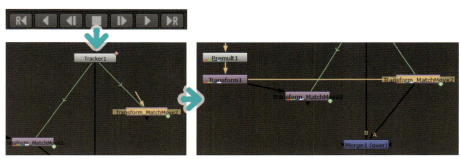

図4-9-3 ノードの接続設定

図4-9-4 動画を再生して結果を確認

Part 2　CHAPTER 05

2DTracking：PlanarTrackerノード

PlanarTrackerは、追跡対象に平面を合わせようとする機能です。これにより、追跡した顔や物体などを別な画像に置き換えることが可能になります。

5-1　使用素材

この章での使用素材です。動画と画像の2つを使用します。

図5-1-1　サンプルの使用素材（動画）
https://www.pexels.com/ja-jp/video/8293505/

図5-1-2　サンプルの使用素材（画像）
https://www.pexels.com/ja-jp/photo/3-220057/

5-2　事前準備

以下の手順で、作例制作の準備を行います。

① 新規シーンを立ち上げ、2つの素材を読み込む
② frame rangeを「1～100」に設定
③ fpsを「29.97」に設定（ベースの動画と合わせる）
④ Project Settingsを開き、full size formatを「HD_1080 1920×1080」に変更
⑤ 名前を付けて、シーンを保存

図5-2-1 新規シーンに素材を読み込み、プロジェクトを設定

5-3 素材データの確認

　今回も動画は長いですが、100フレームだけ使用します。再生して動きを確認しましょう。手前に額縁を近づけているため、最後のフレームが一番額縁が大きく見えるようにトラッキングは最後のフレームで行います。

　額縁を見ると、ほぼ正方形なのがわかります。このシーンを開いた場合でも、使用フレームをカスタマイズしていることに気づくことができます。

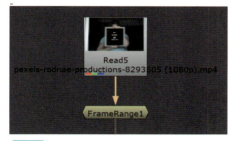

図5-3-1 動画素材の100フレームまでを使用

5-4 前景の準備

　画像を置き換える素材を準備します。

1 画像を正方形になるように調整

　額縁に重ねる前景素材は正方形ではないため、**Crop**ノードで切り取ります。Properties内のpresetプルダウンを「square」にセットします。

図5-4-1 Cropノードで正方形に切り取り

サイズの微調整はViewer内で、角を「Shift」＋ドラッグで調整できます。枠を全選択してドラッグ＆ドロップすると枠ごと移動できます。

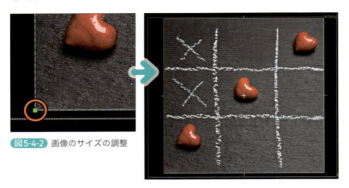

図5-4-2　画像のサイズの調整

2　素材を書き出し

「reformat」をチェックすると、Cropしたサイズに変更されます。

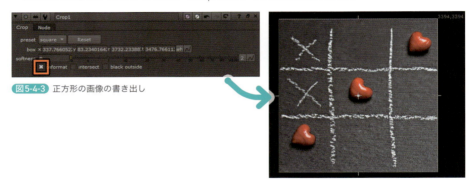

図5-4-3　正方形の画像の書き出し

5-5　PlanerTrackerの設定

画像の準備ができたので、PlanarTrackerを使って動画を編集します。

1　PlanarTrackerの接続

背景に戻り、「Tab」キーや右クリックメニューTransformの中から**PlanerTracker**を作成して、背景に繋がっている**FrameRange**ノードに繋ぎましょう。見た目が**Roto**ノードなので戸惑いますが、Propertiesをよく見ると「PlanerTrackerLayer」の表示が確認できます（次ページの図5-5-1）。

2　配置する場所を指定

「PlanerTrackerLayer」の背景が、図5-5-1のようにオレンジであればアクティブ状態ですので、Viewer内で額縁の内側をRotoの要領で四隅を順番にクリックして囲いましょう。PlanerTrackerLayerの下の階層にカーブが作成されているかを確認します。
上に作成されてしまった場合は「Ctrl」＋「Z」で作業を巻き戻し、PlanerTrackerLayerをクリックしてアクティブにしてから、カーブを作成し直します。

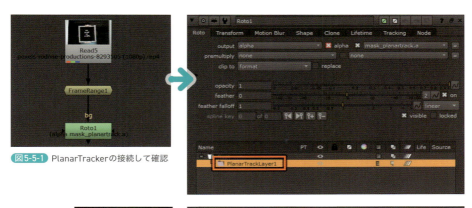

図5-5-1 PlanarTrackerの接続して確認

図5-5-2 配置する場所を囲んで指定

3 動画の解析

　カーブが綺麗に作成されたら、解析を開始します。カーブを100フレーム目で作成した場合は、左向き◀ボタンを実行します。無事にカーブが枠から外れることなく、解析が済んだかを再生して確認します。

図5-5-3 動画の解析

4 動画の生成

　PropertiesでTrackingタブを開き、Exportが「CornerPin2D（relative）」になっている状態で「create」を実行します。relativeとは、現在のフレームと参照フレーム間の相対的な変換に従って画像をワープします。参照フレームでは画像は変更されません。

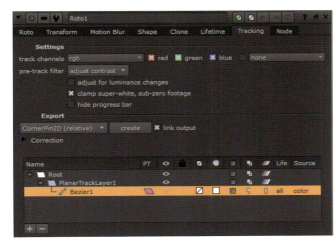

図5-5-4 画像を生成

5 前景の接続

`CornerPin2Drelative`ノードが作成されるので、前景に繋ぎます。`CornerPin2D`のPropertiesのCornerPin2Dタブの「to1〜to4」にはトラッキングした四隅の移動値が入っています。`CornerPin2Drelative`ノードをViewerに表示してみます。

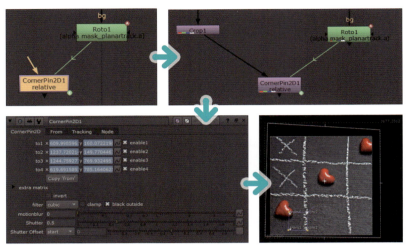

図5-5-5 前景を接続して確認

6 トラッキングした四隅の座標の確認

`CornerPin2Drelative`ノードのPropertiesにある「From」タブを開き、「from1〜from4」は「to1〜to4」に対応する座標を設定します。こちらには用意した前景の四隅を設定したいので、以降で現在のキーを削除します。fromの座標は、Viewer上でも確認できます。

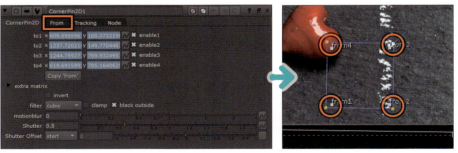

図5-5-6 トラッキングした四隅の座標

7 トラッキングした四隅の座標の削除

値の入力欄が薄い青色になっています。これはすでにアニメーションキーが入っている状態なので、数値が入っている枠にカーソルを合わせて、右クリックメニューから「No animation」を選択しアニメーションキーを削除します。「From1〜From4」のキーをすべて削除すると、薄い水色がグレーになります。

なお値の入力欄ではなく、メニュー上で右クリックメニューすると「No animation on all knobs」という項目がありますが、こちらを選択してしまうとほかのタブも含むすべてのキーが削除されてしまいます。間違ってこちらを選択しないように注意しましょう。

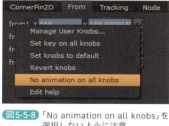

図5-5-7 四隅の座標のアニメーションキーを削除

図5-5-8 「No animation on all knobs」を選択しないように注意

8 前景画像を四隅に配置

ViewerはCropノードを表示させ、前景が歪んでいない状態にします。Viwer上で「from1~form4を」ドラッグ＆ドロップで前景の四隅に配置し直しましょう。

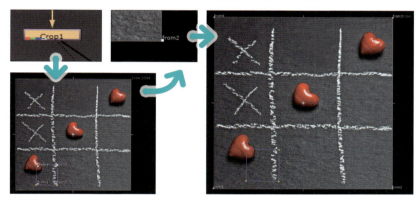

図5-5-9 前景画像を4隅に配置

9 結果を確認

結果を確認して、気になる箇所があったら戻って微調整します。作業がうまくいかない箇所などがあった場合は、ノードを再度作り直したほうがうまくいくことも多いです。うまくいかなかったノードを取っておいてやり直すなど、慣れるまではいろいろと試してみてください。

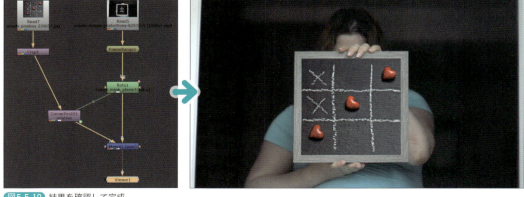

図5-5-10 結果を確認して完成

Keying：Keyerノード

キーイングというのは、グリーンバック撮影された人物などをマスク処理して、別の背景画像に合成するための処理です。グリーンバックは次節で紹介しますが、最初にキーイング処理でよく使用されるKeyerノードの基本的な操作を紹介していきます。

6-1 使用素材

この章での使用素材です。2つの画像を使用します。

図6-1-1 サンプルの使用素材（画像）
https://www.pexels.com/ja-jp/photo/2559932/

図6-1-2 サンプルの使用素材（画像）
https://www.pexels.com/ja-jp/photo/1509534/

6-2 事前準備

この節での使用素材です。2つの画像を使用します。

1. 新規シーンを立ち上げ、2つの素材を読み込む
2. Project Settingsを開き、full size formatを「HD_1080 1920×1080」に変更
3. 名前を付けて、シーンを保存

図6-2-1 新規シーンに素材を読み込み、プロジェクトを設定

6-3 Keyerの設定

このような素材は、グリーンバックでなくとも輝度情報でマスクを分けられます。

1 Keyerの接続

前景の素材に**Keyer**を繋ぎます。このノードはアルファチャンネルで使用しますので、Viewer画面の表示をショートカット「A」などで、アルファチャンネルに切り替えます。

図6-3-1 Keyerの接続

2 Keyerのプロパティの設定

Keyerのプロパティを確認すると、デフォルトでoperationが「luminance Key」に設定されています。rangeの値は、luminanceの「0～1」の白黒の値を表しています。現在は「A：0」なので黒、「B、C、D：1」なので白になっています。

range内の左にある「A」の黄色いバーを右へ移動していくと、黒になる値が引き上がっていきます。葉が真っ黒になるまで、バーを移動してみましょう。葉の周りの部分は薄いグレーです。

右上の「C」の黄色いバーは「B」と重なっています。「C」を左へスライドすると「B」のバーが出てきて、薄いグレーが白になる値が引き下がっていきます。「B」の値は「0～1」の白黒の範囲で「1」の値をどこまで引き下げるかの値になります。

AとBのバーを調整して、綺麗なマスクを作りましょう。

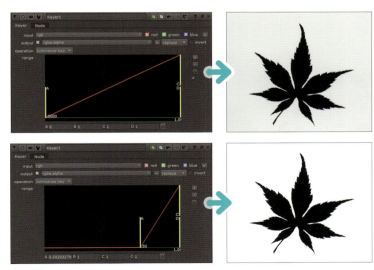

図6-3-2 白と黒の閾値の調整

3 マスクの完成

調整の値はあくまでも参考までにして、自分なりに調整してください。調整が完了したら葉のマスクにするには白黒が逆ですので、「invert」にチェックを入れて反転させます。

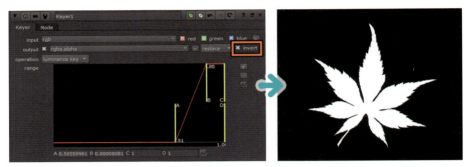

図6-3-3 マスクの完成

4 RGBで画像の表示を確認

ViewerをRGB表示に戻し、`Premult`ノードを追加して結果を確認します。

図6-3-4 RGBで確認

6-4 素材の配置と調整

素材の配置や調整を行って、背景画像との合成を行っていきます。

1 素材の配置

素材のサイズがシーンで設定したHDの作業サイズと合っていないため、`Reformat`を使用してHDサイズの中央に素材を配置します。デフォルトだとスケールが調整されてしまうので、resiza typeは「none」、「center」のチェックだけをオンにします。

2 背景の接続

設定した`Reformat`ノードをコピー&ペーストして背景へも繋ぎます。素材の解像度がとても高いので一部分しか見えません。

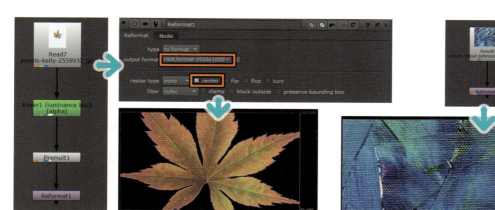

図6-4-1 素材の配置と設定

図6-4-2 背景を接続して確認

3 Mergeで合成

Mergeで合成してみると、素材が画面いっぱいになっていますがきちんと合成されているのが確認できます。

図6-4-3 Mergeの合成結果

4 大きさや配置を調整して完成

双方に`Transform`ノードを追加し、`Merge`ノードをViewerに表示して結果を確認しながら位置、回転、スケールを調整して完成です。

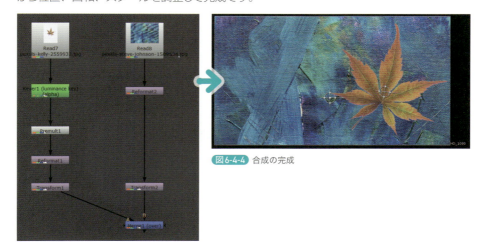

図6-4-4 合成の完成

Keying：Keylightノード

Keylightを使うことで、グリーンバックやブルーバックなど、画面内の特定の色味をマスクとして処理することで人物などを抜き出して、背景に合成することができます。

7-1　使用素材

この章での使用素材です。動画と画像を使用します。

図7-1-1　サンプルの使用素材（動画）
https://www.pexels.com/ja-jp/video/4148357/

図7-1-2　サンプルの使用素材（画像）
https://www.pexels.com/ja-jp/photo/1227511/

7-2　事前準備

以下の手順で、作例制作の準備を行います。

1. 新規シーンを立ち上げ、2つの素材を読み込む
2. Project Settingsを開き、full size formatを「HD_1080 1920×1080」に変更
3. 名前を付けて、シーンを保存

図7-2-1　新規シーンに素材を読み込み、プロジェクトを設定

7-3 Keylightの接続と設定

今回の前景は、動画ファイルです。作業するフレームで結果が変わってくる場合もあるので、1フレーム目で作業をしましょう。

1 Keylightの接続

前景素材にKeylightを繋ぎます。素材を先に選択している状態で、Keylightノードを作成すると自動的にSourceの矢印が繋がります。
Keylightのプロパティのscreen Colourに背景のグリーンを設定してグリーン部分のマスクを作成していきます。

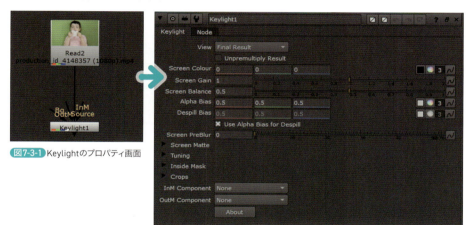

図7-3-1 Keylightのプロパティ画面

2 グリーンバックの設定

「Ctrl」+「Shift」+ドラッグで、右上のグリーンバックを範囲選択します。Viewerに範囲選択した平均値が保管されます。この値をマウス左ボタンでドラッグ＆ドロップして、Keylightの「Screen Colour」へ登録します。

図7-3-2 動画のグリーンバックの色を設定

3 結果の確認

結果を確認してみると、グリーン部分が一部抜けて黒くなっています。アルファチャンネル表示にしてマスクの状態を確認しましょう（次ページの図7-3-3）。人物はほぼ白ですが、グリーンバックの部分にはかなりムラがあることがわかります。

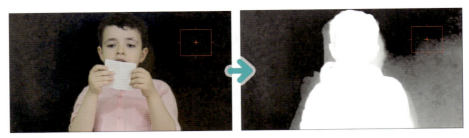

図7-3-3 マスクの状態を確認

4 グリーンバックの調整

元の素材を選択してViewerに表示し、範囲選択の位置や範囲を今度は左側に変更して登録し直してみます。登録する色が変わると結果も変わります。アルファチャンネル表示も確認してみます。

図7-3-4 別なグリーンバックを選択して確認

5 再度結果を確認して調整

Viewerの露出やガンマを変更すると、グリーンバックの陰影がわかりやすく確認できます。なるべく人物と背景の際をしっかり切り分けたいので、人物に近い部分の色味を選択してみることにします。

作業が終わったら変更したViewerの露出とガンマの値を、「Ctrl」＋クリックでリセットします。Viewerの設定を変更しても抽出する値には影響しません。

`Keylight`ノードを選択して、Viewerに表示します。アルファチャンネル表示も確認してみます。

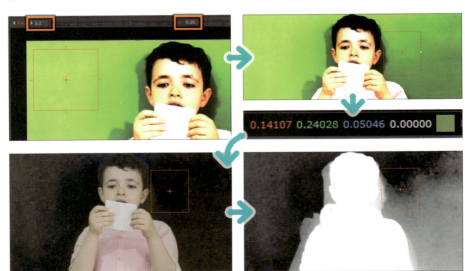

図7-3-5 人物に近いグリーンバックを選択して確認

6 マスクの微調整①

アトリビュートから「Screen Matte」を開きます。ここでパラメーターでマスクを微調整していきます。人物はほぼ白く取れているので、「Clip Black」の値を上げていきましょう。人物の輪郭が取れる位値を上げると、今度は人物内のムラが目立ってきました。

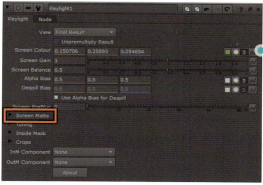

図7-3-6 パラメーターでマスクの輪郭の調整

7 マスクの微調整②

「Screen Gain」「Screen Balance」で全体的な調整を加えます。一部のムラがありますが、輪郭部分はほぼほぼ調整できました。

図7-3-7 パラメーターで全体的なマスクの調整

7-4 Rotoノードでのマスクの調整

Keylightで取り切れない部分は、Rotoで補正していきます。

1 Rotoを接続して、マスクが切れている箇所を選択

素材の解像度を維持するため、前景からRotoに矢印を繋ぎます。こめかみとメモ用紙近辺をカーブで囲います（次ページの図7-4-1）。

図7-4-1 Rotoでマスクの不備な箇所を選択

2 マスクをKeylightに取り込んで合成

`Keylight`のInMの矢印と`Roto`を繋ぎます。`Roto`のマスクを`Keylight`tのマスクに取り込むには、CropsのInM Componentを「Alpha」に設定します。

rotoマスクが合成されました。ですが再生すると位置がずれてしまうので、動画に合わせて適宜マスクカーブを変形や移動させる必要があります。

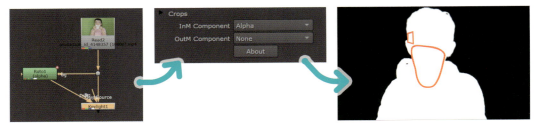

図7-4-2 CropsのInM Componentを「Alpha」に設定

3 背景を合成して確認

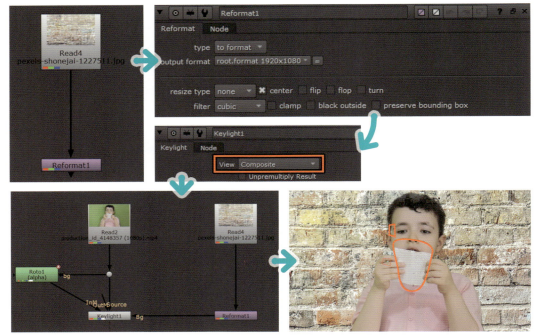

図7-4-3 動画に合わせてマスクの調整

背景と合成して、マスクの結果を確認してみましょう。背景には`Reformat`を繋いで、画面の中心に画像を配置し作業サイズ（1920×1080）に設定します。

そして、`Keylight`ノードから出ているBgのラインを`Reformat`に繋ぎます。`Keylight`アトリビュートの一番上のViewの設定を「Composite」にすると、背景と合成された結果が確認できます。

4　パラメーターを調整して精度を上げる

合成結果を確認しながら、改めて各パラメーターを微調整して整えていきましょう。まだ頭の部分にグレー階調が残っています。

「Clip White」を調整してホワイトポイントを下げると、エッジのアンチエイリアスが消えてしまったので、「Screen Softness」でエッジを柔らかく調整してみました。調整でマスクのムラがなくりました。

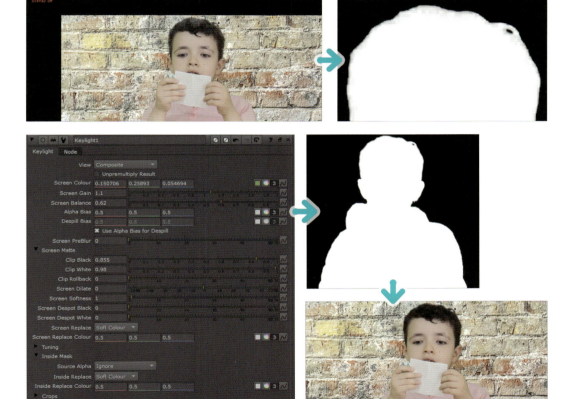

図7-4-4　「Clip White」と「Screen Softness」の調整

5　フレームを移動しながら調整して、完成

フレームを移動しながら、ロトカーブの位置や角度をその都度合わせていきます。自動的にアニメーションキーが作成されるので、再生して確認してみましょう。

位置調整はCropsの表示設定などを「None」に戻し、Viewを「Final Result」にすると確認しやすいと思います。再生して、完成動画を確認しましょう！

図7-4-5 最終調整と完成動画

Keying：Keylight ノード

CHAPTER 08　Part 2

RotoPaintノード

　この節では、RotoPaintノードの基本的な使用法から合成までの手順を紹介します。RotoPaintはRoto同様に、合成やこの後に出てくるRemoving（バレ消し）の作業において、とてもよく使用するノードです。Paint（ペイント）の言葉のとおり、画像に描画していくことができるノードになります。

8-1　使用素材

この章での使用素材です。動画と画像の2つを使用します。

図8-1-1　サンプルの使用素材（動画）
https://www.pexels.com/ja-jp/video/3056588/

図8-1-2　サンプルの使用素材（画像）
https://www.pexels.com/ja-jp/photo/1471120/

8-2　事前準備

以下の手順で、作例制作の準備を行います。

① 新規シーンを立ち上げ、2つの素材を読み込む

② frame rangeを「1～100」に設定

③ Project Settingsを開き、full size formatを「HD_1080 1920×1080」に変更

④ 名前を付けて、シーンを保存

図8-2-1 新規シーンに素材を読み込み、プロジェクトを設定

8-3 RotoPaintノードの基本機能

まずは、Viewerで素材を再生し全体を確認しましょう。動画は780フレームあり長いですが、今回は100フレームだけ使用します。

① RotoPaintノードの接続

動画ノードを選択している状態で、「P」キーで**RotoPaint**ノードを作成して繋げます。**RotoPaint**には最初からショートカットが設定されています。

RotoPaintノードが選択されている状態で、Viewerを確認しましょう。Rotoの時と同様にViewer内にRotoPaint用のメニューが追加されます。

図8-3-1 RotoPaintのメニュー

② ペイント機能を確認

スタートフレーム（1フレーム）からペイントしていきます。左のツールバーからブラシのアイコンをクリックして、Viewer内でマウス左ボタンをドラッグしながらラインを描きます。

「Shift」キーを押しながらドラッグすると、描画の線の太さを変更できます。太さを変えていくつか描画してみましょう。

図8-3-2 ペイント機能を試す

3 スポイト機能の確認

上のメニューの一番左、白くなってるアイコンをクリックするとスポイト表示になり、Viewer内で「Ctrl」キーを押しながらカーソルでクリックした箇所の色見で描画することができます。もう一度スポイトをクリックすると、スポイトモードが解除されます。

図8-3-3 スポイト機能を試す

4 新たな色の作成

カラーホイールをクリックすると、パレットが現れて好きな色を調整して作れます。

図8-3-4 カラーホイールで色の作成

5 Propertiesの確認

描画データは、描くたびにカーブデータとしてPropertiesに追加されていきます。プロパティをよく見るとLifeに「1」の値が入っています。再生してみると、せっかく描画したカーブがすぐ消えてしまいます。デフォルトでは描画したデータの寿命（Life）は、描画したフレームのみになっています。

図8-3-5 デフォルトでは描画したフレームのみに表示される

6 描画フレームの指定

Lifeの「1」の値をクリックすると、プルダウンメニューが表示されますので「all frames」にしてみます。「frame range」では描画範囲もフレーム単位で指定できます。たとえば、スタートフレームとしてfromに「20」、エンドフレームとしてtoに「30」などと指定します。

再生して、結果を確認してください。

図8-3-6 描画フレームの指定

7 そのほかの機能の確認

目のアイコンで表示のオン/オフが切り替えできます。すべてオフにすると、1フレーム目に戻っても何も見えません。ブラー、シャープ、焼きこみなども効果を試してみましょう。

機能を確認したら、カーブ表示はオフにしておきましょう。必要なければカーブを選択し、「BackSpace」キーで削除できます。

図8-3-7 そのほかの機能も確認

図8-3-8 機能を確認したらペイント前の状態に戻す

8-4 ベジェカーブとクローンブラシ

ペイントするだけでなく、矩形を描いたり、必要ない部分をなじませて消すことなども可能です。

1 ベジェカーブを試す

左のツールバーからベジェアイコンをクリックすると、Rotoと同様に図形も描画できます。操作を試せたら、表示はオフにしておきます。

図8-4-1 ベジェカーブで矩形を描く

2 クローンブラシを試す

RotoPaintならではのクローンブラシで道にある板を消してみましょう。画像をアップにして作業します。

板の左側にカーソルを配置し、「Ctrl」キーを押しながらマウスカーソルを板の上までドラッグして離します。「Ctrl」+マウス左ドラッグで距離、「Shift」+マウス左ドラッ

グでブラシサイズの調整ができます。左側の円の範囲内の画像で板を塗りつぶします。Photoshopのスタンプツールのように使用します。慣れるまで何度かやり直して消してみましょう。

図8-4-2 クローンブラシで不要なものを削除

3 すべてのフレームに描画

今回も「Life1」で描画しましたが、最初から「all frame」で描画する場合、上のツールバーからも寿命設定を選択できます。うまくいっているかを動画全体を再生して確認してみましょう。

図8-4-3 すべてのフレームに描画

8-5 画像でペイントする

冒頭の使用素材の壁の画像を使って、動画をペイントしてみます。

1 画像のサイズの変更

今回の素材はとても高画質なので、サイズを合わせます。`Reformat`ノードは、デフォルトでシーンセッティングのサイズにリサイズします。今回は、シーンのサイズにリサイズして構わないので、そのまま使用します。

図8-5-1 画像のサイズをシーンに合わせる

2 動画に接続してソース画像を設定

`RotoPaint`ノードの左側のライン（bg1）を`Reformat`へ繋ぎます。なお、bgは最大4種類繋ぐことができます。

上のツールバーを「フルフレーム」（all）にします。そして、fgのプルダウンから「bg1」へ切り替えます。ここで描画する元のソース画像を指定します。bg1へ切り替えると「current」「relative」の表示が現れます。

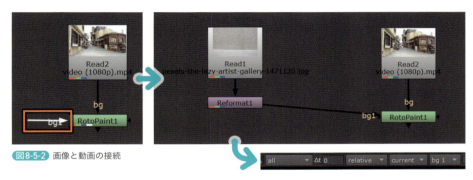

図8-5-2 画像と動画の接続

なお、上のツールバーの「Δt」に値を設定することで、表示されているフレームからの相対フレームでソース画像をペイントすることも可能です。たとえば、bg1に繋がっている1フレーム前の画像でこのフレームだけをペイントする場合は、図のように指定します。

図8-5-3 「Δt」で指定した相対フレームにペイント

3 動画の壁にソース画像の壁をペイント

動画のこちらを向いている壁にペイントして置き換えてみましょう。「Clone」のままでも描画できますが、「Reveal」に切り替えると画像がオフセットされません。ブラシの太さも調整しつつ壁をペイントしていきます。

作業が終わったら、全体を表示して確認してください。

図8-5-4 ソース画像の壁をペイント（全体画像は次ページ）

④ ペイントの調整

元の壁との際を際立たせたい場合は、細いブラシで境目をなぞります。カーブのブレンド方法は通常「over」となっていますが、プルダウンを表示して任意の効果に切り替えます。今回は「multiply」を選択してみます。なぞった部分が濃くなりました。

図8-5-5 ペイントで調整

5 さらに調整して画像のペイントの完成

　各種の設定は、カーブごとに編集できます。編集したいカーブを選択して、ブレンドモードや「opacity」で透明度を調整しつつ、画像を完成させていきましょう。カーブの寿命はまとめて選択して、編集することもできます。

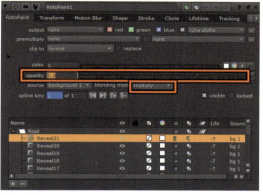

図8-5-6 カーブを選択してオプションを調整

図8-5-7 カーブの寿命をまとめて設定

6 動画の完成

　最後まで再生して確認しましょう。気になる箇所などは、その都度修正して問題なければ完成です。

図8-5-8 ペイントで編集した動画の完成

RotoPaint ノード

Part 3

実践編　ノードツリーによる合成

　基礎編では、Nukeで最もよく使われる2Dノードによる合成（コンポジット）について解説しました。それを踏まえて、実践編では実務で必要となるさらに踏み込んだ合成について学んでいきましょう。

　最もよく使われる「Mask」については、実践的なマスクの切り方のポイントやコツを解説します。また、映像制作で必須となる動画のマスクについても取り上げます。動画でマスクを切る作業は、時間が掛かり根気のいる作業ですが、クオリティに直結しますので何度も実践してみましょう。また、2DTrackingによる「画面はめ込み合成」では、合成感がでないようなよりリアルに見せる手法についても解説しました。さらにグリーンバックの素材を切り抜いて合成を行う「Keying」、不要な素材を削除するための「バレ消し」について、その作業の過程を詳しく紹介しています。加えて、実写ではなくCG素材の合成や調整方法についても詳しく解説しました。

　基礎編と同様に、すべての章で動画や画像素材を使って、実際に操作をしながら機能を学べるように構成していますので、いっしょに試して理解を深めてください。

1 章 ― Mask（静止画）	128
2 章 ― Mask（動画）	138
3 章 ― 2DTracking（実践編）	152
4 章 ― Keying（実践編）	175
5 章 ― CleanPlate（バレ消し）	218
6 章 ― 動体のバレ消し	226
7 章 ― CG Compositing	234

Mask（静止画）

Part2でも取り上げたように、マスクはRotoscopeと呼ばれる「ベジェ曲線やシェイプを使用して形状を切っていく作業」のことを言います。日本の映像業界では、このマスク作業は誰でもできる当たり前な作業として知られていますが、同時に人によってクオリティに差が生じる作業でもあります。

その大きな理由の1つに、ツールの使い方は理解が簡単であるものの、切り方・作業の仕方に関しては、人それぞれ異なっている部分があるためです。以降では、マスクの切り方に関して、意識するとよいおすすめの方法を実践しながら合成を行っていきます。

1-1　使用素材

この章の使用素材です。最初は、図1-1-1の男性の画像を使ってマスクの切り方を解説します。切り抜いた男性は、図1-1-2の背景画像に合成します。画像の解像度とレイアウトを調整し、被写界深度を入れて完成とします（図1-1-3）。

図1-1-1　前景素材
Photo by Doug Bolton from Pexels
https://www.pexels.com/photo/man-wearing-maroon-collared-shirt-1445527/

図1-1-2　背景素材
Photo by David Boozer from Pexels
https://www.pexels.com/photo/candy-jars-organizer-with-floral-wreath-and-coat-rack-211458/

図1-1-3　完成画像

1-2 事前準備

男性の素材は前景（FG）、店内の画像は背景（BG）として使用します。以下の手順でマスクを切る準備ができるので、次に解説する項目を意識しながら作業してみましょう。

1 新規シーンを立ち上げ、2つの素材を読み込む

2 Project Settingsを開き、full size formatを「HD_1080」に変更

今回の作業解像度は、HD_1080（1920×1080）で行っていきます。

3 名前を付けてシーンを保存

4 Rotoノードを前景素材の下に作成

5 Rotoノードをビューアーに表示し、プロパティにも表示

図1-2-1 新規シーンに素材を読み込み、プロジェクトを設定

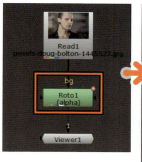
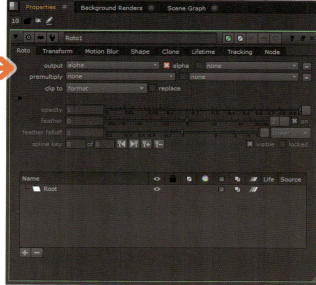

図1-2-2 Rotoノードを配置して、ビューアーとプロパティに表示

1-3 マスクを分ける

マスクを切る作業は、輪郭をトレースするイメージが強いため、1つのマスクですべての輪郭を切る「一筆書き」スタイルをしてしまいがちです。しかし、このスタイルはおすすめしません。

今回のような静止画であれば、一筆書きでも問題ない場合もありますが、これが動画となると話は別になります。動画になると、輪郭や各部位それぞれが違う動きをするため、頂点の位置が変わっていたり、キーフレーム補間が変に入って不安定な動きになったりと、ミスが増えやすくなります。

今回の素材は静止画ですが、1つのマスクだけですべてを切るのではなく、部位やパーツごとに切っていきましょう。

図1-3-1 一筆書きのマスク（左）とマスク分けの例（右）

静止画なので、今回は輪郭を意識して各パーツごとにマスクを切ります。図1-3-1の右のように「頭部」「耳」「首」「左肩」「右肩」「前髪」「まつ毛」と7つの部分に分けて切ってください。分け方は素材や動きによって変わってくるので、どう分けるかを考えながら切っていきます。

マスクを追加していくと、`Roto`ノードのプロパティにはマスク情報が追加されていきます。各マスクの線の色を変えて、わかりやすくすることもできます。

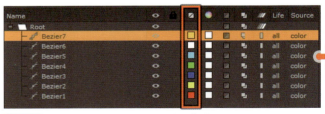

図1-3-2 各マスクの四角いアイコンから色変更が可能

マスク分けの作業はNukeだけに限らず、どのソフトウェアにも共通するテクニックです。マスクを切る際は、パーツや動きごとにマスクを分けて作業することを意識しましょう。

1-4 頂点（ポイント）の数を意識する

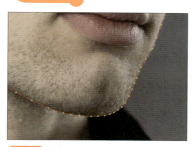

図1-4-1 無駄に多い頂点数

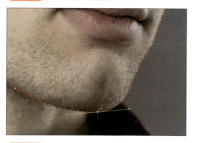

図1-4-2 ハンドルを使用した少ない頂点数

マスクを切っていく上でもう1つ重要なのが、頂点（ポイント）の数です。頂点の数は作業者によって大きく変わる部分の1つであり、極端に多くしてしまう場合や少な過ぎる場合など、人によってさまざまです。

頂点が多くなりがちな条件としては「ベジェのハンドルを使用していない」、前節の「マスクを分けていない」ことなどが挙げられます。頂点が多いということは、それだけ動かす必要のある点が多くなるということになり、調整するのに時間が掛かってしまうため、多くなり過ぎないように注意しましょう。

また、頂点が少なくなりがちな条件も、ベジェのハンドルを使い過ぎて、無理に伸ばして無理やり合わせていたりすることもあります。頂点が少ないということは、動かす頂点は少ないものの、動きによっては途中からマスクが足りなくなってしまう可能性があります。

頂点の数は多過ぎても、少な過ぎても駄目なのです。多いか少ないかの判断は後からでも可能なので、まずはマスクを最後まで切ってみましょう。その後「本当にここに頂点は必要なのか」または「ここには頂点が必要ではないか」を動きや全体像を見て考え、追加や削除をしていきます。

切り終わったら最後に、一通り見直して確認するようにしましょう。対象の形や動きをしっかり見て「必要最低限」の数にすることを意識してください。

1-5 Rotoマスクを適用する

マスクが切れたら、合成するためにアルファチャンネルを適用する必要があります。素材にはアルファチャンネルはありませんが、`Roto`ノードでマスクを切ったことでアルファチャンネルができました。

図1-5-1 Rotoノードの下にPremultノードを作成

図1-5-2 アルファが適用され切り抜かれる

つまり現在「ストレートアルファ」の状態なので、`Roto`ノードの下に`Premult`ノードを作成して切り抜きます。

1-6 異なる解像度の合成（バウンディングボックス）

これから背景に対して合成していきますが、その前に合成時の解像度に関して理解を深めてもらうために、一度仮背景に合成します。

1 CheckerBoardノードを作成

`CheckerBoard`ノードは、formatで指定した解像度のチェッカー画像を作成してくれるノードです。Project Settingsでfull size formatを「HD_1080」にしているので、`CheckerBoard`ノードのformatはデフォルトで「HD_1080」になっています。

このCheckerBoardノードを背景として、一度合成してみましょう。

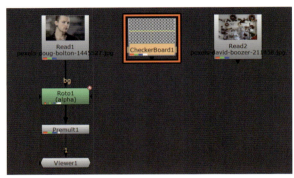

図1-6-1 CheckerBoardノードを作成

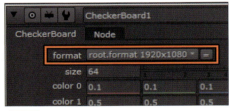

図1-6-2 チェッカーボードのformat

2 Mergeノードを作成

3 MergeノードのBインプットをCheckerBoardノードに繋げる

4 AインプットをPremultノードに繋げる

5 Premultの下にDotを作成

キーボードの「.」キーで作成します。

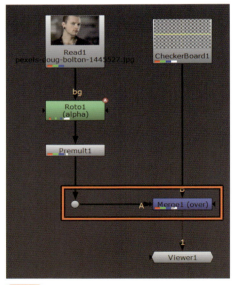

図1-6-3 Mergeで合成してみる

Mergeノードをビューアーに表示して見ると、変な結果で合成されているのがわかります。点線が表示されていますが、この点線は「バウンディングボックス」と呼ばれるものです。

これは背景よりも前景の解像度が大きいため、合成しても背景の部分しか見えず、見えていない部分をこのバウンディングボックスで表示している状態です。あえてバウンディングボックスを残す必要がある場合を除き、この状態はよくありません。

「見えていないがデータはある」という状態なので、このまま合成作業を行っていくと、

Nukeはバウンディングボックス部分まで計算を実行してしまい、無駄に時間が掛かってしまいます。これでは正しく合成できないので、合成する前に素材同士を同じ解像度にする必要があります。

図1-6-4 解像度が違うもの同士で合成した結果

1-7 Reformatで解像度を合わせる

解像度は、基本的には背景素材に合わせて前景素材を変更していきます。そのために、`Premult`ノードの下に`Reformat`ノードを作成します。

`Reformat`ノードは、解像度を変更するノードです。このノードもProject Settingsで設定した解像度がデフォルトで入っています。仮背景のCheckerBoardがHD_1080サイズなので、同じ解像度同士で合成するため、前景素材もHD_1080に変更しました。

同じ解像度に合わせたことで、バウンディングボックスも出ず、綺麗に合成することができました。合成する際は「解像度を合わせること」を意識して行うようにしてください。

続いて、仮背景ではなく先ほど読み込んだ背景素材で合成してみましょう。

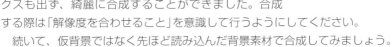

図1-7-1 Reformatノードを作成

図1-7-2 Reformatのプロパティ

図1-7-3 仮背景の合成結果

133

1-8 背景素材を加工する

では、背景素材に合成していきます。背景素材をビューアーに表示して確認すると、「5184×3456」という解像度がわかります。

図1-8-1 背景画像と解像度

解像度としては高いですね。このまま高い解像度で合成していくこともできますが、それだけ計算は重くなっていきます。

先ほど背景素材に合わせると言いましたが、必ずしも高解像度の背景が必要なのではなく、必要に応じて調整しましょう。今回Project Settingsで作業解像度をHD_1080としたので、HD_1080の解像度で合わせて作業をしていきます。

① 背景素材にReformatノードを作成

② resize typeを「none」に変更

Reformatノードには「resize type」という項目が存在します。これは、解像度を変更する際のタイプを指定しています。デフォルトでは「width」つまり横幅合わせで指定の解像度に変更します。ほかに「height」は高さ合わせ、「fit」や「fill」などがあります。

図1-8-2 Reformatノードを作成

「none」は何も変更せず、指定の解像度（今回はHD_1080）から見た元素材の画に変更してくれるものです（図1-8-3）。「none」により、背景素材がスケールアップしたような見た目になると思います（次ページの図1-8-4）。これにより、横幅合わせや高さ合わせで無理やり解像度を変更するのではなく、元の解像度のままHD_1080サイズで見た目を作っていくことが可能になります（次ページの図1-8-5）。

図1-8-3 resize typeをnoneに変更

図1-8-4 背景の元画像がスケールアップしたように表示される

図1-8-5 元の解像度のままの画角

3 Reformatを選択している状態でTransformノードを作成（図1-8-6）

前のノードを選択している状態でノードを作成すると、選択しているノードの情報を引き継いで作成してくれます。

4 背景レイアウトを調整

背景の位置や大きさなどを調整したら、最後に被写界深度を入れましょう。

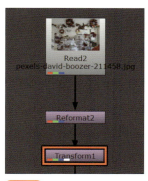

図1-8-6 Transformノードを作成　　図1-8-7 レイアウトを調整

5 Defocusノードを作成（次ページの図1-8-8）

`Defocus`ノードは、被写界深度を入れることができるノードです。defocusに「80」と入力します。

6 Cropノードを作成（次ページの図1-8-8）

`Crop`ノードはバウンディングボックスを削除してくれます。`Defocus`ノードはボケを入れるので、計算範囲が増えてバウンディングボックスが発生します。計算が重くなる原因なので、`Crop`で削除しておきましょう。

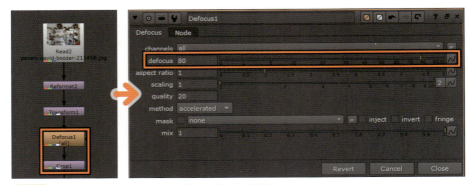

図1-8-8 DefocusノードとCropノードを作成して、ボケ具合を調整

7 MergeノードのBインプットを付け替える

これで、加工した背景素材に合成ができました。

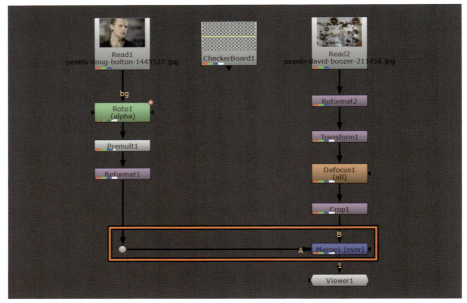

図1-8-9 Mergeノードで合成

図1-8-10 合成の完成

1-9 マスクの輪郭の調整

　マスクの輪郭が気になる場合は、Blurノードでボカしたり、Rotoのfeatherを使用して馴染ませてください。特に前髪やまつ毛の部分は、固い輪郭だと違和感がありますので、フェザーで伸ばしてあげると馴染みやすいです。

　輪郭だけをボカして馴染ませるのに使用されるEdgeBlurノードもおすすめです。Reformatノードの下にEdgeBlurノードを作成します。輪郭だけをボカしてくれますので、いい感じに馴染みます。

図1-9-1 フェザーで輪郭を調整

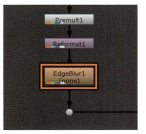

図1-9-2 EdgeBlurノードの追加

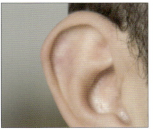

図1-9-3 効果の比較（左：エッジブラーなし、右：エッジブラーあり）

まとめ

　以上で、静止画合成は終了になります。このマスク技術は、人力で行う最も基本的なものです。最近では技術の進歩により自動で輪郭が選択されたり、マスクが作成されたりする技術が生まれていますが、基本的なマスクの切り方を理解しておくことで、足りない部分を補ったりすることもできますので、基礎をしっかり身に付けておきましょう。

Mask（動画）

1章でマスク合成を実践していきましたが「静止画」であったため、比較的簡単な作業になります。この章では、いよいよ動画のマスクを切っていきたいと思います。

2-1 使用素材

この章の使用素材です。飛行機の動画のマスクを切って、別の背景に合成してみます。

図2-1-1 前景素材（動画）
Video by Mark Arron Smith from Pexels
https://www.pexels.com/video/an-airliner-taxiing-on-the-airport-runway-16601233/

図2-1-2 背景素材（静止画）
Photo by Josh Sorenson from Pexels
https://www.pexels.com/photo/raining-1384898/

図2-1-3 完成動画

2-2 事前準備

素材を読み込んで、プロジェクトを設定します。

1 新規シーンを立ち上げ、2つの素材を読み込む

2 Project Settingsを開き、frame rangeを「1〜200」に変更

3 fpsを「29.97」に変更

今回は飛行機の素材が29.97fpsのため、fpsを変更しました。

4 full size formatを「HD_1080」に変更

5 名前を付けてシーンを保存

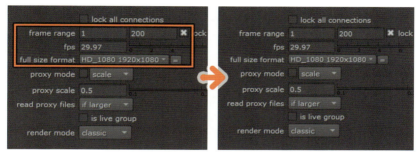

図2-2-1 新規シーンに素材を読み込み、プロジェクトを設定

2-3 Retimeで編集

飛行機の素材は尺（動画の長さ）が長いため、そのまま作業してしまうと、本来不要なフレーム数まで作業することになりかねず、無駄になってしまう可能性があります。そこで今回は、自分で使用する尺の範囲を決め、その範囲内に集中して作業していきましょう。

1 前景素材（飛行機素材）の下にRetimeノードを作成（次ページの図2-3-1）

Retimeノードは、素材の使用する尺を変更することができるノードです。

2 input range firstのチェックボックスをオンにし「200」と入力（次ページの図2-3-1）

チェックボックスをオンにすることで、フレームの指定が可能になります。input rangeは素材の「どこからどこまでか」を指定する項目です。今回は使用尺の開始フレームを「200F」からにします。

3 input range lastのチェックボックスをオンにし「399」と入力（次ページの図2-3-1）

これで素材の「200F〜399F」までを指定した状態です。

④ output range firstのチェックボックスをオンにし「1」と入力

　output rangeは、input rangeで指定したフレームレンジをどのフレームに変更するかを設定する項目です。output range firstを「1」としたので、頭合わせでlastに自動で数字が入り「200」となります。
　これで素材の「200F〜399F」を「1F〜200F」に変更するという処理が入りました。

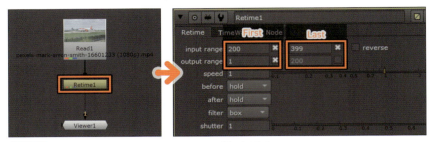

図2-3-1 Retimeノードを作成して、使用する動画の尺（範囲）を設定

2-4　キーフレームアニメーションとは

　動画のマスクを切っていく上で、理解しておく必要があるのが「キーフレームアニメーション」です。
　キーフレームアニメーションとは、あるフレームで数値や状態を記録し、別のフレームで数値や状態に変化を与えて記録すると、その間のフレームが補間されるというものです。図では、0F目で数値を「0」と記録し、10F目で「1」と記録したことで、間のフレームには「0.1」ずつの違いがある数値が補間されるという例になります。
　このキーフレームアニメーションは、数値だけでなくRotoノードのマスクにも適用されるので、考え方を理解しておきましょう。

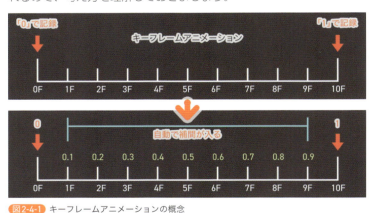

図2-4-1 キーフレームアニメーションの概念

2-5　どのフレームからマスクを切るのか

　動画のマスクを切っていく際に、まずどのフレームから切っていくのかを考えましょう。正解があるわけではありませんが、マスクの切りやすさ、アニメーションのしやすさに関

わってきます。

1 Retimeノードの下にRotoノードを作成

2 カレントフレーム（現在表示のフレーム）を100Fに移動

　今回の素材では、対象がカメラに近く、かつパーツすべてが見えていて中間フレームのため、ここでマスクを切れば前半にも後半にもだいたい同じマスクが使用できそうだったので、100Fを選びました。素材によって、そういった部分を意識してフレームを選ぶとよいでしょう。

図2-5-1　Rotoノードを作成してカレントフレームを100Fに設定

3 飛行機の本体部分のマスクを切る

　前章でやったように、パーツごとにマスクを分けることで、アニメーションしやすくなるので、まずは飛行機の本体のみでマスクを切ります。

4 残りのパーツを分けてマスクを切る

　本体、主翼、垂直尾翼、エンジン2つ、スタビライザーの計6つの大きなパーツを切り分けました。車輪などは後からでも追加できますので、まずはこの6パーツでマスクを切ってみましょう。

　また、わかりやすくするため今回はマスクの線を青くしています。

図2-5-2　パーツごとにマスクを切る

　Rotoノードは、「Part2 基礎編」でもあったようにデフォルトで「auto key」が入るようになっています。そのため、切ったフレームから別のフレームへ移動した状態でマスクのパス（ポイント）を動かすと、それだけでそのフレームにキーが打たれます。

この仕様を意識していないと、知らぬ間にマスクにアニメーションが入っているというミスが起きやすいので注意しましょう。それを踏まえた上で、どこでどのようにキーを打てばよいのかを考えていきます。

図2-5-3 Rotoノードの「auto key」の仕様に注意

2-6 キーフレーム間隔を意識する

　キーフレーム補間は、補間方法により変わりますが、基本的には均等に入るイメージを持ちましょう。
　図のような「振り子」のマスクを切る場合を考えてみるとわかりやすいですが、キーの数が少なければ当然「A」のようになってしまいます。対してキーの数が多く、間隔が細かいほど「B」のように正確になっていくのがわかります。なので最終的にはキーは多くなるのですが、重要なのはその過程です。
　いきなり「B」のようにキーを打っていくとマスク調整に時間がかかる上、全体像が見えず「本当にここにキーが必要なのか」がわからないまま進めていくことになります。そこでおすすめなのは、「A→B」となるようにキーを打っていくことです。

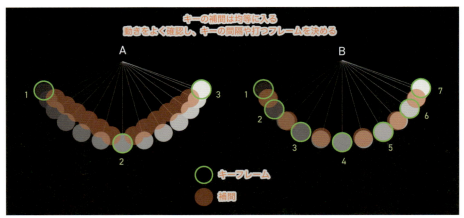

図2-6-1 キーの間隔と補間を意識する

　図のようにどこか動きの節目となりそうなフレームでおおまかにキーを打ち、後にその間を埋めるようにキーを追加していきましょう。そうすることで、補間によってすでにだいたいの位置が合っている状態でマスクの調整ができるので、より効率的に進めていけます。

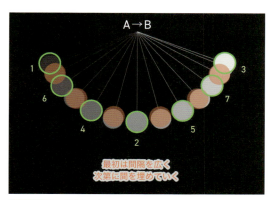

図2-6-2 広い間隔から短い間隔にしていく

　キーを細かく打っていくということは、それを突き詰めると「すべてのフレームにキーを打つ」が正確なのではないかと思われがちなのですが、素材によってはそうではありません。

　動きの激しいものや、輪郭がハッキリわかるもののマスクに関しては、部分的に1フレームごとにキーを打つこともありますが、多くの場合はとても時間が掛かってしまうので推奨されません。あまり動きのないフレームにもキーを打ってしまうと、再生時にマスクがガタガタにズレているように見えてしまう可能性もありますので、動きの少ないフレームに細かいキーを打つのはやめましょう。

　以上を踏まえた上で、飛行機のマスクにキーを打っていきます。

1 150Fで各パーツのマスクを合わせる

　マスクを調整する際のコツとしては、パーツのポイントを1個ずつ動かすのではなく、そのパーツのポイントをドラッグ＆ドロップですべて選択し、パーツごと一気に動かして合わせましょう。キーフレームによっては、パースや動きに違いがない場合がありますので、マスクの形がなるべくおかしな変形をしないように、まずはそのままの大きさや形で位置を合わせます。

　だいたい位置や大きさが合わせられたら、細かいポイントの調整を行って輪郭を合わせていきましょう。

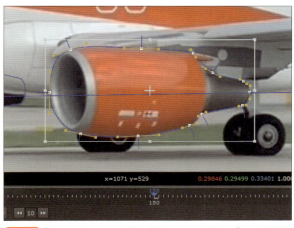

図2-6-3 合わせる時はパーツ全体を移動してから、細かいポイントを調整

② 1F、50F、200Fで飛行機のパーツマスクを合わせる

150Fで各パーツを合わせることができたら、ほかのフレームでも合わせて行きましょう。今回の飛行機は複雑な動きをしているわけではないので、ざっくりとおおまかに50F間隔くらいでマスクを合わせてキーを打っていきます。時間が掛かる作業なので、地道に調整していきましょう。

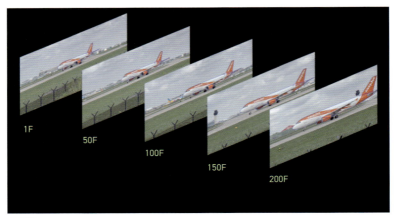

図2-6-4 広めの間隔でキーを打つ

③ 中間のフレームの補間を確認

ざっくりとマスクを合わせて50F間隔でキーを打つことができたら、中間の補間フレームを確認してみましょう。

それぞれ「25F」「75F」「125F」「175F」あたりを見てみると、完璧とは言えませんが、補間がうまく入ることで少しズレているぐらいにはなっていると思います。最初におおまかにキーを打ってあげると、このように間のフレームの補間調整がしやすくなるので覚えておきましょう。

図2-6-5 中間のフレームの確認（左：25F、右：75F）

ではここから補間部分にキーを打っていくのですが、どこのフレームにキーを打っていけばよいのかという判断に迷うことになります。よく使われるやりがちな方法として「フレーム番号のキリがよい数字」に打つというものがあります。

今回の素材は動きに緩急がないので、最初のキーはこの方法で打ってみました。もちろんこの方法でうまくいくパターンもあるので間違いではありませんが、基本的には「キリのよいフレーム番号」と「対象の動き」の関係は素材によって大きく異なります。そのため、汎用的な方法とは言い難く、すべてにこの方法を使用するのは推奨されません。

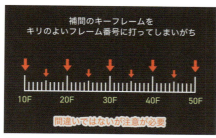
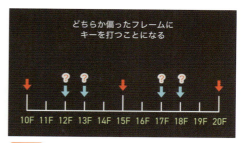

図2-6-6 よくあるキーの打ち方

図2-6-7 割り切れないフレームが残る例

　図は適当にキーを打っていった際に発生するパターンで、中間フレームに打とうとした時、フレームがうまく割り切れず、どちらかのキーに偏ったフレームにキーを打つことになるというものです。

　このパターンの場合、2フレームともキーを打つことになったり、結局1フレームごとに打つことになってしまったりと、作業量が増えてしまう可能性があります。

2-7　偶数フレーム数ごとにキーを打つ

　マスクは時間の掛かる作業なので、少しでも効率的に進められるように「偶数フレーム数ごとにキーを打つ」という方法があります。

　この方法は「フレーム番号」は意識せず、キーフレームを起点として「何フレーム離れているか」でキーを打っていきます。短い間隔に打つときは「2F、4F、8F」ごと、広い間隔に打つときは「16F、32F」ごとなど離したフレームでキーを打つと、割り切れない補間キーにならずに済むようになります。キーも最小限に抑えられる可能性がありますので、この方法を意識して使ってみてください。

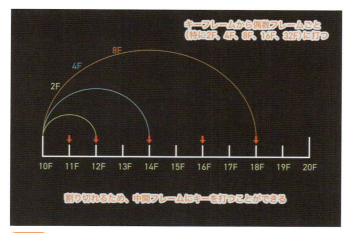

図2-7-1 キーから偶数フレーム離してキーを打つ

　飛行機の素材は徐々にスピードが上がる動きをしていますので、中間フレームにどんどんキーを打っていきましょう。

1 「26F」「76F」「124F」「176F」にキーを打つ

　図はDopeSheetですが、最初に打ったキーフレームから偶数フレーム数ごとにキーを打ちました。

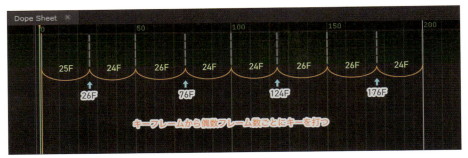

図2-7-2 ドープシートで見るとキーの位置がわかりやすい

　ここからはフレームの指定は行いませんので、必要だと思うフレームでキーを打っていき、ズレのないマスクアニメーションを最後までやり切ってみてください。何度も言いますが、マスク作業は根気が必要です。

　面倒だと思うかもしれませんが、合成の最も基本的な技術になりますので、この基本をしっかり身につけた上で、応用や新技術を覚えていきましょう。なお、車輪も別パーツとして切ってみると練習になると思います。

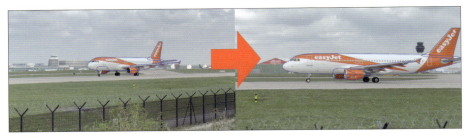

図2-7-3 最後までマスクアニメーションを入れる

2 Rotoノードの下にPremultノードを作成

　マスクを切ることができたら、`Premult`ノードでアルファチャンネルで切り抜きましょう。これで合成の準備はできました。続いて、背景を作成していきます。

図2-5-2 Premultして切り抜いた状態の画

2-8 背景を作成して合成

飛行機を切り抜くことができたので、背景を用意して合成を行います。背景の素材がとても大きい解像度なので、まずは小さくしましょう。

1 Reformatノードを作成して設定

output formatを「HD_1080」、resize typeを「none」に変更します。

図2-8-1 Reformatノードを作成して設定

2 Reformatノードを選択している状態で、Transformノードを作成

まずは背景のレイアウトを決めていきますので、レイアウト用の`Transform`ノードを作成します。translateの「x」「y」を指定して、最初のレイアウトを決定します。

飛行機のアニメーションに合わせて動かすので、1F目では右のほうが写るように、ここでは「x：－3000」「y：65」で調整しました。

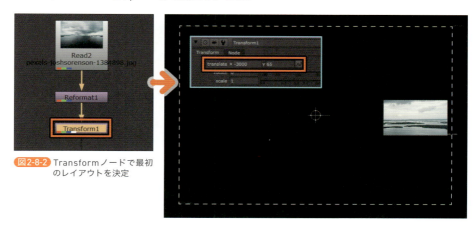

図2-8-2 Transformノードで最初のレイアウトを決定

3 レイアウトを決めたTransformノードを選択している状態で、Transformノードを作成

次にアニメーションを入れていくので、アニメーション用の`Transform`ノードを作成します（次ページの図2-8-3）。

147

4 Mergeノードを作成、Aは「Premult」、Bは「Transform」に繋げる

アニメーションを入れるために、一度合成します。これで飛行機が背景の初期位置に合成されている状態が作れました。あとは背景にアニメーションを入れていきましょう。

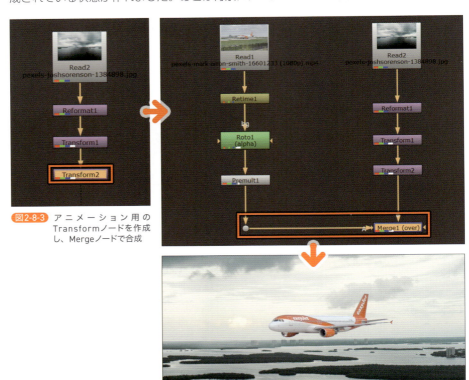

図2-8-3 アニメーション用のTransformノードを作成し、Mergeノードで合成

アニメーションは、キーフレームアニメーションを使用していきます。`Transform`ノードで数値を入力するボックス部分で右クリック、もしくはボックスの右側にある「アニメーションメニュー」と呼ばれるボタンを押すと「Set key」することができ、現在の数値をフレームに記録できます。

5 フレームに位置のキーを記録

ここでは、1F目でxとyに「0」でSet keyをし、200F目でxに「6000」、yに「-50」と入力しました。ここの数字は自由なので、飛行機の背景の動きに合わせて適切な数値を入れてください。キーが打てたら、ボックスが青くなります。これで背景の準備ができたので、最終的な調整を行いましょう。

図2-8-4 1F目と200F目の位置を設定(左:1F、右:200F)

6 Transform2を選択している状態で、Cropノードを作成

現在バウンディングボックスが残ってしまっているので、**Crop**ノードで消します。これでどんなアニメーションが入っていてもバウンディングボックスは出ないようになりました。

図2-8-5 バウンディングボックスを消して、再生して確認

Mergeノードを再生してみると、途中の曇っている部分の色味が合っていないので、以降の手順で色の調整も行ってみましょう。

7 背景に合わせた色味の調整

Retimeノードの下に**Grade**ノードを作成し、「gain」のカラーホイールアイコンをクリックして、背景に合わせてカラーを調整してみてください。

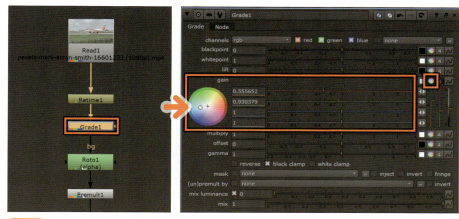

図2-8-6 Gradeノードのgainで色味の調整

図2-8-7 色味の調整結果

　色を合わせることができましたが、背景には曇りの部分と晴れの部分があります。飛行機の通る背景に合わせて色味も変えてあげるとさらによくなるでしょう。そこで、`Grade`ノードの「mix」という値を使用します。

　このmixは、`Grade`ノードの影響をどの程度与えるかを制御する部分なので、ここにアニメーションを入れることで曇り部分では青暗く、そうでない部分では通常になるように動きを入れていきます。

8 Gradeノードのmixにアニメーションを入れる

　1F目では`Grade`の影響が弱く、曇り部分では`Grade`が強く影響するように、ここでは「1F : mix 0」「70F : mix 1」「200F : mix 0.3」でSet keyしました。これで色味をだいたい合わせることができました。

図2-8-8 Gradeノードの影響度の制御

図2-8-9 mixにアニメーションを入れて結果を確認

9 背景を動かしているTransformノードのプロパティのmotionblurに「1」と入力

　最後に背景の動きにモーションブラーを入れて完成としましょう。このモーションブラーは、アニメーションに対して2D的に入るものです。

図2-8-10 背景の動きにモーションブラーを掛ける

図2-8-11 モーションブラーを掛けた合成の完成動画

まとめ

　マスク作業は最初に触れたように、誰しもができる作業でありながら、掛かる時間とクオリティには大きな差が生まれるものでもあります。1章と2章で解説した方法は、あくまで基本となるやり方であり、すべてこの方法で作業するわけではありません。

　多くの場合「Tracking」の技術を応用したり、「Keying」の技術を駆使したりして、なるべくマスク作業が少なくなるように工夫して作業が行われます。ただこの基本となる方法さえわかっていれば、どんな素材であっても対応できるようになりますので、ぜひとも覚えておきましょう。

　静止画および動画でのMaskの解説は、以上になります。お疲れさまでした！

Part 3 CHAPTER 03

2DTracking（実践編）

「Part2 基礎編」では、Trackerノードを使用することで、動画の中の指定位置を追跡し、情報として使用できることがわかりました。ここでは実践編として、「画面はめ込み合成」をより上手く合成することをメインに、Trackingをうまく取る方法や画面の反射抽出などをやってみましょう。

3-1 使用素材

ノートPCの画面の四隅をTrackingして前景の動画素材を合成し、さらにモニター画面の反射や汚れを背景動画から抽出して合成します。

図3-1-1 背景素材（動画）
Video by fauxels from Pexels
https://www.pexels.com/video/an-open-laptop-over-the-table-shows-agenda-to-tackle-in-the-workplace-3249804/

図3-1-2 前景画面内素材（動画）
Video by Kindel Media from Pexels
https://www.pexels.com/video/a-boy-holding-a-golf-club-6573477/

図3-1-3 完成動画

152

3-2 事前準備

素材を読み込んで、プロジェクトを設定します。

① 新規シーンを立ち上げ、2つの素材を読み込む

② Project Settingsを開き、frame rangeを「1～120」に変更

③ full size formatを「HD_1080」に変更

④ 名前を付けてシーンを保存

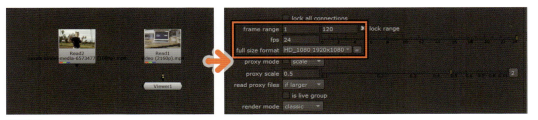

図3-2-1 新規シーンに素材を読み込み、プロジェクトを設定

3-3 作業パフォーマンスを上げる

今回の素材はUHDという4Kサイズなので、素材をそのまま使用すると、合成作業やレンダリングに時間が掛かります。そこで、まずは最初に使用尺（長さ）を決め、作業用解像度に落とすことでパフォーマンスを向上させます。以下の操作を行ってください。

① 背景素材の下にRetimeノードを作成して設定

input range firstのチェックボックスをオンにし、input range first に「24」と入力します。input range lastのチェックボックスをオンにし、input range lastに「143」と入力します。さらに、output range firstのチェックボックスをオンにし、output range firstに「1」と入力します。

これで素材の「24F～143F」を「1F～120F」に変更するという処理が入りました。

図3-3-1 Retimeノードを作成して設定（次ページの手順③のRefomatノードも追加された状態）

2 Retimeノードの「before」「after」をblackに変更

「before」「after」は、output rangeで設定したフレームの前後のフレームをどう処理するかを設定する項目です。beforeは前、つまりfirstより前のフレームの画をどうするか、afterは後、つまりlastより後の画をどうするかを決めています。今回は不要なので「black」で黒にします。

3 Reformatノードを作成

Project Settingsを行っていれば「HD_1080」になっています。

図3-3-2 frame range前後の画を設定

図3-3-3 Reformatノードを作成して設定を確認

3-4 トラッキングの精度を上げる

モニター画面のTrackingを行っていきます。そのままTrackerノードを作成してもよいのですが、今回はトラッキングの精度を上げるために、Gradeノードで事前加工してからTrackingをしたいと思います。以下の操作を行ってください。

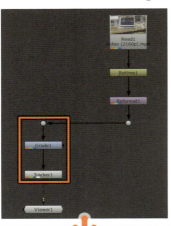

1 Dotを2つ作成し分岐

Dotは、「.」キーで作成できます。

2 GradeノードとTrackerノードを作成

3 Gradeノードの設定

Gradeノードのgainに「3」、gammaに「0.2」と入力します。
　トラッキングはピクセル数値を解析しています。この設定を行ってコントラストが強い画にしておくことで、トラッキング中に反射や汚れなどに持っていかれずに、精度を上げることができます。

図3-4-1 GradeノードとTrackerノードを作成して設定

4 カレントフレームが1フレーム目にあることを確認

track to endは、後ろに向かって計算していくためです。

5 add trackでトラックポイントを作成し、モニターの画面左上にポイントを合わせる

図3-4-2 カレントフレームを1Fにしてトラックポイントを画面左上に作成

6 track to endでトラッキング開始

うまくトラッキングを取ることができたら、残りの「右上」「左下」「右下」も④～⑥の手順を繰り返し、「▶」ボタンでトラッキングを行ってください。

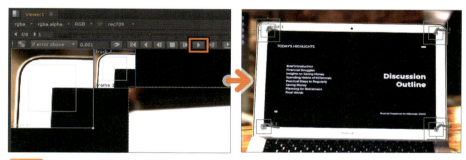

図3-4-3 画面の四隅のトラッキング

3-5 CornerPin2Dノードの作成と設定

画面の四隅でトラッキングを取ることができたら、一度前景素材に反映させてみましょう。以下の操作を行ってください。

1 四隅のtrackを選択し、CornerPin2Dを作成

track1～4を「Shift」キーを押しながら全選択し、Exportから「CornerPin2D（use current frame）を選んで、「Create」ボタンを押します（次ページの図3-5-1）。今回は四隅をトラッキングしているので**CornerPin2D**ノードを使用します。

155

2 CornerPin2Dノードを前景素材に繋げる

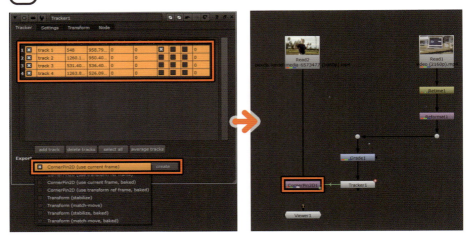

図3-5-1 四隅のtrackを選択し、CornerPin2Dを作成して前景素材に接続

　`CornerPin2D`ノードには、「to」と「from」が存在します。「to」は移動先、「from」は移動元の位置を設定する必要があります。`Tracker`ノードから作成した`CornerPin2D`ノードは、トラッキングを行った場所に「to」も「from」も設定します。

　`CornerPin2D`ノードをビューアーに表示してみると、図のように背景素材のモニター画面の四隅に「to」（移動先）と「from」（移動元）が設定されている状態が見えます。

図3-5-2 「to」も「from」も背景素材のトラッキングしたモニター位置にある状態

　移動先である「to」はモニター画面の四隅でよいのですが、「from」は前景素材の四隅である必要があります。なので、前景素材の四隅を正しく設定します。

3 CornerPin2DノードのFromの設定

　`CornerPin2D`ノードのプロパティを表示し、Fromタブを開き「Set to input」をクリックします。Fromタブは移動元の設定を変更する場所です。「Set to input」は繋がっている素材の解像度四隅に合わせるという機能です。

　これで、前景素材がモニター画面の四隅の位置に移動してくれました。では、合成して

みましょう。

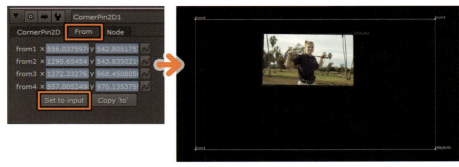

図3-5-3 CornerPin2DノードのFromの設定

4 Mergeノードを作成して接続

MergeノードのBインプットを背景素材に繋げ、AインプットをCornerPin2Dノードに繋げます。これでモニター部分に前景素材を合成することができました。

再生してズレがないかを確認してみましょう。大丈夫であれば、次は画面をよりリアルに再現する作業を行っていきます。

図3-5-4 Mergeノードを作成して接続

3-6 素材の要素を忠実に再現

前節までで、上から前景素材を重ねることで合成はできましたが、クオリティを求めるには元素材をよく観察する必要があります。元素材のモニター画面のコントラストを強くしてみると、現在の合成には足りないさまざまな要素が見えてきます(次ページの図3-5-5)。

画面の上下左右に黒帯があり、さらに指紋や汚れがあるのがわかります。こういった要素を再現することで、よりクオリティの高い合成を行うことができます。

図3-6-1 素材をよく観察して足りない要素を確認

ではまず、黒帯（レターボックス）を追加してみましょう。以下の操作を行ってください。

1 ConstantノードとRotoノードを作成

`Constant`は、色情報と解像度情報を作成してくれるノードです。その下に`Roto`ノードを作成します。

2 Rotoノードでマスクを作成

`Roto`ノードのツールバーから「Cusped Rectangle」を選択します。Cusped Rectangleはハンドルの出ない固い四角形を作成します。上から少しの位置にマスクを切ってください。

図3-6-2 ConstantノードとRotoノードを作成

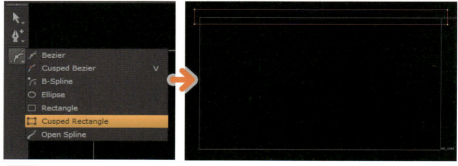

図3-6-3 Rotoノードでマスクを切る

3 ノードを接続して確認

`Roto`ノードの下に`Premult`ノードを作成します。さらに`Merge`ノードを作成し、Bインプットを前景素材、Aインプットを`Premult`ノードに繋ぎます（次ページの図3-6-4）。

図3-6-5の最終結果を見てみると、前景素材にはアルファチャンネルがないので、合成結果が透明になってしまっています。なのでアルファチャンネルを作ってあげましょう。

素材にアルファチャンネルがなく、全面アルファチャンネルが欲しい場合、さまざまな方法がありますが、簡単なのが次の方法です。

図3-6-4 PremultとMergeノードの作成　　図3-6-5 合成結果の確認

4 Readノードの「Auto Alpha」にチェック

素材のアルファチャンネル全面にアルファを追加してくれます。

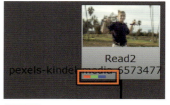

図3-6-6 前景素材にはアルファチャンネルが入っていない

図3-6-7 前景素材の全面にアルファチャンネルを追加

5 最終結果を見ながら、Rotoノードを調整

プロパティには**Roto**ノードのみ表示します。最終結果の**Merge**ノードを選択し、「D」キーで一時的にDisable（無効）にします。

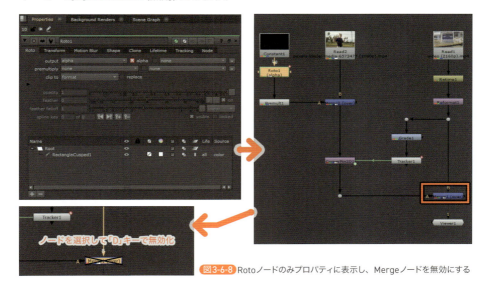

図3-6-8 Rotoノードのみプロパティに表示し、Mergeノードを無効にする

Mergeノードを Disable（無効）すると、Rotoノードのみプロパティに表示している影響で、マスクのラインが見えた状態で元素材の確認ができます。しかし、画面が黒いせいで黒帯部分と表示部分の境目が見えづらいので、ビューアー上だけ一時的に明るくしましょう。

図3-6-9 前景が乗らない状態にすることで、マスクを見ながら元素材の確認

6 ビューアーの設定を変更

　ビューアー上部にあるGainに「5」と入れて明るくします。なお、このGain調整はデータには反映されません。見た目上だけのものです。

　これで黒帯部分と表示部分の違いがわかりやすくなったので、この境目に合わせてマスクを調整します。

図3-6-10 Gainの設定

7 マスクの位置を調整

　黒帯部分とマスクがズレているので、マスクの下辺を黒帯部分に合わせるように調整します。

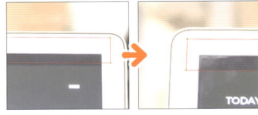

図3-6-11 マスクの位置を調整

8 一時的な設定を元に戻す

　ビューアー上のGainを元に戻し、Mergeノードを「Enable」にします。Enable（有効化）は、ノードを選択して「D」キーを押します。

　ビューアーのGainを変更すると、図のように文字が赤くなります。最終的に結果を確認する際は、赤色になっていないことを確認してください。画面の「f/3.5」の文字部分をクリックすると元に戻ります。

図3-6-12 ビューアーのGainを元に戻す

3-7 上部のマスクを複製して、下部に反転

前節で上の黒帯マスクができたので、画面下部のマスクも作っていきます。この作業は、画面中心をセンターとして設定し、マスクをコピーして反転させていきます。以下の操作を行ってください。

図3-7-1 上部のマスクを複製して、下部に反転

1 Rotoのマスクを選択し、Transformタブを表示

マスクにはそれぞれTransform情報があるので、それを確認します。反転させるためには、中心の設定を行います。今回作成したマスクの中心（ほかのソフトでは、アンカーポイント、ピボットなどと呼ばれる）は、描いた時のマスクの中心部分に設定されています。

プロパティには「center」という項目があり、ここでマスクの中心を設定しています。今回は解像度の中心で上下反転させたいので、centerを解像度の中心に設定します。

図3-7-2 描いたマスクの中心にcenterが設定されている

2 中心のY座標を設定

マスクを作成したフレームを表示していることを確認したら、center_yに「1080/2」と入力し、エンターキーを押すと「540」となります（次ページの図3-7-3）。入力ボックス（ノブ）は、計算機の役割も持っています。計算式を入力することで、電卓のようにも使用できますので覚えておくとよいでしょう。

161

図3-7-3 マスクのcenterを上下の中心に設定

今回は縦の解像度が「1080」なので、その半分の位置にcenterを設定するため、このように入力しました。これで、解像度上下の中心にセンターを設定できました。

3 マスクの複製

マスクのTransformのcenter設定ができたら、複製します。マスクを選択し、名前の上で右クリックしてメニューから「Duplicate」を選択します。

4 複製したマスクを設定して反転

複製したマスクを選択し、scale項目の右にある「2」ボタンを押します。これにより、scaleを縦(h)と横(w)でそれぞれ変更することができます。

centerを中心として縦方向にスケールを掛けます。hに「－1」を入力すると、複製したマスクを上下に反転させることができました。Mergeした結果を見てみると、均等に上下に黒帯が入っているのがわかります。

図3-7-4 複製したマスクを上下に反転

図3-7-5 複製してコピーした結果を確認

ではこれと同じ要領で、左右の黒帯も追加してみましょう。

5 右端のマスクを作成

上部のマスク作成と同様に、「Cusped Rectangle」で右端にマスクを切ります。

6 マスクを見やすくしてマスクの位置を調整

`Merge`ノードをビューアーに表示し、ビューアー上部のGainを「5」にして表示を明るくし、`Merge`ノードを「Disable」します。画面右の少しだけある黒帯に合わせてマスクを調整します。

図3-7-6 右端にマスクを作成

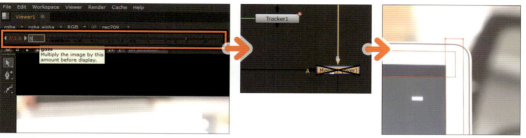

図3-7-7 マスクを見やすくしてマスクの位置を調整

7 横方向にマスクをコピーして反転

今回は横方向に反転させるので、横の解像度の中心がcenterに設定されている必要があります。横の解像度は「1920」なので、割る「2」で半分の位置に設定します。Transformタブでcenter_xに「1920/2」と入力すると「960」となります。

マスクをDuplicateして、複製したマスクのscale_wを「-1」に変更して左右反転させます。

図3-7-8 横方向にマスクをコピーして反転

8 設定を元に戻して結果を確認

ビューアのGainを元に戻し、`Merge`ノードを「Enable」にして結果を確認しましょう（次ページの図3-7-9）。図3-7-10にあるように、これで黒帯の再現ができました。

上下左右にそれぞれ黒帯が入ったことで、背景素材のモニター画面内と同じレイアウトにすることができました。しかし、まだ合成感は否めません。それははめ込んでいる素材の黒レベルや明るさが、本物のモニター画面のもの違っているためです。

そこで次の節では、前景素材に「カラーコレクション」を行って合わせていきます。

図3-7-9 設定を元に戻す

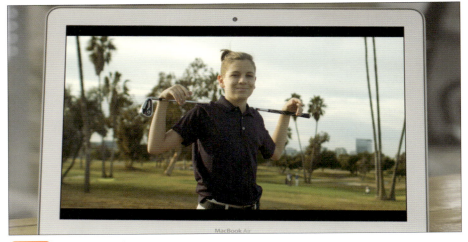

図3-7-10 画面の黒帯の再現完了

3-8 前景素材をカラーコレクションして馴染ませる

　今回の場合、合成したものが浮いて見えてしまっているのは、黒が合っていないのが大きな原因になります。そこで、前景素材に対して背景素材と同じ黒になるように「カラーコレクション」をしてあげる必要があります。

　カラーコレクションを行うノードはさまざまありますが、今回は最も一般的に使用されているGradeノードを使って合わせていきたいと思います。

図3-8-1 浮いて見える要因

① Gradeノードを作成

黒帯を合成している`Merge`ノードの下に、`Grade`ノードを作成します。`Grade`ノードは「G」キーで作成可能です。

`Grade`ノードは「Blackpoint（黒点）」「Whitepoint（白点）」を定義することで、「Lift（任意の黒）」「Gain（任意の白）」に合わせることが可能です。主にカラーチャートなどの色合わせで使用されたりしますが、合成の馴染ませ作業に対しても使用されます。

今回は前景素材の黒を、背景素材の黒に合わせることで、コントラスト感を合わせていきます。

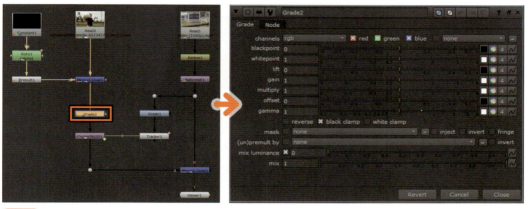

図3-8-2 Gradeノードを作成し、プロパティを確認

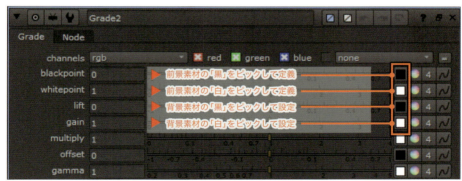

図3-8-3 各ノブの使い方

② 背景素材の「黒」をピック（次ページの図3-8-4）

Liftの「Pick」をオンにすると、スポイトのようなアイコンが表示されます。背景素材をビューアーに表示し、モニター画面の黒帯部分を「Ctrl」キーを押しながら左クリックします。これによりピック（ピクセルの値を抽出）することができます。

ピックができると「Lift」に数値が入ります。これが、背景素材の黒帯のピクセル値を抽出した状態です。

3 Pickをオフにする

ピックは終わったら必ずオフにしてください。また赤枠は、ずっと残ってしまうため「Ctrl」キーを押しながら右クリックで削除します。

図3-8-4 背景素材の黒をピックすると赤い枠が表示される

図3-8-5 Pickをオフにして赤枠を削除

背景素材の黒帯をピックしたことで、前景素材の黒帯を背景素材の黒に合わせることができました。今回は背景素材に黒帯があったため再現していきましたが、要素として必要であるものは積極的に再現していきましょう。そうすることで、よりリアリティのある合成を行っていくことができます。

図3-8-6 黒帯の黒レベルが合った状態

3-9 反射（汚れ）を再現する

最後に、はめ込み合成ではとても重要になる「反射の再現」を行っていきます。今回の素材は反射よりも指紋やゴミなどの汚れが目立ちますが、はめ込み合成をリアルにするためには、こういった要素の再現が必要になっていきます。

そこでKeyerノードを使用して、指紋やゴミのアルファを抽出していきましょう。

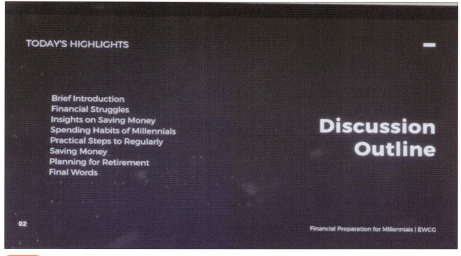

図3-9-1 画面には反射だけでなく指紋やゴミがある

1 ノードグラフを整理してKeyerノードを作成

図のようにノードグラフを整理し、ドットで左に伸ばして**Keyer**ノードを作成します。

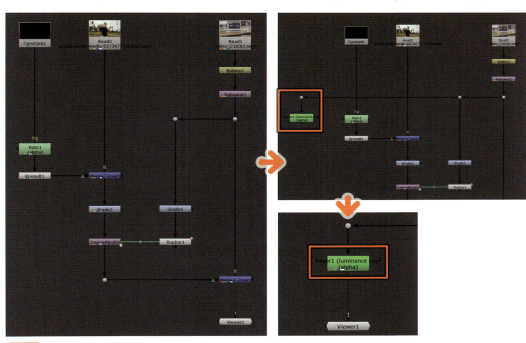

図3-9-2 Keyerノードを作成

画面の反射や指紋、ゴミが抽出できるように調整します。

2 アルファチャンネルの設定

Keyerノードをビューアーに表示しアルファチャンネル表示して、反射やゴミが残るように調整します。ここでは、Aを「0.03」、Bを「0.6」に設定してみました（次ページの図3-9-3）。

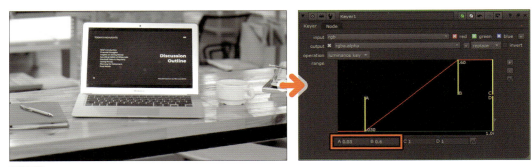

図3-9-3 アルファチャンネルの設定

3 画面部分のマスクの作成

画面の反射汚れのみにするため、画面部分のマスクを切っていきます。Rotoノードを横に作成して、1F目で画面部分のマスクを切ります。ここでは、「Cusp（鋭角）」の4ポイントでマスクを作成しました。

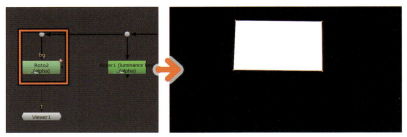

図3-9-4 画面部分のマスクの作成

4 画面の抽出

Mergeノードを作成して、AをRoto、BをKeyerへ繋げます。operationを「mask」に変更します。これで、画面部分のみを抽出することができました。

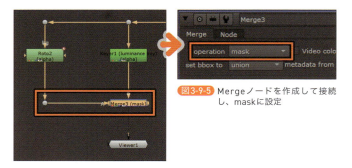

図3-9-5 Mergeノードを作成して接続し、maskに設定

図3-9-6 画面部分のみ抽出（左：カラー情報、右：アルファ情報）

このままでは、汚れ以外の要素も残ってしまっています。画面に写っている「文字」は必要ありませんので、文字部分は塗りつぶしてしまいましょう。

5 文字部分のマスクの作成

新しい`Roto`ノードを作成し、文字部分のマスクを分けながら切っていきます。featherを調整して輪郭を柔らかくします。ここでは「10」に設定しました。

アルファチャンネルを確認すると、文字部分だけのマスクができました。

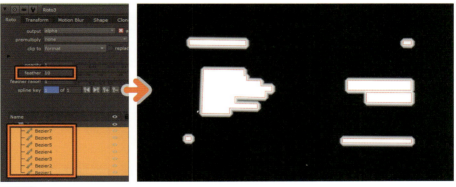

図3-9-7 文字部分のマスクの作成

6 カラーの作成

マスクができたのでカラーを作成します。`Constant`ノードを作成して、color値を「0.18」に変更します（数値は仮なので、何でもOKです）。`Copy`ノードを作成、Bを`Constant`、Aを`Roto`へ繋げます。さらに、`Premult`ノードを作成します。

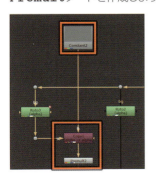

図3-9-8 Constantでカラーを作成、Copyでアルファを入れてPremultで切り抜く

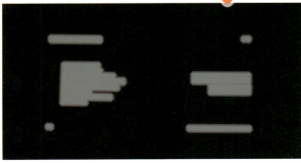

図3-9-9 colorに適当な数値を入力すると、その色で切り抜かれる

7 前景の画面素材の「青」をピック

Mergeノードを作成して、Keyerノードの上に合成するように繋げます。Keyer以下のノードは、下にズラして位置を調整してください。

Mergeノードをビューアーに表示します。適当な数値のため色が合っていないことがわかります。そこで、Constantノードのcolorのピックをオンして、画面の「青」を範囲選択+「Ctrl」+「Shift」+左クリック長押しすることで、平均値を抽出します。

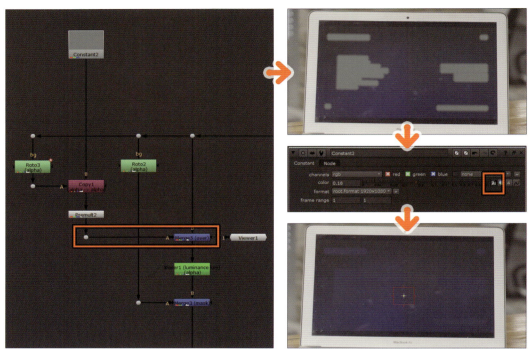

図3-9-10 Mergeノードを作成して、画面の「青」をピック

ピックが終わったらオフにし、赤い枠は「Ctrl」+右クリックで削除してください。これで単色ですが、文字部分を画面の青を抽出した文字マスクで塗りつぶすことができました。

8 マスクの結果を確認

画面マスクで切り抜いているMergeノードを確認してみると、文字がない反射情報が抽出できているのがわかります。

今回は単純な単色で塗りつぶしましたが、5章「CleanPlate」で行う「バレ消し」の技術を使用すると、さらに綺麗な反射を再現することができます。

文字のない反射を抽出できたのですが、最終結果を見て再生してみるとわかる通り、画面マスクや文字マスクが動いていないせいで、フレームが変わるとズレていってしまいます。

そこで、すでに追跡済みのTrackerから動きを持って来ましょう。

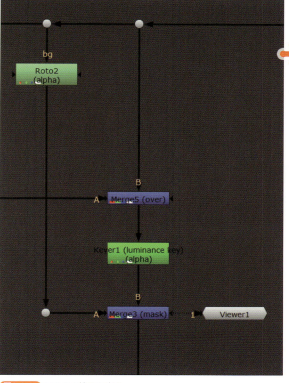

図3-9-11 マスクの結果を確認

図3-9-12 塗りつぶされたものをKeying

図3-9-13 再生するとほかの画面ではマスクが外れる

9 マスクをTrackerに連動させる

`Tracker`ノードのプロパティから「track1〜4」を選択して、Exportから「CornerPin2D」を選択し「create」します。

`CornerPin2D`ノードを`Roto2`の下に繋げます。`CornerPin2D`ノードを再createか複製し、`Premult`ノードの下にも繋げます。

これで、塗りつぶし素材と画面マスクを動かしてくれるようになりました。

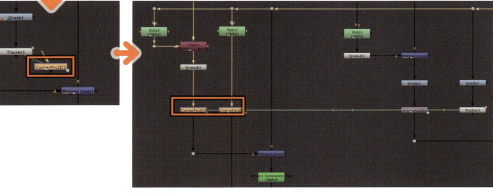

図3-9-14 マスクをTrackerに連動させる

10 バウンディングボックスの消去

続いて、`CornerPin2D`ノードで動かしているため、バウンディングボックスが発生してしまっています。`CornerPin2D`ノードを選択している状態で、`Crop`ノードを作成して消去します。

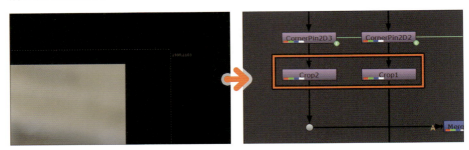

図3-9-15 Cropノードでバウンディングボックスを消去

11 最終結果の確認

最終結果を見てみましょう。これで反射や指紋が綺麗に乗り、よい具合に見えるようになりました。

図3-9-16 一見よさそうだが、黒が持ち上がりすぎている

12 黒のレベル補正

よく確認すると、黒が少し浮いているように見えます。これは、反射を作成する前の状態で黒帯を合わせてしまったため、黒レベルの補正と反射が重なってしまっているために起きています。最後に黒帯の黒レベル補正を弱くしましょう。

黒帯の黒を調整している`Grade2`の「mix」を調整します。ここでは「0.3」に設定しました。

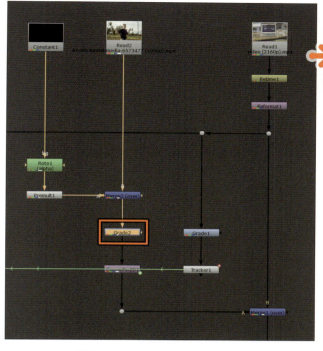

図3-9-17 Grade2ノードの「mix」を調整

13 再度、最終結果の確認

黒レベルを元素材の黒と同じくらいに調整できれば完成です。

図3-9-18 完成画面（左：1F目、右：120F目）

　カメラが動いていたとしても、トラッキングをうまく使用することで、本当にそこにあるように合成することができます。今回は反射を抽出する際に文字部分が邪魔だったので塗りつぶしましたが、足りない素材があれば、今回のように自分で作成しながら作業をしていきます。
　少し面倒だと思われるかも知れませんが、そういった努力が合成のクオリティをより上げていくことになります。

173

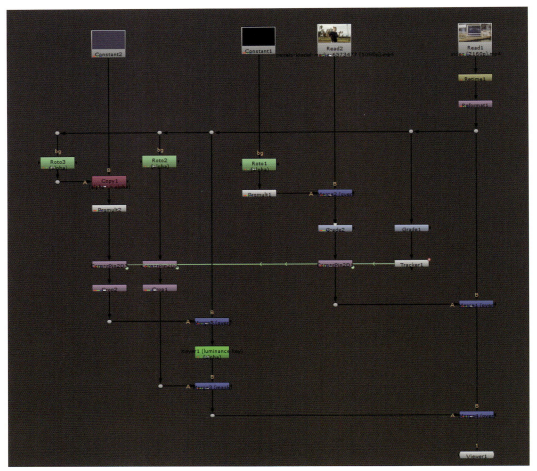

図3-9-19 最終のノードグラフ

まとめ

今回の2DTrackingでは、画面のはめ込み合成をメインで実践していきました。

Trackingは素材によって取りやすい、取りにくいが変わるものなので、今回のように綺麗に取れない場合もあります。コントラストを強くしてみたり、激しい部分は1フレームずつ合わせて取っていくなど、工夫が必要なことがほとんどなので、めげずにがんばってみてください。

そして反射の抽出ですが、合成したものをよりリアルに見せるためには、手前に乗っかっている反射や指紋、ゴミが重要な要素となります。しかし、反射は素材によって見え方や写り方が違うため、ほかの素材では必ずしもこのやり方である必要はありません。

意識して欲しいのは、元素材をよく観察し、どのような要素があればリアルに見えるかを考えることです。そして足りない素材や必要だと思う素材は、自分で再現し少しでもクオリティを上げられるように挑戦していきましょう。

この章はTrackingの実践ではありましたが、ほかの合成の作業にも通じる内容でもありますので、ぜひとも覚えてみてください。「2DTracking（実践編）」は以上となります。お疲れさまでした！

CHAPTER 04 | Part 3

Keying（実践編）

　Keyingは人によってさまざまなやり方があり、一概に「これが正しい」という方法はありません。基礎編でもあったように、Nukeには何種類ものノードがあり、それぞれによさ、使い方、テクニックがあります。

　どのノードをどのように使用するのか、どのようにコンポジットするのかなどは、経験を積み重ねていくことで蓄積され理解が深まっていきます。そのため、同じ素材を使用しても、作業者によってフローがまったく違うものになっていきます。

　そこで、この章では基本となる考え方とKeyingのワークフローを解説しながら、実践していきたいと思います。

4-1　使用素材

　女性の動画をキーイングで切り抜き、背景画像へ合成します。実践しながら、全体の流れを理解していきましょう。

図4-1-1　前景素材（動画）
https://www.videezy.com/people/9025-blonde-woman-at-a-loss-for-words-studio-clip

図4-1-2　背景素材（静止画）
Photo by Ron Lach from Pexels
https://www.pexels.com/photo/a-clothes-in-the-store-8311890/

図4-1-3　完成動画

175

4-2 事前準備

　素材を読み込んで、プロジェクトを設定します。今回は、前景素材がUHD4Kサイズのため作業サイズとして設定しています。Keyingは高解像度で行うことがよいとされており、作業はマスクを切ることが多いため、RotoノードなどのUHD4Kにする意味合いもあります。

① 新規シーンを立ち上げ、素材を読み込む

② Project Settingsを開き、full size formatを「UHD_4K」に変更

③ 名前を付けてシーンを保存

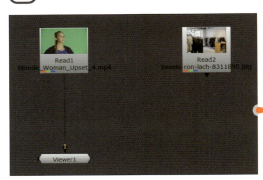

図4-2-1 新規シーンに素材を読み込み、プロジェクトを設定

4-3 キーイングのテンプレートフローチャート

　Keyingには、構築したほうがよいとされる「テンプレート」があります。そのテンプレートも作業者によって、素材によって変わってきますが、今回は多くのテンプレートに共通する項目をチャートとして簡単に作成してみました。

　このチャートも決して完璧ではありませんが、あくまでKeyingの流れを理解するためのベースとして見てください。

　おおまかなKeyingの流れとしては、以下の5つになります。それぞれの項目を以下で解説していきます。

> ①ガベージマットを作成する
> ②デノイズする
> ③アルファチャンネルを作成する
> ④カラーチャンネルを調整する
> ⑤Transform系・Filter系ノードで調整する

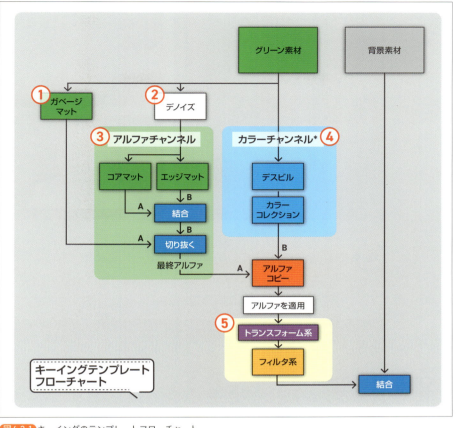

図4-3-1 キーイングのテンプレートフローチャート

4-4 ①ガベージマット（Garbage Matte）

　Keyingを行っていく上で、作成することを推奨されている素材が「ガベージマット」です。なお、ガベージという呼び方はカタカナ英語なので注意してください。

　ガベージ（Garbage）とはゴミやガラクタという意味で、不要な要素を除外するために作成されるマスクになります。今回は、どういったものかを理解するために作成しておきましょう。

１ Rotoノードでマスクを作成（次ページの図4-4-1）

　ドットを作成し、左に伸ばしてRotoノードを作成してください。Project Settingsでフォーマットの設定をしているので、Rotoノードのbgインプットを繋げなくてもよいのですが、素材によって解像度が違う場合があり、bgインプットに繋げることで、繋げた解像度で作成することができるからです。

　切り抜きたい対象をざっくりとしたマスクで切ります。アルファチャンネル表示にして、マスクを確認しておきましょう。

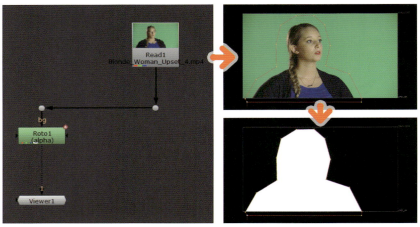

図4-4-1 Rotoノードでマスクを作成

② 対象が動いているので、マスクをアニメーションさせて対応

　すべてのフレームで、マスク内に対象が収まっているのが確認できたら作業完了です。このガベージマットは後ほど使用していきます。

図4-4-2 別のフレームでもマスク内に収まっているかを確認

4-5　②デノイズ（Denoise）

　実写の映像素材には、Grain（グレイン）と呼ばれるノイズが乗っています。暗い部分に対して乗りやすいので、服の部分をアップにして再生してみると、細かいワラワラとした粒子が動いているのがわかります。それが「Grain」です。

　Keyingは、色や明るさの情報を元にマットを作成しているので、Grainは当然、Keyingに対して影響を及ぼします。

　Keyingして作成したマットにもノイズが残ってしまい、合成した際の輪郭にワラワラと動いている粒子が目立ってしまうことがあります。それが返って馴染んでくれる場合もありますが、多くはデノイズ作業で滑らかにした素材でKeyingを行います。

　まずは最初に、素材に対してデノイズを行っていきます。

図4-5-1 Grainは暗い部分に乗りやすいので、明るくして確認

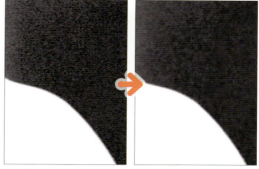
図4-5-2 デノイズの効果（左：デノイズなし、右：デノイズあり）

1 Denoiseノードを作成して表示

図のように間にドットを作成し、**Denoise**ノードを作成し、ビューアーに表示させます。ドットは「.」キーで作成できます。

最初は、ビューアーの上部に赤いエラーメッセージが表示されます。**Denoise**ノードはGrainをサンプリングする必要がありますが、作成したばかりではサンプリングされていないため、エラー表示がされています。

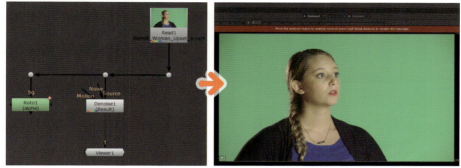
図4-5-3 Denoiseノードを作成して表示

2 Grainをサンプリング（次ページの図4-5-4）

サンプリングするボックスは、画面左下に現れます。ノイズを除去するためには、画面左下にあるボックスを、サンプリングしたいGrainの部分へ動かします。真ん中をドラッグ&ドロップすることで動かせます。今回は、髪の毛周辺のグリーンをサンプリングしました。

「R」「G」「B」の各チャンネルを表示すると違いがわかりやすいので、Bチャンネルを表示する場合は、ビューア上にマウスカーソルがある状態で「B」キーを押します。同様の操作で「R」「G」の各チャンネルでデノイズの具合を確認してください。

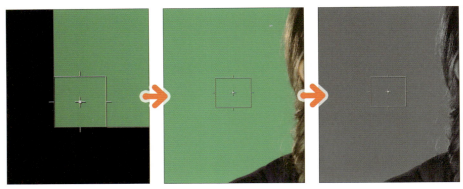

図4-5-4 Grainをサンプリングしてデノイズを確認

Denoiseノードの主要な項目を紹介します。素材に合わせて、各設定項目を設定してノイズだけを除去できるよう調整していきましょう。

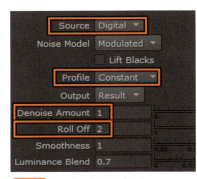

図4-5-5 Denoiseノードのプロパティ

表4-5-5 Denoiseノードの機能

項目	機能
Source	素材の種類（DigitalかFilm）を設定
Profile	ノイズ除去行うプロファイルを選択 ・Constant：サンプリングした解析情報で、一面同じ強度でノイズを除去 ・Automatic：シャドウ、ミッドトーン、ハイライトそれぞれ違う強度でノイズを除去
Denoise Amount	ノイズ除去の強度。高いほど強くかかりボケていく
Roll Off	ノイズ除去の閾値。「1」に近いと固く、「2に」近いと滑らかになる

実例として、Denoise Amountに「0.6」、Roll Offに「1.2」を設定しました。Denoiseノードは、デフォルトでは強く掛かり過ぎてしまうので、そのまま使用するとボケたような画になりがちです。この2つの項目で、調整するようにしましょう。

図4-5-6 Denoise AmountとRoll Offでボケ具合を調整（左：デノイズなし、右：デノイズあり）

4-6 ③アルファチャンネル

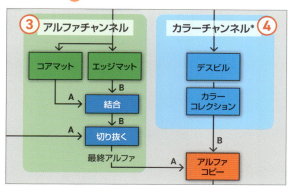

図4-6-1 アルファとカラーを分けて作業していく

各種Keyingノードの使い方は「Part2：基礎編」でも解説しているように、1つのKeyingノードだけでも切り抜くこと自体は可能です。しかし、より高いクオリティを求めて合成を行っていくには、繊細な調整と制御が必要になり、カラーチャンネルとアルファチャンネルがいっしょになっている状態では難しくなっていきます。

そこで、本格的なKeyingでは基本となる「カラーチャンネル」と「アルファチャンネル」を分けて作業するということを行っていきます。「アルファチャンネル」についてはこの節で、「カラーチャンネル」については次節で解説します。

まずは、Keyingでマット（白黒画像）を作成していきます。今回はカラーチャンネルとアルファチャンネルを分けて作業していくので、ここでのKeyingノードの考え方は「対象を切り抜いてくれるノード」ではなく「アルファチャンネルにマットを作成するノード」と捉えてください。

そのためカラーチャンネル（rgb）のことは気にせず、アルファチャンネルに「綺麗なマット」を作ることを目標に作業していきます。

ここで指している綺麗なマットとは、以下の3点をクリアしたものを指しています。

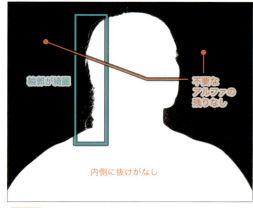

図4-6-2 綺麗なマット

- 髪の毛など人物の輪郭が綺麗に残っている
- 人物の内側に抜けがない
- 人物だけになっていて、ほかの不要なものが残っていない

この条件をクリアするためには、1つのKeyingノードだけでうまくいくことは少ないため、複数のノードを駆使して作成していくのが一般的になります。では具体的にどう作成していくのかの流れを、以降で把握していきましょう。

エッジマット（Edge Matte）

綺麗なマットを作成する上でよく使われる方法に、「エッジマット」と呼ばれる「輪郭の綺麗なマット」と、「コアマット」と呼ばれる「内側が抜けていないマット」の2つをそれぞれ作成し、組み合わせるという方法があります。

エッジマットとコアマットを分ける利点としては、エッジマットの作成では「内側の抜

け」を気にせず「輪郭の綺麗さ」を求めて作業することができることです。反対にコアマットも、「輪郭の綺麗さ」は意識せず、「内側の抜け」がないような調整を行えばよいという目的がハッキリしているところにあります。

綺麗なマットを作成するためには、ともに必要な工程なので、順に実践していきましょう。

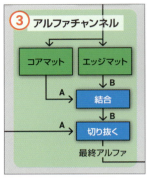 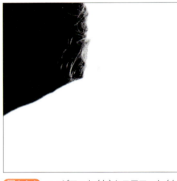 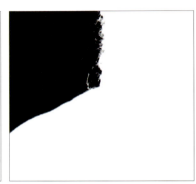

図4-6-3 綺麗なマットの作り方　　図4-6-4 エッジマット（左）とコアマット（右）

では先に「エッジマット」から作成していきますが、この素材に対してどのノードがKeyingしやすいのかを、先に試してみましょう。

1 Keylightノードを作成し、色をピック

まずは一般的に使用される`Keylight`ノードでKeyingを行ってみましょう。`Denoise`ノードの下に`Keylight`ノードを作成して、Screen Colourのピックをオンにしてください。

後ろ髪あたりのグリーンを「Ctrl」+「Shift」+「Alt」+左クリックで範囲選択します。値を抽出する際に範囲選択を行うと、枠内ピクセルの平均値を抽出してくれます。

図4-6-5 Keylightノードを作成し、色をピック

2 アルファチャンネルを表示して確認

結果を見てみると、背景のグリーンに明るさのムラがあり、ピックした色から離れるほど白いグラデーションとして残ってしまっています。

もちろん、`Keylight`ノードのプロパティから「Screen Matte」や「Tuning」によって調整していく方法でもよいのですが、無理に調整し過ぎると劣化してしまったり、輪郭のディテールがなくなってしまったりと、弊害が発生することがあります。

今回の素材では、`Keylight`ノードは「明るさムラ」を残してしまい、マットのアルファ残りをなくしていく作業が必要だということがわかりました。

図4-6-6 背景のムラがアルファとなって残る

では、ほかのKeyingノードではどうでしょうか？試してみましょう。

1 IBKColourノードとIBKGizmoノードを作成

Denoiseノードの下にドットを作成して、Keylightノードは右にずらします。さらにドットの左にドットを作成し、IBKColourノードとIBKGizmoノードを作成して図のように繋げます。

IBKは基礎編でもやりましたが、IBKColourノードでクリーンプレートを作成し、IBKGizmoノードでその差分でマットを作成する、という流れのノードになります。

図4-6-7 IBKを作成

2 作成したノードの設定を変更

IBKColourノードのscreen typeを「green」に、IBKGizmoノードのscreen typeを「C-green」に変更します。ブルーバックの素材であれば「blue」にしてください。

図4-6-8 IBKColourノード（左）とIBKGizmoノード（右）のscreen typeを変更

3 IBKGizmoノードをビューアーに表示し、アルファチャンネル表示

調整を行う前ですが、すでにマットがアルファチャンネルに作成されています。背景のアルファ残りを見てみると、Keylightノードの時のようなアルファ残りは発生していないように見えます（次ページの図4-6-9）。

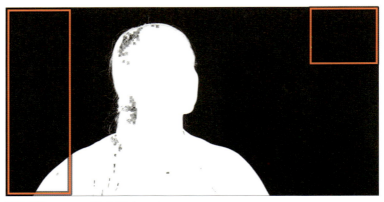

図4-6-9 アルファの残りは発生していない

　IBKはクリーンプレートとの差分で作成しているので、グリーンに明るさのムラがあった場合でも、比較的綺麗なマットを作成することができます。

　今回はKeylightノードとIBKノードを2つ試してみましたが、どんな素材であっても、一通りKeyingノードを試してみると、どれが一番うまく作成できそうかが判断できるので、最初に試してみることをおすすめします。

　うまくマットを作成できそうなので、今回はIBKを使用していきましょう。

4 IBKColourノードをビューアーに表示

　まずはIBKColourを調整していきます。IBKColourノードはクリーンプレートを作成するノードなので、人物が消えている「一面緑」の画を目指して調整していきます。まず最初に、このノードがどの部分を緑としているのか確認します。

 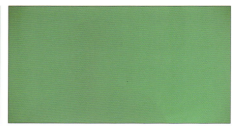

図4-6-10 IBKColourのデフォルトの画（左）と目指すクリーンプレート（右）

5 IBKColourノードの設定①

　IBKColourノードのsizeを「0」に変更します。こうすることで、黒と緑の境目がハッキリ見えるようになりました。今残っている緑部分の画は、このノードが「緑の範囲である」と認識している部分になります。

図4-6-11 sizeをわざと「0」にして黒（人物）と緑（背景）の境目をわかりやすくする

逆に、黒い部分がマットを作る対象ということになります。エッジマットとしては、髪の毛などをなるべく綺麗に取りたいので、さらに調整をしていきます。

6 IBKColourノードの設定②

`IBKColour`ノードのdarks Rに「0.1」、lights Rに「1.5」と入力します。darksは`grade`ノードの「offset」、lightsは`grade`ノードの「multiply」と同じで、元素材に対してカラーコレクションを行い、緑として認識する範囲を変更しています。

今回は少し髪の毛部分が残るように調整してみましたが、この「darks」「lights」はあまり調整し過ぎないようにしましょう。どこかのタイミングで、破綻してしまうことがありますので注意してください。

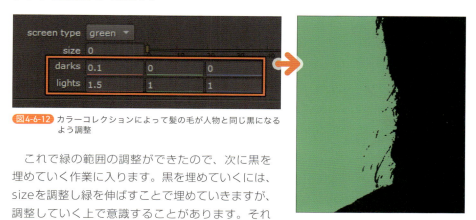

図4-6-12 カラーコレクションによって髪の毛が人物と同じ黒になるよう調整

これで緑の範囲の調整ができたので、次に黒を埋めていく作業に入ります。黒を埋めていくには、sizeを調整し緑を伸ばすことで埋めていきますが、調整していく上で意識することがあります。それは「sizeを上げ過ぎない」ことです。

sizeは、`Blur`ノードのsizeと同じで、数値を上げると素材がボケていきます。IBKはクリーンプレートとの差分でマットを作成しますので、ボケるということは、それだけ元素材から変わっていくことになります。

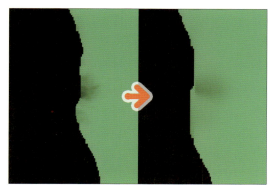

図4-6-13 sizeを上げるとボケていく

7 IBKGizmoノードをビューアーに表示し、アルファチャンネル表示で確認

いったん`IBKGizmo`ノードを確認してみましょう。「0～100」でsizeを調整してみてください（次ページの図4-6-14）。

sizeを調整してボケが強くなると、クリーンプレートと元素材の差が広がってしまい、マットの黒に余計なノイズが出てきてしまうのがわかります。そのため、最低限欲しいアルファを残すことができたら、上げ過ぎずそこで止めておきましょう。

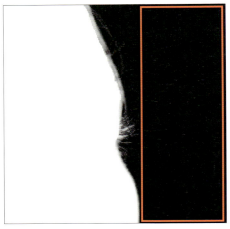
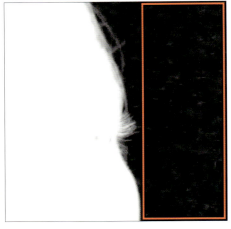

図4-6-14 「size：5」(左)と「size：100」(右)

8 IBKColourノードの「size」の設定

ここではsizeを「18」としました。ある程度、眉毛や髪の毛部分を残しつつ、なるべくマットの黒に余計なノイズが出てこないように調整しました。

図4-6-15 IBKColourノード(左下)とIBKGizmoノードのアルファチャンネル(右)

9 IBKColourノードの「erode」「patch black」の設定

残りは黒の輪郭や黒を埋める作業を行います。erodeに「3」を設定します。erodeは、黒を太らせたり痩せさせたりできるので、輪郭部分にもし人物のピクセルが残っていたら、それが黒の範囲に入るように調整します。

続いて、patch blackに「8」を設定します。黒をすべて埋められるように数値を上げましょう。

図4-6-16 「erode」「patch black」設定後のIBKColourの最終画

10 IBKGizmoノードのアルファチャンネルを確認

　人物以外の黒に少しノイズのようなものが残っていますが、これは後ほどなくしていきます。というのも、この段階で綺麗なマットにすることもできますが、あとから調整はいくらでもできますので、少し余地を持たせた状態にしておくとよいでしょう。

　エッジマットとしては、一度これで完成として次に進めていきます。

コアマット（Core Matte）

　引き続き、「コアマット」を作成していきます。先ほど「エッジマット」はIBKによって作成しました。エッジ（輪郭）を綺麗に取ったマットですが、よく見ると内側のマットが抜けてしまっています。

　素材によって変わりますが、ほとんどの場合、人物に緑の要素が入ってしまっているせいで、そこが抜けてしまうため起きています。この「内側の抜け」はどうしても起きてしまうものなので、別で「内側が抜けていないコア（芯）のマット」を作成し、合体させることで対処していきます。

図4-1-17 エッジマットの最終画

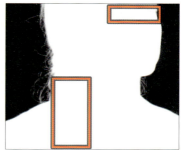

図4-1-18 エッジマットの内側に抜けができてしまう

　Keyingノードはさまざまありますので、どのノードを使用しても不正解はありません。今回は、個人的にコアマットの作成に使いやすいと感じているノードを使用していきたいと思います。

1 Primatteノードを作成

　IBKのドットから左にドットを作成し、**Primatte**ノードを作成します。**Primatte**ノードはcrop機能があるので、上流のノード（今回はドット）を選択した状態で作成するようにしてください。

　基礎編でも**Primatte**ノードを使用しましたが、このノードはほかのノードより直感的にマットの作成が行えるので、個人的にコアマットの作成によく使用しています。では以降で、試しに抜いてみましょう。

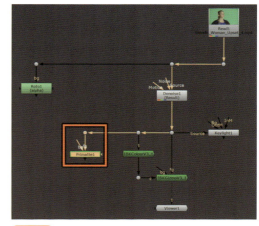

図4-6-19 ドットの下にPrimatteノードを作成

187

2 アルファチャンネルに自動でマットを作成

　PrimatteノードのInitializeの「Auto-Compute」をクリックします。Primatteノードのアルファチャンネルを表示すると、すぐ自動でマットを作成してくれました。

　なお、Initializeの「algorithm」にはほかにもメニューがあり、切り替えて試すことでマットのパターンを確認できます。

図4-6-20　Auto-Computeで自動でマットを作成

3 アルゴリズムを変更して再度マットを作成

　コアマットとして使用していくには、内側が抜けていないマットが必要です。3つのアルゴリズムの中では一番目指す画に近かったので、今回は「Primatte RT+」を使用していきます。

　algorithmを「Primatte RT+」に変更して、「Auto-Compute」をクリックして再度マットを作成します。

図4-6-21　マット作成のアルゴリズムは3つ用意されている

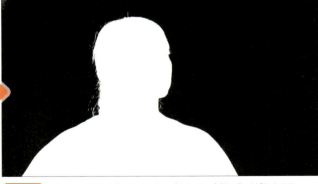

図4-6-22　「Primatte RT+」がアルファ残りが少なく、内側の抜けがなさそう

　ではここからコアマットとして使用できるかの確認と調整を行っていきます。まず画面左上に少しアルファが残っているのが見えますので、これはなくしておきましょう。

図4-6-23　左上に少しアルファ残りが見える

4 アルファの残りを選択して消去

　Actionsのoperationを「Clean BG Noise」に変更します。右のピックがオンになっているかを確認してください。画面にあるアルファ残り部分を「Ctrl」+「Shift」+左クリック（範囲選択）で囲います。範囲選択を使用することで、広範囲に残っているアルファ残りでも素早く消すことができます。

　アルファ残りを消すことができたら、範囲選択した赤いボックスは邪魔なので、「Ctrl」+右クリックで削除します。

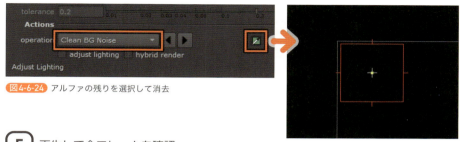

図4-6-24　アルファの残りを選択して消去

5 再生して全フレームを確認

　一度再生して全フレーム確認しましょう。どこかのフレームでまたアルファ残りが発生する可能性があります。もし残っていたら、④の手順を行って消しておきます。

6 内側の抜けを確認

　次は、コアマットの重要な役割である「内側の抜け」がないかを確認します。簡単に抜けがないかを確認する方法として、Viewer画面の上部にある「Gamma」を低くすることで、数値が低いピクセルは強調されて黒く表示されるようになります。

　Viewer上部のGammaに「0.01」と入力して、再生して全フレームを確認してみましょう。今回は「Primatte RT+」がよい仕事をしてくれているようで、目立った黒ピクセルは確認できませんでした。

　確認が終わったら、Gammaを「1」に戻します。戻すのを忘れがちなので、必ず戻しておきましょう。

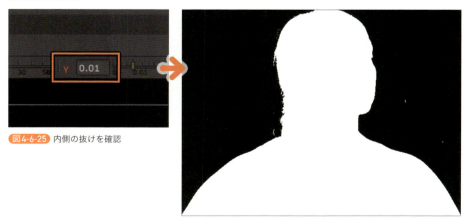

図4-6-25　内側の抜けを確認

　これで黒にアルファ残りはなく、内側にも抜けがないマットが作成できました。

　ちなみに、ほかの素材や別のアルゴリズムなどで少しでも低い数値のピクセルがあった場合は、「Clean FG Noise」でピックして抜けを修正しましょう（次ページの図4-6-26）。全フレーム完全に黒ピクセルがなければ、抜けはないと判断できます。

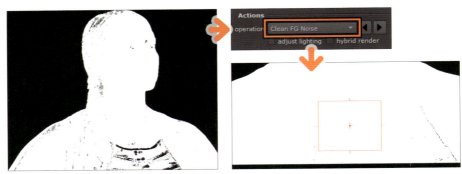

図4-6-26 黒のピクセルを範囲選択して、Clean FG Noiseで修正

7 マットの合体

前節の「エッジマット」と今節の「コアマット」の2つが作成できたので、マットを合体させます。

`Merge`ノードを作成して、BインプットはIBKGizmoへ繋げ、AインプットはPrimatteへ繋げます。`Merge`ノードのoperationを「screen」に変更します。screenを使用すると、合成した結果のピクセルが「1」より大きい数値になりません。

これで、アルファチャンネルのマット同士を合成することができました。

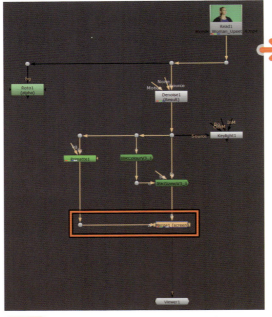

図4-6-27 「エッジマット」と「コアマット」を合体して合成

ここで、少し注意しなければならない点があります。それはコアマットの影響範囲です。エッジマットと合成したマットを見比べると、コアマットがエッジマットの輪郭部分（髪の毛等）まで影響してしまっているのがわかります。

コアマットは強く固く作成されているので、繊細にとったエッジマットの上に乗ってしまうとよくありません。そこでコアマットに対して「痩せさせる」処理を入れる必要があります。

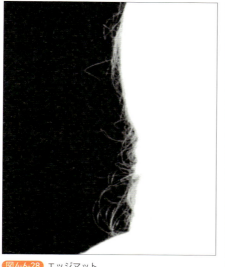
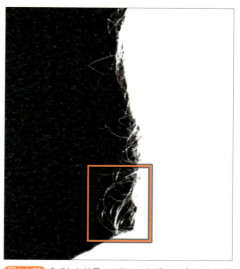

図4-6-28 エッジマット

図4-6-29 合成した結果、コアマットがエッジマットに影響している

そこで、フィルタ系に分類される**Erode**というノードを使用していきます。**Erode**ノードは複数ありますが、共通するのは「太らせる」「痩せさせる」ことができるということです。今回はその中の1つ「FilterErode」を使用します。

8 コアマットを「痩せさせる」

FilterErodeノードを作成して、ビューアーに表示し、アルファチャンネル表示にします。「Tab」キーから作成する場合は、「erode (filter)」を選択します。

sizeに「16」と入力し、filterを「gaussian」に変更します。gaussianは滑らかにしてくれるので、痩せさせたコアマットの輪郭が柔らかくなります。

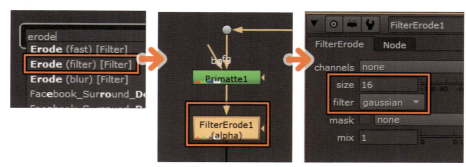

図4-6-30 FilterErodeノードを作成して設定

FilterErodeノードは、デフォルトでアルファチャンネルに影響するようになっていますので、**Primatte**のアルファチャンネルに対して処理が行われます。

次ページの図の結果を見比べるとわかりますが、髪の毛に強く残っていたコアマットが、**FilterErode**ノードによって痩せることで薄くなってくれました。コアマットは、エッジマットの繊細な輪郭に被らないように調整されることが望ましいので、この調整は行うようにしましょう。

図4-6-31 固いコアマット

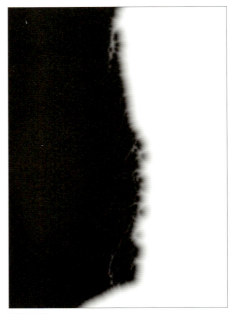
図4-6-32 FilterErodeによって柔らかく痩せる

4-7 アルファ残りを除外・軽減する

図4-7-1 黒にアルファ残りがある

エッジマット、コアマットをそれぞれ作成し、組み合わせるということを行っていきました。しかしまだ調整しなければならない部分があります。それはエッジマットの「アルファ残り」をなくしていく作業です。

このアルファ残りは、どの**Keying**ノードを使用しても起こりうるものなので、目立つ残り方をしていればなくしていく必要があります。**Keylight**ノードの「screen matte」のように、調整機能を持ったノードもありますが、劣化させてしまったり輪郭を固くしてしまったりと弊害があったり、出来上がっているマットに対しては使えなかったりと問題があります。

この節では、このような「出来上がったマット」のアルファ残りを、除外・軽減する方法を紹介します。

まず一番試すべきは、「ガベージマット」になります。不要なものを除外する目的で作成していますので、人物周辺以外は除外することができます。

1 ガベージマットの適用

Mergeノードを作成して、Aインプットを**Roto**ノードに繋げます。**Merge**ノードのoperationを「mask」に変更します。maskはAインプットのアルファチャンネルで、Bインプットをマスクする（切り抜く）という設定です。

アルファチャンネルの結果を見てみると、ガベージマットが適用され、マスク外が完全

に黒になりました。

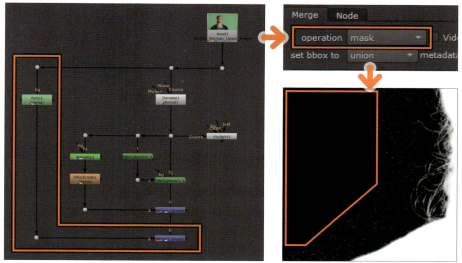

図4-7-2 ガベージマットの適用

2 輪郭を馴染ませる

　ガベージマットの輪郭が鋭すぎるので、少しボカして馴染ませます。**Roto**ノードの下に**Blur**ノードを作成して、sizeを「100」(任意の数値)に調整します。

　sizeは、ガベージマットと人物の間隔に合わせて調整してください。これでアルファ残りが徐々にグラデーションで黒くなっていくようになりました。

　このように、ガベージマットを作成していれば余計なアルファ残りを消すことができるので、なるべく作成しておくようにしましょう。

図4-7-3 ガベージマットをボカして馴染ませる

　続いて、ガベージマットでも対処できない「アルファ残りを軽減するテクニック」を試してみましょう。

3 マットを反転 (次ページの図4-7-4)

　Mergeノードの下にドットを作成し分岐し、左のドットに**Invert**ノードを作成します。**Invert**ノードは、数値を反転させることができるノードです。

　Gradeノードを作成して、maskインプットを**Invert**ノードに繋げます。

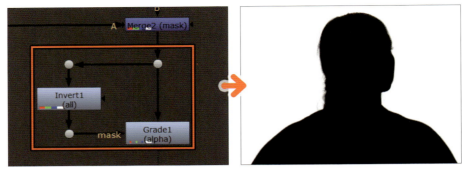

図4-7-4 InvertノードでマットをInvertし、Gradeノードのmaskインプットに接続

4 反転したマットをマスクにして調整

　Gradeノードのchannelsを「alpha」に変更し、gammaに「0.7」と入力します。
　マットをInvertノードで反転し、それをマスクとしてGradeノードで調整する、というテクニックです。ちょっとしたアルファ残りを軽減したい時や、最終調整に使えますので覚えておくとよいでしょう。

図4-7-5 Gradeノードの「alpha」と「gamma」でアルファ残りを調整

5 最終マットを確認

　これで、綺麗なマットを作成することができました。最初にテストで作成したKeylightノードのアルファチャンネルと見比べてみると、綺麗に作成できているのがわかります。

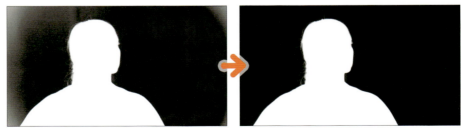

図4-7-6 最初のKeylightノードのアルファマット（左）、最終マット（右）

　このように「エッジマット」「コアマット」「ガベージマット」など、さまざまな要素を組み合わせることで、目的のアルファチャンネルを作成していきます。素材によって、必要な要素は変わりますので、これは作成する、これはしないなど、自分のベースとなるやり方を見つけていってください。

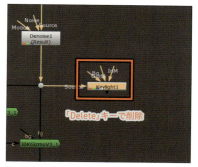

図4-7-7 Keylightノードは見比べたら不要なので削除

Keylightノードは、もう不要なので削除しておきましょう。ではこのマットをアルファチャンネルとして、素材を切り抜いていきます。

アルファチャンネルを持ってくる（コピーする）ことができるノードは、Shuffleノードなどがありますが、個人的に簡単にショートカットキーで出せるのでよく使用しているノードを紹介します。

6 アルファチャンネルの適用

ショートカット「K」キーで、Copyノードを作成します。AインプットはGradeノードに繋げ、Bインプットはカラーチャンネルとして使用するために元素材のドットに繋げます。

Premultノードを作成して、ビューアーに表示します。アルファチャンネルとカラーチャンネルを分けて作業しているので、ここで初めて合流させることができました。

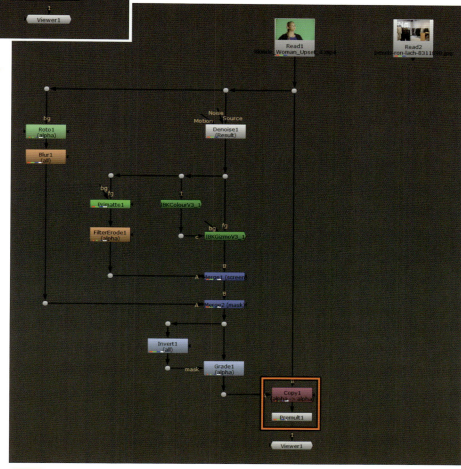

図4-7-8 アルファチャンネルとカラーチャンネルを合体

7 結果の確認

元素材に対して、綺麗なマットを適用した画が表示されました。しかし、まだこの状態

ではKeyingは完了していません。輪郭を見てみるとわかりますが、人物にグリーンの要素が残っています。これは「カラーチャンネル」を元素材のまま使用し、調整をしていないからです。

アルファチャンネルとカラーチャンネルを分けて作業していますので、次にカラーチャンネルを調整していきましょう。

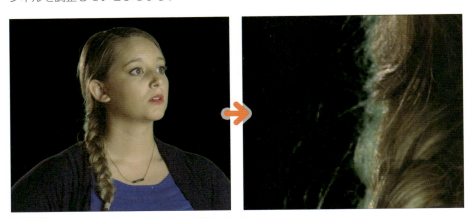

図4-7-9 マットを適用した画の輪郭を見ると緑が残っている

4-8 ④カラーチャンネル

カラーチャンネルを調整していくにあたり、Keyingでは必須の行程の1つである「Despill」（デスピル）という作業を行っていきます。

グリーンバックなどの単色の背景で撮影をすると、光がそのグリーンバックに反射し、人物に緑の要素が被ってしまいます。それを「スピル」といい、人物に被ってしまっている緑の要素を除去する作業のことを「デスピル」と言います。Keyingにおいて、このデスピルは必要不可欠な作業なので覚えておきましょう。

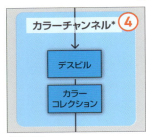

図4-8-1 カラーチャンネルでのデスピルの行程

そして今回はもう1つ「カラーコレクション」を行って馴染ませるという作業も行っていきます。作業者によっては「馴染ませ作業も含めてデスピル」という方もいますが、ここではわかりやすさを追求するため「緑成分を除去＝デスピル」「馴染ませる作業＝カラーコレクション」とします。

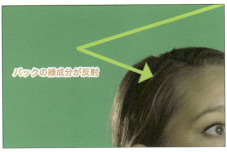

図4-8-2 光が反射し人物の輪郭や人物自体に緑が被ってしまう

図4-8-3 デスピルで緑成分を抑えた結果

デスピル（Despill）

デスピルは、人によってさまざまなやり方やノウハウがあり、簡単に緑成分を除去するテクニックなどもありますが、ここでは「HueCorrect」を使用したベーシックなデスピルを行っていきます。

1 HueCorrectノードを作成

このノードは、特定の範囲のHue（色相）を調整することができます。特にグリーンバックやブルーバックなどのスピルに対して、部分的に調整効果を与えることができるので、デスピルに使用しやすいノードになります。

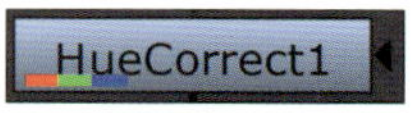

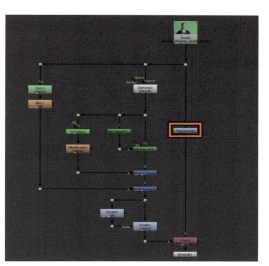

図4-8-4 HueCorrectをカラーチャンネル部分に作成

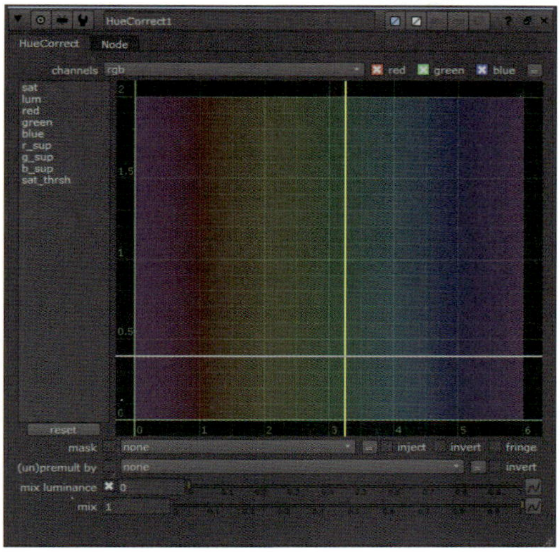

図4-8-5 HueCorrectノードとプロパティ

2 HueCorrectノードのプロパティを設定

今回は素材がグリーンバックの素材なので、まずは**HueCorrect**ノードのプロパティで「緑を抑える」設定にしましょう。プロパティ左のメニューの「g_sup」を選択します。

「g_sup」は、グリーンを抑制してくれます。ブルーであれば、「b_sup」などを選択して調整します。

図4-8-6 グリーンを抑えるため「g_sup」を選択

3 色をピック

マウスカーソルを調整したい色のピクセルまで持っていきます。もしくは「Ctrl」+左クリックでピックしても構いません。特定のピクセルをピックすると、プロパティの色相グラフに黄色い縦ラインが入ります（次ページの図4-8-7）。

この黄色い縦ラインは、「指定したピクセルがこのグラフのどの位置にあたるか」を教えてくれています。グラフ上で、この縦ラインの場所をカーブで調整すれば、指定したピクセルの緑を抑えることができます。

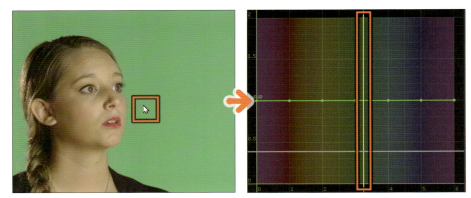

図4-8-7 カーソルの移動や「Ctrl」+左クリックでピックし、色相グラフを確認

4 色の調整

色相には、それぞれポイントが作成されています。自分で追加することも可能ですが、今回はあるものを調整してみましょう。

黄色い縦ラインの近場にあるポイント（緑のポイント）を黄色いラインまで右にずらします。なお、近場のポイントを動かす以外に、カーブ上で「Ctrl」+「Alt」+左クリックをすることで任意の位置にポイントを追加できます。

さらに、画を見ながらポイントを下げて調整していきます。指定していたピクセルの緑の成分を抑えることができました。

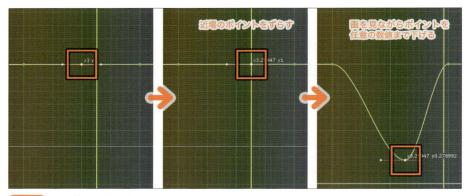

図4-8-8 色相のポイントを調整

このようにg_supだけでなくr_supやb_supなどのメニューにもそれぞれカーブがあり、調整することで部分的に色調整ができます。

今回の素材の場合、暗い水色のような色になりました。これは元素材の色相をそのままに、グリーンだけ下げたためこのような偏った色になりました。

図4-8-9 この素材のままでは暗い水色になる

この色の偏りを修正するには、同じように各チャンネルをカーブで調整して直してもよいのですが、極端にRGBのバランスが変わってしまったり、調整し過ぎて色調の破綻がが発生する可能性があります。そこで今回は、元素材に対して少し色相を転がす処理を加え、調整しやすい状態にして対応してみましょう。

5 色相を転がすノードを追加

　HueCorrectノードを使用する前に「色相を転がす」効果を入れることで、バランスを整えてからデスピルを行うことができます。
　HueCorrectノードのプロパティをリセットします。g_supを選択している状態で「reset」を押してください。**HueCorrect**ノードの上に**HueShift**ノードを作成します。

図4-8-10　g_supを選択しリセットし、色相を転がせるHueShiftノードを作成

6 色相の調整

　HueShiftノードの「hue rotation」という項目を調整することで、色相を転がすことができます。サイケデリックな色にしたい場合は強めに調整することで、極端な色味にすることもできます。

図4-8-11　hue rotationの調整で極端な色相の変更も行える

　ここでは、**HueCorrect**ノードの色相グラフを見ながら、**HueShift**ノードのhue rotationに「−8」と入力します。**HueCorrect**ノードの色相グラフを見ながら調整す

ると、グリーンバックをピックしている状態であれば、縦ラインが移動しているのがわかると思います。

黄色の縦ラインが色相グラフの緑のポイントの位置まで来たら、補正完了としましょう。

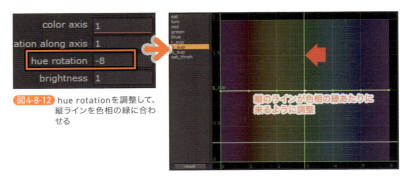

図4-8-12 hue rotationを調整して、縦ラインを色相の緑に合わせる

7 色相のポイントを画面を見ながら調整

緑のポイントを下げてみます。色相を少し転がして補正しているため、背景のグリーンが水色ではなく灰色になりました。

さらに、黄のポイントを下げてみます。髪の毛部分に緑が被っていたため、ここも下げました。必要に応じて、緑が被っている場所を調整してください。バランスを整えているので、グリーンバックの彩度が落ち緑の成分が抑えられているのがわかります。

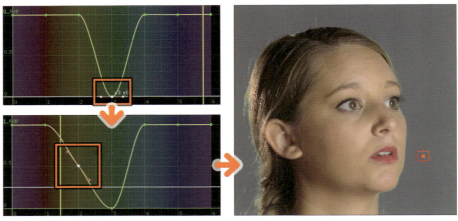

図4-9-13 色相のポイントを画面を見ながら調整

8 輝度の調整

緑の成分はこれでなくせましたが、今だと輝度が低くなっています。元素材の輝度をそのまま保ちながら調整効果を与えてくれる項目がありますので使ってみましょう。

`HueCorrect`ノードの「mix luminance」の項目に「1」と入力します。これで輝度を維持したまま、緑を抑えた調整を行うことができました。なお、mix luminanceの調整は合成した後、再度判断してください。

今回は、簡単に緑のポイントを下げただけですが、もっと人物の色を部分的に調整したい場合などは別途、`HueCorrect`の各グラフで調整していきます。

図4-8-14 元素材の輝度を維持する設定にして灰色の輝度を確認

9 転がした色相を元に戻して確認

最後に、転がした色相を元に戻します。このままだと服の色などが元素材から変わってしまっているので、必ず戻してあげましょう。

`HueCorrect`ノードの下に`HueShift`ノードを作成して、hue rotationに「8」と先ほどと逆の数字を入力します。これで色相を元に戻せました。

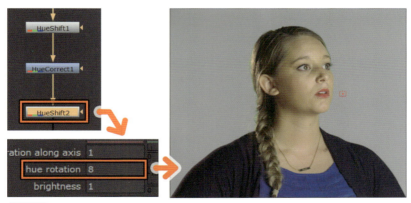

図4-8-15 色相の転がしを元に戻して、元の色相でデスピルされた状態を確認

今回はグリーンバックの緑を抑えただけですが、後からでも調整はできるので、いったんデスピルの作業は終了とします。これから明るさや輪郭の馴染みなどを調整する作業を行っていくのですが、背景がなければ馴染みの確認ができません。まずは、背景を作成して合成してみましょう。

背景の作成

Keyingのクオリティは、背景によっても変わっていきます。今まで実践してきた各作業工程も、背景次第では不要になったり、さらに調整が必要だったりと、背景に大きく左右されます。

そのため、背景の画角や色味が決まっている状態であればまだしも、合成で調整する予定がある場合、背景は早めに決めておくとよいでしょう。ある程度Keyingができたら、背景に一度合成を行い、馴染みや最終的な調整を行っていきます。

1 解像度の変更（次ページの図4-8-16）

まずは、同じ解像度に変更しましょう。背景素材に`Reformat`ノードを作成して、output formatが「UHD_4Kサイズ」（3840×2160）になっていることを確認して、

resize typeを「none」に変更します。画角・レイアウトを調整する場合は、何も指定しない「none」にしましょう。

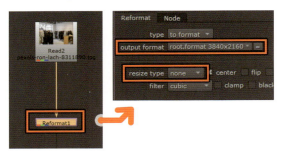

図4-8-16 Reformatノードで前景素材にサイズを合わせる

②背景を合成

`Merge`ノードを作成し、Bインプットは背景素材、Aインプットは`Premult`に繋げます。`Merge`ノードをビューアーに表示します。

合成結果を見てみると、背景と前景の画角などが合っていないように見えます。あまり大きく背景を変更することはないとは思いますが、今回はフリーの素材を使用しているため、ある程度調整が必要になります。

図4-8-17 背景を合成して確認

③画角とレイアウトの調整

`Reformat`ノードの下に`Transform`ノードを作成して、人物の画角に合わせて背景の画角・レイアウトを変更します。ここでは、translate xに「−530」、translate yに「−540」、scaleに「0.8」と入力しました。

`Defocus`ノードを作成して、背景に被写界深度を入れます。ここでは、sizeに「12」と入力しました。

図4-8-18 前景に合わせて背景の画角を調整

図4-8-19 被写界深度の設定

4 バウンディングボックスを削除して背景の完成

`Transfrom`ノードで動かし、`Defocus`ノードで被写界深度を入れたせいで、バウンディングボックスが発生しました。このまま残しておくと、後の作業が重くなっていってしまいますので消しておきます。

`Defocus`ノードの下に`Crop`ノードを作成します。これで背景としては完成としましょう。背景が決まったので、これから人物の馴染みの調整を行っていきます。

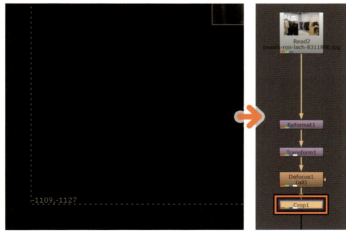

図4-8-20 バウンディングボックスの削除

図4-8-21 背景素材の調整完了

4-9 カラーコレクション（馴染ませ作業）

デスピルの作業が終わり、いよいよ背景に対して馴染ませる作業を行っていきます。この「馴染ませる作業」に関しても、素材によって、人によってさまざまなやり方があり、一概にこのやり方が正しいというものではありません。

また、馴染みも1カットだけの問題ではなく、前後のカットがある場合などは、繋がりで色の違いなどが起きないようにしなければなりません。それはKeyingだけに限らず、CGI合成も同じことで、カットごとに違ってしまわないように注意する必要があります。

図4-9-1 カラーチャンネルでのカラーコレクション

業界では、破綻が起きないようにカラーチャートやガイド素材という指標となる素材を撮影し、なるべく感覚に頼らないように行ったり、ベースとなるテンプレートシーンが共有されていたりしています。

本来であればそういったガイド素材などを見ながら合わせられるとよいのですが、今回はフリーの素材を使用しているのと、この1カットだけの作業となるので、これから実践するのはあくまでも「1カットがそれっぽく馴染むための1つの手法」として覚えておいてください。

まず馴染みとはどういうものなのかを、要素を3つに分けて簡単に紹介します。

▶ ライティング

馴染みに大きく関係する要素の1つとして「ライティング（照明環境）」があります。背景素材と前景素材のライティングが違う場合、当然それは馴染んでいるようには見えません。

今回はフリーの素材を合成していくため、素材選びである程度対応することができましたが、大前提としては、背景と前景のライティングが違っていた場合、馴染ませるのは至難の業です。リライティングする技術もありますが、CGと違い実写は簡単ではなく、マスクを大量に切ったりKeyingを駆使して行っていく必要があります。なるべくそうなら

ないように、撮影の段階からキーライトの角度や位置など注意する必要があります。

図4-9-2 背景（橙矢印）と前景（白矢印）のライティングを観察

▶ 色味とコントラスト

　色味は、前景素材が背景素材の環境にいるような色になっている必要があります。そして前景のコントラストが、「その環境に沿って合っているかどうか」というのも重要な要素の1つです。

　前景素材が背景素材に対して違和感のないコントラスト感、同じ色味であれば、馴染んでいくでしょう。

▶ 輪郭

　Keyingを行うと、エッジマットを繊細に作成していればいるほど、輪郭にラインが出てしまいます。この輪郭のラインは、当然馴染みに直結するものなので、なくしていく必要があります。

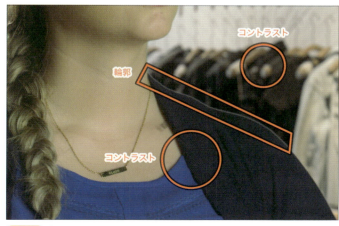

図4-9-3 白レベル、黒レベルと輪郭も重要

　以上の3つの要素を意識して調整できると、馴染みがよくなるので覚えておいてください。以降では、「色味の調整」「コントラスト感を合わせる」「輪郭のラインをなくす」という3つを行っていきます。

色味の調整

色味の調整は、`Grade`ノードで行っていきます。

1 色味調整用のノードの作成

まずは、ざっくりと背景素材の色味と同じに合わせるため、カラーコレクションを行っていきます。`HueShift`ノードの下に`Grade`ノードを作成します。

本来であれば、ガイド素材やカラーチャートなどで色合わせができるとよいのですが、今回はありませんので、背景素材の色味がどのようなものかを解析し、そのデータを見ながら調整してみましょう。

2 調整用のウィンドウの準備

色味を解析するには、「ピクセルアナライザー」という機能を使用していきます。そのための準備を行います。

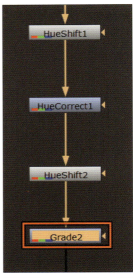

図4-9-4 Gradeノードで色味の調整

プロパティの左上にあるコンテンツアイコンから「Split Vertical」を選択すると、プロパティが上下に分割されます。下のパネルにピクセルアナライザーを作成します。

図4-9-5 プロパティを上下に分割

3 ピクセルアナライザーの設定

分割した下のパネルのコンテンツアイコンから「Windows→PixelAnalyzer」を選択します。ピクセルアナライザーは、素材のピクセルの「最大値」「最小値」「平均値」「中央値」を抽出してくれる機能です。

今回は素材の全ピクセルの中から最大値、最小値、平均値を確認したいので、設定を変更します。modeを「full frame」に変更してください。これでアクティブになっているビューアーに表示されているピクセルが解析範囲となりました。

図4-9-6 ピクセルアナライザーの設定

4 ピクセルアナライザーでの解析

ではまず、背景素材の色を解析しましょう。`Crop`ノード（調整が完了した背景）をビューアーに表示し、ビューアーに素材がすべて収まるように表示します。「F」キーでフィットさせても構いません。

マウスカーソルを画面に持っていきます。ビューアーにマウスカーソルを持っていくだけで、そのビューアーがアクティブになり解析が開始されます。

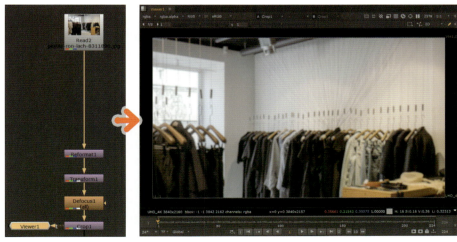

図4-9-7 調整が完了した背景を表示して、すべてが見えるようにフィットさせる

ピクセルアナライザーがうまく機能していれば、以上の作業を行うと「min」(最小値)、「max」(最大値)、「average」(平均値)、「median」(中央値)それぞれに色が付き、解析が完了していることになります。それぞれ数値を確認したい項目を選択しましょう。

5 色相の調整（次ページの図4-9-8）

まずは「average」を選択してください。すると「rgba」や「hsvl」などに数値が入っているのがわかります。これはビューアーに表示されているピクセルのrgbaの平均、hsvlの平均が解析結果として出ています。

今回はざっくりと色味を合わせるための指標として、「hsvl」の「h=Hue」(色相)を見ていきます。解析した結果を見てみると、背景素材の平均的な色相が「16」ということがわかりました。

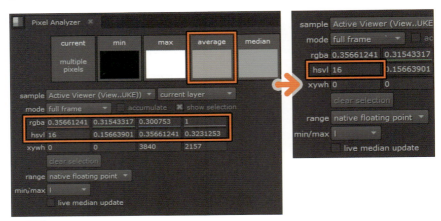

図4-9-8 背景素材の平均的な色相を確認

　前景素材の`Grade`ノードをビューアーに表示し、目安として色相が「16」になるように調整してみましょう。ピクセルアナライザーのhsvlの色相の値を見ながら、`Grade`ノードの「multiply」のカラーホイールをオンにして、色味の調整を行います。
　ここでは、multiplyを「g=0.86595」「b=0.7951」に設定しました。multiply以外の項目を調整して合わせても大丈夫ですが、調整し過ぎて偏らないようにしましょう。色相値が「16」になったら、色相をざっくり合わせられたことになります。

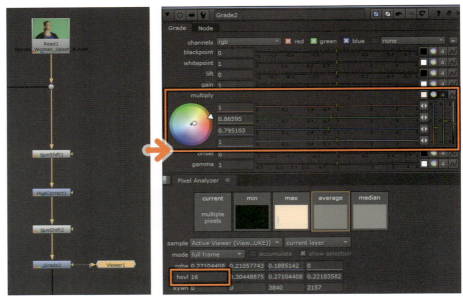

図4-9-9 前景素材のGradeノードをビューアーに表示し、色相を背景に合わせる

6 色味の調整の結果を確認

　結果を見てみると、背景素材の色相に合わせて調整したので、暖色系の色味になりました。今回は色味をざっくり合わせただけですが、背景素材のピクセルアナライザーの解析値はさまざまな調整の参考に使用できます。

特にhsvl欄は左から順に、「Hue（色相）」「Saturation（彩度）」「Value（明度）」「Lightness/Luminance（輝度）」となっているので、自分で参考に調整してみてもよいでしょう。

なるべく感覚に頼らず、数値を確認しながら調整していくと、大きな破綻やミスが起きづらくなっていきますので、カラーコレクションをする際は意識してみてください。

図4-9-10 前景の色味の調整結果

コントラスト感を合わせる

　`Merge`ノードの合成結果を見てみると、色味はざっくり合わせられましたが、背景とのコントラストの差が見受けられます。コントラストの違いがあると人物が浮いて見えるので、背景素材のコントラスト感に合わせてあげましょう。これにより、さらに背景に馴染んでいきます。

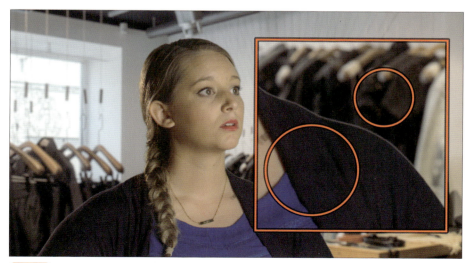

図4-9-11 明るさやコントラスト感が違う

① コントラストの調整（次ページの図4-9-12）

　`Grade`ノードを作成して、「multiply」と「gamma」を調整します。multiplyで人物の全体的な明るさを少し暗くし、gammaで中間調を締めてコントラスト感を強くしていま

す。ここでは、multiplyを「0.9」、gammaを「0.9」に設定しました。

　見比べてみると、色味を合わせただけの時よりも、より背景に馴染んで見えるようになりました。想定する人物の位置やライティングなどによって、背景よりも明るくなったり、暗くなったりしますので、素材によって判断して調整してください。

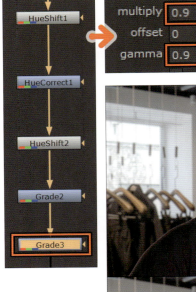

図4-9-12 Gradeノードを作成して、「multiply」と「gamma」を調整

図4-9-13 コントラストの調整前（上）、調整後（下）

輪郭のラインをなくす

　P-emultされた画を見てみると、エッジマットを繊細にとったことで、輪郭にラインが発生しています。前景素材をデスピルしたことで、グリーンの背景が灰色になり、繊細にとったアルファによってその灰色が見えてしまっている状態です。

　この輪郭のラインをなくすためにすぐ浮かぶのが、「アルファチャンネルの輪郭を削る」というものですが、変に痩せてしまったり、削ったことで輪郭をボカす必要が出てきたりと、合成のクオリティが悪くなることがあります。

　よりクオリティの高い合成を目指すには、アルファチャンネルで調整するのではなく、カラーチャンネルで調整するのがよいとされています。ここからは、輪郭のラインをカラーコレクションで馴染ませる方法を紹介していきます。

背景素材に合成した結果を見てみましょう。輪郭のラインが見える部分と、見えない部分があるのがわかります。この輪郭のラインは、背景素材の明るさや色によって見える時、見えない時があり、今回の素材の場合は、背景の暗い部分に主に見えています。

すべての輪郭処理ができるのが理想ではありますが、目立つラインをなくしていくように作業していけば、部分的でも自然に馴染んでいきます。そこで今回は違和感の一番出ている「背景の暗い部分に被っている輪郭のみ」にカラーコレクションを行う方法を紹介します。

図4-9-14 黒背景だと特に輪郭のラインが目立つ

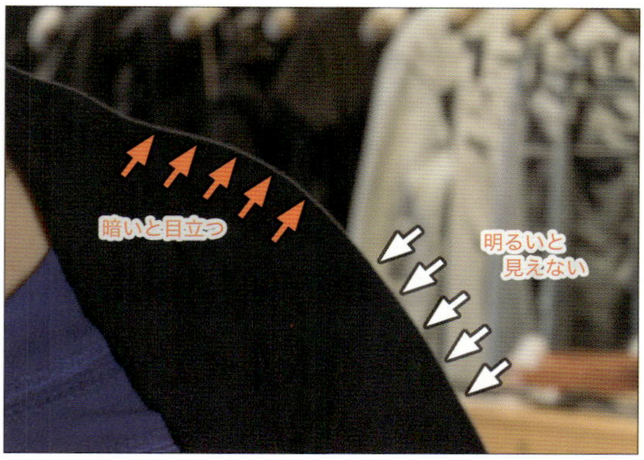

図4-9-15 背景によってラインが見える場所が変わる

1 背景素材のアルファチャンネルの作成

まずは、背景素材の暗い部分を抽出していきましょう。背景素材の**Crop**ノードの下にドットを作成し分岐します。**Keyer**ノードを作成して、ビューアーに表示してアルファチャンネル表示にします。

基礎編でも触った**Keyer**ノードを使用しています。このノードはデフォルトで「ルミナンスキー」になっているので、輝度を元にアルファチャンネルを作成してくれます。今回は暗い部分のマスクが欲しいため、このノードが最適と言えるでしょう。

図4-9-16 Keyerノードを作成し、輝度を基にアルファを作成

211

2 背景素材の暗い部分の抽出

`Keyer`ノードのプロパティ右上の「invert」にチェックします。ルミナンスキーは明るい部分が白になりますので、暗い部分を白になるように反転します。背景の暗い部分がより白になるように「range」を調整します。

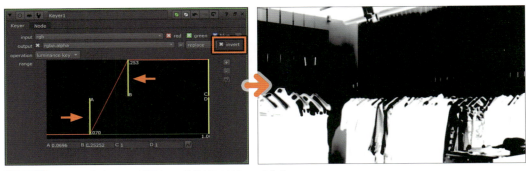

図4-9-17 invertで反転させrange調整して、暗部のみのアルファを作成

これで背景の暗部のみのアルファができました。次に、前景素材の輪郭を抽出していきましょう。

3 人物以外のマスクを作成

作成してある人物のアルファから、輪郭部分だけをカラーコレクションできるように、アルファを作成していきます。Keyingしたアルファからドットを作成して、図のように分岐して、`Invert`ノードを作成します。これで人物のアルファが反転され、人物以外のマスクが作成できました。

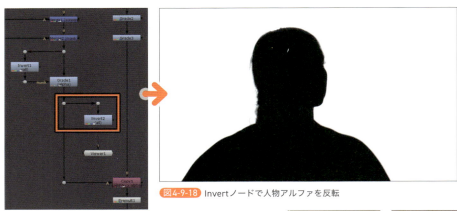

図4-9-18 Invertノードで人物アルファを反転

4 マスクのサイズの調整

続いて人物以外のマスクを、人物の輪郭に少し被るようなマスクに加工していきます。`Invert`ノードの下に`Erode (fast)`ノードを作成します。`Erode`ノードの中でも「fast」はシンプルに太らせたり痩せさせることができるノードです。`Erode (fast)`ノードは、作成すると`Dilate`と名前が変わるので注意してください。

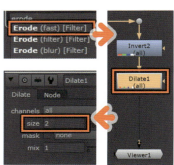

図4-9-19 背景部分のマスクを太らせる

sizeに「2」と入力します。背景部分の白を2ピクセル太らせたことで、人物の輪郭に2ピクセルほど被るようなアルファができました。輪郭のラインがどれほど出ているのかによって、太らせる大きさも変わっていきますので、輪郭のラインに合わせて調整しましょう。

5 前景と背景のマスクの合体

最後に、`Merge`ノードで作成したマスクを合体させます。`Merge`ノードを作成して、Bインプットは`Erode`ノード、Aインプットは`Keyer`ノードに繋げます。`Merge`ノードのoperationを「mask」に変更します。

`Keyer`で作成した背景の暗部のみのアルファで、人物以外の太らせたアルファをマスクします。これで、背景素材暗部の人物輪郭マスクが完成しました。このマスクを元に、カラーコレクションを行っていきます。

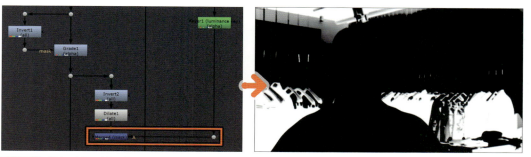

図4-9-20 背景の暗部で人物の輪郭に被っている部分だけのマスクを作成

6 輪郭の調整

`Grade`ノードを作成し、`Grade`ノードのmaskインプットを`Merge`ノードへ繋げます。輪郭が目立たなくなるように`Grade`ノードを調整します。ここでは、gammaを「0.4」に設定しました。

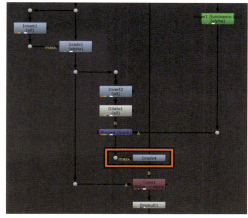

図4-9-21 Gradeを作成し、輪郭だけを調整

7 カラーコレクション結果の確認

輪郭のラインを目立たなくすることができました。これでカラーコレクション（馴染ませ作業）の作業は完成です。

今回は黒い服を着ていたため暗くするだけで済みましたが、ほかの色の服だった場合も、`Grade`ノードや`HueCorrect`ノードなど、カラーコレクション系のノードでデスピル

した背景の色を調整して馴染ませていく必要があります。

　また、今回は`Keyer`ノードでざっくり暗部マスクを作成しましたが、素材によっては欲しいアルファを作成するのが難しい場合があります。そういった場合は、積極的に`Roto`マスクを切って使用したり、他の`Keying`ノードを使用したりして、臨機応変に対応していく必要があります。

　今回は肌の輪郭や髪の毛の輪郭は目立たなかったので解説していませんが、練習として自分でノードを追加して調整してみるとよいでしょう。数をこなして、やりやすい方法や自分の正解を見つけましょう。

図4-9-22 カラーコレクションの最終結果

4-10 ⑤Transform系・Filter系ノードで調整する

　最後の行程として、Transfrom系（紫色ノード）やFilter系（橙色ノード）のノードでの調整をしていきます。主に前景の解像度の変更やレイアウト、必要であれば被写界深度やちょっとした馴染み調整などは、このタイミングで行っていきます。

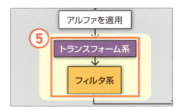

図4-10-1 Transform系とFilter系ノードを使用して最終調整

　特にこれまでは高解像度のままKeyingをしてきましたが、最終出力する解像度が必ずしも高解像度である必要はありません。今回はFull HDと呼ばれる「1920×1080」サイズに変更し、少し馴染み調整の作業をして完成としたいと思います。

1 解像度の変更

　前景の`Premult`ノードの下に`Reformat`ノードを作成し、output formatを「HD_1080」に変更します。背景の`Crop`ノードの下に`Reformat`ノードを作成し、output formatを「HD_1080」に変更します。これで最終出力がHD_1080サイズとなりました。

　合成した後、最後に一気にReformatを行ってもよいのですが、後の処理によっては4Kなどの高い解像度のまま処理を行っていくと重くなっていきます。なのでここでは合成す

る前にReformatを行い、最終解像度にしています。場合によってやり方を変更してください。

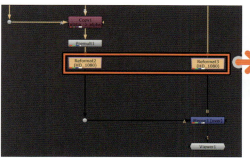

図4-10-2 前景と背景をHD_1080サイズに変更

　続いて最後に、馴染ませる微調整としてFilter系のノードを使用してみます。今回は最後に`LightWrap`を馴染み要素として追加して完成とします。
　`LightWrap`とは、背景の輝度が高い時、前景に対して光の回り込みが発生する現象を再現する処理になります。特に強い光源が背景に写っている時などは、回り込む光を追加しなければ違和感が出てきます。
　今回は強い光源があるわけではありませんが、「背景の色味を前景の輪郭に被せて馴染ませる」という調整のため使用していきます。

図4-10-3 LightWrapで光の回り込みを使用する

2 背景の色味を前景に馴染ませる

　`LightWrap`ノードを作成して、Aインプットは前景素材、Bインプットは背景素材へ繋げます。`LightWrap`ノードのインプットは、Bが背景、Aが前景になります。Bの画から回り込む光を作成しますので、AとBを間違えないようにしましょう。
　Intensityに「4」と入力します。Intensityは、回り込みの強さになります。デフォルトは「0」なので見えません。先に数値を入力してから調整しましょう。
　Diffuseに「100」と入力します。Diffuseは回り込みの範囲になります。大きくすればするほど、輪郭から広がっていきます。

図4-10-4 LightWrapノードを作成して、IntensityとDiffuseを調整

215

3 馴染ませた結果を確認

背景の色味を少しだけ前景素材の輪郭に被せました。`LightWrap`ノードをDisable、Enableしてみると違いがわかると思います。

あくまで馴染みの補助要素として追加していますので、強く足し過ぎないようにしましょう。これでKeyingは終了です！

 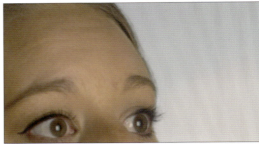

図4-10-5　LightWrap：なし（左）、LightWrap：あり（右）

図4-10-6　Keyingの作例の完成

まとめ

この章はかなりの分量になってしまいましたが、最初にも解説したようにKeyingは人それぞれにやり方が違い、一概にこれが正しいというわけではありません。今回のKeying方法は、どのように進めていけばよいのかという「大きな流れ」を解説するために実践していきました。

「どのようなノードをどこで使用するのか？」「必要な素材はどう作成していくのか？」はおのずと変わっていきますので、1つの方法に固執せず、トライ＆エラーを繰り返していってください。

ここでは解説できなかったさまざまな方法やテクニックが、インターネット上には公開されており、解説されている個人ブログや動画サイトにも投稿がありますので、ほかにどんなやり方があるのかをぜひ調べてみてください。

今回はやりませんでしたが、髪の毛などのディテールを残して合成ができる「Additive Keyer」（アディティブキーヤー）と呼ばれるテクニックや、「Adaptive Despill」（アダプティブデスピル）というデスピルテクニック、「IBK Stacked Technique」と呼ばれるIBKでより綺麗なアルファが作成できるテクニックなど、さまざまな手法がありますので、検索して調べてみてください。

Keying実践編は、以上になります。お疲れさまでした！

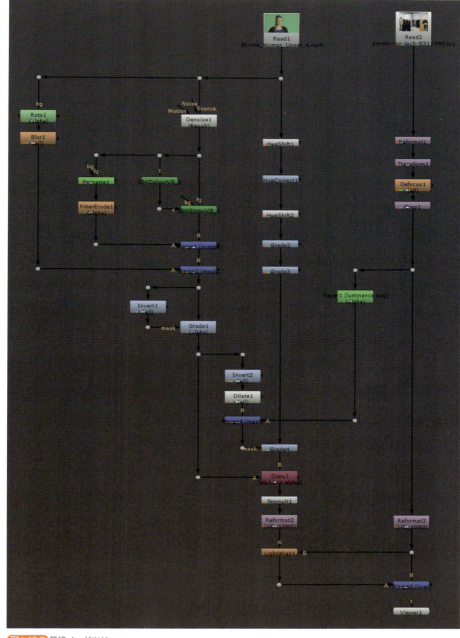

図4-10-7 最終ノードツリー

Part 3 CHAPTER 05

CleanPlate（バレ消し）

　CleanPlateとは、撮影時に写ってしまった「不要な物や人」を消した後の素材（VFX作業済）のことであり、その素材を作成するためのVFX技術を「バレ消し」と言います。日本国内ではこのCleanPlateの認識が、人や企業により異なっているようなので注意が必要です。

　そしてバレ消しは、海外では「~removal」とも言われ、国内外問わず映画やCM、ドラマなどの実写映像作品でよく使用される技術になります。基礎編で行った「8章 RotoPaintノード」のように、固定カメラや静止画素材であれば、このバレ消しを行うのは比較的簡単ですが、カメラが動いている動画の場合はそうもいきません。

　ここではCleanPlate作成（バレ消し）がどのように行われているのか、どのような手法があるのかを実践しながら解説していきたいと思います。

5-1 使用素材

人やカメラが動いている中で、背景に写っているサインを消してみましょう。

図5-1-1 使用素材（動画）
Video by cottonbro studio from Pexels
https://www.pexels.com/video/woman-walking-away-in-a-parking-lot-5822170/

図5-1-2 完成動画

5-2 事前準備

素材を読み込んで、プロジェクトを設定します。

1 新規シーンを立ち上げ、素材を読み込む

218

② Project Settingsを開き、項目を設定

　frame rangeを「1〜180」に、fpsを「25」に変更します。これは、今回使用するフリー素材が25fpsのためです。また、full size formatを「HD_1080」に変更します。

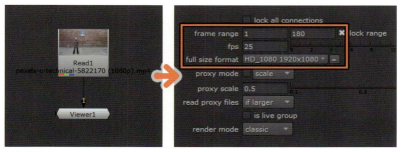

図 5-2-1 新規シーンに素材を読み込み、プロジェクトを設定

　この素材は通常より高いフレームレートで撮影されており、素材のまま再生するとスローになってしまうので、素材を通常スピードに変更します。

③ Retimeノードを作成して、項目を設定

　input range lastを「360」に、speedを「2」に変更します。ここでは、単純に2倍速にしています。さらに、beforeとafterを「black」に、filterを「none」に変更します。

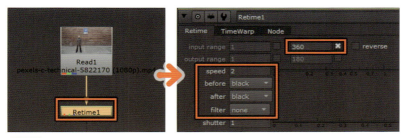

図 5-2-2 Retimeで長さを調整し、2倍速にした状態を作る

④ 名前を付けてシーンを保存

　これで素材の準備ができました。

5-3　パッチ画像の作成

　一言でバレ消しと言っても、**Keying**と同じくさまざまな手法があり、ノード構築の仕方や処理の進め方は人によって大きく異なります。しかし、CleanPlateを作成するためのバレ消しに関しては、あらゆる手法で共通して作成される素材があります。それが「パッチ画像」と呼ばれるものです。

　消すという作業を行うには、上から「不要物を削除した画」を被せて、隠すような形で合成するのが基本となります。そのため、必然的に対象が消えた画が必要になります。その「不要物を削除するために被せる画」素材のことをパッチ画像と呼び、このパッチ画像を上から被せることでCleanPlateを作成するのが一般的とされています。

　CleanPlateと似ている素材に、撮影の段階であらかじめ不要物をなくして撮影した「空

219

舞台」と呼ばれる素材もありますが、ここで指しているCleanPlateとは違うものなので注意してください。

ここでは、パッチ画像を使用した方法を解説していきます。

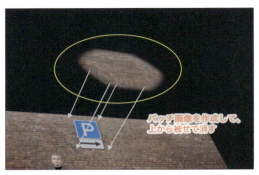

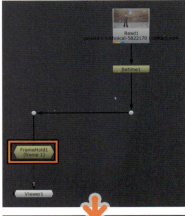

図5-3-1 不要物を削除した画を作成する必要がある

1 静止画の作成

パッチ画像を作成する方法はさまざまですが、いずれも静止画で作成されていきますので、まずは静止画にしましょう。

ドットで分岐を作成し、`FrameHold`ノードを作成して、`first frame`を「1」に変更します。`first frame`はノードを作成した時点のカレントフレーム（現在表示しているフレーム）が入るようになっています。素材によって、どのフレームを元に作成するのがよいかを判断してください。

図5-3-2 FrameHoldで、1フレーム目を静止画にする

2 不要なサインの消去

動画を静止画にすることができたので、次にサインを消す作業に入っていきます。基礎編でも使った`RotoPaint`ノードを使用していきます。

`RotoPaint`ノードを作成して、ビューアー左のツールから「Clone」を選択します。ビューア上部のライフタイムを「all」に変更します。singleの状態で描くとシングルフレーム、つまり描いたフレームにしか表示されません。`FrameHold`で静止画になっていますが、タイムライン上ではすべてのフレームに描く必要があるので「all」にします。

「Ctrl」＋左クリックでコピー元とコピー先を設定し、不要なサインをペイントして消去します。

図5-3-3 RotopaintをCloneツールに切り替えて、ライフタイムをallに変更

🎞 Rotopaint－Cloneで綺麗に消すコツ

　Cloneを使用してペイントしていく際、綺麗に消していくコツがあります。今回の素材のような「タイル状」になっているものであれば、平行や垂直を合わせて塗っていくことで、線や繋ぎ目などが綺麗に繋がり違和感なく消していくことができます。
　しかし消していくとわかりますが、Cloneはあくまでコピー元の画をそのまま塗っているだけなため、画像のようにどうしてもコピー感が出てきてしまいます。なるべくコピー感が出ないように、一度消し切った後にランダム感を再現する塗りも行っていきます。
　平行や垂直を意識して塗った後、コピー元を少しズラして塗ります。それも広範囲には塗らず、一部のみ塗ったり、さまざまな場所からコピーしてランダム感を作成します。そうすることで、より消し込みがリアルに綺麗になっていきます。

図5-3-4　模様や流れを意識して塗る

図5-3-5　そのまま塗っただけではタイル感やコピー感が出る

図5-3-6　ランダム感を作るためにズラしてごまかす

図5-3-7　完成したパッチ画像

　タイル状ではない別素材の例も見てみましょう。図のような「手のひら」などの場合も、しわの流れや光のあたり具合でコピー元とコピー先を決めると、模様にパターンがない複雑な素材であっても綺麗に消すことができます。
　タイル状の簡単なバレ消しばかりではないので、さまざまな素材で試してみてください。

図5-3-8　手のひらなどの場合でも模様や流れを意識して塗る

5-4 パッチ画像を被せる部分のみのマスクを切る

ここまでで、パッチ画像と呼ばれる「被せる画」を作成することができました。しかし、今の状態では静止画になっているため動きません。さらに合成するとしても人物などの余計な部分が残ってしまっています。そこで、パッチ画像を必要部分のみにマスクしていきましょう。

1 マスクを切る

ドットで分岐し、`Roto`ノードを作成して、サインを囲うようにマスクを切ります。四角形でもよいのですが、完全な四角形だと少し違和感が出る可能性があったので、ここでは六角形にしました。

図5-4-1 Rotoを作成し、合わせて消したい部分のマスクを切る

2 マスクの輪郭をボカす

現在のマスクだけだと輪郭が硬すぎるので、少しボカします。`Roto`ノードの下に`Blur`ノードを作成し、sizeに「30」と入力します。`Copy`ノードを作成し、Bインプットを`Rotopaint`ノード、Aインプットを`Roto`ノードへ繋げます。さらに、`Premult`ノードを作成します。

これでパッチ画像の被せる部分だけ切り抜くことができましたので、合成してみましょう。

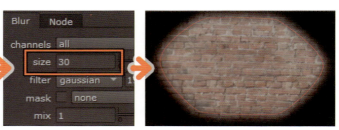

図5-4-2 Blurでマスクをボカしてからアルファをコピーし切り抜く

3 マスクを合成

`Merge`ノードを作成し、Bインプットを元素材へ、Aインプットを`Premult`へ繋げます。`Merge`ノードをビューアーに表示して確認します。

これでパッチ画像を作成し、必要な部分のみに被せることができました。しかし、今の状態ではカメラの動きがパッチ画像にないため、再生するとズレが出ます。

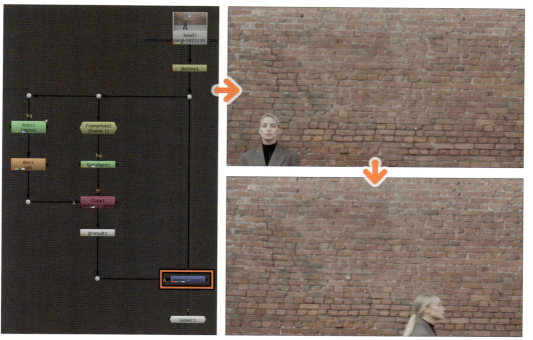

図5-4-3 Mergeで合成して確認すると、パッチ画像に動きがないのでズレる

5-5 2DTrackingで不要物の動きをとる

　ズレが出でないように、カメラの動きをトラッキングによって抽出し、パッチ画像に適用していきましょう。

1 Trackerノードを作成

　ドットで分岐、**Tracker**ノードを作成してください。今回は消さなければいけないサインの面積が広いので、Trackポイント1個だと十分な結果が得られない可能性があります。
　そこでTransformでMatchMoveするのではなく、「CornerPin」を使用したいと思います。

2 Trackポイントを4つ作成

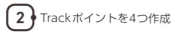
図5-5-1 Trackerノードを作成

　CornerPinを使用するには、Trackポイントが4つ必要なので作成していきます。カレントフレームが1フレーム目になっている状態で、「add track」でtrackを4つ作成します（次ページの図5-5-2）。
　トラッキングする位置に注意しましょう。先ほどマスクを六角形で作成しましたが、マスクの端、なるべく四隅ぐらいにTrackポイントが来るように配置しています。

223

図5-5-2 add trackでTrackポイントを作成

図5-5-3 動体がTrackポイント内に入らないように注意

今回の素材は人物も動いていますので、動きを確認して位置を決めてください。そして、Trackポイントの内側の枠に動体が被らないようにします。また、外側の枠は少し大きくしておくと、前後フレームで追いかける精度が上がります。

3 解析の開始

準備ができたら、「track to end」（▶）ボタンで解析を開始します。4点が最終フレームまで綺麗にトラッキングできたか確認してください。できていれば、パッチ画像に動きを反映させていきます。

4 トラッキングの結果をパッチ画像に反映

トラッキングが確認できたら、パッチ画像に動きを反映させていきます。trackポイントを4つ選択し、Exportから「CornerPin2D」を選択し「create」します。Trackerのそばに出てくる

図5-5-4 track to end（▶）ボタンで解析を開始

CornerPin2Dノードを**Premult**ノードの下に繋げます。さらに、**CornerPin2D**ノードの下に**Crop**ノードを作成します。

Transformノードや**CornerPin2D**ノードなど、Transform系のノードを使用すると、設定によってはバウンディングボックスが多く発生するため、**Crop**ノードで消しておくことを心がけましょう。

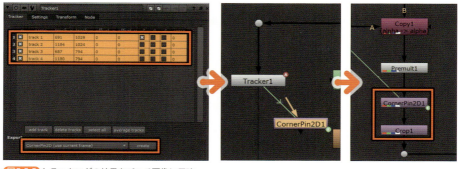

図5-5-5 トラッキングの結果をパッチ画像に反映

5 バレ消しの結果を確認

再生して最後まで綺麗に消えていれば、バレ消しは完了です。トラッキングのズレやパッチ画像のバレなどは、個別に調整してください。バレ消し技術を使用した基本的な方法は、以上になります。

図5-5-6 バレ消し前（左）、バレ消し後（右）

フリー素材の関係上、ここでは解説していませんが、バレ消しには重要な要素である「グレインの処理」というものがあります。パッチ画像に対してグレインを乗せることで、映像としてよりリアルに見せることもできます。

Part 3 CHAPTER 06

動体のバレ消し

5章の「パッチ画像」を使用したバレ消しは、最も一般的に使用される方法ですが、この方法は静止画にしてしまうため、流体などの動き続けている素材のバレ消しには使用することができません。

この章は海の素材を例に、「動体のバレ消し」の方法を紹介していきます。

6-1 使用素材

カメラの動きだけでなく、波が常に動き続けている中で、浮いている小舟を消してみましょう。

図6-1-1 使用素材（動画）
Video by Green Asad from Pexels
https://www.pexels.com/video/sea-man-beach-water-9522362/

図6-1-2 完成動画

6-2 事前準備

素材を読み込んで、プロジェクトを設定します。

1 新規シーンを立ち上げ、素材を読み込む

2 Project Settingsを開き、項目を設定

　frame rangeを「1～150」に、fpsを「29.97」に変更します。これは、今回使用するフリー素材が29.97fpsのためです。また、full size formatをフリー素材の解像度に合わせて「3840×1644」に変更します。

図6-2-1 新規シーンに素材を読み込み、プロジェクトを設定

　今回の素材は動画の長さがとても長いので、最初に短くしておきます。

3 Retimeノードを作成して、項目を設定

　input range lastを「150」に、beforeとafterを「black」に変更します。

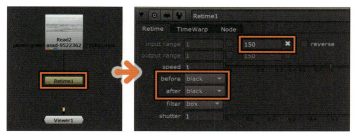

図6-2-2 Retimeノードで素材の尺を設定

4 名前を付けてシーンを保存

　これで素材の準備ができました。

6-3 Rotopaint — Cloneで船を消す

　前章と同様に「Rotopaint―Clone」で余分な船を消していきます。

1 船の消去

　`Rotopaint`ノードを作成して、ビューアー左のツールから「Clone」を選択します。ビューアー上部のライフタイムを「all」に変更します（次ページの図6-3-1）。カレントフレームが1フレーム目になっていることを確認し、黄色い小舟をペイントして削除してください。

図6-3-1 RotopaintをCloneツールに切り替えて、ライフタイムをallに変更

　消し方のコツに関しては前章でやった通り、水平・垂直を意識してコピー元とコピー先を決めます。今回の素材では水平線が映っていますので、水平線を基準にコピー元とコピー先を設定すると綺麗に消せるでしょう。一筆で消せそうであれば一筆で消してください。

図6-3-2 水平線がハッキリしている

図6-3-3 水平を合わせてから塗るとよい

2 バレ消しの結果を確認

　今回は静止画にせず、ライフタイムを「all」の状態で描きました。どんな結果になるかを再生して確認してみましょう。再生してみると、波は動いていて一見うまくいっているように見えますが、後半になるにつれてCloneのペイント情報がズレていくのがわかります。

　当然ですが、Cloneのペイント情報にはカメラの動きが反映されていないため、このようなズレが発生しています。ではCloneのペイント情報に対して、カメラの動きを反映させてみましょう。

図6-3-4 カメラワークがペイントにないため最後のフレームではズレが発生

6-4 2DTrackingでカメラの動きをとる

　これまで行ってきた2DTrackingでは、主に不要物自体をTrackingしていましたが、今回の素材の小舟は波に揺られて動いています。小舟でTrackingを取ると、波の揺れで角度が変わったり不規則な動きになるため、あまり推奨されません。

　カメラの動きを取るためには、画の中で「動いていないもの」をTrackingする必要があります。そこで小舟に近く、動いていないものを探したとき、この素材では「雲」がありました。

　雲でTrackingが取れれば、カメラの動きとして使用することができそうなので、雲をベースにTrackingしていきます。

図6-4-1 小舟でとりたいが、波に揺られて動いているために使用できない

1 コントラストを強くして雲をよく見えるようにする

　雲のディテールが弱いので、Trackingを取りやすくするため次ページの図6-4-2のように少しカラーコレクションを行います。ドットで分岐し、`Grade`ノードを作成して、gainに「1.4」、gammaに「0.5」と入力します（図6-4-3）。

　これで、雲の模様がより強く見えるようになりました（図6-4-4）。

2 トラッキングの解析の開始

　カレントフレームが1フレーム目になっている状態で、「add track」でtrackポイントを作成して、雲に配置します（図6-4-5）。準備ができたら、「track to end」ボタンで解析を開始します。

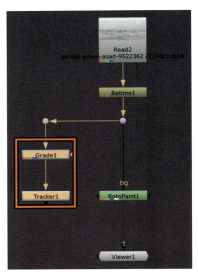

図6-4-2 GradeノードとTrackerノードを作成

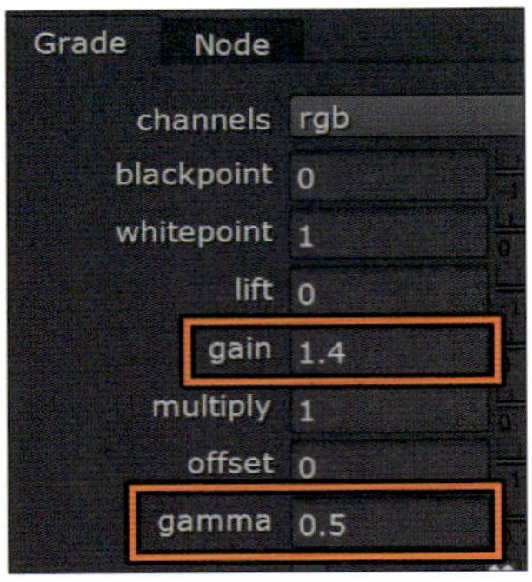

図6-4-3 gainを上げてgammaを下げると、コントラストが強くなる

図6-4-4 加工してコントラストを強くするとTrackingが取れやすくなる

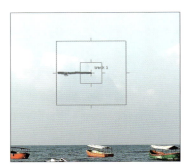

図6-4-5 わかりやすい雲でTrackingを行う

6-5 Trackerのデータを数値として活用する

Trackingがうまく取れたら、Cloneに対して反映させていきます。これまでの実践編でのTrackerの使用方法は、`Transform`ノードや`CornerPin2D`ノードなど、`Tracker`ノードからExportしたノードを使用していました。

しかし、この方法では`RotoPaint`ノードのCloneにTrackingデータを反映させることができません。それはCloneがペイント情報であり、`RotoPaint`ノードの内部で行われている処理だからです。

そこで、`Tracker`ノードが保持しているTrackingデータを、ノードとしてではなく数値情報としてCloneに活用する方法を紹介します。この方法は、Cloneなどのペイント情報だけではなく、Rotoのマスクなどにも活用することができますので、ぜひ覚えておきましょう。

1 Trackingデータの確認

Trackingデータは、`Tracker`ノードのプロパティの「Transform」タブに数値情報として記録されていますので確認してみます。

`Tracker`ノードのプロパティを表示して、Transformタブを選択します。基礎編で

解説したように「reference frame」が基準となるフレームになりますので、そこで設定されているフレームでtranslateやrotateが「0」になるようになっています。

Trackingで抽出した動きの情報は、現在translateにアニメーションとして入っていますので、この数値情報をRotoPaintノードのCloneに活用していきましょう。

② Rotopaintノードのプロパティを表示

数値を反映させるために、反映先のRotoPaintノードのプロパティを表示します。RotoノードやRotoPaintノードで作成した「Bezier」や「Clone」には、それぞれTransformが存在しますので、そちらを表示します。

Cloneを選択し、Transformタブを選択して表示します。

図6-5-1 Transformタブに数値データがある　　図6-5-2 CloneにもTransformがある

プロパティには、TrackerノードとRotoPaintノードの2つが表示されている状態にしておきます。ではTrackerの数値をCloneに反映させていきますが、今回は反映させるのに「Expression」でリンクさせることで実現したいと思います。

③ Trackingデータのリンク

Trackerノードのtranslateの右にあるアニメーションメニューアイコンを、「Ctrl」キーを押しながら左クリック長押しします。RotoPaintノードのtranslateの右にあるアニメーションメニューアイコンにドラッグ&ドロップします。

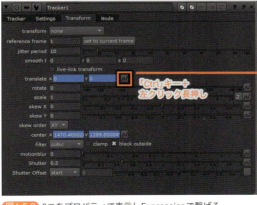

図6-5-3 2つをプロパティで表示しExpressionで繋げる

こうすることで別々のノードであっても、値をリンクさせることができます。今回は`Tracker`ノードのtranslateの値を`Rotopaint`ノードのCloneのtranslateにリンクさせました。リンクができると、ノードグラフではノード同士の間に緑の矢印が表示されます。緑の矢印が表示されれば、リンクできている証拠なので確認してみてください。

これでTrackingデータがCloneのtranslateに反映されたため、Cloneがカメラの動きに合わせて追従するようになりました。ここで解説した「Expression」に関して詳しく知りたい場合は、「Part4：応用編」で解説を行っているので、そちらを参照ください。

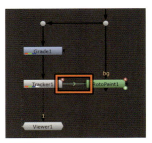

図6-5-4 Expressionで繋がると緑矢印が出る

4 再生して結果を確認

`Rotopaint`ノードをビューアーに表示して再生します。黄色い小舟を消したので、最後のフレームまできちんと消えていれば完了です。少し輪郭が見えていたり、ズレがあった場合は、Cloneのペイント情報を編集します。

`Rotopaint`ノードのStrokeタブを選択して表示し、各種「brush」の設定を調整します。

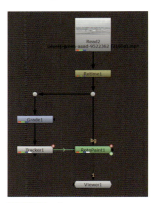

図6-5-5 最終ノードツリー

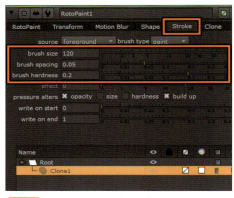

図6-5-6 Cloneのペイント情報の編集はStrokeタブで可能

これで、常に動いている小舟を消すことができました。動体のバレ消しは、以上になります。

図6-5-7 元の動画素材

図6-5-8 バレ消し後の1フレーム目（左）と最終フレーム（右）

今回はRotopaintノードのCloneを使用しましたが、Rotoノードでコピー元のベジェマスクを切り、Transformノードでズラして被せることでも同じことができます。

マスクで範囲を作成するメリットとしては、後から任意の位置やサイズに変更が可能なこと、ペイントのメリットは簡単に塗るだけで範囲の指定ができることにあります。素材によっても最善の消し方は変わってきますので、使い分けてください。

残りの小舟は同じ手順で消すことが可能なので、ぜひ今回の手順の復習・練習として消してみてください。全部の船を消して、そこに船はなかったかのような1ショットを作ってみましょう。

図6-5-9 すべての小舟を消した完成動画

まとめ

CleanPlate（バレ消し）の作業は、素材によってやり方が大きく異なります。今回の素材は、視差などが少なく、カメラの動きもあまり激しくないものを選んだため、比較的消しやすい素材でした。しかし、素材によってはパッチ画像の作成が難しかったり、Trackingが取りづらい素材の場合もあります。そういった場合は、ほかの技術を駆使したり、地道に1フレームずつ作業したりすることもあります。

また、完璧ではないかもしれませんが、最近では囲うだけで簡単に対象を消してくれる機能があるソフトがあったりもするので、パッチ画像の作成はそういったものを使ってみてもよいでしょう。いずれも基礎・基本を理解した上で使ってみることをお勧めします。

以上でCleanPlateは終了です。お疲れ様でした！

CHAPTER 07

CG Compositing

3DCGソフトウェアでレンダリングされた画像（以下、CG素材と呼ぶ）が要素毎に分かれている場合、Nukeで要素毎に分けて調整を行うことが可能です。CGレンダリングは時間がかかり、変更や再調整が必要になるなるケースは実務上たびたびあります。再度のCGレンダリングで結果を待つよりも、コンポジット作業でその役割を担うことは、大幅な時間の節約に繋がります。

また、グローやデフォーカスなどの一部のエフェクトは、コンポジット作業でより適切に表現できるため、CG素材を活用してコンポジット作業時に後処理として効果を与えることもあります。CG素材を最大限に活用するために、どのような手順でそれを扱っていくべきかをこの章では紹介していきます。ここでは、Maya2024 ArnoldとNuke 15.0を使用して解説しています。

7-1　3DCGのレンダリング

3DCGソフトウェアからのレンダリングイメージは1枚の画ですが、3D空間でさまざまな計算がされた後、1枚の画として最終的に出力されています。

このようなレンダリングしたシーンの「最終的な見た目の画像」のことを「Beauty」と呼びます。照明、反射、影、物体の質感など、すべてが混ざった状態で、レンダリング結果としての画像です。1枚の完成した画像として見えるものが「Beauty」であり、明るさ、色、質感などすべてがここに反映されています。

なおレンダリングは、「Lighting」の要素と「Shading」の要素に分けて考えられます。それらを以降で詳しくみていきましょう。

図7-1-1　3DCGソフトからのレンダリング出力「Beauty」

7-2　Lightingの要素

Lightingの要素を分解すると、Lightingには「直接照明」と「間接照明」があります。直接照明は「Direct Lighting」と呼ばれ、間接照明は「Indirect Lighting」と呼ばれます。省略して「Direct」、「Indirect」と呼ばれることもあります。

234

ArnoldのAOVs設定（AOVsに関しては後の項目で解説）では、デフォルトで組み込まれている要素なので、まずはこのDirect、Indirectを紹介します。

図7-2-1 直接照明（左）と間接照明（右）

Direct Lighting（直接照明）

直接照明は光源から発せられる最初の光線によって照らされるもので、間接照明は最初の光線が当たった後のバウンス光によって照らされたものです。

後述するAOVsの機能を活用して、DirectとIndirectをそれぞれ個別に出力し、そのレンダリング結果を確認してみましょう。Direct Lightingは、光源から直接届いた光が物体に当たる部分を表し、明るくシャープな影や強いハイライトが確認できます。

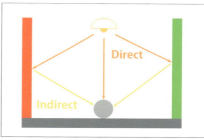

図7-2-2 直接照明と間接照明の違い

Indirect Lighting（間接照明）

一方Indirect Lightingは、シーン全体に拡散して、周りの環境の色を拾っていることが確認できます。図のように「Beauty」は、Direct LightingとInDirect Lighingを加算したものであることがわかります。

図7-2-3 DirectとIndirectを個別に出力した例

このようにLightingをDirect、Indirectで分けるメリットとしては、CGレンダリングで発生するノイズをコンポジット作業時に除去できるというメリットがあります。

235

特にIndirectではノイズが多いので、別素材として出力しておけば部分的にコンポジット作業で修正することが可能になります。その結果、CGレンダリングの時間を大幅に削減できるケースもあります。

7-3 Shadingの要素

Shadingの要素のAOVsは、レンダリング結果を構成する各要素（Diffuse、Specular、Transmissionなど）を個別に出力したものです。これにより、質感や光の反射・透過など、特定の要素を調整することが可能になります。

コンポジターとして重要なのは、これらのAOVsがどのような要因（マテリアル設定、オブジェクト形状、ライトの配置など）によって生成されるかを理解し、それぞれを適切に活用して調整をすることです。プロジェクトの内容や目的に応じて、必要なAOVsを選択することが効率的なワークフローに繋がります。

Beautyを構成する代表的なShadingの要素について、以降で解説します。

▊ Diffuse（拡散反射）

拡散反射成分。光が物体表面で散乱して広がる反射を示します。反射は物体の基本的な色（Base Color）を表現し、マットな質感や柔らかな影を生み出します。Diffuseには、光源から直接届く光（直接光）と、周囲やほかの物体から反射した光（間接光）の両方が影響を与えます。

またDiffuseは、光の向きや物体の立体感を伝える視覚的な役割を果たし、コンポジット作業では光の表現をコントロールする重要な要素となります。

図7-3-1 Diffuse（拡散反射）の例

▊ Specular（鏡面反射）

鏡面反射成分。物体表面で光の反射を示します。この反射は、光源や周囲の環境を映し出し、物体の質感や光沢感を表現する重要な要素です。この要素は物体表面の滑らかさ（Roughness）や反射率（Reflectivity）、入射角度などによって大きく影響を受けます。

コンポジット作業においては、Specularを制御することで、物体の質感や環境との関係性を効果的に表現することが可能です。

図7-3-2 Specular（鏡面反射）の例

Transmission（透過）

透過成分。光が物体を通過する現象を表す要素です。この要素は、透明や半透明の素材（たとえば、ガラスや液体）を描写する際に欠かせません。光が物体内部を通り抜けることで生まれる透明感や独特の質感を再現できます。

コンポジット作業において、Transmissionには特有の制約があります。それは、透過成分がすべての要素を含んだ状態、つまりBeautyとして統合された形で出力されるため、ほかのAOVのように個別に分離して扱うことができないという点です。

このため透過効果を調整する際には、物理的なライティングやマテリアル設定の段階で適切に制御する必要があります。コンポジターにとっては、透過成分を細かく調整することが難しいケースがあるため、事前のレンダリング設定が非常に重要です。

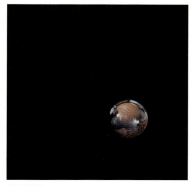

図7-3-3 Transmission（透過）の例

TIPS

Maya Arnoldの場合、aiStandard Surfaceのシェーダーにあるパラメーター「Transmit AOVs」をオンにしておくと、透過して見えるオブジェクトのDiffuseやSpecularが通常の「Diffuse」「Specular」のAOVに入ります。またその場合、Transmissionは空になります。

図 Arnoldの「Transmit AOVs」

図 出力結果

Subsurface Scattering（サブサーフェス散乱）＝SSS

サブサーフェス散乱成分。光が物体の表面を通過して内部で散乱し、再び外部に出てくる現象を指します。皮膚やロウ、大理石などの半透明な素材で見られる効果で、これにより柔らかくリアルな質感が表現されます。

Emission（発光）

自己発光成分。物体自体が光を放出する成分です。AOVのEmissionで出力される成分は、マテリアルで発光が設定されたオブジェクトや、カメラに対して表示状態にあるエリアライトやスカイドームライト、さらにオブジェクトをライトととして表示設定をした場合などが含まれます。

通常、シーン内のライト（直接光）は物体に光を当てて反射や拡散を引き起こしますが、発光はその逆で、物体自体が光を発します。発光する物体がほかの物体に影響を与える場合もありますが、この影響はEmission AOVには含まれず、発光している物体自体の光を記録したものが出力されます。

図7-3-4 Subsurface Scattering（サブサーフェス散乱）の例

図7-3-5 Emission（発光）の例

Emission AOVは、特定のオブジェクトやエフェクト（たとえば、光るネオンや画面上の発光部分）を強調したい場合に使用されます。これを使用することで、発光する物体の成分をほかのシェーディング要素と切り分けて調整することができます。これにより、後から発光の強さや色を変更したり、グローのエフェクトを追加しやすくなります。

Diffuse（拡散反射）とSpecular（鏡面反射）

レンダリング時にどのようにパスを出力するかはさまざまな選択肢があり、それによってコンポジット作業の複雑さも変わってきます。Shadingの要素は、基本的に加算することでBeautyを構成します。ここでは基本となるDiffuseとSpecularの関係を確認します。

これら2つの要素だけで成り立つ質感のものは多くあり、図のような光沢のあるプラスチックの質感の場合など、これら2つの要素だけで成り立つ場合があります。レンダリングされた最終画がこの物体の場合のDiffuse、Specularを見てみましょう。この場合、Shadingの要素としては「Beauty＝Diffuse＋Specular」という式が成り立ちます。

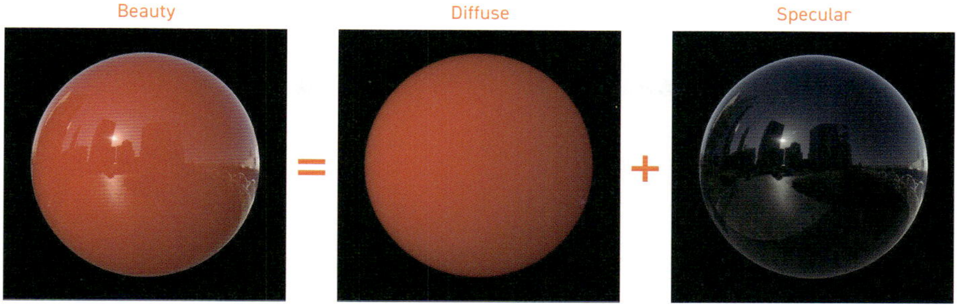

Beauty		Diffuse		Specular

図7-3-6 DiffuseとSpecularのみの質感

　ここで解説してきたように、CGのレンダリング（Beauty）はさまざまなShading要素で構成されています。ここで紹介した以外の要素もありますが、それらも要素を加算することでBeautyを構成することができます。

7-4　AOVsとは

　AOVs（Arbitrary Output Variables：任意の出力変数）は、シーンの異なるレンダリング要素を個別に分けて出力する機能の名称です。これにより、ライティング、シャドウ、反射など、シーンの各要素をそれぞれ別のレンダーパスとして書き出し、後のコンポジット作業で細かく調整できるようになります。また、AOVsで出力された個々のパスや画像も、一般的に「AOVs」と呼ばれることがあります。

　AOVsはレンダーパスの一部を含むだけでなく、それ以上に広範囲な情報を出力できる仕組みを指します。たとえば、カスタムデータやシェーダーの中間結果などもAOVとして出力可能です。AOVsはレンダリング結果の柔軟性を高め、コンポジット作業の自由度を向上させる重要な要素です。

　今回はArnoldを使用するので「AOV」という呼び方を使用しますが、レンダラーなどによってその名前は異なります。たとえば、Vrayは「RenderElements」と名前が付いていますが、基本的な考え方はAOVsと同じです（Redshift、RenderManなどもAOVsという名前です）。なお、AOVsとAOVの表記の違いは、基本的には複数形と単数形の違いです。

　今回は、AOVsがどのようにレンダリングやコンポジティング作業において役立つかを理解しやすくするために、AOVsを大きく以下の3つに分類します。

①Beautyカテゴリー

　Beautyカテゴリーに属するのは、Beautyを構成するLighting要素やShading要素のAOVsです。これにより、コンポジット作業では、光の影響や物体の表面特性を個別に調整することができ、柔軟な修正が可能となります。例として、Diffuse、Specular、Transmission、SSS、Emission、ライトのDirect、Indirect各ライトパスからのライティングパスなどです。

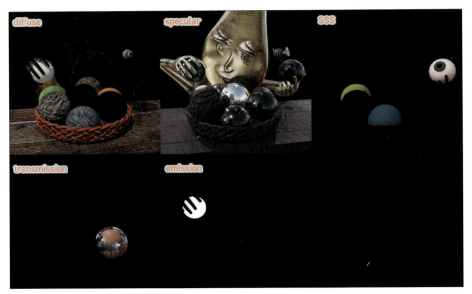

図7-4-1 Beautyカテゴリーを個別に出力

たとえば、ライティングの変更が必要な場合にはDirect Diffuseや各ライトパスを、マテリアルの質感を調整したい場合にはSpecularやTransmissionを操作することで、最終結果に対して細かな修正を加えることができます。このように、Beautyを構成する各要素を理解して操作することで、より効果的で効率的なコンポジットが可能となります。

図7-4-2 ライトを個別に出力

②Utilitiesカテゴリー

コンポジティング作業時におけるライティング、マテリアル調整、特殊効果など、後処理をするための情報を提供するAOVです。これらは最終画像には直接現れませんが、処理を効率化します。例をいくつか挙げておきます。

・Z／depth
　カメラからの距離を示すパス。デフォーカスを追加するためや遠近感を調整するためのマスクとして使用することが多いです。

・P／Position World
　シーン内でのオブジェクトのワールド座標（3D空間の位置）を示すパス。特定の場所でマスクを作成する際に役立ちます。

・Pref／Position Reference
　オブジェクトの参照位置を示すパス。任意の個所でマスクを作成する際に役立ちます。

・Normal
　オブジェクト表面の向きをRGBで表したパス。リライティングする場合などに使用されます。

・UVs
　3Dモデル上でのテクスチャの位置情報を含むAOVです。各ピクセルにUV座標（テクスチャを配置するための位置情報）が含まれています。

・Motion Vector／Velocity
　オブジェクトの動き（方向や速度）を示すパス。後からモーションブラーを適用するのに使用します。

・Ambient Occlusion
　オブジェクトの細かな影を示すパスで、周囲のオブジェクト間の陰影を追加し、立体感を強調します。

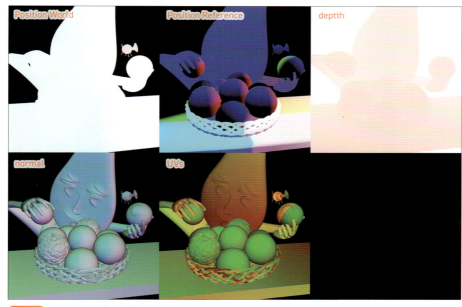

図7-4-3 Utilitiesカテゴリーを個別に出力

241

> **TIPS**
>
> 　Ambient Occlusion (AO) はライティングの要素ではありますが、通常Beautyカテゴリーには含まれません。Beauty AOVは、主に物体の見た目を構成する光の要素（ライティングやシェーディング）を含みます。
> 　一方、Ambient Occlusionは、シーン内の隅や物体の間の隠れた部分がどれだけ光を受けにくいかを示すエフェクトで、物体が周囲の環境からどれだけ光を遮るかを表現します。この効果は、物体表面の凹凸や密接した部分における影響を強調し、よりリアルな陰影を作り出しますが、実際の光の反射や散乱とは異なり、独立した情報としてレンダリングされることが多いです。
> 　したがって、Ambient OcclusionはBeautyカテゴリーの一部ではなく、Utilitiesカテゴリーに含まれています。

③ IDs（mask）カテゴリー

　シーン内の特定のオブジェクト、マテリアル、グループなどを区別し、後でそれぞれを個別に選択して編集できるようにするための情報です。例をいくつか挙げておきます。
　以下のIDパスを使うと、特定部分だけを容易に選択して、効率的に調整できます。

・Cryptomatte
　オブジェクト、マテリアル、またはアセットごとにマスクを作成できるIDパスです。

・Object ID
　オブジェクトごとのIDを割り当てるパスです。各オブジェクトが異なる色で分離され、特定のオブジェクトだけを選択、調整する際に役立ちます。

・Material ID
　オブジェクトのマテリアルごとに異なるIDが割り当てられるパスです。特定のマテリアルを持つ部分を選択、調整する際に役立ちます。

図7-4-4　IDs（mask）カテゴリーを個別に出力

7-5　Maya ArnoldでのAOVsマルチチャンネルレンダリング設定

　AOVsをレンダリングする場合、「マルチチャンネル」という出力方法があります。マルチチャンネルは、CGレンダリングにおいて、複数のチャンネルを1つの画像ファイルにまとめて保存する方法です。

　通常のレンダリングではRGBAチャンネルの情報だけを保存しますが、マルチチャンネルでは任意のAOVsの情報も同じファイルに含めることができます。「EXR」ファイルでの出力形式が一般的です。また1つの画像ファイルにAOVsをまとめずに、各AOVごとに別々のファイルに出力することも可能です。

　この節では、Maya ArnoldからAOVsを使用してマルチチャンネルで出力する手順を見てみましょう。Mayaのメニューから「Windows→Rendering Editors→Render Settings」を選択して、開きます。

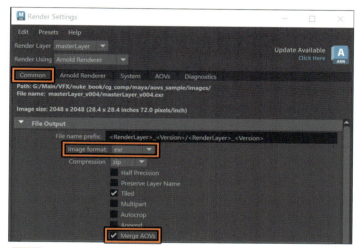

図7-5-1　MayanoRender Settings画面

　Commonタブを選択し、File Outpurのimage formatで「exr」を選択します。マルチチャンネルを1つの画像に格納する場合は、exrを選択する必要があります。「Merge AOVs」にチェックを入れます。

　以上の手順により、Render Settingsで選択したAOVsが格納されたexrをレンダリングすることができます。もしAOVsを1つの画像に格納したくない場合、「Merge AOVs」のチェックを外せば、それぞれのAOVごとのexrが出力されます。

　AOVsタブを選択し、以下の手順で出力するAOVを選択しましょう。画面は、次ページの図7-5-2を参照してください。

①AOVsのタブを選択
②Available AOVsの欄から出力したいAOVを選択
③「>>」をクリックして、右側のActive AOVsの欄にAvailable AOVsから選択したものを移動
④それと同時に、④のエリアにも出力されるAOVが追加

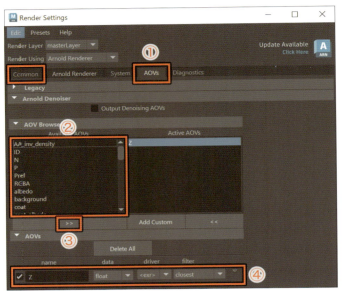

図7-5-2 出力するAOVを選択

レンダリング後、RenderViewを開いて確認しましょう。追加したAOVは左上のプルダウンから選ぶことで、レンダリング結果が確認できます。

図7-5-3 出力結果を確認

ArnoldのaiStandardSurfaceシェーダーの場合、基本的には次ページの図7-5-4のようにシェーダーのパラメーターが各シェーダーAOVsに対応しています。なお、BaseのMetalnessの数値を上げるとspecular AOVにも影響します。

さまざまなシェーダーのパラメーターを調整し、どのようなAOVが出力されるのか試してみるのがよいでしょう。

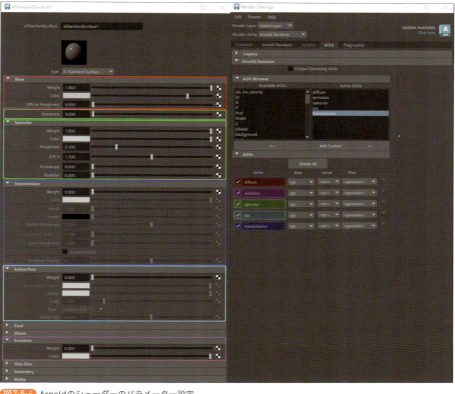

図7-5-4 Arnoldのシェーダーのパラメーター設定

　ここでは例として、Shading要素のAOVsで説明しましたが、LightのDirect、Indirectを追加したい場合やUtilities、IDsを出力したい場合も同様に、AOV Browserから任意の項目を追加すれば出力することができます。

> **TIPS**
> 　Available AOVsの欄にないAOVを出力したい場合は、「Add Custom」ボタンから任意のAOVを追加することができます。UtilitiesやIDsなどは特に、そのときどきによって出すべきパスも変わってくる場合が多々あります。たとえばnormalやSTmapのAOVを出力する場合、Custom AOVを追加して、AttributeのCustom AOVからShaderをアサインすることで、任意のパスを出力することができます。

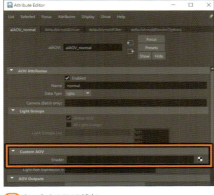

図 カスタムAOVの追加

7-6 Maya Arnoldでのライト要素のレンダリング設定

　Light Groupを使用した、個別のライト毎のAOVsを出力する場合の方法を確認しましょう。

　実際のシーンでは、環境光としてのHDRIを使用したライトや、3点照明を使用したライティング環境など、ライトが複数ある場合があります。複数ライトがある場合は、各ライトでレンダリングを分けることもできます。その利点としては、各ライトの要素を個別にレンダリングすることで、コンポジット作業時に各ライトの強弱や色を調整できることになります。

　それでは、手順を確認していきます。図のようにaiAreaLightを配置して、それぞれのAOV Light Groupに名前を付けていきましょう。今回使用している地面とスフィアのシェーダーは、図のとおりです。SpeclarのWeightパラメーターは「0.0」にしています。

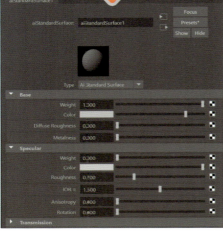

図7-6-1 作例の設定

　作成したaiAreaLightのAttribute Editorを開きます。Visibilityの項目の中に、「AOV Light Group」という項目があり、初期設定では「default」と記入されています。

　固有の名前を付けない限り、すべてがdefaultのライトグループに入ってしまうので、このままではライトの分離ができません。ここでは「Light01」と記述します。残りの2つのaiAreaLightにも同様に、「Light02」「Light03」と名前を付けます。

　上記の手順が終わったら、次はAOVを設定しましょう（次ページの図7-6-3）。今回は「diffuse」を選択してみます。Render SettingsからAOVの「diffuse」を選択したら、Attribute Editorを確認してください。Light Groupの項目を見てみましょう。Light Group Listの右の欄に、先ほど入力したライトグループが表示されているのがわかります。

　右側のライトグループに表示されている名前を選択すると、自動的に「Light Group List」に選択した項目が追加されます。複数選択したい場合は、「Shift」キーを押しながら複数選択してください。

図7-6-2 それぞれのライトに名称設定

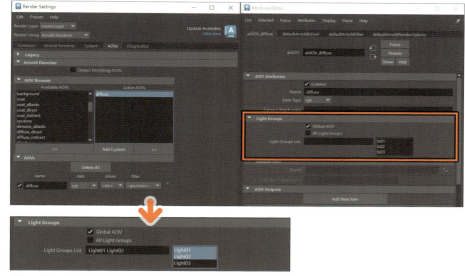

図7-6-3 diffuseのライトグループの確認

　すべてのライトグループを追加したい場合は、「All Light Groups」にチェックを入れます。All Light Groupsにチェックを入れる場合、すべてのライトグループが有効になるので、選択式のLight Groups Listは非アクティブになります。

　またデフォルトでは「Global AOV」にチェックが入っており、各ライトをすべて合わせたAOVが出力されるようになっています。不要であれば、任意でチェックを外してください。

　わかりやすくするためにLight01を「赤」、Light02を「緑」、Light03に「青」の色を当てました。

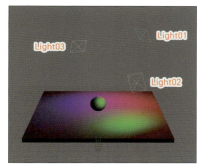

図7-6-4 ライトの色を変更して確認

　それでは、レンダリング結果を確認してみましょう。AOVsを確認すると、「diffuse_Light01」「diffuse_Light02」「diffuse_Light03」の3つのAOVが出力されているのが確認できます。また、「Beauty=Light01+Light02+Light03」という式が成り立っています。

　今回は、diffuseのAOVを使用して出力する手順を紹介しましたが、ほかのAOVsも同様の手順で出力できます。その際ライト毎のAOVsは、「AOV名_AOV Light Group名」で出力されます。

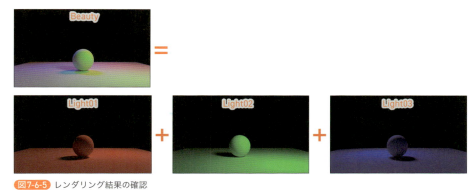

図7-6-5 レンダリング結果の確認

247

ここまでは、Maya Arnoldを使用して、AOVsのレンダリング方法を紹介しました。AOVsにおけるBeautyのレンダリング方法は、大きく分けて「Shading要素のAOVs」と「Lighting要素のAOVs」の2つに分類できます。

これらをすべて出力することで、柔軟な修正や調整が可能になります。一方で、BeautyのAOVs限らず、以下の欠点も考慮する必要があります。

> ● **データ量の増加**：ファイルサイズが大きくなり、ストレージを圧迫する
> ● **レンダリング時間の増加**：処理時間が延び、パイプライン全体の効率が低下する

そのため、多くのAOVsを出力することが必ずしも最適解ではありません。重要なのは、どのような調整や修正が想定されるかを明確にし、その目的に応じて必要なAOVsを選択することです。

また、AOVsの出力を設定する際には、Lightingの要素とShadingの要素の関係性を理解し、適切に組み合わせることが重要です。

Lightingの要素（例：Direct Lighting, Indirect Lighting）は、DiffuseやSpecularといったシェーダー要素を、光の種類ごとに分けて出力されたものです。そのため、ライティングパスにはシェーダー要素が含まれている点にも留意する必要があります。

プロジェクトやシーンの内容に応じて、「どの調整をCGで行い、どの作業をコンポジットで担うか、どのようにコンポジットで調整できるように準備をしておくべきか」をチームで話し合い、適切なAOVsを選択することで、効率的なワークフローを実現しつつ、無駄なデータ生成を避けることができます。

7-7　NukeでのBeautyの分解と再構築

コンポジット作業時に、これらのCGレンダリングの分解された要素である「AOVs」をNukeで活用するには、ライティングやシェーディングの要素を正しく合成し、元のBeautyパスと同じ結果を再現します。このプロセスを「Back to Beauty」と呼び、各要素の詳細な調整が可能となります。

足し算のオペレーション

最初に、基本となる足し算（plusのオペレーション）を見てみましょう。シェーダーのAOVsを個別に出力した場合、以下の式が成り立ちます。

Beauty＝Diffuse（拡散反射光）＋Specular（鏡面反射光）＋Transmission（屈折光）＋SSS（表面下散乱光）

今回は、Beautyパスに上記のシェーダーAOVsを内包したレンダリング素材を使用します。「CGCompositing_shaderAOVs_BacktoBeauty.exr」という名前でMaya Arnoldでレンダリングした素材をダウンロードデータに用意しました。Project SettingsのColorタブでOCIOを指定し、OCIO configを「aces_1.2」にして、素材を読み込むときのInput Transformは「ACES - ACEScg」を指定してください。

1 Nukeを起動し、レンダリング素材を読み込み

内包したAOVsを確認してみましょう。**LayerContactSheet**ノードを呼び出して、読み込んだ**Read**ノードに接続します。これにより、内包しているチャンネルを一画面に表示することができます。

また、LayerContactSheetの「Show layer names」にチェックを入れると、レイヤーの名前を確認することができます。

図7-7-1 レンダリング素材を読み込んで、AOVsの内容を確認

2 チャンネルを取り出して表示

次に**Shuffle**ノードを呼び出して、Input Layerの内包しているチャンネルを1つずつ取り出します。**Shuffle**ノードのNodeタブのLabelに「[value in1]」と入力することで、**Shuffle**ノードにInput Layerの「in1」で選んだチャンネルが表示されるようになります。詳細は、Part4の「3章 Expression」を参照してください。

3 ReadからすべてのAOVを取り出す

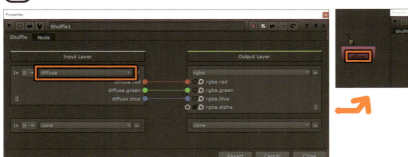

図7-7-2 チャンネルの取り出しと表示

図7-7-3 すべてのAOVを取り出し

4 取り出したAOVをplusで合成

Mergeノードを出してBラインを縦で繋ぎ、Aラインを横から繋ぎます。Mergeノードのoperationを「plus」にします。

残りのShuffleで取り出したほかのチャンネルも、Mergeノードのplusオペレーションで繋ぎます。

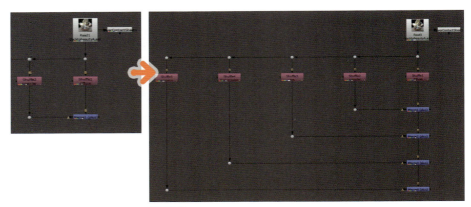

図7-7-4 AOVsをすべてplusで合成

5 合成結果の確認

すべてのチャンネルを合成した結果と、素材として読み込んだレンダリング結果を見比べてみましょう。レンダリング結果と同じ結果になったのが確認できます。

図7-7-5 レンダリング結果と合成結果の比較

各要素を個別に取り出して再構築した際に、Beautyと結果が異なる場合は、AOVsの各要素が「Back to Beauty」を成立させるために正しく出力されていない可能性があります。

たとえばライティングのパスには、シェーダー要素が含まれていることに注意してください。ライティング要素のパスが各シェーダー要素で分解されていないのに、Back to Beautyの際にライティング要素とシェーダー要素を足し算していくと、要素が2回足されて2倍のspecular情報が加算されるなどの可能性もあります。

どのパスを出力するか迷う際には、ライティング要素かシェーダー要素を選択してBack to Beautyを成立させるようにレンダリング出力設定をするか、各レンダラーのサイトを確認するようにしましょう。

TIPS

　注意が必要なのは、通常ほとんどの3Dレンダリング画像のRGBは事前にA（アルファチャンネル：透明度）で乗算されているという点です。このような画像は「Premultiplied」と呼ばれます。これにより、透明な部分のエッジが滑らかになり、背景に合成したときに不自然な黒ずみやギザギザが出にくくなります。

　しかし、特定の処理やカラーコレクションを行う際には、アルファで乗算された状態が原因で正しい結果が得られないことがあります。このため、処理前に「Unpremultiply」（Premultipliedを解除）を行うことで、RGBチャンネルを元の状態に戻し、適切な処理ができるようにすることが重要です。

図 Premultiplied画像

　Unpremultiplyを正しく行うことで、透明部分のエッジも含め、全体のカラー調整や合成結果の品質を向上させることができます。

6 Unpremultノードの接続と設定

　事前乗算された画像の色を修正する場合、最初に**Unpremult**ノードを画像に接続して、画像を事前乗算されていない画像に変換する必要があります。AOVsを分解して色調整をする際にも、Premultpliedの画像に対して**Unpremult**ノードを接続してから、色補正を行う必要があります。

　レンダリング画像に対して、**Unpremult**ノードを呼び出して繋ぎます。**Unpremult**のdivideノブを「all」にします。これにより内包するexrのチャンネルにも、**Unpremult**を適用することができます。

図7-7-6 Unpremultノードの接続と設定

7 エッジの確認

　取り出しているチャンネルのエッジを見てみましょう。**Unpremult**をallで適用後のエッジにはきちんと「Unpremult」が適用されていることが確認できます。

251

エッジがギザギザしているのが確認できる

図7-7-7 Unpremultの適用を確認

8 アルファチャンネルが乗算された状態に戻す

最後に`Premult`ノードを追加して、イメージを元のようにアルファが乗算された状態に戻します。元に戻すという意味で、`Premult`ノードのmultiplyノブも「all」を指定しておきましょう。ここで注意が必要になるのは、今回取り出した各チャンネル共にアルファを持っていない画像ということです。

`Premult`ノードは、RGBチャンネルとアルファチャンネルを乗算するものですが、アルファチャンネルが存在しないと正しく機能しません。そのため`Premult`ノードの直前に、`Copy`ノードを使用してアルファチャンネルを追加しておく必要があります。

具体的には`Copy`ノードを作成し、BラインをMergeの流れに追加し、Aラインを元の画像から引っ張ってきます。`Copy`ノードのデフォルトの設定ではAラインからBラインにアルファをコピーする設定になっているので、`Premult`ノードの直前にアルファのコピーを追加することで、`Premult`ノードが機能します。

これで「Back to Beauty」の完成です。

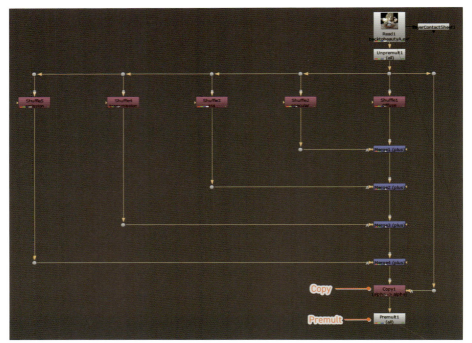

図7-7-8 アルファチャンネルを乗算で追加

AOVの個別調整

このように、各AOVを分解して再構築することで、それぞれのAOVを個別に調整することができます。`Shuffle`で取り出したAOVの下に`Grade`ノードなどを追加してカラーコレクションを行うことで、必要な要素にのみアプローチして調整できます。それでは、実際に試してみましょう。

1 色味の変更

例として、試しにspecularパスに対して`Grade`ノードを追加して寒色に寄せてみます。

図7-7-9 必要な要素の色調整

2 キャラクターに一部に適用

さらにキャラクターの身体部分にだけそのグレードを適用したいので、`Cryptomatte`からキャラクターの体部分抽出し、`Grade`ノードのmaskインプットに接続します。AOVでCryptomatteを含めてレンダリングしている場合、`Cryptomatte`ノードを使用してマスクを作成することができます。

`Cryptomatte`ノードからLayerを選択し、「Picker Add」から色を拾います。この場合キャラクターの身体を選択したので、RGBでは選択個所が黄色になり、Alpha表示を確認するとキャラクターのアルファが抽出できています。

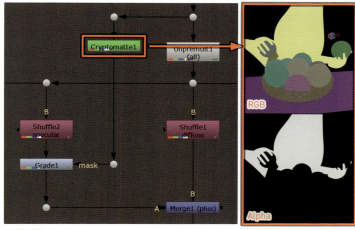

図7-7-10 キャラクターに身体にのみ色味を適用

Gradeノードのmaskインプットに接続すれば、アルファが抽出できている個所にだけカラーコレクションが適用されているのが確認できます。specularパスにのみGradeを追加した結果は、図のようになります。

図7-7-11 色味を適用した結果

3 Back to Beautyの結果を確認

　Premult（all）にViewerを接続して、結果を確認します。これにより、SpecularのみにGradeを追加した効果を確認できます。

　また、ObjectIDやMaterialIDを使用してマスクを作成し、Specularの一部だけを調整することも可能です。特に、同一オブジェクト内で複数のマテリアルが適用されている場合などに効果的です。

図7-1-12 Beautyの結果

4 必要なチェンネルの整理

　各AOVの調整が済んだら、Premultノードの下にRemoveノードを追加します。operationを「keep」にすればchannelsで選んだチャンネルのみを維持し、ほかの内包するチャンネルを破棄することができます。

　もちろん維持したいチャンネルがあれば、channelsに維持したいAOVを選択します。不要なチャンネルがあればAOVsを再構築し、調整が終わった後に、いったん整理するのがよいでしょう。

図7-1-13 残したいチャンネルを選択

> **TIPS**
>
> 　今回はアルファチャンネルを持っていないAOVsの計算でしたが、MergeのデフォルトはRGBAチャンネル同士の計算になっています。　MergeノードのA、Bチャンネルにはどのチャンネルをオペレーションに使用するかの選択肢があり、pulsのオペレーションを指定してRGBAの計算をさせると、アルファチャンネルもそのままplusの計算がされ、1.0以上の値を持つ可能性があります。その場合はMergeのチャンネルをRGBにし、アルファチャンネルの計算をさせないことも可能です。
> 　Nukeでは、チャンネルを意識してコンポジット作業をしていく必要があります。アルファチャンネルが「1.0」を超えることは、エラーの原因や予期せぬ結果を招くことがあるので、注意しながらNukeでノードを追加していくのがよいでしょう。

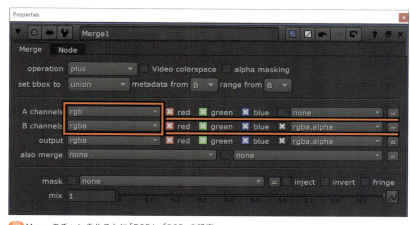

図 Mergeのチャンネルごとに「RGBA」「RGB」の設定

7-8　From（引き算）、Plus（足し算）を使用した調整

　前節では、分解して再構築する「Back to Beauty」の手法を紹介しましたが、AOVsを調整する際に便利なもう1つの方法をご紹介します。
　前節で出力したAOVsは、それぞれを足し合わせることで元のBeautyに戻せる形式で出力されていたため、分解と再構築が可能でした。しかし、すべてのAOVを出力する必要がない場合や、特定の要素だけを調整したい場合には、調整したい要素のAOVだけを

レンダリングし、`Shuffle`ノードでその要素を取り出して調整することができます。

　この方法は、必要なAOVだけを出力するため、レンダリング時間の短縮やディスクスペースの節約といった利点があります。1つの要素を調整したい場合、取り出した1つの要素を先に元のbeautyから引き算します。そして、調整したその要素を元のbeautyに足し算で戻してあげれば、調整した要素を元の画に反映させることができます。

　それでは、この手順を具体的に見ていきましょう。素材は、7-7節で使用したものと同じものを使用してください。

　`Shuffle`ノードで1つのAOVを取り出します。図では試しに「specular」を取り出してみます。

　`Merge`ノードを作成し、operationを「from」にします。引き算のoperationでは「minus」もありますが、AOVsの調整では「from」を使用することが多いです。minusのオペレーションは「A-B」ですが、fromのオペレーションは「B－A」です。

　NukeではBラインをメインの縦ラインで組むのがベースになるので、元のBeauty（B）から1つの要素（A）を引き算するAOVsの計算では、「from」のほうがよいでしょう。

　取り出したAOVsをBeautyからfromで引き算したら、そのあと`Grade`などで調整した要素を`Merge`のplusのoperationで元のBライン（③のBeautyからSpecularを減算したもの）に加算します。

　図解は、以下のとおりです。

①Beauty
②Specular
③BeautyからSpecularを減算したもの
④色調整したSpecular
⑤Beautyに戻した結果

図7-8-1　要素を取り出して調整し、書き戻す

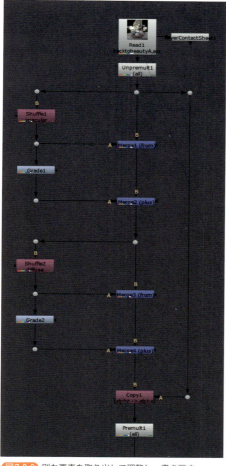

図7-8-2 別な要素を取り出して調整し、書き戻す

この手順を繰り返すことで、すべてのAOVを分解せずに効率よく調整することが可能です。この際、Unpremultを「all」で適用するのを忘れないようにしましょう。

また今回の例では、Beautyのアルファが維持された状態になります。そのため、`Merge`ノードで「from」や「plus」を使用する際、アルファの計算が不要であれば、Mergeのチャンネルを「RGB」に変更したほうがよいでしょう。

さらに、アルファの計算で「1」を超える値を避けるための対策として、`Premult`ノードの前に`Copy`ノードを使用して、アルファチャンネルを元の状態から差し替える方法も有効です。この手順により、意図しない結果を防ぎつつ正確な合成が可能になります。

ここまでNukeでのコンポジット作業において、CGレンダリング素材の扱い方を2種類紹介しました。どちらの方法にしても、CGのレンダリング結果を大きく損なうことなく、調整できる方法です。AOVsの出力によっては、分解、再構築の方法に足し算、引き算だけでなく、掛け算、割り算を使用し、もっと広い範囲でCGの要素を調整する方法もあります。それらはレンダラーによってデフォルトで出力できる場合もあれば、コンポジティング作業で作成することを前提としている場合もあります。

今回はそれらの手法は紹介しませんが、各レンダラーのサイトを見るとAOVsの解説とともにどのようなAOVsと計算で「back to beauty」が成り立つかが載っています。もっとAOVsについて詳しく知りたい方は、使用しているレンダラーのサイトで調べてみることをお勧めします。

まとめ

どんなときに、どのようなAOVを出すべきか、いきなり決めていくのは難しいと思うので、個人的な感想を少し述べさせてもらいます。

たとえば外のシーンで実写合成する場合、太陽光のライトと環境光のライトを個別にAOVで出力していれば、太陽光の色や明るさをコンポジット作業時に調整することができるようになります。これは、CG上よりも素早く調整することが可能です。

また、反射が強い質感のものがあればSpecularのAOVを出しておくと、個別に調整が

できるので高すぎる値が出てしまうエラーなども、コンポジット作業時に除去することが容易になります。

　たくさんのAOVsを出すことが、必要なときもあるかもしれません。それはデータが大きくなるのももちろん、コンポジット作業時にコントロールしなければいけない箇所も増えることになります。もしかすると、CG作業に戻って再レンダリングするほうが、よりよい結果が得られることもあります。本書のなかでも述べましたが、コミュニケーションをとって最善の方法を模索するのが私は大事だと思います。

モデル協力：木村 卓氏　ありがとうございます！

Part 4

応用編　用途別の実践ツール

　「Part 4：応用編」では、制作現場でよく使用される実践的なツールを3つ紹介します。最初の2つ「Upscale」と「CopyCat」は、ともに機械学習をベースにしたツールになります。近年、生成AIは大きな話題となっていますが、Nukeをはじめとする3DCGソフトでもそれらが機能の一部として積極的に取り入れられています。

　Nukeでは、2021年3月にNuke 13.0の一部として「CopyCat」がリリースされました。CopyCatにより、時間の掛かる緻密な作業であった「マスク」「ビューティワーク」「バレ消し」などを効率よく行うことが可能になります。

　AIの進化が速いのと同様に、CopyCatも機能アップやパフォーマンスの向上がバージョンアップに合わせて行われています。このPartでの解説も踏まえて、最新版でのCopyCatの能力を体感してみてください。

　最後に紹介する「Expression」（エクスプレッション）は、Nukeでの作業効率を向上させる実践的な機能です。関数や数式などの知識が多少必要にはなりますが、実作業で使ってみることでその便利さを体感できるでしょう。

1 — Upscale 260

2 — CopyCat 265

3 — Expression 285

Upscale

「Upscale」（アップスケール）とは、低解像度の画像をより高解像度の画像に変換することを言います。NukeのUpscaleの特徴は、事前学習済みの機械学習ネットワークを使用して元の画像から新たなピクセルを推論して高解像度化します。

Upscaleは入力形式を「×2」単位で増やします。たとえば、「1920×1080」の入力画像は「3840×2160」の出力画像にアップスケールされます。これは単純にスケールを使って大きく引き伸ばす方法とは結果が異なります。単純に大きくする方法だと画像全体としては拡大されますが、ピクセルの持つ情報量はそのままなので、画像サイズは大きくなっても解像度は上がりません。

なお、UpscaleはCPUでも処理は可能ですが、NVIDIA製のGPUを使うことでより高速に処理することができます。

1-1 使用素材と事前準備

この章では、Upscaleを使って2K素材を4Kにする例を紹介します。**Read**ノードで静止画もしくは動画素材を読み込みます。Viewer上で「1920×1080 HD_1080」となっていることが確認できます。

ツールバーから**Upscale**ノードを使用しますが、いきなり**Upscale**ノードを適用すると、画像サイズの大きさやGPUのビデオメモリ容量によってはビジー状態になることがあるので、いったん**Upscale**ノードだけをノードグラフに置いて、先にプロパティを設定します。

図1-1-1 素材の読み込みとUpscaleノード
（ドラゴンの素材画像：KatanaDragon2k_A.exr）

1-2　Upscaleノードの最適化

　Upscaleノードのプロパティでは、使用できるGPUが搭載されている場合、「Use GPU if avalable」に「×」が入って使用できる状態になっています。GPUの指定はプリファレンスのハードウェアで行います。

　ここでは、GPUメモリの消費量と処理速度のバランスを取るために、まず「Optimize for Speed and Memory」に「×」を入れておきましょう。

　続いて「Tile Size」の調整を行います。GPUメモリの容量が大きい場合は必要ありませんが、8GBや12GB程度のGPUを使用する場合には設定しておくことをお勧めします。そうしておかないと、画像サイズや処理の複雑さにもよりますがメモリ容量を超えてしまった場合は、Upscale処理を行えない場合があります。

表1-2-1 Tile Sizeの設定項目

項目	内容
None	画像全体が一度に処理されるため、画像のサイズに応じて大量のGPUメモリが使用される可能性がある
1024、2048、4096	画像は選択したサイズのタイルで処理される。これらのオプションを使用ことで、GPUメモリが制限されているPCでも大きな画像の処理が可能

図1-2-1 Upscaleノードの設定

　ノードを接続すると、Upscaleによって2K画像が4K画像に変換されました。Viewer上でも「3840×2160」となっていることが確認できます。2Kから4KへのUpscaleは、GPUを使用すれば1枚数秒で完了します。ただし、GPUの処理能力によって速度は異なります。

　次ページの図1-2-3にあるように、最適化をしない場合は、グラフにピークが見られる箇所で処理を行っています。GPUメモリをフルで使用していることがわかります。最適化を行った場合は、処理時間は少し伸びますがメモリの使用量が抑えられています。

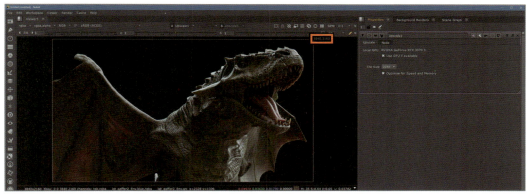

図1-2-2 Upscaleでの「2K→4K」への変換結果

261

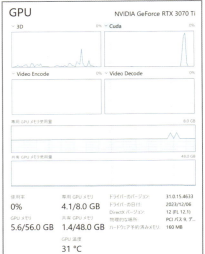

図1-2-3 GPUの使用率（左：最適化なし、右：最適があり）

1-3 Upscaleを使った処理結果の比較

　Upscaleを使った場合と、単純なスケールによって拡大した場合、実際にFoundryのKatanaで4Kでレンダリングした画像を比較してみましょう。

　以下の図は、左が2K画像をUpscaleで高解像度化したもの、中央が2K画像をReformatで拡大したもの、右が4Kでレンダリングされた画像、になります。それぞれを200%に拡大して比較すると、Reformatで拡大された画像はブラーを掛けたような甘さがありますが、Upscaleを掛けた画像は4K画像に匹敵する解像感を持っていることがわかります。

　使い方として、背景レイヤーなどのレンダリングでは情報量が多く時間が掛かる場合が多いため、Upscaleを掛けることによって品質を保ちつつ、レンダリング時間を短縮するという方法があります。

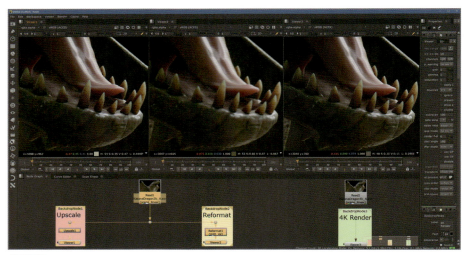

図1-3-1 処理結果の比較

図1-3-2 Upscale処理後の全体画像

　もう1つ事例を見てみます。ロボットのようなメカニカルなディティールのある画像の場合は、その差がより顕著に表れています。先と同様に、左が2K画像をUpscale、中央が2K画像をReformat、右が4Kでレンダリング、となります。特にテクスチャマップを貼ったマテリアルではその効果がより発揮されるでしょう。

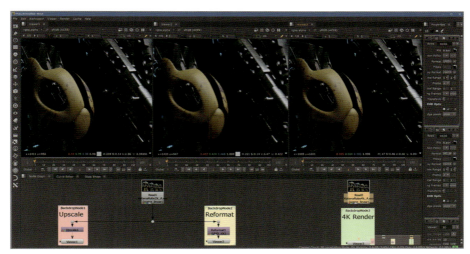

図1-3-3 ロボットでの比較画像（ロボットの素材画像：KatanaRobo2k_A.exr）

図1-3-4 Upscale処理後の全体画像

263

1-4 Upscaleを使う上での注意点と使い方の応用

　UpscaleはRGBだけに処理を行うため、OpenEXRの各チャンネルに対して同時に処理を行うことはできません。そのためコンポジットの最終段階か、必要なチャンネルを**Shuffle**ノードで抽出して個別にUpscaleを掛けた上で合成する必要があります。

　GPUで処理を行うUpscaleは、動画（連番画像）でも同じように連続して使用することが可能です。メモリ消費量にさえ気をつけていれば、数千フレームの連続書き出しでも止まることなく行うことが可能です。

　ただし**Write**ノードのレンダリング時に、Frame Severでの処理は避けたほうが賢明です。CPUと違って並列処理をさせるとエラーを起こして止まってしまうことがあるので、単一のレンダリング処理としておいたほうがよいでしょう。

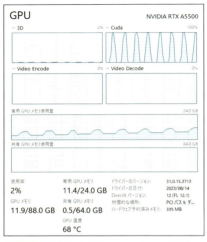

図1-4-1　動画（連番画像）でのGPUによる最適化

　Upscaleは映像制作だけのものではなく、たとえば状況が限られていて高解像度で撮影できなかったテクスチャ素材などを、Upscaleを使って高解像度化するという応用的な使い方もできます。

　ただし、たとえば4Kで撮影されたテクスチャ素材を8Kの高解像度テクスチャとしてUpscaleを掛ける場合は、GPUのメモリに注意が必要です。少なくとも16GB程度のメモリを搭載したGPUを用意したいところです。

CopyCat

「CopyCat」は、NukeX、Studio 13.0以降に実装されたMachine Learning（機械学習）を行うことができるノードです。

長尺のマスク作業やビューティワーク、Removing（バレ消し）など、時間が掛かってしまう処理を、数フレームだけ作業してそれを学習させることで、学習データから全フレームを作成させることが可能です。ほかにも、前章で解説したUpscale（高解像度化）やDeblur（ブラー除去）など、さまざまな用途に使用することができます。

CopyCatをうまく使うことができれば、Nukeでの作業効率を高めることが可能になります。

2-1　Machine Learning（機械学習）とは

Machine Learning（機械学習）とは、コンピュータに膨大な量のデータを読み込ませて、さまざまなアルゴリズムに基づいて分析させる仕組みのことです。反復的に学習させることで、データの中にある特徴や規則性を見つけ出し、学習モデルとして作成して、それを基にほかのデータにも反映させることができます。

コンピュータが学習する方法はいくつかあり、なかでもCopyCatは「教師あり学習」と呼ばれる「目標・正解のデータ」を教えていく学習方法になります。この章ではCopyCatで「人のマスクを作成する」処理を例に、CopyCatの流れと使用方法を解説していきます。

なお、CopyCatはNukeのバージョンアップデートにより処理速度が速くなっているため、ここでは「Nuke 15.0 v4」を使用して解説します。

2-2　使用素材

この章での使用素材です。いくつかのフレームの人の動きを学習させることで、動画全体で人のマスクを切っていくことが可能になります。

図2-2-1　使用素材（入手先URLは次ページを参照）

図2-2-2　使用素材の動き

・使用素材の入手先URL
Video by Taryn Elliott from Pexels
https://www.pexels.com/video/video-of-doing-yoga-on-seashore-3327806/

図2-2-3 人のマスク

図2-2-4 完成例（人の動きに合わせてマスクが切られている）

2-3 事前準備

以下の準備を行ってください。

1. 新規シーンを立ち上げ、動画素材を読み込む
2. Project Settingsを開き、frame rangeを「1～150」に変更
3. full size formatを素材に合わせて、「HD_1080」に変更

図2-3-1 動画素材の読み込んで設定

2-4 CopyCatのフローチャート

CopyCatを使用していくためには、全体の流れを理解する必要があります。今回は4つの工程に分けて解説していきます。以降では、各工程を順を追って説明します。

①**Input**：素材の下準備
②**GroundTruth**：求める正解の画を準備
③**CopyCat**：GroundTruthとInputを比較し学習
④**Inference**：学習モデルを反映

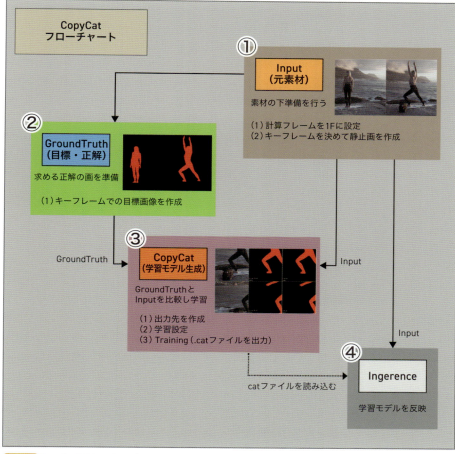

図2-4-1 CopyCatのフローチャート

2-5　①Input（素材の下準備）

　　CopyCatを使用するには、正しく学習できるように大きく分けて2つの準備が必要です。

（1）計算フレームを1Fに設定
　1枚の画を比較して学習していくので、計算するフレームを1Fに固定する必要があります。

（2）キーフレームを決めて静止画を作成
　キーフレームアニメーションのように、キーとなるフレームで画を作り、それを学習させることで、キー以外のフレームを学習モデルで作成することができるので、キーフレー

ムを決める必要があります。

実際にやってみましょう。

1 FrameRangeノードを作成して、計算フレームを設定

`FrameRange`ノードを作成して、frame rangeを「1～1」に変更します。

`FrameRange`ノードは、計算するフレームの範囲を指定できます。動画の長さや使用尺を指すフレームレンジとは少し違い、Trackerでの「track to end」など自動で解析していくようなものは、このノードで指定したフレーム数だけ計算してくれるようになります。

これで、計算フレームを「1Fのみ」に設定できました。続いて、キーフレームを決めていきます。

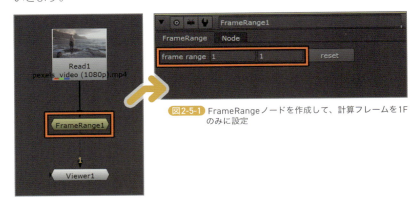

図2-5-1 FrameRangeノードを作成して、計算フレームを1Fのみに設定

2 キーフレームを選定し、FrameHoldノードを作成

今回は「1F」「50F」「70F」「100F」「150F」としました。このキーフレームを選定する際の基準として、以下があります。

- 動き
- ライティング（照明環境）
- フォーカス

図2-5-2 キーとなる画を選定

この3つにあるように、「違いがある画のフレーム」を選定することを意識してください。CopyCatは、教えられた画から離れた画は作成することができません。学習した画に近い画のフレームはうまく作成できますが、学習した画から離れた画は、その画の情報がないため精度が落ちていきます。

　そのため、「動き」、「ライティング」、「フォーカス」など画として違いがあるフレームをキーフレームにすると、より精度が上がっていきますので覚えておきましょう。

　ただ、どのフレームをキーとするべきかは、経験やトライ＆エラーを繰り返していくことで理解していく部分でもありますので、まずはポーズの違いなど、わかりやすいフレームを選定してみてください。

図2-5-3　キーフレームの選定基準

2-6　②GroundTruth（目標・正解）

　キーフレームの選定が済んだら、次に目標・正解の画「GroundTruth」を作成する必要があります。では、キーフレームでの正解画像を作成していきます。

1 Rotoノードを作成して、人物マスクを切る

　今回はマスクを作成して欲しいので、GroundTruthはマスク（マット画像）になりますが、ビューティワークやバレ消しなどに使用する際は「処理済みの画」を準備します。

2 すべてのキーフレームで人物のマスクを切る

　アルファチャンネルにマットを作成します（次ページの図2-6-1）。

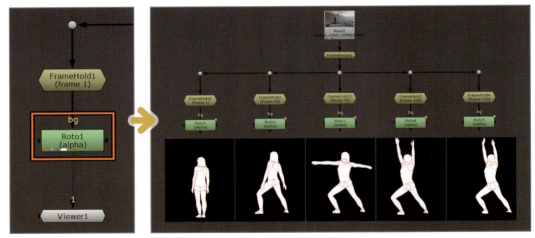

図2-6-1 すべてのキーフレームで、正解の画をアルファに作成

3 AppendClipノードを作成

　マスクを切ることができたら、`AppendClip`ノードでClipを1つにまとめます。`AppendClip`ノードは、それぞれが持つFrameRangeで、インプットの数字の順に後ろに繋げて1つのクリップにすることができるノードです。

4 「1〜5」のインプットを順に繋げる

　これでキーフレームだけが順に並び、キーフレームのみ（5フレーム）が解析されるようになりました。

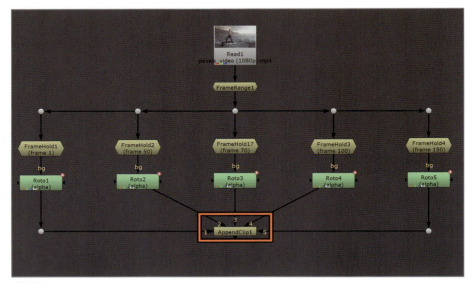

図2-6-2 各キーフレームを繋げる

5 Shuffleノードを作成して、アルファチャンネルをRチャンネルに変換し、それ以外のチャンネルは解除

　最後に計算を軽くするために、マスクをRチャンネルに変換し、余計なチャンネルは削除します。

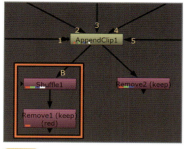 

図2-6-3 Shuffleでチャンネルの変換をして、Removeで不要なチャンネルを削除

図2-6-4 アルファをRチャンネルに変換

6 不要なチャンネルの削除

Removeノードを作成して、operationを「Keep」に変更し、channelsを「rgb」にして「green」「blue」のチェックを外します。

Removeノードは、指定のチャンネルを削除したり残したりすることができるノードです。ノードの中にはallチャンネルに影響を与えるノードがあり、使用しないチャンネルが残っていると無駄に計算してしまうため、不要なチャンネルを削除するのによく使用されます。

図2-6-5 Rチャンネル以外は削除

図2-6-6 変換後の画

7 Inputとしては「rgb」のみ使用するので、rgb以外はすべて削除

Removeノードを別で作成して、operationを「keep」に変更し、channelsを「rgb」に設定します。

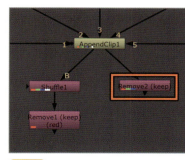 

図2-6-7 RemoveでInputの不要なチャンネル削除

図2-6-8 rgb以外のチャンネルは削除

これで「GroundTruth」と「Input」の準備が完了しました。いよいよCopyCatの設定に入っていきます。

2-7　③CopyCat（学習モデルを生成）

CopyCatノードは、GroundTruthとInputを比較し、学習データ（.catファイル）を生成して出力します。今回は、マスク作成を例に各種項目の解説をしていきます。CopyCatのトレーニングの流れは、以下となります。

(1) 出力先を作成
(2) 学習設定
(3) Training

(1) 出力先を作成

それでは、CopyCatを作成して、基本的な設定を行ってみましょう。

①　CopyCatノードを作成して接続

CopyCatノードを作成して、GroundTruthを「Remove1」、Inputを「Remove2」に繋げます。

②　CopyCatの基本設定

GPU計算が速いため、「Use GPU if araibale」をオンにしてGPUを使用する設定にしておきます。それ以外の設定は、以下のとおりです。

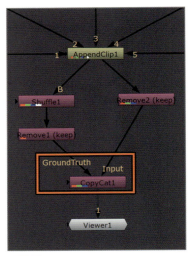

図2-7-1　CopyCatの適したインプットに繋げる

● 出力先をData Directoryで指定

任意の場所にフォルダを作成して指定します。設定によっては大きな容量を使用する可能性がありますので、ストレージサイズに空きがある場所を設定してください。

● 学習設定を入力

Epochsは「何回反復して学習させるか」を設定する場所です。数値が高いほどよい結果が得られますが、処理時間が長くなっていきます。最初は低めの設定で結果を確認し、キーフレーム数やこの後解説する各種設定を調整して、最終的に高めの設定にして出力するという流れがお勧めです。

横に表示されている表記に関しては、現在のステータスが表示されています。

表2-7-1　学習設定のステータス

ステータス	内容
Channels	データとして使用するチャンネル
Batch Size	学習するデータセットをいくつに分けるか
Total Steps	学習に掛かる総ステップ数

● Start Training

学習を開始します。

図2-7-2 CopyCatの基本設定

(2)学習設定

　学習設定は、CopyCatのパフォーマンスにかなり影響を与えます。設定をさらに細かく調整するには「Advanced」を開いてください。ここでは、より高度な学習設定を行うことができます。詳細を見ていきましょう。

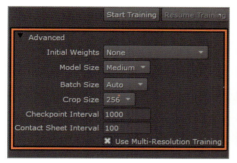

図2-7-3 学習設定のAdvancedの項目

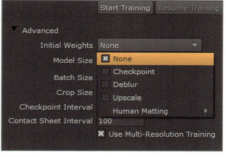

図2-7-4 Initial Weightsの設定

● Initial Weights

　ウェイトの初期設定を行います。どこに重きを置いて計算をするのかを選びます。
　すでに事前学習済みのモデルを使用してさらに学習したい場合は、「Deblur」「Upscale」「Human Matteing」を選択します。時間は掛かりますが、事前に学習されているモデルを使用することで、さらに精度が高く学習することが可能です。

表2-7-2 Initial Weightsの設定項目

設定項目	内容
None	何もない状態からトレーニングする場合に指定
Checkpoint	以前にトレーニングされたcatファイルを使用する場合に指定。選択するとcatファイルを読み込むことができる
Deblur	すでに事前学習済みのモデルを使用して学習
Upscale	すでに事前学習済みのモデルを使用して学習
Human Matteing	すでに事前学習済みのモデルを使用して学習

273

● Model size

学習モデルの構成サイズを設定します。大きければデータレイヤーが増え、トレーニング可能なパラメーターが増えます。この設定は、速度と品質、どちらを取るのかによって変わります。

トレーニングやレンダリングに掛かる時間を許容できるのであれば、「Large」を選択することをお勧めします。

表2-7-2 Model sizeの設定項目

設定項目	内容
Large	速度は犠牲になるが、品質が高くよい結果が得られる可能性が高い。マスク作成などの複雑なパターンの学習に向いている
Small	品質は犠牲になるが、速度は速くなる。データレイヤーが少ないため、UpscaleやDeblurなどの単純なピクセルベースの処理に向いている
Medium	LargeとSmallの中間で、速度も品質もバランスよく設定されたもの

● Batch Size

学習するデータセットをいくつに分けるかを設定します。基本は「Auto」のままでも大丈夫ですが、手動で調整する際は「Manual」に変更し調整してください。

● Crop Size

分けられたデータセットのペア画像から取得する計算範囲のサイズを設定します。サイズを大きくすると、解像度に応じてより正確な結果が得られますが、処理時間とメモリが犠牲になります。

図2-7-5 Model sizeの設定

図2-7-6 Batch Sizeの設定

図2-7-7 Crop Sizeの設定

● Checkpoint interval、Contact Sheet Interval

「Checkpoint interval」と「Contact Sheet Interval」は、生成したcatファイルとpngファイルが出力先に書き込まれる頻度を設定します。

● Use Multi-Resolution Training

「低解像度」「中解像度」「高解像度」の3つのパターンで学習します。Initial Weightsが「None」の際に指定できる項目です。

 （3）Training

1カットだけではなく、さまざまなカットで汎用的に使用できる学習モデルを生成するためには、それ相応の学習データが必要になります。そのため、大規模なデータベースとして使用する学習の場合は、モデルサイズは大きくなり多くのフレーム数も必要になるた

め、トレーニングに時間が掛かっていきます。
　下準備や設定、環境によっても結果は変わってくるため、目的に合わせて最適な設定を探る必要があります。今回は1カット用の最初のトレーニングなので、練習として以下の設定でそのまま開始してみましょう。

1 Data Directoryで出力先を作成して指定

　適当な名前を付けたフォルダを作成指定してください。筆者は、わかりやすくするため設定をそのままデータ名にしています。

2 Epochsに「5000」と入力

3 Advancedの設定

　Initial Wightsは「None」、そのほかの項目は、デフォルト（Medium、Auto、256）のままで設定します。

4 設定ができたら「Start Training」で実行

　これでトレーニングが開始されます。

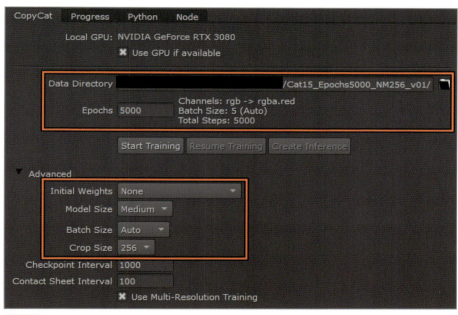

図2-7-8　今回の作例のトレーニング設定

　トレーニングが開始されると、ビューアーには次ページの図2-7-9のような表示が入り、出力先には「.cat」ファイルと「.png」ファイルが出力されていきます。画面の下にステータスが記述されているとおり、左から「Input」「GroundTruth」「Output」の順で学習中の画像が表示されています。Outputというのは、学習モデルを通して生成した画像になります。

　Outputを含めて比較計算しながら、GroundTruthに近づくように学習モデルをアップデートしていきますので、トレーニングには時間が掛かります。筆者の環境ではGeforce RTX3080を使用していますが、今回の作例でトレーニングには3〜4分ほど掛かりました。

 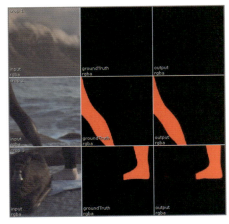

図2-7-9 学習中の表示

2-8 ④Inference（学習モデルを反映）

トレーニングが終了したら、学習モデルを素材に反映させて結果を確認してみましょう。

1 CopyCatノードのプロパティ「Create Inference」を選択

今回のCopyCatノードで生成された学習モデル（.catファイル）を読み込んだ`Inference`ノードが作成されました。

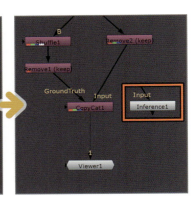

図2-8-1 Inferenceノードの作成

2 Inferenceノードのプロパティ「Optimize for Speed and Memory」をチェック

`Inference`ノードは学習モデルを常に通して画像を生成していくため、そのままだと再生が遅く確認に時間が掛かります。速度とメモリを最適化するため、このプロパティに設定を入れます。

図2-8-2 速度とメモリの最適化

③ 元素材に繋げてInferenceノードをビューアーに表示

GroundTruthと同じような画が再現されていれば完了です。

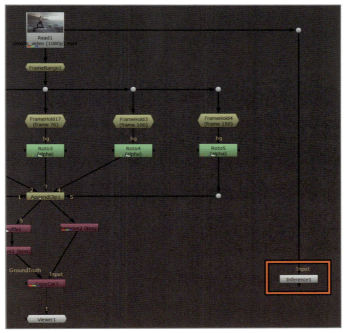

図2-8-3 生成された学習モデルが人物のマスクの作成を実行

　これまでの解説で、CopyCatを使用して学習モデルを作成し、素材に反映までの流れは理解できたと思います。トレーニングは学習設定によって変わりますが、基本的には時間の掛かる作業です。

　CopyCatがちゃんと学習できるように、事前に準備を行わなければならないのを面倒だと感じるかもしれませんが、目的によってはその準備時間より遥かに速くよい結果をもたらしてくれますので、工程をしっかり覚えておきましょう。

2-9 精度を上げるには

　ここからは、CopyCatでさらに精度を上げる調整を行っていきたいと思います。成果物がそのまま使用できそうであれば問題ありませんが、環境や設定によっては、次ページの図のような現象が発生します。

キーフレームを作成しているフレームに近いほど精度が高く作成されている反面、キーフレームの画から離れたフレームには、欠損やノイズが発生することがあります。このように、1回のトレーニングで完璧に目的の画が生成されることは少ないです。

結果を見て調整し、またトレーニングするという繰り返しを行うことで、より精度の高い学習モデルにアップデートしていくことができます。

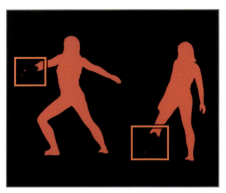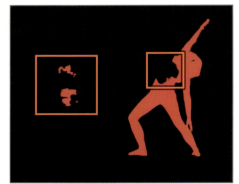

図2-9-1　欠損（左）やノイズ（右）が発生することがある

不具合が出た場合の対処法はさまざまありますが、以降では大きく2つを紹介します。単純に1つの方法で済む場合もあれば、これ以外の方法を試さなければならない場合もあります。

①欠損しているフレームを補間するようにキーフレームを追加作成
②CopyCatの学習設定を精度優先に調整して再トレーニング

①キーフレームを追加作成

欠損した部分を直すためには、欠損が発生しているフレーム、もしくは近いフレームをキーフレームとして新たに追加し、情報を増やしてあげる必要があります。

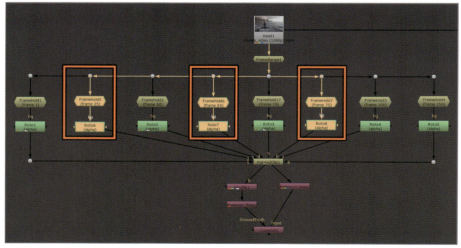

図2-9-2　キーフレームの追加

1 欠損のあったフレームを追加

`FrameHold`ノードを作成し、ここでは「25F」「65F」「75F」にキーフレームとして追加しました。

2 Rotoノードで各キーフレームのマスクを作成

3 AppendClipノードに順に繋げる

②学習設定を精度優先に

続いて、CopyCatの設定を調整します。キーフレームを追加しただけでは、欠損は治せますが輪郭などのクオリティにはあまり影響がないため、さらに精度を高めた設定で学習させてみたいと思います。

1 Epochsを「20000」に設定

2 Initial Weightsを「Human Matting Medium」に変更

最初のトレーニングは、「Epochs：5000」「Initial Weights：None」のデフォルトの設定でしたが、人のマスクを作成する際は事前学習済モデルが用意されている「Human Matting」を選択するとより精度が上がります。

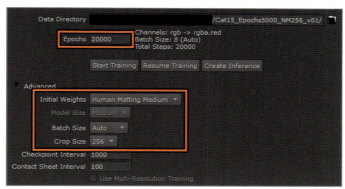

図2-9-3 精度を上げたトレーニング設定

3 Start Trainingの実行

キーフレームを追加し、設定を精度優先にすることができたので「Start Training」で学習を開始しましょう。筆者の環境下では、だいたい40分ほどで完了しました。精度を上げることで、10倍ほど実行時間が掛かりました。

4 Create InferenceでInferenceノードを作成し、元素材に繋げる

結果を確認しましょう。目立った大きな欠損やノイズがなくなりました。

図2-9-4 欠損やノイズがなくなり精度が上がった

今回の作例では、Human Mattingの「Medium」を使用しましたが、Mediumでもよい結果が得られたので、この設定を紹介しました。

前述したように、どの程度のクオリティが必要なのか、1カットだけの学習なのか、大規模プロジェクトで汎用的に使用する学習なのかなどによっては、Mediumでは足らないこともあります。「Large」を使用したりEpochsをさらに上げていく場合、トレーニング時間がそれに応じて掛かっていくようになります。

社内、学校などで帰宅する直前にトレーニングを開始し、翌朝に確認するなど、運用を工夫することをお勧めします。

結果の確認

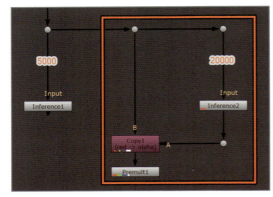

実際に切り抜いた結果でも、確認していきましょう。

1. Copyノードを作成して、プロパティで「[rgba.red] to [rgba.alpha]」に設定
2. Premultノードを作成
3. CheckerBoardノードを背景に合成

これで、人物のみのマスクを作成することができました。

図2-9-5 CopyとPremultを作成

図2-9-6 切り抜いた結果

図2-9-7 チェッカーボードに仮合成

2-10 素材のクロップ

ここまでは、素材自体の解像度をそのままでトレーニングを行ってきました。しかし、人のマスクを作成する、または顔のシミを消すなどのビューティワークは、素材解像度のなかでも一部分にしかない場合があります。

今回の素材では、「1～150F」までは右側の海の部分に人がいないため、学習にはあまり必要のない不要な部分となります。学習設定を高くすることで、トレーニングの時間は倍増していきますので、無駄を省いて効率よく学習させ、少しでも精度を上げるために「素材のクロップ」を行う方法を紹介します。

図2-10-1 学習に必要な部分を確認し、不要な部分を見つける

1 Cropノードを作成、不要な部分が入らないように調整

2 別のフレームでも枠内に収まっているかを確認

　注意点として、あまり狭め過ぎないようにしてください。学習するためには人物周辺の情報が必要なので、人物ギリギリにし過ぎてしまうと情報が少なく、返って精度が落ちる可能性があります。

　また、もしカメラが激しく動いている、人物の移動が激しい場合は、`Crop`にアニメーションを入れることも検討してください。その際は`Crop`の範囲（枠の比率）が変わらないようにアニメーションさせる必要があります。

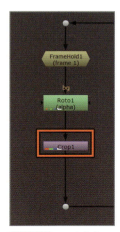

図2-10-2 Cropを作成

図2-10-3 大きく不要な部分はなくす

図2-10-4 別のフレームでも対象が枠内か確認

3 Cropノードのプロパティ「reformat」にチェック（次ページの図2-10-5）

　これで解像度が変わり、当初よりも小さい解像度になりました。この解像度の比率が基本となりますので、キーフレームごとに比率が変わらないように注意してください。

281

図2-10-5 reformatにチェックして、小さい解像度に変更

[4] Cropノードをほかのキーフレームに複製

ここでは**Clone**を使用しましたが、通常の複製でも大丈夫です。

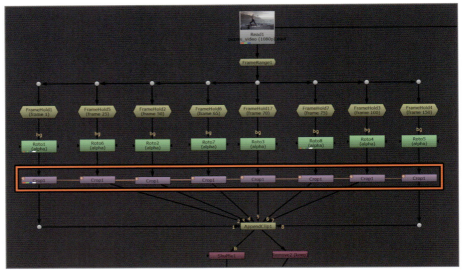

図2-10-6 作成したCropノードを複製

2-11 クロップした学習データの反映と解像度の戻し方

計算が終わったら**Inference**ノードを元素材に当てていきますが、今回は学習を「クロップした素材」で行っているため、元素材にそのまま**Inference**ノードを当ててしまうと、学習データと素材の解像度が違うため、結果がうまく作成できない可能性があります。

そのため、まずは元素材に対して同じクロップを行います。

[1] CopyCatで使用したCropノードをClone、または複製して元素材に繋げる

[2] クロップした素材で学習したInferenceノードをCopyCatから作成して繋げる

これで、クロップした素材での結果が表示されました。

図2-11-1 元素材にもCropを適用しInference

しかし、このままでは解像度が低く元素材との位置も変わってしまっているので、ここからはクロップした解像度から元素材の解像度に戻す作業を行います。

③ Reformatノードを作成

④ output formatを元素材の解像度（1920×1080）に変更

⑤ resize typeを「none」に変更し、「center」のチェックを外す

⑥ Transformノードを作成

⑦ transrate「x」「y」にCropノードのbox「x」「y」の値を入力

これで、元素材と同じ解像度と位置に戻りました。あとは、元素材に反映させて使用してみてください。

図2-11-2 Reformatで元素材の解像度へ変更（手順③）

図2-11-3 centerを外すことで解像度左下が基準となる（手順⑤）

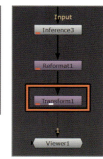

図2-11-4 Transfromを作成（手順⑥）

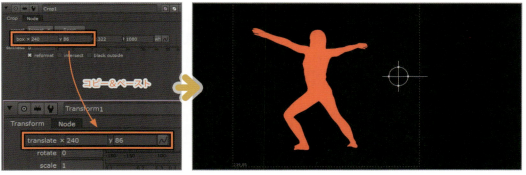

図2-11-5 CropのxyをTransformのxyに入力して、元素材と同じ解像度・位置に変更（手順⑦）

283

2-12 スーパーホワイトとカラースペース

ここでは、CopyCatなど機械学習ツールでの注意点を述べておきます。

機械学習では「0〜1」までの数値を前提としているため、「1」に近い数値であればそこまで大きな影響はありません。しかし、スーパーホワイトなどの高すぎる数値や低すぎるマイナス値は、学習に悪影響を与えることがあります。対処法は、以下の2つがあります。

①素材の準備でClampノードを使用して「0〜1」の範囲にクランプする

この方法は「0〜1」の最適値になっていますので、学習は問題なく行えます。Inferenceノードはクランプされた素材に繋げることで、学習結果が正しく生成されます。ただし、この方法はクランプしてしまうため、情報がなくなってしまうというデメリットがあります。そこでもう1つの方法として、次の②があります。

②InputとGroundTruthを「Logに変換する」

Logに変換することで最適値となり、かつ変換で戻すことが可能です。ただし、この方法を使ったとしても、Logは色の値を圧縮してしまいますので、値を区別するトレーニングには多くの時間が掛かる可能性があります。そのためこれが正解といった答えはなく、どちらが最適なのか、場合によって判断してください。

また、カラースペースに関しても注意が必要です。CopyCatで学習したモデルは、同じカラースペースのものに当てることが前提です。InputとGroundTruth、Inferenceノードを繋ぐ素材はすべて「同じカラースペース」になるように注意してください。

まとめ

CopyCatは、昨今のトレンドでもあるAIの一種であり、常にアップデートが繰り返されています。

この章での解説は、あくまで「Nuke15.0 v4」の流れでしたが、Nukeのバージョンが上がるたび、新機能やパフォーマンスの向上が見られ、今後もさらに進化を遂げていくことが予想されます。

そんななか、新しい技術や機能を覚えるのは面倒で大変と嫌厭されている方が、もしかしたらいるかも知れません。しかし、今回のCopyCatに関しては、Nukeを使用するクリエイターには必須の技術だと感じました。

合成の目的に合わせて学習を行い「思いどおりの結果を出すことができる」というのは、コストパフォーマンスの向上だけでなく、作品のクオリティにも大きく影響します。今回は執筆に当たりいろいろなテストを行い、Foundry公式の動画なども参考にしながらやっていきましたが、筆者もまだすべてを理解できているわけではありません。この技術の奥深さと難しさを感じました。

今後も技術の進化に合わせて常に検証と実践を行って、自分やプロジェクトにとっての最適解を見つけていく作業が必要となります。今回の作例はマスクでしたが、バレ消しやビューティワークでの使用も行ってみてください。CopyCatは以上になります。お疲れさまでした！

Expression

　Expression（エクスプレッション）を使用すると、1つのノードのパラメーターからほかの複数のパラメーターの値をコントロールできます。また、キーフレームを使うことなく、アニメーションを付けることが可能になります。そのほかにも構文式を使用して、複雑な数式をチャネルの値に適用できるようになり、たとえばランダムに数値を変更したり、関数を使用することができます。

　NukeでのExpressionを使用したコントロールは、とても便利です。関数や数式、スクリプト言語と聞くと苦手意識を持つ方も多いかと思いますが、少し知っているだけで作業効率が上がるので、ぜひ実作業でも使用してみることをお勧めします。

3-1　リンク（親子関係）によるコントロール

　ノードのパラメーターをリンクさせ、親子関係を作成できるエクスプレッションをまずは試してみましょう。

エクスプレッションの基本操作

　エクスプレッションでリンクしたいノードのプロパティを開いて、親にしたいパラメーター部分、もしくはアニメーションメニューを「Ctrl」＋ドラッグして、子のリンクさせたいパラメーターに持っていきドラッグを離します。

　すると、リンクされたパラメーターが水色になり、ノード同士が緑のラインで結ばれたのが確認できると思います。これでエクスプレッションが完成しました。

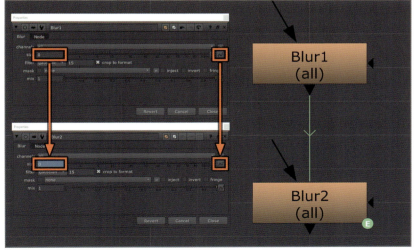

図3-1-1　パラメーターの親子関係の作成

`Blur1`のsizeの値をいじると、`Blur2`のsizeも自動的に同じ数値になっていることが確認できます。

`Blur2`のパラメーターはエクスプレッションが仕込まれたことにより表示が「水色」になり、スライダーでコントロールすることはできません。またノードの右下に、緑色で「E」のマークが付いています。これらは、エクスプレッションが仕込まれていることを示してくれるものです。

さらに`Blur1`から`Blur2`のノードに向けて、緑色の線が表示されるようになりました。これは、エクスプレッションで繋がれているもの同士の親子関係を矢印で示してくれています。図の場合、`Blur1`から`Blur2`に向けてエクスプレッションがセットされていることが一目でわかります。

ノードグラフ上で「Alt」+「E」を押すことによって、エクスプレッションの「緑のライン」、およびクローンの「オレンジのライン」の表示／非表示ができます。

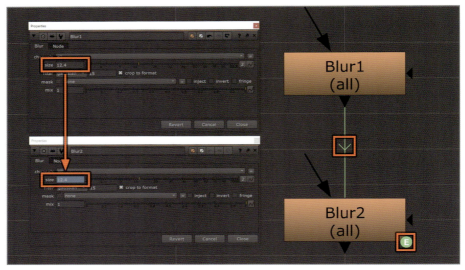

図3-1-2 子のパラメーターとノードの表示

エクスプレッションの活用

では、どのようなエクスプレッションが仕込まれているのか、エクスプレッションの詳細を確認してみましょう。

`Blur2`の「size」にカーソルを持っていき、右クリックで「Edit expression...」を選択します。もしくはsizeをクリックして「=」を押すことで、エクスプレッションのウィンドウが開きます。「parent.Blur1.size」というエクスプレッションが記述されていることが確認できます。「Bulr1.size」が親という意味になってます。

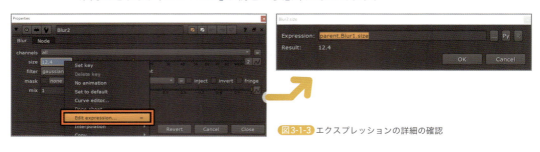

図3-1-3 エクスプレッションの詳細の確認

では、ここから少し編集してみましょう。今の親（**Blur1**）の数値よりも子（**Blur2**）に適用するのは、半分の値にしたい場合があるとします。その場合、「親の数字×0.5」（もしくは÷2）の計算式が成り立ちます。

　「parent.Blur1.size」に「*.5」と追記してみます。すると「Result:」が親のパラメーターの半分に変化したのが確認できます。Nukeでは小数点の最初の「0」を省けるので、「.5＝0.5」になります。

図3-1-4 親のパラメーターの半分の数値になるように子のパラメーターを定義

　このようにして、親子関係をエクスプレッションで結んだあとでも、数式を記入して任意にコントロールすることができます。今回は掛け算を使用しましたが、足し算「＋」、引き算「－」、掛け算「＊」、割り算「/」なども同様に使用できます。

　またこの例では、1つの親ノード（**Blur1**）に対して1つの子ノード（**Blur2**）の対になる親子関係でしたが、もちろん1つの親ノードに対して複数の子ノードをコントロールできます。エクスプレッションが設定された子ノードをコピー＆ペーストすれば、エクスプレッションが仕込まれたまま複製することが可能です。

　エクスプレッションの親子関係は手軽に設定でき、また複数のノードコントロールを一括でできるので使用してみてください。

図3-1-5 エクスプレッションにはさまざまな数式を記述できる

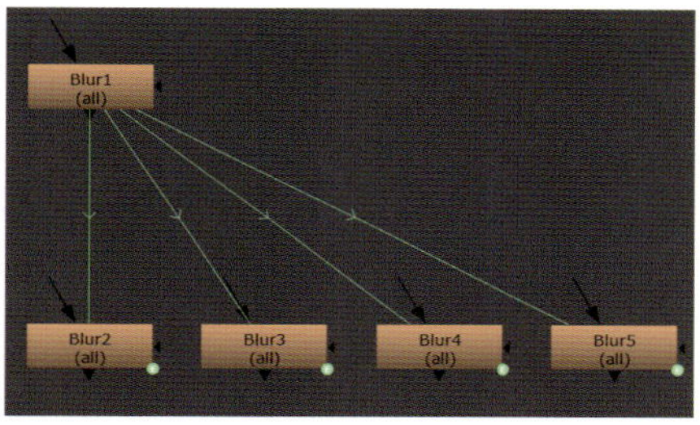

図3-1-6 1つの親に複数の子をぶら下げることもできる

3-2 ノードにノブの情報を表示

　ノードのLabelにTCLというスクリプト言語を記述することで、ノードにノブ（knob）の情報を表示させることができます。**Blur**ノードを作成し、「Node」タブのLabelに「size [value size]」と記述します。ノードに、sizeのテキストとsizeに入っている数値が表示されているのが確認できます。

　ノブの名前が知りたい場合は、カーソルのポインタをノブの上に持っていくとそのノブの名前が表示されます。今回**Blur**ノードでは、Propertiesで表示されている名前と同じでしたが、エクスプレッションやPythonを使用する際には、ノードに表示されている

表示名ではなく、ノブの正式な内部名（Knob Name）を使用する必要があります。

　このノード名を表示させる方法は、ほかのノードでも適用できるので試してしてみてください。またAppendixでは、これらのラベル表記をNuke起動時に設定する方法も紹介しています。

図3-2-1 ノードにノブの情報を表示

図3-2-2 ノブ名の表示

3-3　Textノードを使用した情報の表示

　この節では、Textノードの活用方法について紹介します。

Textノードの使い方

　日付やフレーム、タイムコードなどをTextノードを使用して、表示させることができます。試しに日付を表示させてみましょう。Textノードを作成し、「message」ノブに以下の文字列を入力します。

　「[ ]」で囲われた部分が、TCL言語の宣言になります。必ず半角文字で記述してください。

```
date:[date %y/%m/%d]
```

　正しく記述ができていれば、Viewerに日付が表示されているのが確認できます。結果は、記述した際やノードが読み込まれるときに反映されます。「%y」がyearの年、「%m」がmonthの月、「%d」がdayの日の記述になっているのが予想できるかと思います。もし年表示を4桁にしたい場合は、「%Y」と大文字を使用してみてください。

　また大文字、小文字も判断されますので、もしうまくいかない場合は、大文字、小文字の記述が異なっていないかなどを確認してください。

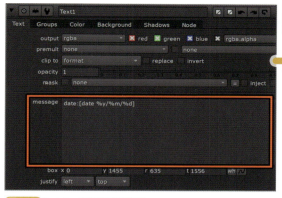

図3-3-1 Textノードでの日付の表示

　日付のように、決め打ちできない要素などはTCLで処理するのが便利です。ほかのサンプルもいくつか挙げておきます。なお、以下の「root」というのは、Project Settingsで設定した項目にアクセスできる記述です。

```
Date: [date %Y/%m/%d/]
Frame: [format %04d [frame]]
TC: [timecode]
Script: [file tail [file rootname [value root.name]]]
Start: [format %04d [value root.first_frame]]
End: [format %04d [value root.last_frame]]
```

図3-3-2 Textノードを使った表示例

Textノードでのエクスプレッションの活用

　続いて、サンプルのエクスプレッションを使用して、オーバーレイを加えてみましょう。

1 新規ノードの作成

　Project Settingsを開き、full size formatが「2K_Super_35（full-ap）2048×1556」になっていることを確認します。`Constant`ノードを作成し、その下に`AddTimeCode`、`Text`ノードを作成します。

2 フレーム数の表示

　`Text`ノードの「message」ノブに「[frame]」と記述します。`Viewer`ノードを`Text`ノードに繋げると、左上に現在のフレームが表示されます。

289

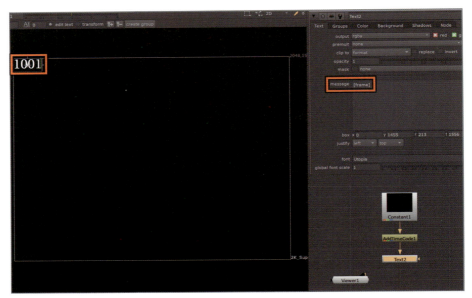

図3-3-3 Textノードでフレーム数の表示

3 映像のフォーマットの変更

Project Settingsを開き、full size formatを「HD_1080 1920×1080」に変更します。するとフォーマットが変更されたことにより、フレームの表示が消えてしまいます。フォーマットが変更されても表示されるように、**Text**ノードのboxにエクスプレッションを仕込みます。

図3-3-4 映像のフォーマットを変更

4 エクスプレッションの指定

Textノードの「box」ノブのAnimation menuから「Edit expression...」を選択します。x、yの欄には「0」を、rには「root.width」、tには「root.height」と記述し、ResultにRootフォーマットの数値が表示されていることを確認します。

もし、rootではなくインプットから情報を拾いたい場合は、rには「input.width」、tには「input.height」と記述することで、inputの情報を拾うことができます。

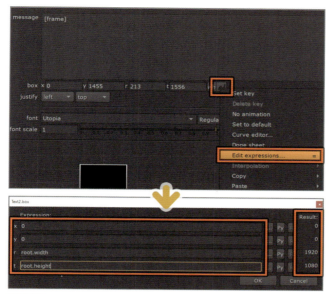

図3-3-5 エクスプレッションの指定

5 テキストの表示位置などを調整して、結果を確認

必要な情報を各**Text**ノードのmessageにエクスプレッションで記述し、**Text**ノードの「Justify」でそれぞれ位置を調整し、「global font scale」で文字の大きさを調整できます。今回はフレーム表示を例に挙げましたが、先ほど提示したタイムコードの表示なども試してみてください。

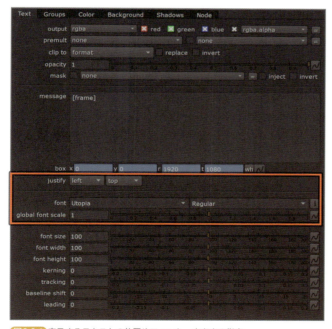

図3-3-6 表示するテキストの位置やフォント、大きさの指定

オーバーレイなど、各ショット毎に違う情報などは、エクスプレッションで記述しておくと便利です。

図3-3-7 エクスプレッションにより、どのような設定でも情報の表示が可能になった

3-4 Expressionノードを使用したチャンネルの計算

NukeにはExpressionノードという、各RGBAチャンネルに対して数式や変数を用いて、ピクセル値を操作できるノードがあります。

たとえば、図の画像のようにRGBのID素材があるとします。このようなID素材を1つのノードだけで、足し引きをして使用することができます。

図3-4-2 IDが振られた画像

図3-4-1 Expressionノードの画面

Expressionの4番目のchannelsは、デフォルトで「rgba.alpha」の出力になっています。その「=」の欄に、「clamp(r+g+b)」と記述します。結果を確認するとRチャンネル、Gチャンネル、Bチャンネルが足されたアルファチャンネルが作成されます。

ノードで同様の処理をする場合、**Shuffle**ノードと**ChannelMerge**ノードを使用する必要があり手数が増えますが、**Expression**ノードを使用すれば1つのノードで済みます。今回は足し算を使用しましたが、同様に引き算も使用できます。また、アルファチャンネルの計算をしているので、アルファの値を「0〜1」に収めるために冒頭に「clamp」を加えています。

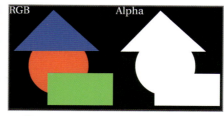

図3-4-3 それぞれのチャンネルが加算されたアルファチャンネルを作成

そのままのExpressionノードだと、何の処理をしているかがPropertiesを開かないとわからないため、先ほどのラベルに記述を追加して、何をしているかをわかりやすくしてみましょう。

先ほど記述した個所にマウスポインタを持っていき、Knob Nameを確認します。「expr3」と表示されたのが確認できます。Expressionノードの「Node」タブのLabelに「[value expr3]」と記述します。これで、ノードにエクスプレッションの表示がされました。

図3-4-4 ノードに処理の内容を表示

3-5 Expressionノードを使用したSTMapの作成

NukeでSTMapを使用する際は、**STMap**ノードを使用したCG素材へのレンズディストーションの適用が最も一般的に認知されていると思います。ここではNuke上で、STMap自体をエクスプレッションを使用して作成してみましょう。

STMapは、R（赤）とG（緑）チャンネルに2D空間のXお

図3-5-1 STMapの例

293

よびY座標を提供する、2つのカラーランプの組み合わせです。R（赤）のランプは入力イメージの高さ「x」を定義し、G（緑）のランプは幅「y」を定義します。

channelsの一番上の欄はRチャンネルの出力になるので、ここに「(x+.5)/width」と記述します。「x」はピクセルのX座標を返すので、これをコンプの幅で割ります。これによって、Rチャンネルに「0〜1」のランプが作成されます。

「+.5」を記述する理由は、各ピクセルが左下隅を参照するためです。座標をオフセットするために、それぞれのチャンネルに「0.5」ピクセル追加して、座標が各ピクセルの中央に正しく配置されるようにします。

同様に、2番目の欄のGチャンネルに、「(y+.5)/height」と記述します。この`Expression`ノードにViewerを繋ぐと、先ほどの画像にあったような赤と緑のカラーランプの組み合わされた画が確認できます。

NukeでSTMapを使用する際は、`STMap`ノードを使用してwarp、つまり

図3-5-2 Expressionのチャンネルに式を記述

歪ませることができます。今回エクスプレッションで作成した`STMap`は、適用しても何も変化しません。ほかの歪み素材と組み合わせることで、変化させたくない場所をマップでコントロールするのに役立ちます。

冒頭で述べたように、STMapはレンズディストーションでの使用が最も一般的な使い方として知られていると思いますが、`Transform`ノードや、`SplineWarp`ノード、`SmartVector`ノードなどと組み合わせると、より柔軟にこれらのノードを使用することができます。

3-6 $guiとnuke.excuting()

Nukeでは、使用時に処理速度が低下する可能性のある、重い処理のノードがあります。たとえば、`ZDefocus`や`MotionBlur`系、`Convolve`などです。作業が重くなるスクリプトに対しては「$gui」というユーザーインターフェイス（GUI）処理を無効にするためのエクスプレッションがあります。

「$gui」エクスプレッションを仕込むと、ノードがGUIを介して計算される場合には「1」を、ノードがGUIによって処理されていない場合、レンダリング時に「0」が返されます。つまり、作業中は「disable」に、レンダーファームでレンダリングをする際に「enable」にする、といったことができるようになります。

また、この節の後半ではNuke v11で導入された「nuke.executing()」関数も紹介しています。まずは、どのようにこれらを仕込むのかみていきましょう。

$guiの使用

まず「Disable」ノブにExpressionを仕込む方法をやってみます。

1 Disableノブに「$gui」エクスプレッションを指定

`Defocus`ノードを作成し、「Node」タブからDisableノブを右クリックして、「Add expression...」を選択します。立ち上がったウィンドウのExpressionに「$gui」と入力し、Resultに「1」が表示されているのを確認して、「OK」ボタンを押します。

図3-6-1 Defocusノードに「$gui」を指定

2 「$gui」が有効になったことを確認

Disableのノブが水色になり、かつ`Defocus`のノードの右下に「E」のエクスプレッションマークが表示されているのが確認できます。またDisableノブには「×」印が入り、Disableが有効になっているのが確認できます。

通常と少し異なるのは、Disableが有効ですがノード自体は斜線で表示されていることです。これは、$guiエクスプレッションをdisableに仕込んでいる表示になります。$guiエクスプレッションは、作業中は「disable」に、レンダーファームでレンダリングをする際に「enable」にするので、完全にdisableなわけではないからです。

$guiエクスプレッションを仕込んでいることをわかりやすくしておくために、`Backdrop`ノードなどで明示しておくと、ほかの人とスクリプトを共有する際にわかりやすくなります。

図3-6-2 $guiが有効になったことを確認

図3-6-3 $guiが使用されていることを明記

3 エクスプレッションの削除

Expressionを削除したい場合は仕込んだ個所を右クリックして、「No animation」を選択します。これで、エクスプレッションは削除されます。

図3-6-4 エクスプレッションの削除

視認性の向上

　$guiエクスプレッションをDisableノブに仕込む方法は簡単ですが、再びノードを適用させるには、このエクスプレッションを消すか、編集しなくてはいけません。この方法だと視認性が低く、ほかの作業者が気づきにくい場合があります。

　コンポジット作業をする際には、ファイルを共有することを前提に作業を進めることが重要になってきます。そこでファイルを共有をする意味で、同じ効果で視認性のある方法を紹介します。

1 Switchノードの利用

　`Switch`ノードを作成して、図のように`Defocus`ノードのツリーと分岐させます。`Switch`ノードの「which」ノブを右クリックして、「Add expression...」を選択します。Expressionに「$gui」と入力し、Resultに「1」が表示されているのを確認して、「OK」ボタンを押します。

図3-6-5 Switchノードで分岐させて、「$gui」を指定

❷ Switchノードでの有効化／無効化

Switchノードの右下に「Expression」マークが表示されているのが確認でき、**Switch**ノードの「1」のラインがアクティブになっているのが確認できます。

先ほどのDisableにエクスプレッションを仕込むのと異なり、今度は**Switch**ノードを「Disable」にするだけで、Defocusを適用させた結果を確認できます。

図3-6-6 Switchノードによる視認性の向上

nuke.executing()関数の活用

$guiエクスプレッションは、レンダーファームでレンダリングをする際にはうまく働きますが、ローカルレンダリングをする場合も、$guiが有効な状態(「1」の結果を返す)でのレンダリング結果が出力されてしまいます。

Nuke v11で導入された「nuke.executing()」関数は、ローカルでもレンダーファームでも関係なく、レンダリング時には無効(「0」の結果を返す)で、$guiと非常に似ていますが作業環境によってはこちらのほうが便利な場合もあるかと思います。実際に試してみましょう。

❶ nuke.executing()関数の入力

先ほどの**Switch**ノードの「which」ノブを右クリックして、「Edit expression...」を選択します。Expressionに「nuke.executing()」を入力すると、Resultにエラーメッセージが表示されているのが確認できます。

図3-6-7 nuke.executing()関数を指定するとエラーが表示される

297

2 エクスプレッションの記述の修正

これを修正するのは、右側にある「Py」ボタンを押します。nuke.executing()は「TCL」ではなく、「Python」になるのでPythonの記述を有効にする必要があります。

また、このままだとResultが「0」を返しているので、記述を反転させる必要があります。「nuke.executing()」の文頭に「not」を追加して、「not nuke.executing()」と記述します。なおTCLの場合、値を反転したいときは文頭に「!」を付けます。

図3-6-8 エクスプレッションをPythonで記述

3 ノードの確認

これで作業中は、**Switch**ノードの「1」のラインがアクティブになっているのが確認できます。Disableに仕込んだときと同様に、**Backdrop**ノードにわかりやすく記述をしておくことをお勧めします。

図3-6-9 最終的なノードの確認

3-7 Expressionを使用したアニメーション

Expressionを使用する場合、任意で設定できるコントローラーと組み合わせて使用すると、より自由度が広がり便利です。この節では、フレーム関数によるアニメーションカーブの作成と、ランダム関数を制御するエクスプレッションを作成してみましょう。

1 「Floating Point Slider」ノブの追加

NoOpノードを作成してPropertiesを右クリックして、「Manage User Knobs...」をクリックします。立ち上がったウィンドウから「Add」ボタンを押すと、追加可能なノブ（Knob）が並んでいます。今回は「Floating Point Slider」を選択します。

図3-7-1 「Floating Point Slider」ノブの追加

② animationの指定

Floating Point Sliderのウィンドウが立ち上がるので、NameとLabelに「animation」と入力します。入力できたら、ここではほかに設定をせずに、「OK」ボタンでこのウィンドウを閉じます。

なお「Name」は、エクスプレッションで参照するときのKnob Nameで、「Label」はノードに出る表示名です。

③ ノブが追加されたことを確認

Propertiesに、「User」タブと「animation」ノブが追加されています。また「Manage User Knobs...」を選択して立ち上がったウィンドウには、それらの項目がリストされています。このように「Manage User Knobs...」を押すと、ユーザーが作成したいノブを作成することができます。

追加したい項目が終わったので、右上の「×」ボタンもしくは「Done」ボタンからウィンドウを閉じます。

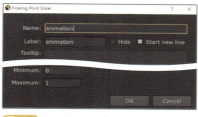
図3-7-2 NameとLabelに「animation」を指定

図3-7-3 追加されたノブの確認

④ エクスプレッションを追加して確認

作成した「animation」ノブに、エクスプレッションを追加しましょう。エクスプレッションの入力画面を開いて、「frame」と入力します。Resultにエラーメッセージが表示されていなければ、「OK」ボタンを押します。

この「frame」は、現在のフレームナンバーを返す関数です。確認してみると、50フレーム目に移動したときに「curve」ノブに「50」の数値が入ります。Curve Editorでアニメーションカーブを確認すると、直線的なカーブを表しているのが確認できます。

これでキーフレームを使用しなくても、等速に増加していくアニメーションカーブを作成することができました。frame関数で作成したカーブの挙動が確認できたので、もう少し調整しやすいようにしてみましょう。

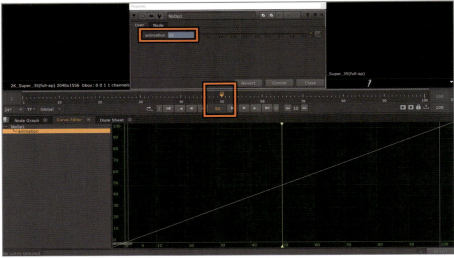

図3-7-4 frame関数の追加とアニメーションカーブの確認

5 multiplyノブの追加

「Manage User Knobs...」を立ち上げて、先ほどの「animation」と同様に、「multiply」の「Floating Point Slider」ノブを追加します。

もしノブの名前を編集したい場合や、順番を変えたい場合は「Manage User Knobs...」から立ち上げたウィンドウの右側のボタンから編集することができます。ノブの順番は「Manage User Knobs...」のリスト順です。

図3-7-5 multiplyノブの追加して順番を調整

6 エクスプレッションの修正

animationノブの「Edit expression...」からエクスプレッションに「*multiply」を追記し、「frame*multiply」のように記述します。Resultにエラーメッセージが出ていないようであれば、「OK」を押します。

もしエラーが出てしまうようであれば、エラーの内容を確認します。「ERROR：Nothing is names "xxx"」と表示されているようであれば、名前の記述が間違っていると思われます。もう一度作成したノブの名前、およびエクスプレッションに記述した名前が異なっていないかを確認してみましょう。

エクスプレッションの記述での名前は、表示名ではなく、エクスプレッションで参照するときのKnob Nameを記入する必要があります。

図3-7-6 エクスプレッションに追記

7 multiplyの動作の確認

エクスプレッションができたら、ノードの「multiply」ノブから値を入れてみましょう。animationタブの結果が、「animationの数値×multiplyの数値」になっていることが確認できます。

このように1つのノブで調整しにくい場合は、何か別のノブを作成して、コントロールしやすいように設定してあげると便利です。

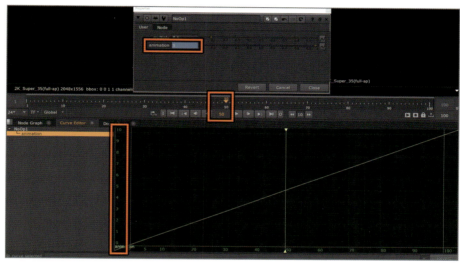

図3-7-7 multiplyの追記の動作の確認

8 ランダムなエクスプレッションの記述

エクスプレッションでは直線的なアニメーションカーブだけではなく、ランダムに数値を持たせるカーブや、規則的なアニメーションカーブを作成することもできます。ここでは、一例としてランダムのエクスプレッションを作成してみましょう。

「Manage User Knobs...」を立ち上げて、先ほどと同様に「value」という名前で「Floating Point Slider」ノブを追加します。valueノブのエクスプレッションに、「random(animation)」と記述をします。

記述したエクスプレッションの式の意味は、「random(frame*multiply)」と同じになります。先ほどの手順で確認したように、frame関数に掛け算することでカーブのスケーリングができます。つまり、速度を調整することができるようになります。なおrandom()関数は、「0〜1」の擬似乱数値を作成します。

図3-7-8 random()関数の追加

9 randomの動作の確認

multiplyの値が小さいほど、ランダムで値の変化が緩やかになっていることが確認できます。

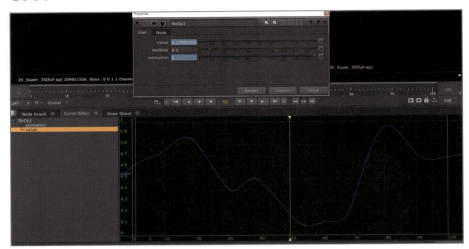

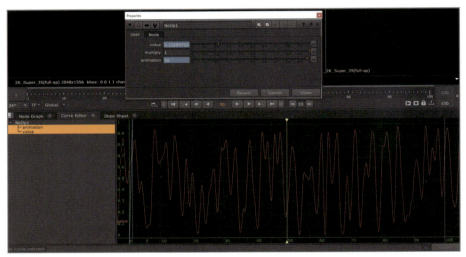

図3-7-9 multiplyを変更して動作を確認

　ここではすべてを紹介できませんが、Expressionを使用したカーブはRandom以外にも種類があります。また使いやすくコントロールするにもフレームや値をオフセットできるようにしておくと便利です。いろんなアイデアを持って、ノブを追加して組み合わせてみてください。

3-8　NoOpノードを使用したノードのコントロール

　前節で使用した**NoOp**ノードは、ほかのノードと異なりノブが何もありません。必要なノブ（Knob）を追加して、それらをエクスプレッションでリンクして、ほかのノードを制御するためのコントローラーとして使用できます。

補足ですが、`NoOp`ノード以外のノードにも任意でノブを追加できます。ただし、デフォルトノード自体のカスタマイズはあまりお勧めしません。チームとしてカスタマイズされたノードが共有されているのであれば問題にならないかもしれませんが、見た目がデフォルトのノードと同じカスタムノードをツリーの中から見つけるのは大変です。

　Nukeスクリプトは共有する機会が多いので、視認性が大事になってきます。ノードをカスタムして使用したい場合は、見た目もカスタムノードだと判断がつきやすい、「グループノード」で管理することを個人的に推奨します。グループノードについては、Appendixで解説していますので、そちらをご覧ください。

　この節では、`NoOp`ノードを使用してそこにプルダウンを追加し、選択した項目によって`Switch`ノードが切り替わる仕組みを作成してみます。

1 Switchのノードの作成

　エクスプレッション先の`Switch`ノードを作成し、切り替えが確認しやすいよう`ColorWheel`、`ColorBars`、`CheckerBoard`を作成して、Switchノードの「0」「1」「2」のinputをそれぞれ接続します。

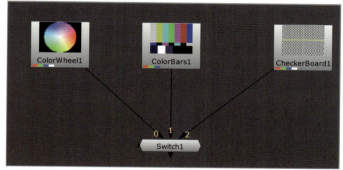

図3-8-1 Switchのノードを作成して接続

2 「Pulldown Choice」ノブの追加

　続いて`NoOp`ノードを作成し、Propertiesを右クリックして「Manage User Knobs...」をクリックします。立ち上がったウィンドウから「Add」ボタンを押して、今回は「Pulldown Choice」を選択します。

図3-8-2 Pulldown Choiceノブの追加

3 Name、Label、Menu Itemsの設定

起動したPulldown ChoiceのName、Labelともに「alt」、Menu Itemsには「A」「B」「C」とそれぞれ改行して入力します。入力が完了したら「OK」を押してウィンドウを閉じ、ノブ追加のウィンドウも閉じます。

NoOpノードのプロパティを確認すると、画面右のようになっているのが確認できます。しかし今回は、「Ctrl」+ドラッグでエクスプレッションを繋げることができる「アニメーションメニュー」がありません。

図3-8-3 各項目の設定

4 親子関係のリンクの作成

エクスプレッションをリンクしたい Switch ノードの「which」ノブを右クリックし、「Add expression...」を選択します。エクスプレッションで親子関係のリンクを作成する記述は、「parent.＜親ノード名＞.＜knob＞」です。

そのため今回は、「parent.NoOp1.alt」と記述します。ResultにERRORが表示されず、数字が表示されていれば成功です。「OK」ボタンでウィンドウを閉じて、確認してみます。

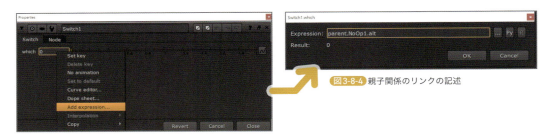

図3-8-4 親子関係のリンクの記述

5 Switchノードの動作の確認

NoOpノードの「alt」プルダウンから「A」「B」「C」を選んでみましょう。エクスプレッションが組み込まれている Switch ノードのインプットが、選択肢によって変更されるのが確認できます。

このように、エクスプレッションが「Ctrl」+ドラッグで接続できない場合でも、直接記述することで活用することができます。また NoOp ノードは、このようにコントローラーの役割を持たせることができたりなど、さまざまな活用方法があるので使用してみてください。

図3-8-5 「alt」プルダウンの切り替えで、Switchノードの入力先を変更できた！

3-9 そのほかの便利なExpression TIPS

最後の節では、条件分けのExpressionの記述を紹介したいと思います。書き方としては、以下のようになります。以降で使用例を見てみます。

> （条件）？（結果）：（条件以外の結果）

1 ノードの作成

`ColorWheel`ノードを作成し、その下に`Grade`ノードを作成し繋げます。今回は`Grade`ノード内で「Unpremult」をしています。作成した`Grade`のmultiplyRに「20」と入力します。

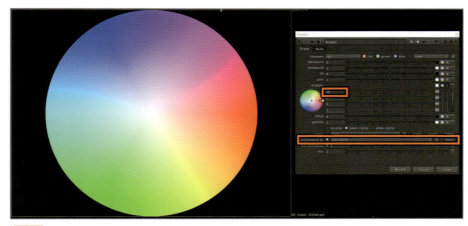

図3-9-1 ColorWheelノードとGradeノードを作成

2 Expressionノード追加して、条件分けのエクスプレッションを追加

その下に`Expression`ノード追加して、`Grade`ノードに接続します。`Expression`ノードのそれぞれのチャンネルに、以下のエクスプレッションを記述してみましょう。上から「R」「G」「B」の順に記述してみてください。

記述の内容としては、Rチャンネルが10より大きい場合（条件）は「1」にして（結果）、そうでない場合は「0」に（条件以外の結果）という条件文になっています。Gチャンネル、Bチャンネルにも同様に適用しています。

305

```
r>10?1:0
g>10?1:0
b>10?1:0
```

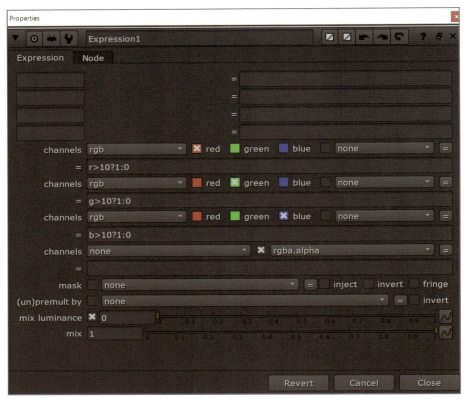

図3-9-2 Expressionノードに条件分けのエクスプレッションを記載

3 結果の確認

結果として、RGBで「10」より大きい値を持っているチャンネルを確認することができました。

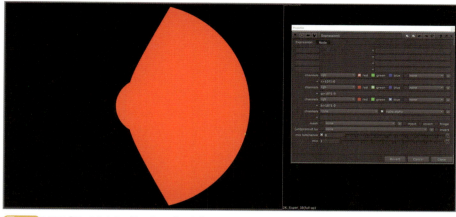

図3-9-3 RGBで「10」より大きい値のチャンネルを表示

　この節で取り上げたように、Expressionでも条件付きの式を使用することができます。
　以上で「Expression」の紹介は終わりますが、TCLで調べるだけでもたくさんの情報が出てきます。またグループノードなども、多くのものがTCLのExpressionだけでできています。たくさんの作例やアイデアなどを見つけることができるので、ぜひいろいろと見て学んで、新しいアイデアに昇華させましょう。

Expression

Part

5

Nukeの3Dシステム

　Part 5では、Nukeの非常に強力な機能である「3Dコンポジット」について、詳しく解説していきます。この機能により3DCGソフトに戻ることなく、Nuke内で高度なコンポジットを行うことが可能になります。

　3Dシーンを扱うために、Nukeには「Classic 3Dノード」と「新しい3Dノード（BETA）」の2つが搭載されています。「新しい3Dノード」はベータ版ではありますが、今後の主流となる「USD」（Universal Scene Description）アーキテクチャをベースにしたものです。現時点では、この両者を併用することが多いため、このパートでもそれぞれのノードでの操作方法を解説します。

　後半の実践編では、実写にCGアニメーションを合成する「3Dプロジェクションマッピング」と、深度データを利用した「ディープコンポジット」、Bokehノードによる各種の「レンズ効果」を取り上げます。

　最後の応用編では、これまで取り上げてこなかったテーマとして「3Dカメラトラッキング」「DepthGenerator」「UDIMテクスチャ」「Deepを使ったBokeh効果」「PositionToPoints」「3D Gaussian Splatting in Nukeプラグイン」について解説しました。

1 章 Nukeの3Dインターフェイスと基本操作 310

2 章 Nukeの新しい3Dシステム 357

3 章 3Dノードコンポジット実践 396

4 章 3Dコンポジット応用 432

Part 5 CHAPTER 01

3Dコンポジットのインターフェースと基本操作

この章では、Nukeで「3Dコンポジット」を行う場合のインターフェースについて説明します。解説でのバージョンは「Nuke ver15.1v2」です。

Nukeはコンポジットソフトですから、写真、動画、レンダリングされた動画など2Dデータを主に扱いますが、ほかのコンポジットソフトにはない非常に強力な3D機能を搭載しています。たとえば3DCGを扱うソフトでは3D空間でシーンを構築しますが、最終的にレンダリングされたデータは2Dデータになっています。

Nukeも同じようにジオメトリ、マテリアル、ライトなどで3Dシーンを作成し、レンダリングによって2Dデータを出力することが可能です。そして、この2Dデータを用いてコンポジットを行うことができます。この機能により、3DCGでの作業に戻ることなくNukeの中だけで柔軟なワークフローを組むことができ、2Dだけでは難しかった高度なコンポジットを行うことが可能になりました。

1-1　3Dコンポジットの画面と操作

最初に3Dコンポジットの画面と操作を見ていきましょう。以降の章の操作でも頻繁に出てきますので、ここでしっかり覚えておきましょう。

2Dと3Dのコンポジットのワークフロー

これまでの2Dコンポジットワークフローは、3DCGソフトなどで構築された3Dシーンをレンダリングして2D画像に変換し、実写画像や写真なども含めて2D画像データだけを持ってコンポジットを行っていました。

図1-1-1　3DCGソフトによる3Dシーンの構築

図1-1-2　3Dシーンをレンダリングして2D書き出し

図1-1-3 Nukeで2Dコンポジット

　Nukeで行える3Dコンポジットワークフローは、レンダリングされた2D画像はもとより、レンダリングする前の3DシーンデータをNuke内に取り込み、3Dジオメトリから直接マスクを作成したり、新たなライトによる陰影情報やリライティングなどの素材作成、ポイントクラウドからディープマスク情報の取得など、3DCGソフトに戻らなくてもNukeだけで完結することが可能になります。

図1-1-4 3DCGソフトによる3Dシーンの構築

図1-1-5 3Dシーンをレンダリングして2D書き出し

図1-1-6 3Dシーンを直接取り込んでコンポジット

図1-1-7 2Dコンポジットも行える

3Dコンポジットのインターフェース

それでは実際に、Nukeで3Dシーンを扱う場合のユーザーインターフェースについて見ていきましょう。2DコンポジットでのNuke基本画面は、図のようになっています。

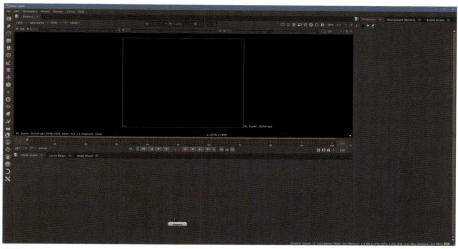

図1-1-8 2Dコンポジットの画面

この状態でキーボードの「Tab」キーを1回押すと、Viewerが「3D」に切り替わります。もう一度「Tab」キーを押すと、「2D」のViewerに戻ります。3Dを含めたコンポジット作業を行う場合、必須のショートカットキーになりますので必ず覚えてください。

Viewer右上にあるメニューからも2D、3Dモードの切り替えや、3Dにおける上下左右のカメラ切り替えを行うことが可能です。

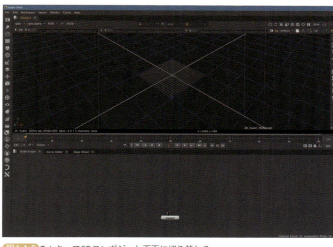

図1-1-9 Tabキーで3Dコンポジット画面に切り替わる

図1-1-10 Viewerのメニューからも切り替えができる

3Dモードのキー操作

3D Viewer上で画面をナビゲートするには、以下の表のような操作になります。

313

表1-1-1 3Dモードのキー操作

操作内容	操作
ドリー	「Alt」キーを押して、マウスの真ん中ボタンを押しながら引っ張る
パン	「Alt」キーを押して、マウスの左ボタンを押しながら引っ張る
チルト	「Ctrl」(「Cmd」)キーを押して、マウスの左ボタンを押しながら引っ張る
ロール	「Ctrl」(「Cmd」)+「Shift」を押して、マウスの左ボタンを押しながら引っ張る
カメラを通して見る	カメラオブジェクトを選択して、「H」キーを押す
シーンに合わせる	「F」キーを押して、ビューアー内の3Dシーン全体にフィット

　デフォルトの操作ではなく、使い慣れた3Dツールでの操作方法に変更することも可能です。Nukeのプリファレンスを開き、左側項目の一番下「Viewer Handles」を選択します。
　その中に「3D hotkeys」と「3D navigation」の2つの項目のプルダウンメニューから使い慣れた3Dツールに変更することで、Nukeの3Dモードを快適に操作することができます。たとえば、QWERナビゲーションに切り替えることで、使い慣れた「Alt」+マウスクリックでの操作方法になります。

図1-1-11 3Dモードのキー操作の変更

図1-1-12 「3D hotkeys」で3Dオブジェクトの移動、回転、拡大などの操作を切り替え

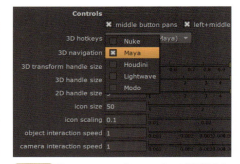

図1-1-13 「3D navigation」はViewer上での画面操作を行うショートカットキー

ワークスペースの切り替え

　Workspaceメニューから「3D」を選択すると、Nuke14以降で追加された新しい「Scene Graph」を含めたGUIに変更されます。左側のペインに表示されているのが「Scene Graph」です。

このシーングラフは3Dシーンの概要を提供し、大規模な3Dシーンを表示、ナビゲート、管理するためのツールで、アーティストがより柔軟に作業できるようにします。基本的にシーングラフは、ビューアーが接続されているポイントの3Dステージ内のすべてのリストです。シーングラフでエントリを選択すると、ビューアーで関連するオブジェクトがハイライト表示されます。

Scene Graphについては、次の「2章 Nukeの新しい3Dシステム」で詳しく解説します。

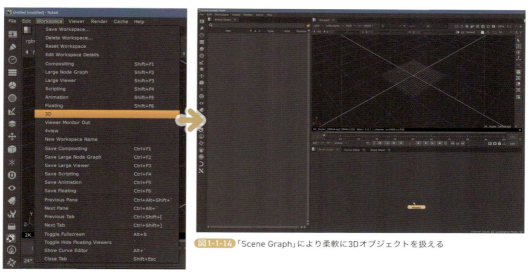

図1-1-14 「Scene Graph」により柔軟に3Dオブジェクトを扱える

3Dビューアーの機能

ここでは、3Dデータをインポートして、シーングラフとビューアーに表示させた状態でそれぞれの操作方法について解説します。

ビューアー上のライトアイコンをクリックすると3Dシーン内でライトが点灯し、オブジェクトの形状やマテリアルがハッキリ見えるようになります。ライトアイコンの右側は、グリッド表示のオン/オフです。

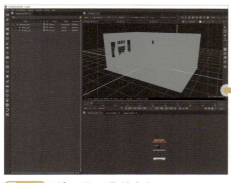 

図1-1-15 3Dビューアーのライトをオン

その右側には、ビューアーで見ているカメラとライトの選択を行うプルダウンメニューがあります。ライトを選択した場合は、そのライトが見ている方向にビューアーが表示されます。ライトの微調整などに使います。

Default以外にカメラがない場合でも「Create camera」で、ここから直接カメラノー

ドを作成することが可能です。ノードグラフ上にもカメラノードが作成されます。

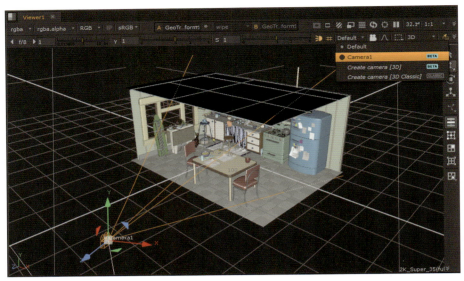

図1-1-16 カメラとライトの選択

　その右側にあるフィルムカメラのアイコンは、「3D View Mode」の切り替えを行います。オン（アイコンが赤く点灯）にするとビューアーでは3D上の動きがロックされて、2D上のパンとズームだけの動きになります。これにより不意にビューアーを触ってしまい、カメラ位置などが意図せずに変わってしまうことを防ぐことができます。ショートカットキーは「Ctrl」+「L」です。

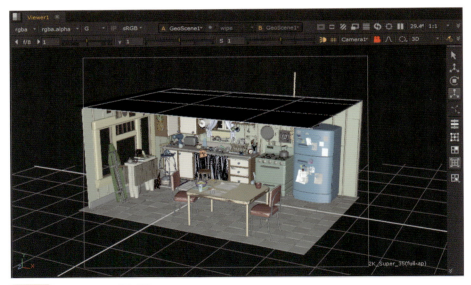

図1-1-17 3D View Modeの切り替え

　「Ctrl」キーを押しながらアイコンをクリックすると（アイコンが緑に点灯）、「インタラクティブ3Dカメラビューモード」になり、選択されているカメラをビューアーを見ながら直接動かすことができるようになります。キーボードの「+」と「-」キーでズームの微調整を行うことも可能です。

図1-1-18 インタラクティブ3Dカメラビューモードに切り替え

　その右側のプルダウンは2Dおよび3Dビュー、上下左右の並行ビューの切り替えになります。2D、3Dビューの切り替えは「Tab」キーを押すのと同じです。3Dシーンを正面や横からパースなしで見たい場合は、このプルダウンメニューを使用します。

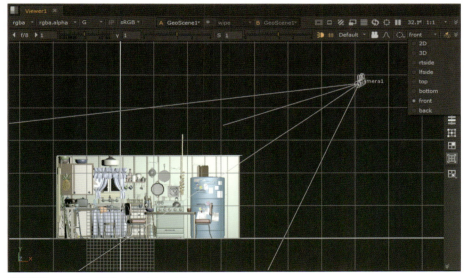

図1-1-19 3Dシーンの正面をパースなしで表示

　右端にあるスポイトアイコンをオンにすると、「Viewer Information Bar」が表示されます。ピックカラーの値、フォーマットサイズ、バウンディングボックス、チャンネルなどの情報がビューアー下部に表示されるようになります。

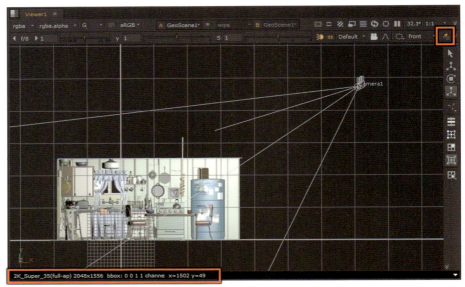

図1-1-20 3Dシーンの情報表示

3D選択ツール

　ビューアーの右側には選択ツールが並んでいます。ノード選択ツールでノードを選択できます。これはデフォルトの選択ツールであり、ビューアーで3Dオブジェクトノードを選択する一般的な方法に対応しています。

　3Dビューアーで選択した内容は、「シーングラフ」にも表示されます（「新しい3Dシステム」を使用した場合のみ）。

図1-1-21 3Dオブジェクトノードの選択

　図のように、選択する要素の種類（ノード、頂点、面、またはオブジェクト）に応じて選択モードを選びます。

バーテックス選択ツールを使用して、3Dオブジェクトの頂点を選択できます。選択時は「Shift」キーを押しながら追加選択、「Alt」+「Shift」キーで選択削除を行うことが可能です。

3Dビューアーでドラッグすると、囲われた範囲内の選択したフィルタリングオプションに基づいた項目が選択されます。

選択を行った後は、いつでも選択モードを変更して要素の種類を切り替えることが可能です。たとえば、バーテックスで選択した後にその部分をフェース選択にするなどが行えます。

図1-1-22 3Dオブジェクトの頂点や面などの選択

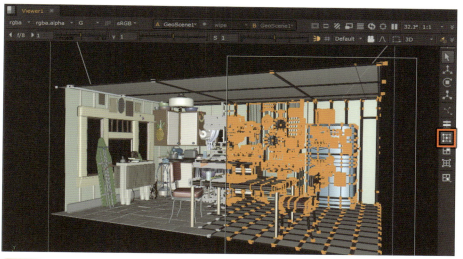

図1-1-23 3Dオブジェクトの頂点を選択

フェース選択ツールを使用して、3Dオブジェクトの面を選択できます。

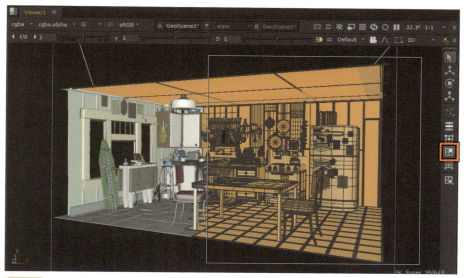

図1-1-24 3Dオブジェクトの面を選択

オブジェクト選択ツールを使用して、3Dオブジェクトレベルで選択することができま

す。バーテックス、フェース、オブジェクト選択は、選択した後でも右側のアイコンをクリックして切り替えることが可能です。

図1-1-25 3Dオブジェクトの選択

　選択フィルタは、3Dビューアーで選択されるオブジェクトと項目の種類を決定します。フィルタリング選択ボタンをクリックして「フィルタリングオプション」を開きます。オブジェクトタイプの選択とオクルージョンテストを切り替えることができます。

　選択に含めるオブジェクトを選択するには、ボックスをチェックします。「ジオメトリ」「ライト」「カメラ」から選択できます。

　「Eneble Occlusion Testing 」（オクルージョンテストを有効にする）をオンにすると、カメラの位置からすぐに見え、サーフェスの後ろに隠れていないオブジェクトのみが選択されます。

　フィルタリング選択を使用すると、「タイプ」と「種類」を選んで選択することができます。「タイプ」は要素のデータカテゴリを指します。たとえばメッシュやXformなどです。

　「種類」とは、階層内の要素の組織的役割を指します。個々のオブジェクトの場合はコンポーネント、コンポーネントのコレクションの場合はアセンブリなどの値として分類されます。

図1-1-26 選択フィルタのメニュー

　Nukeの選択フィルタリングメニューには、次の種類があります。

● アセンブリ

　複数のグループまたはコンポーネントを組み合わせた高レベルの組織単位で、通常はキャラクターとそのアクセサリなどの完全なオブジェクトまたはシーンを表します。

● グループ

このコンテナは、関連するコンポーネントまたはサブコンポーネントをグループ化するクラスターとして機能し、効率的な組織と階層化を促進します。たとえば、車両のすべてのエンジン部品をグループ化できます。

● モデル

キャラクター、車両、そのほかの重要なエンティティなど、シーン内の自己完結型のエンティティまたはオブジェクトです。複数のコンポーネントとサブコンポーネントで構成されます。

● コンポーネント

USDシーングラフの基本的な構成要素は、建物のドアや車のホイールなどの個々のオブジェクトまたはモデルコンポーネントです。USDについて詳しくは「2章 Nukeの新しい3Dシステム」で解説します。

● サブコンポーネント

ドアのノブやホイールのスポークなど、USDシーングラフ内のコンポーネント内の小さな個別のパーツです。

● スコープ

含まれる要素に変換や属性を適用せずに、関連する項目を階層的にグループ化する、レンダリングできない組織要素です。

● Xform

transformの略で、要素に適用される変換スキーマであり、3D空間での位置、回転、スケールを指定し、シーン内のオブジェクトの配置と方向を決定します。

● メッシュ

頂点、エッジ、面から構成される幾何学的プリミティブです。3Dの自動車モデルやキャラクターの表面などのオブジェクトの視覚的な構造として機能します。

● マテリアル

色、テクスチャ、反射率などのオブジェクトの表面プロパティは、光やレンダリングと相互作用します。これらの属性は、適用されたメッシュのリアルな視覚効果に貢献します。

選択を行った後、「Modify Selection」を使用して、USDシーングラフで定義されている選択したアイテムの相対項目に選択を変更できます。

● ペアレント

選択した項目のすぐ上にあるシーングラフ階層内の上位レベルのエンティティまたはノードを選択します。

● チルドレン

選択した項目の直下にあるUSDシーングラフ内のノードまたはエンティティを選択します。

● 兄弟

選択と同じ親ノードを共有するノードまたはエンティティを選択します。

● マテリアル

現在選択されているマテリアルのみを選択します。

● マテリアルユーザー

選択と同じマテリアルを共有するシーングラフ内のすべてのノードまたはエンティティを選択します。

図の山形カーブのアイコンは「Soft Select」です。バーテックスモードやフェイスモードでの選択で有機的なグラデーションによる選択を行うことができるようになります。「N」キーによってソフトセレクトをオン／オフできます。

ソフトセレクトのグラデーション範囲は、`Viewer`ノードのプロパティの3Dタブの一番下に設定項目があります。グラデーションの掛かり具合をカーブで変更することが可能です。また、「N」キーを押しながら左クリックでドラッグすると、ビューアー上でインタラクティブに選択範囲を拡大／縮小することができます。

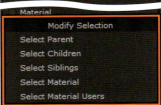

図1-1-27 USDシーングラフのアイテムの相対位置の変更

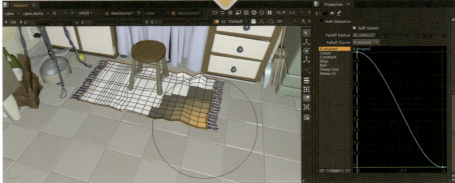

図1-1-28 Soft Slectionの設定

その右側のプルダウンは「Viewer Select Mode」です。領域選択時の形状を「矩形」「円形」「投げ縄」から選ぶことができます。どの選択モードでも選択時は、「Shift」キーを押しながら追加選択、「Alt」+「Shift」キーで選択削除を行うことが可能です。

選択モードは、頂点、面、またはオブジェクトを選択するかどうかに関係なく、すべてのViewerコンテキストで同じように機能します。

図1-1-29 選択範囲ツールの種類の変更

1-2 3Dシーンの作成

Nukeの3Dシーンは一般的な3DCGソフトとは異なり、すべてをノードグラフとして組み上げていくことになります。Nukeの操作に慣れていれば、ノードグラフを組み上げていくことはそれほど難しいことではありません。しかし、3Dシーンをノードグラフで組み上げるためには、3Dモードの使い方を理解しておく必要があります。

ここでは、Nukeだけで基本的な3Dシーンを組み上げていく手順を学びましょう。

一般的な3Dシーンのノードグラフ

基本的な3Dシーンには、シーンノード、カメラノード、1つ以上のジオメトリノード（カード、球体、オブジェクトなど）、3Dを2Dとしてレンダリングする`Scanline Render`ノードが含まれます。

図では、`Scene`ノードはジオメトリノードから出力を受け取り、それらのオブジェクトのコンポジットを`ScanlineRender`ノードに送信します。そこで、出力は2Dに変換されます。

3Dノードは、2Dノードと区別しやすいように形状と色が異なっています。赤色のノードは「新しい3Dノード（BETA）」で、緑色のノードは「Classic 3Dノード」となっています。新しい3DシステムとClassicの違いについては、「2章 Nukeの新しい3Dシステム」を参照してください。

ノードグラフには、複数のシーンノード、カメラ、3Dレンダーノードが含まれる場合があります。ロードされたすべての3Dオブジェクトは、同じシーンノードに接続されて

いるかどうかに関係なく、3Dビューアーに表示されます。

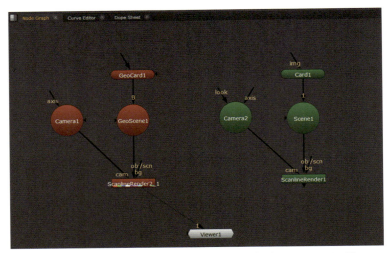

図1-2-1 3Dシーンのノードグラフ（左：新しい3Dノード（BETA）、右：Classic 3Dノード）

ノードグラフは、以下の手順で作成します。ここでは「Classic 3Dノード」の例を示します。

1 シーンノードを作成

3Dシーンを組むためには、まずシーンノードを作成します。

図1-2-2 シーンノードの作成

2 ジオメトリノードの接続

次に、ジオメトリノードをいくつか作成して、シーンノードに接続します。この例では、カード、キューブ、スフィアを作成しました。ジオメトリノードは、プロパティで表示方法やサイズなどを変更することができます。

図1-2-3 ジオメトリノードの接続

3 ライトノードを接続

続いて、ライトノードを作成してシーンノードに接続します。ライトには、Nuke 3Dシーンで使用できる4種類があります（ダイレクトライト、ポイントライト、スポットライト、環境ライト）。これらは、`DirectLight`、`Point`、`Spotlight`、および`Environment`ノードを使用して追加できます。

これらに加えて、`Light`ノードがあり、プロパティでダイレクト、ポイント、およびスポットライトを作成したり、「.fbx」ファイルを読み込むことも可能です。

図1-2-4 ライトノードを作成して接続

4 レンダーノードを接続

続いて、レンダーノードを作成してシーンノードに接続します。3Dビューアーは、OpenGLハードウェアレンダーを使用してシーンを表示しています。しかしそれだけでは、2D化することはできません。必ずレンダーノードが必要になります。

Nukeには、さまざまなタスクに適した2つのレンダーノード「`ScanlineRender`」と「`RayRender`」が付属しています。`ScanlineRender`は、その名が示すように、画像を下に向かって行ごとにレンダリングします。`RayRender`は、カメラまたは仮想の目から光源までのパスをピクセルごとにトレースします。

もう1つ、Pixerのレイトレーサー「`PrmanRender`」もありますが、こちらはRenderMan Proサーバーが必要となります。

図1-2-5 レンダーノードを作成して接続

5 カメラノードを接続

最後にカメラノードを作成し、`ScanlineRender`ノードの「cam」に接続しておきましょう。これで基本的な3Dノードグラフはできたことになります。

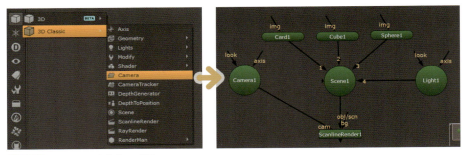

図1-2-6 カメラノードを作成して接続

シーンをレンダリングするとき、Nukeレンダーノードに接続されたカメラの視点から高品質の出力をレンダーします。レンダリングされた2Dイメージは、シーングラフ内の2Dノードグラフに接続して2Dコンポジットの一部として活用することになります。

ビューアー上での調整

`ScanlineRender`ノードに`Viewer`ノードを接続してビューを3D表示に切り替えると、たぶん図のような状態になっているはずです。作成されたジオメトリ、ライト、カメラノードは原点に存在している状態です。

3つのジオメトリの位置、角度、大きさをビューアー右側にある移動、回転、拡大縮小ツール、もしくはQWERキーのショートカットを使って調整してください。

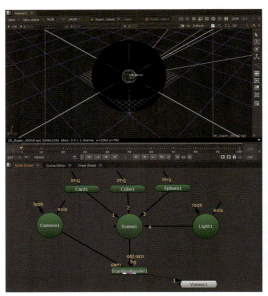

図1-2-7 作成されたオブジェクトは原点にある

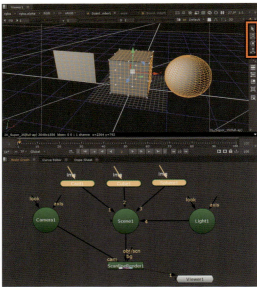

図1-2-8 オブジェクトの位置や大きさを調整

ライトの位置を図のように動かし、ビューアーのライトアイコンをクリックするとシーンがライトによって照らされた状態になります。

カメラからの見え方を調整するために、前節で解説したようにビューアーで「Camera1」に切り替え、3D View Modeを「インタラクティブ3Dカメラビューモード」に切り替えてカメラ位置を調整しましょう。

カメラを大きく動かす場合は、デフォルトビュー上でカメラオブジェクトを直接ビュー

ア—右側にある移動、回転ツールを使って動かすほうがよい場合もあります。

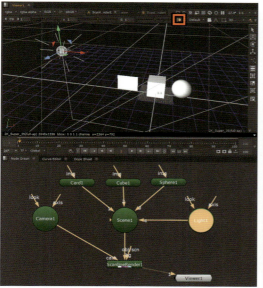

図1-2-9 ライトの調整

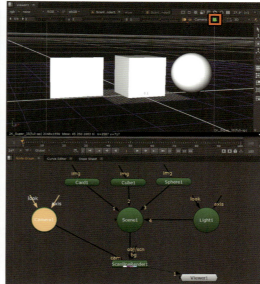

図1-2-10 カメラの位置の調整

　レンダリングする前に、ジオメトリオブジェクトにシェーダーを与える必要があります。3Dノードからいくつかのシェーダーを作成し、キューブ、スフィアに接続します。
　また、シェーダーノードにはテクスチャマップを追加することができますので、2Dノードから`CheckerBoard`を作成して、図のように接続しておきます。`Phong`シェーダーを作成した場合は「mapD」（ディフューズカラー）にマップを接続しましょう。
　カードには`Emission`シェーダーを作成して、`ColorBar`ノードを接続します。`Emission`シェーダーはプロパティで、emissionの値を「0.18」から「1」にしておきます。

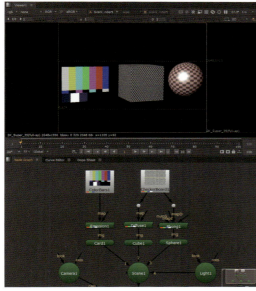

図1-2-11 シェーダーを作成し、テクスチャを追加して接続

図1-2-12 Phongシェーダーの作成

　「Tab」キーを押して2Dモードにすると、`ScanlineRender`ノードによってレンダ

リングが行われ2Dデータが出力されます。この段階で2D画像となっていますので、**Merge**ノードなどを使って背景に2D素材を合成することができるようになります。

3Dシーンの構築は難しいように感じますが、基本的なノードの組み合わせと、3Dモードでの操作を覚えてしまえばそれほど難しいものではありません。

レンダーノードによって2Dデータに変換してしまえば、後は通常どおりコンポジットを行うことができるので、3Dモードと2Dモードを切り分けて理解することができます。

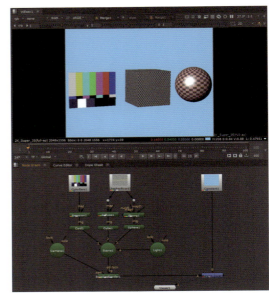

図1-2-13 2Dモードに変更してレンダリング

オブジェクト表示プロパティ

オブジェクト表示プロパティでは、シーン内のすべてのジオメトリオブジェクトの表示特性を調整できます。

これらの設定は、シーンのレンダリング出力には影響しません。これらは3Dビューアーでの表示のみを目的としています。レンダリング時の表示特性は、別に用意されています。

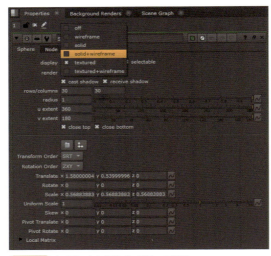

図1-2-14 オブジェクト表示プロパティの画面

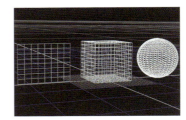

図1-2-15 ワイヤーフレーム表示

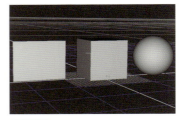

図1-2-16 ソリッド表示

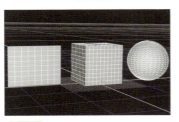

図1-2-17 ソリッド+ワイヤーフレーム表示

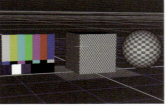

図1-2-18 テクスチャ表示

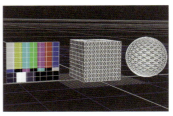

図1-2-19 テクスチャ+ワイヤーフレーム

- **ワイヤーフレーム**
  オブジェクトのジオメトリのアウトラインのみを表示します。

- **ソリッド**
  すべてのジオメトリを単色で表示します。

- **ソリッド＋ワイヤーフレーム**
  オブジェクトのジオメトリのアウトラインとともに、ジオメトリをソリッドカラーで表示します。

- **テクスチャ**
  アサインされているディフューズテクスチャを表示します。

- **テクスチャ＋ワイヤーフレーム**
  ワイヤーフレームとディフューズテクスチャを表示します。

1-3　ほかのアプリケーションからのデータのインポート

　Nukeだけでも3Dシーンは構築できますが、コンポジットソフトとしてはほかの3Dアプリケーションで作成されたファイルやオブジェクトをインポートする場面のほうが多くなります。そこで、この節では3Dデータをインポートする方法を学んでいきましょう。
　インポートは、データ形式に応じてインポート方法が異なります。Nukeでは、主に「OBJ（.obj）」「FBX（.fbx）」「Alembic（.abc）」「USD（.usd）」の4つのデータ形式を読み込むことができます。

エクスポートする3Dデータ

図1-3-1　サンプルの3Dデータ

　この節では、Mayaで作成された3Dデータをエクスポートしました。図のChessジオメトリ全体を選んで、それぞれのファイル形式に変換しています。なお、こちらのモデルは「TurboSquid」で作成したものです。

- **TurboSquid 3Dモデル**
  https://www.turbosquid.com/

329

OBJインポート

Nukeで3Dデータをインポートする方法がいくつかありますが、一番簡単なのは**Read**ノードを使うことです。Nuke上でキーボードの「R」を押して**Read**ノードの読み込みウィンドウを開き、目的の3Dデータを選択します。まずはOBJデータを選択しました。

これで、ノードグラフには**ReadGeo**ノードが作成されます。ビューアー上で「Tab」キーを押すと、図のようにチェスの3Dデータが表示されました。場合によっては読み込んだ後「F」キーを押して、ビューにチェスボード全体が見えるようにフィットさせてください。

Readノードではなく、直接**ReadGeo**ノードでインポートしても同じ結果になります。

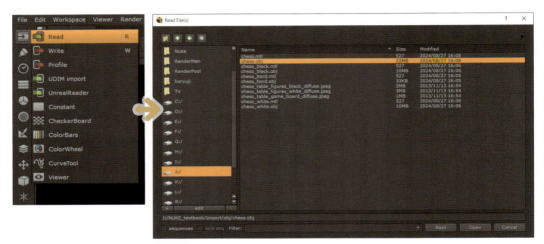

図1-3-2 リードノードで「OBJ」を選択

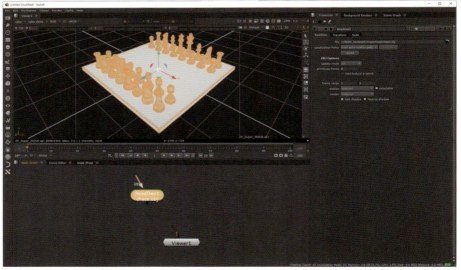

図1-3-3 読み込まれた3Dデータの表示

3Dデータがインポートできたら、前節と同じように基本的な3Dノードグラフを作成してレンダリングしてみましょう。**Scene**ノード、**DirectLight**ノード、**Camera**ノード、**ScanlineRender**ノード、**BasicMaterial**ノードを作成して、図のようなグラフを組み上げます。

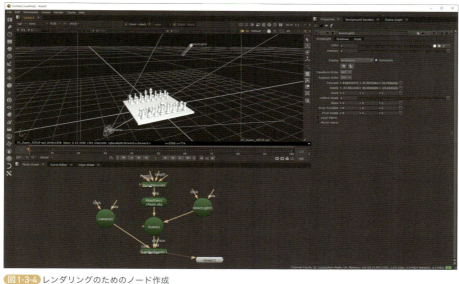

図1-3-4 レンダリングのためのノード作成

　「Camera1」に切り替えて、レンダリングしてみると図のようになります。元の3Dデータには、テクスチャマップがありました。ボードと2種類の駒用に3つのテクスチャマップがあります。
　そのうちの1つを`Read`ノードで読み込み、`BasicMaterial`ノードに接続してみると、ボードだけでなく、チェスの駒にも同じテクスチャマップが貼られてしまいました。このようにOBJインポートの場合は、マテリアルごとに個別にOBJファイルを出力してインポートする必要があります。

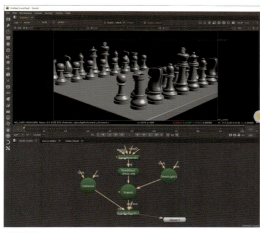 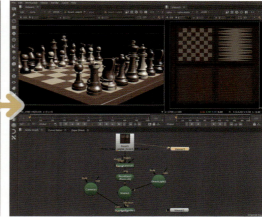

図1-3-5 テクスチャマップを読み込むとすべてのオブジェクトに適応された

　個別にエクスポートしたOBJファイルをインポートすることで、それぞれに違ったシェーダーをアサインすることが可能になり、それぞれに合ったテクスチャマップを貼ることができました。3Dジオメトリオブジェクトにはマテリアルとテクスチャマップをアサインして、それによりオブジェクトの見え方を調整することが可能です。

図1-3-6 個別にエクスポートして、それぞれをインポートして設定

FBXインポート

今度は、FBXデータをインポートしてみましょう。OBJと同じように**Read**ノードで全体をまとめて1つのファイルに出力されたFBXデータを読み込みます。

「.fbx」ファイルには通常、カメラ、ライト、メッシュ、NURBS曲線、変換、マテリアル、アニメーションなどを含む3Dシーン全体が含まれています。Nukeはこのシーンから、カメラ、ライト、変換、メッシュ、アニメーションを抽出することができます。

すると、このようにボードだけが表示されています。これはなぜでしょうか？

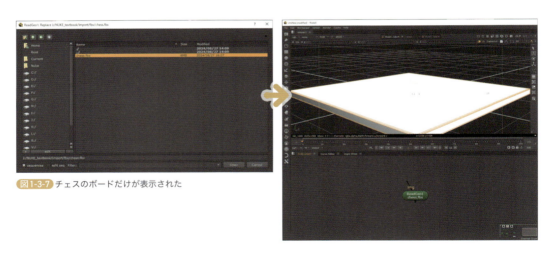

図1-3-7 チェスのボードだけが表示された

FBXデータの場合は**ReadGeo**ノードのプロパティで、FBXデータに内包されているアニメーションテイク、ジオメトリを個別に呼び出すことができます。これにより、1つのFBXデータだけでもマテリアルごとにジオメトリを取り出すことが可能になります。

1つのFBXファイルから個別に取り出したジオメトリに対して、同じようにマテリアルをアサインすることができました。Nukeでは、OBJよりもFBXのほうがより柔軟な扱いが可能になります。

図1-3-8 FBX内のデータを個別に取り出し

図1-3-9 各オブジェクトにマテリアルをアサイン

Alembicインポート

引き続き、Alembic（ABC）データをインポートしてみましょう。これまでと同じように、**Read**ノードで全体をまとめて1つのファイルに出力されたABCデータを読み込みます。

Alembicファイル（.abcファイル形式）からは、メッシュ（またはメッシュに変換されたNURBSカーブ／パッチサーフェス）とポイントクラウド、カメラ、アニメーションをNukeシーンにインポートできます。

Alembicの場合は、インポート時にインポートダイアログが表示され、Alembicシーンのどのノードをロードするかを選択することができます。ダイアログウィンドウ左下の「Crate all in one node」をクリックすれば、Alembicに含まれているデータを丸ごと読み込むことが可能です。

項目が親として選択されているか子として選択されているかに関係なく、選択されているすべての項目に対して1つの**ReadGeo**ノードが作成されます。

Nukeは、シーンからインポートするために選択した内容に応じて、必要に応じて**ReadGeo**、**Camera**、および**Axis**ノードを作成します。

333

図1-3-10 Alembicインポート時のダイアログ

　シーン全体が1つのファイルとして読み込まれ、**ReadGeo**ノードと**Axis**ノードが作成されました。**Axis**ノードは、ほかのオブジェクトを親にできる新しい変換軸を追加することでヌルオブジェクトとして機能します。

　オブジェクトがすでに独自の内部軸を持っている場合でも、別の軸を親にすると便利な場合があります。たとえば、軸ノードがシーン内のほかのオブジェクトの親になっている場合、ノードはシーンをグローバルに制御します。軸を回転すると、シーン内のすべてのオブジェクトが回転します。

図1-3-11 3Dシーンがインポートされた

　再びダイアログに戻り、今度はオブジェクトを個別に読み込む方法を説明します。特定のアイテムをインポートするには、まずLoadの列にあるルートの黄色の円をクリックして、ルートアイテムの選択を解除する必要があります。

　これにより、ルートと子アイテムの選択が解除されます。次に、その少し右にある空白のスペースをクリックして、シーングラフ内の特定のアイテムを選択します。

　ツリー内の親項目（黄色の円）ごとに1つのNukeノードを作成するには、「Create parents as separate nodes」（親を個別のノードとして作成）をクリックします。このノードには、親の下にあるすべての子項目（黄色のバー）が含まれます。

　ここでは、ダイアログで駒だけを選択してインポートしました。**ReadGeo**ノードが2

つ作成され、それぞれに個別に読み込まれていることがわかります。この読み込み指定は、いったん読み込んだ後からも**ReadGeo**ノードのプロパティの「Scene Graph」で別のオブジェクトに変更することが可能です。

図1-3-12 個別のオブジェクトをそれぞれ選択してインポート

　もう一度ダイアログに戻り、ルートではなく3つのジオメトリそれぞれを選択して、個別に読み込んでみましょう。先ほどと同様に、特定のアイテムをインポートするには、まずLoadの列にあるルートの黄色の円をクリックして、ルートアイテムの選択を解除する必要があります。

　これにより、ルートと子アイテムの選択が解除されます。次に、その少し右にある空白のスペースをクリックして、シーングラフ内の特定のアイテムを選択します。ツリー内の親項目（黄色の円）ごとに1つのNukeノードを作成するには、こちらも前回同様「Create parents as separate nodes」（親を個別のノードとして作成）をクリックします。このノードには、親の下にあるすべての子項目（黄色のバー）が含まれます。

　ReadGeoノードが3つ作成されたので、マテリアルも個別にアサインすることができました。

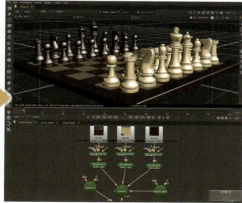

図1-3-13 3つのオブジェクトを個別にインポートして、マテリアルをアサイン

　シーン全体を1つのファイルとして読み込んだ場合でも、**ReadGeo**ノードのプロパティの「Scenegraph」タブで任意のジオメトリだけを表示させることができます。

　このようにAlembicの場合は、FBXと同じように個別にジオメトリを取り出すことが可能ですが、インポート時のダイアログであらかじめオブジェクトを選択できたり、後か

らシーングラフで表示／非表示を選択できるので、大規模なシーンの場合でもより緻密にコントロールすることができそうです。

図1-3-14 Scene graphタブで任意のジオメトリだけを表示

　Alembicデータの場合、インポートした時点で気づかれたと思いますが、ジオメトリ表面のポリゴンが見えていて、スムージングが掛かっていない状態になっています。これに対処するには3Dメニューの「Modify」にある`Normal`ノードを使用します。

　法線ノードを使用すると、3Dジオメトリオブジェクトの法線を操作できます。オブジェクトの法線は、サーフェスに対して垂直なベクトルです。法線は、照明の計算で使用され、特定のポイントで光がサーフェスからどのように反射するかを決定します。法線を操作することで、拡散光と鏡面光の寄与を制御できます。

図1-3-15 Normalノードを追加

　`Normal`ノードを`ReadGeo`ノードの下に挿入し、プロパティでactionのプルダウンから「build」を選びます。「angle threshold」はデフォルトの45度でよいでしょう。

図1-3-16 Normalノードの設定

　すると、図のようにnormalが調整されて滑らかな表示に変わりました。ひと手間必要ですが、`normal`ノードを使うことで、後からスムージング角度を変更することが可能になります。

図1-3-17 法線を走査して滑らかな表示に変更

USDインポート

　USDファイルも、**Read**ノードでインポートすることができます。しかし、この方法は次の章で説明する新しい3Dシステムではなく、あくまでクラシックシステム上に読み込むため、いくつかの制限があります。前述していますが、USDについて詳しくは次章「2章 Nukeの新しい3Dシステム」で解説します。

　USDでもAlembicと同じように、インポート時にデータを選択するためのダイアログウィンドウが表示され、一度に読み込むか、個別に読み込むかを選択できます。

　USD（.usd／.usda）ファイルには、メッシュとポイントクラウドが含まれています。メッシュの頂点、法線、UV、頂点カラーは、フレームごとまたは最初のフレームで読み込まれます。マテリアルとテクスチャは読み込まれません。カメラは現在サポートされておらず、シーングラフではグレー表示されています。

　ダイアログの表示がAlembicとは少し異なりますが、それ以外はAlembicと同じ流れとなります。この読み込み指定は、いったん読み込んだ後からも**ReadGeo**ノードのプロパティの「Scenegraph」で別のオブジェクトに変更することが可能です。

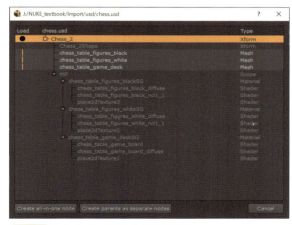

図1-3-18 UDSインポート時のダイアログ画面

ほかのアプリケーションからのカメラのインポート

　カメラはNuke内で作成することも可能ですが、3Dコンポジットではほかのアプリケーションからカメラを持ってくることが多くなります。

　カメラをインポートする方法はいくつかありますが、何点か注意が必要です。OBJはジ

オメトリのインポートしかできないため、カメラの関しては「FBX」「Alembic」「USD」の3つのファイル形式が対応しています。

カメラを読み込むために、これまでと同じように基本的な3Dノードグラフを作成しておきます。

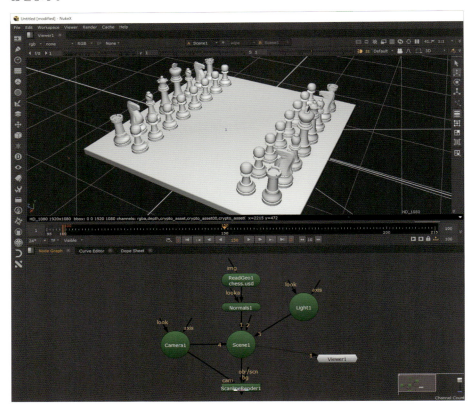

図1-3-19 基本的な3Dノードグラフを準備

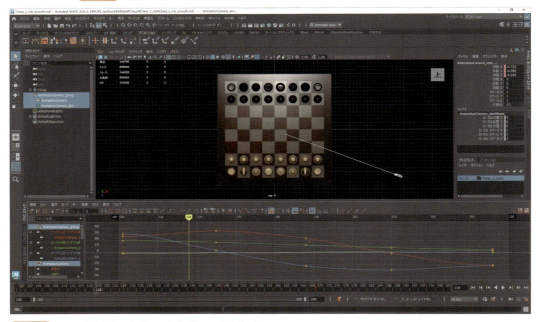

図1-3-20 Mayaでカメラアニメーションを作成してエクスポート

Mayaでカメラアニメーションを作成し、カメラだけをエクスポートします。この時、Mayaのカメラの注視点はエイムによってコントロールされています。Mayaからはカメラアニメーションデータを保有できるフォーマットして、「FBX（.fbx）」「Alembic（.abc）」「USD（.usd）」の3種類の形式で出力します。

　`Camera`ノードを選択し、プロパティのCameaタブの「read from file」にチェックを入れて、その下のファイルオープンアイコンをクリックして、Mayaから出力されたカメラデータを読み込みます。

　`Camera`ノードは、`Scene`ノードまたは`ScanlineRender`ノードに接続できます。`ScanlineRender`ノードに接続されたカメラは、レンダリング時に使用され、`Scene`ノードに接続した場合はビューアーの上部にあるドロップダウンメニューから表示するカメラを選択して切り替えることができます。

　標準カメラを含む「.fbx」「.abc」および「usd」シーンファイルを読み込むこともできますが、読み込めるカメラはカメラノードごとに1つだけです。

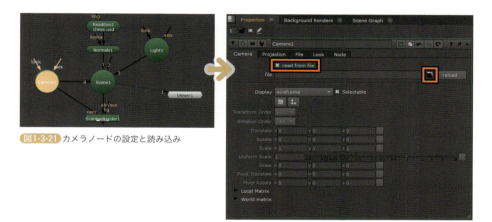

図1-3-21　カメラノードの設定と読み込み

　Nukeのビューをtopに切り替え、カメラの動きを見てみると同じように動いていることがわかります。MayaとNukeのFPSは、あらかじめ合わせておきましょう。メニュー「Edit→Project Settings」のプロパティで設定します。

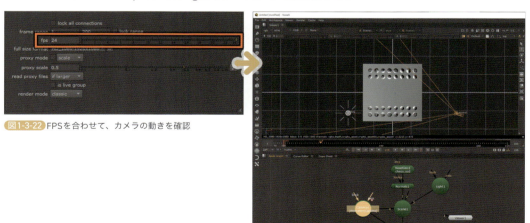

図1-3-22　FPSを合わせて、カメラの動きを確認

　実際にカメラが一致しているかどうかを確認するため、いったんMayaでレンダリングを行っておきます。レンダリングができたら`Read`ノードで連番ファイルを読み込

み、`ScanlineRender`ノードの出力と`Merge`ノードで合成します。上に重ねるためoperationは「screen」を選びます。

　レンダリングサイズとNukeのProjectサイズを合わせておきましょう。これもProject Settingsのプロパティで設定します。

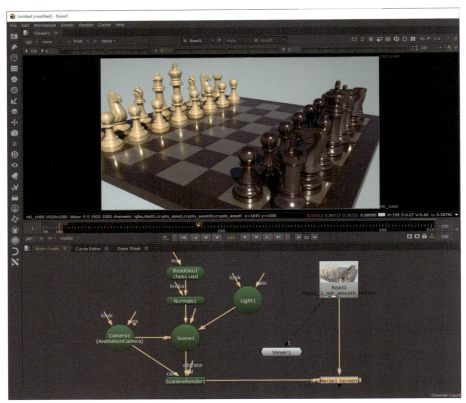

図1-3-23 Mayaでレンダリングした連番ファイルを読み込んで合成

図1-3-24 動画サイズを合わせておく

　`ReadGeo`ノードの上に`Wireframe`シェーダーノードを接続し、ワイヤーフレーム状態の3DレンダリングしたMayaでレンダリングした画像に合成して確認しています。

　3Dレンダリング画像と2D画像を合わせるもう1つの方法は、`ScanlineRender`ノードのBG入力に2D画像を繋げるというやり方があります。ただし、この場合は単純に2D画像の上に3Dレンダリング画像を重ねているだけなので、`Merge`ノードのようなさまざまな合成方法が使えるわけではありません。

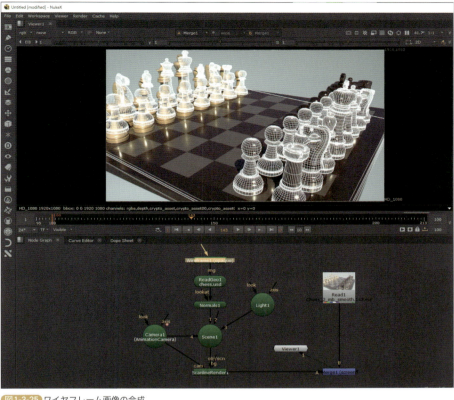

図1-3-25 ワイヤフレーム画像の合成

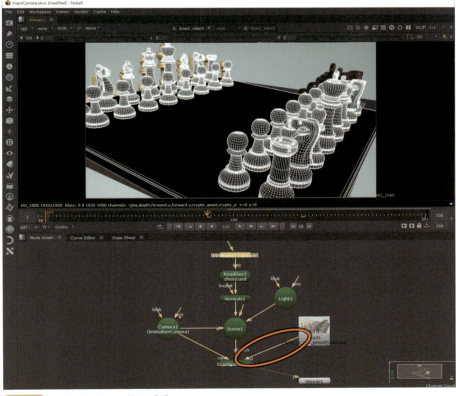

図1-3-26 ScanlineRenderノードでの合成

FBXデータのずれ

　　FBXデータでカメラの動きをよく見ると、なんだかずれているのがわかると思います。最初と最後のフレームは合っているのですが、途中のフレームがずれているのです。
　　これは、Mayaで注視点にエイムを使ったり、ロールにアップベクターを使ってカメラアニメーションを付けた場合、単純にFBX出力するだけではカメラのローテーションが正しく変換されないためです。

図1-3-27 カメラの動きがずれている

　　FBX出力でこの問題を回避するためには、Mayaでいったんカメラをベイク処理する必要があります。Mayaのメニュー「キー→シミュレーションのベイク処理」でカメラをベイク処理した上で、FBXデータに出力しましょう。

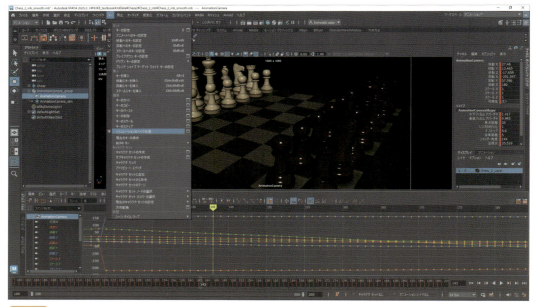

図1-3-28 Mayaでカメラをベイクしてエクスポート

　　ベイク処理されて出力されたFBXデータを読み込むと、今度はズレはなくピタッと重なっていることがわかります。

図1-3-29 カメラの動きがずれなくなった

Alembic、USDによるカメラインポート

　FBXより新しいフォーマットである「Alembic」と「USD」では、FBX出力時にあるようなカメラローテーションのズレの問題はなく、ベイク処理を行わなくても正しく出力されます。

図1-3-30 ベイク処理なし

図1-3-31 Alembicでのカメラの読み込み

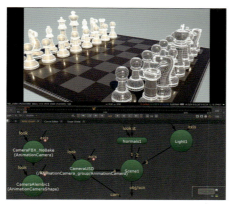

図1-3-32 USDでのカメラの読み込み

1-4　ライト、マテリアル、レンダリングのインポート

　前節では、さまざまなデータ形式の3Dデータを読み込むための方法と、カメラのインポートについて解説しました。この節では、ライトやマテリアルなどの取り込み方法を紹介します。

 ### ほかのアプリケーションからのライトのインポート

　ライトに関して、Nukeの3Dシステムでライティングを使ったリアルなレンダリングイメージを作成することはあまりありませんが、場合によっては3Dシーンのライティングを活かしたコンポジットをすることも可能です。

　ただし、3Dアプリケーションと同じレンダラーを使えるわけではないので、まったく

同じ見え方にはなりにくいです。ライトに関してはOBJとAlembicがインポートには使えないので、「FBX」および「USD」の2つのファイル形式が対応しています。

Mayaで、以下の基本的なライトを配置してデータをエクスポートしています。ジオメトリオブジェクトとライトオブジェクトをまとめて1つのFBXデータとして出力しました。

aiSkyDomeLight／directionalLight／pointLight／spotLight／areaLight

図1-4-1 Mayaでライトを配置

NukeでFBXデータをインポートします。まずはジオメトリオブジェクトを読み込むため、`Read`ノードでエクスポートされたFBXデータをインポートしましょう。FBXでは、ジオメトリオブジェクトとライトオブジェクトを一度に読み込むことができないので、まずはジオメトリオブジェクトだけを配置します。

`ReadGeo`ノードのプロパティで「all objects」にチェックを入れると、すべてのオブジェクトが1つの`ReadGeo`ノードで表示されます。

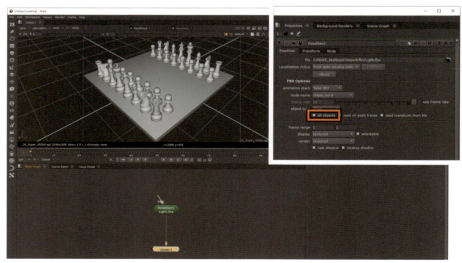

図1-4-2 FBXデータからオブジェクトのインポート

ライトの読み込みは、汎用的に使えるLightsノードを使用します。プロパティで「read from file」にチェックを入れ、フォルダアイコンでエクスポートされたFBXデータをインポートします。
　同プロパティの「File」タブで読み込まれたライト一覧から任意のライトを選んで、呼び出すことができます。これを見てわかるように、FBXでは「directionalLight」「pointLight」「spotLight」「areaLight」しか表示されていません。「aiSkyDomeLight」のように特定のレンダラーに依存するライトは無視されてしまいます。

図1-4-3 FBXデータからライトのインポート

図1-4-4 読み込めるライトの種類

　Sceneノードを中心に、すべてのライトを接続してビューアーに表示してみました。インポートされたライトは同じ位置、同じ角度になっていることがわかります。

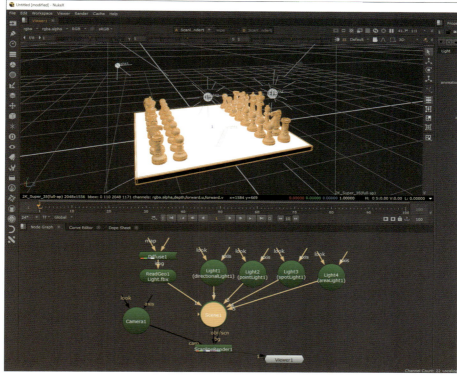

図1-4-5 インポートされたライトの確認

345

 影を落とす

影を作成するための方法は、レンダリングノードによって異なります。

● ScanlineRender：深度マッピングを使用して影を作成

まず、影を落とす各ライトの深度マップをレンダリングします。深度マップはライトの視点からレンダリングされ、深度マップの各ピクセルは、ライトから特定の方向でライトが照らす最も近い表面までの距離を表します。次に、深度マップはカメラの視点からのレンダリングと比較されます。カメラが見る画像内の点が深度マップ内の点よりも遠い場合、その点は影になっていると見なされます。

深度マップシャドウは、レイトレースシャドウよりもレンダリングが高速になることが多いですが、リアルに表示されない場合があります。

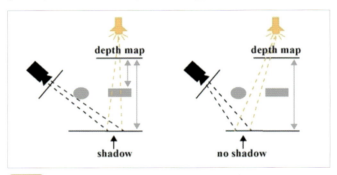

図1-4-6 ScanlineRenderでの影（Nuke Documentより引用）

● PrmanRender：レイトレーシングによって影を作成

各ピクセルに対してカメラからシーンに個別の光線を発射します。光線がシーン内の表面に当たると、PrmanRenderは交差点とシーン内のすべての光源の間にいわゆる影光線をトレースします。交差点と光源の間に障害物がある場合、交差点は影になっていると見なされます。

レイトレーシングの利点は、より正確な影や、現実世界のような柔らかいエッジの影を作成できることです。ただし、深度マッピングを使用して影を作成する場合と比較すると、レイトレーシングのレンダリングにははるかに長い時間がかかります。

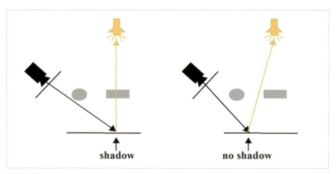

図1-4-7 PrmanRenderでの影（Nuke Documentより引用）

各ライトプロパティの「Cast Shadows」にチェックを入れて、「Tab」キーを押して一度レンダリングしてみます。ビューアーを拡大して見ると、モアレが発生していました。

影の調整が必要です。

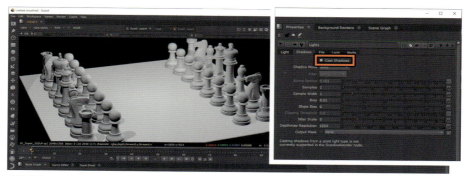

図1-4-8 レンダリングして影を確認

　影のプロパティは、ジオメトリ個々に設定することが可能です。**ReadGeo**ノードのプロパティの「cast shadow」「receive shadow」で設定します。

　また、すべてのジオメトリに対して一括してオーバーライドすることもできます。その場合は、**Scene**ノードのshadowのプルダウンを「override inpits」にして、「cast shadow」「receive shadow」で設定します。

図1-4-9 影のプロパティの設定

図1-4-10 影のプロパティの一括設定

ScanlineRender使用時の影の調整

　最初に注意点として、ScanlineRenderはレイトレーサーではないため、影を落とせるライトは「directionalLight」と「spotLight」だけになります。「pointLight」およびインポートされた「areaLight」は影を落とすことができません。

　Lightノードには、影の種類が3タイプあります。プロパティのShadowsタブで、モードを次のように設定できます。

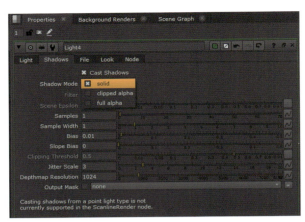

● solid

影を落とす光から見た物体は、完全に固体であると見なされます。

● clipped alpha

影を落とすオブジェクトは、オブジェクトのアルファがライトのクリッピング閾値コントロールを下回る場合に透明であると見なされます。そのほかのすべてのアルファ値は、ライトを完全に遮ります。

図1-4-11 ScanlineRenderでのライトノードの影の種類

● full alpha

影は、光が不透明でない遮蔽物を通過するときに、光がどの程度減少するかに基づいて計算されます。

アルファ付きテクスチャマップを使用したカードオブジェクトなどの場合は、「clipped alpha」もしくは「full alpha」モードを使用する必要があります。

solidシャドウで図のようなモアレ問題が出た場合は、**Light**ノードプロパティのShadowsタブの「Bias」と「Slope Bias」を調整することをお勧めします。エッジにジャギーが出る場合は、合わせて「Sample」も調整しましょう。

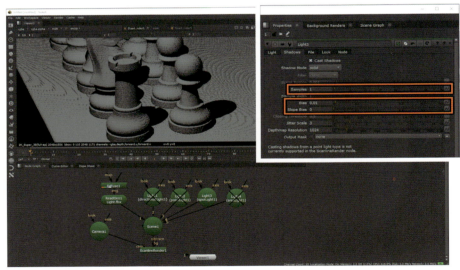

図1-4-12 モアレが出た場合のパラメータの調整

● Bias

これは、サーフェスサンプルポイントをサーフェスから遠ざけ、影を落とすライトの方向に移動する定数オフセットです。画像にセルフシャドウアーティファクトが表示される場合は、この値を増やす必要があります。ただし、値を大きくし過ぎると、影が影を落とすオブジェクトのベースから遠ざかりはじめる場合があります。

● Slope Bias

　これはバイアスに似ていますが、オフセットは深度マップの傾斜に比例します。これにより、光に対する表面の傾斜に応じて、深度マップの各値に異なるオフセットを与えることができます。たとえば、バイアスを増やすと既存のセルフシャドウイングアーティファクトが軽減されたが、画像のほかの領域にアーティファクトが増えた場合は、バイアスを少し下げて、代わりにスロープバイアスを増やすことをお勧めします。

● Samples

　ソフトシャドウを生成するときのライトのサンプル数を設定します。シーン内のソフトシャドウが点状またはノイズ状に見える場合は、この値を増やしてみてください。値が大きいほど、シャドウはより滑らかでソフトになります。

図1-4-13 Default設定

図1-4-14 Biasを「0.01」から「0.1」に変更

図1-4-15 Samplesを「1」から「10」に変更

RayRender使用時の影の調整

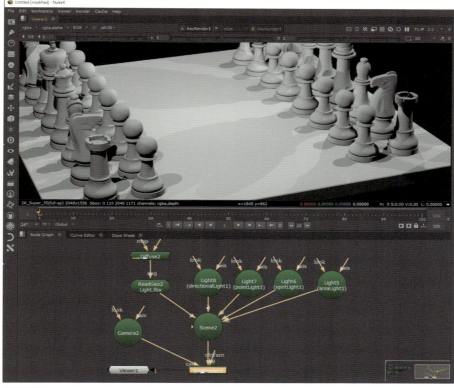
図1-4-16 RayRenderでのライトの影

RayRenderはレイトレーシングによるレンダリングが行えるため、Scanline Renderと違いポイントライトの影を落とすことが可能になり、鏡面反射やアンビエントオクルージョン効果を得ることもできます。

図にあるように、RayRenderを使ってレンダリングして、すべてのライトを点灯すると、ポイントライトやディレクショナルナルライトによる影が表現されていることがわかります。ScanlineRenderもdirectionalLightの影を落とすことは可能ですが調整がかなり難しく、外部からインポートしてきた場合は位置を調整しない限り、影を落とすことは難しいです。RayRenderを使用して影のエッジにジャギーが出る場合は、RayRenderノードのプロパティの「stochastic sample」の値を上げてください。

● stochastic sample

確率的推定で使用するピクセルあたりのサンプル数を設定します（ゼロは無効です）。値が小さいほどレンダリングが速くなり、値が大きいほど最終画像の品質が向上します。

図1-4-17 影のエッジの調整

図1-4-18 stochastic sample：デフォルト値

図1-4-19 stochastic sampleを10にアップ

マテリアル設定

Nukeの3Dシステムでは、ジオメトリオブジェクトのマテリアル（質感）を表現するためにさまざまなシェーダーが用意されています。

「3D Classic→Shader」メニューから、オブジェクトの表面からカメラに反射される光の品質など、シーン内のジオメトリオブジェクトのマテリアル属性を定義するシェーダーノードを作成することが

図1-4-20 マテリアルを表現するためのノードメニュー

できます。これらのノードを使用すると、オブジェクトがどのようなマテリアルで構成されているかを制御できます。

適用するマテリアルのプロパティ設定は、シーンのレンダリング出力に影響するため、ビューアー上では変化していないように見える場合もあります。また、複数のShaderノードを以下のように追加して、より複雑な効果を生み出すこともできます。

- BasicMaterialのラベルのない入力に接続
- シェーダーノードに重ねて接続
- `ApplyMaterial`ノードでシェーダーをアサイン

BasicMaterialノード

`BasicMaterial`は、「Diffuse（拡散）」「Specular（反射）」「Emission（発光）」が組み合わされており、1つのノードで材質の3つの側面すべてを制御できます。それぞれにテクスチャマップを接続する入力も備えているため、複雑な質感を再現することも可能です。

`BasicMaterial`のSpecular（反射）は、鏡面反射ではなく物体の表面に強い光が反射するハイライトをシミュレートしています。「min shininness」と「max shininness」でハイライトの広がりをコントロールします。

Emissionノード

光を発するランプや、自ら発光する光源のようなマテリアルをシミュレートします。図は、Emission（自発光）シェーダーをテクスチャマップが貼られた`BasicMaterial`とミックスしている様子です。`BasicMaterial`の下段に`Emission`を挟んでいます。`Emission`のプロパティemissionは、「0.18」に設定しました。

図1-4-21 Emissionの設定例①

図は、`BasicMaterial`のラベルのない入力（mapではない）に接続して、Emissionの効果をミックスしています。Emissionのプロパティemissionは、「0.18」として完全に塗りつぶされないようにしています。

図1-4-22 Emissionの設定例②

ApplyMaterialノード

　接続された3Dオブジェクトにマテリアルを適用します。たとえば、このノードを使用して複数のマージされたオブジェクトにグローバルマテリアルを適用できます。なお、マージされる前にジオメトリに適用された個々のマテリアルは、上書きされることに注意してください。

　もう1つの方法は、`ApplyMaterial`ノードを使って任意のシェーダーをアサインする方法です。`ApplyMaterial`ノードは、オーバーライドとして使用することもできます。たとえば、`MergeGeo`ノードでまとめたすべてのジオメトリに対して、`Wireframe`シェーダーを`ApplyMaterial`を使って、マテリアルを上書きするようなことが可能です。

　`ApplyMaterial`ノードのプロパティでは、filterを使って任意のジオメトリに対してだけオーバーライドすることもできます。filterを「all」から「name」に変更し、chooseをクリックして現れるダイアログウィンドウで任意のジオメトリを選択します。

　すると、`MergeGeo`ノードでまとめた後のアサインであっても、白いチェスの駒だけをワイヤーフレーム表示にすることができました。

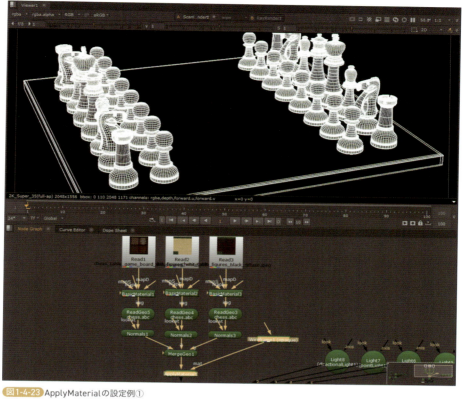

図1-4-23 ApplyMaterialの設定例①

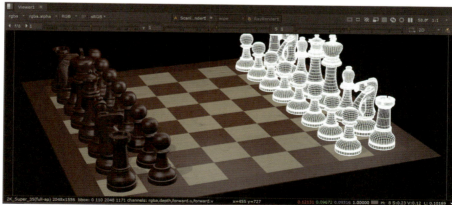

図1-4-24 ApplyMaterialの設定例②

ApplyMaterialノードでフィルタリングする方法を設定するには、nameの右にあるドロップダウンメニューを次のように設定します。

● equals

フィルタ名フィールドの文字列と名前が完全に一致するオブジェクトにマテリアルを設

定します。

● doesn't equals

フィルタ名フィールドの文字列と名前が正確に一致しないオブジェクトにマテリアルを設定します。

● contains

フィルタ名フィールドの文字列が名前に含まれるオブジェクトにマテリアルを設定します。これは、オブジェクト名に何らかの構造がある場合に便利です。

たとえば、「/Root/Chair/Seat」「/Root/Chair/Back」「/Root/Table」などのオブジェクトがある場合、「contains」を選択しフィルタ名フィールドを「pieces」に設定すると、ゲームボードはそのままにして、すべての駒にマテリアルを適用できます。

● doesn't contains

フィルタ名フィールドの文字列が名前に含まれないオブジェクトにマテリアルを設定します。

 MergeMaterialノード

none、replace、over、stencilなどの合成アルゴリズムを使用して、2つのシェーダーノードを結合します。応用例として、`MergeMaterial`ノードは複数の`Project3D`ノードを結合するのに特に便利です。3Dジオメトリに投影された2Dイメージを互いの上に合成できます。

図1-4-25 MergeMaterialの設定例

`MergeMaterial`ノードを使えば、上書きではなく先に与えられているマテリアルと別のマテリアルを合成することができます。図では、`MergeMaterial`ノードを使って`BasicMaterial`と`Wireframe`を合成しています。マテリアルの合成方法は、2Dの`Merge`ノードと同じです。

AmbientOcclusionノード

　このシェーダーノードは、`RayRender`ノードを使用して2Dにレンダリングされた3Dシーンのアンビエントオクルージョンを計算します。`AmbientOcclusion`は、`ScanlineRender`または`PrmanRender`ではサポートされていません。
　`RayRender`では、`AmbientOcclusion`を使用することが可能です。ジオメトリノードとシェーダーノードの間に`AmbientOcclusion`ノードを挟んで使用します。

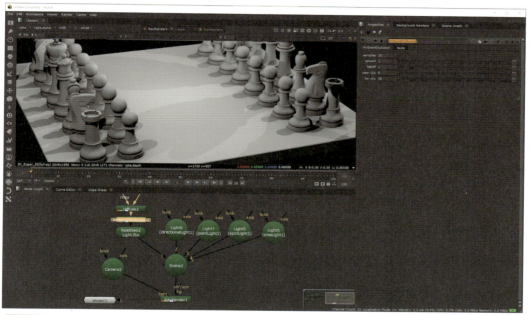

図1-4-26　AmbientOcclusionの設定例

Reflectionノード

　リフレクション（反射）は、鏡や水面、磨かれた素材などの表面にその周囲が映し出される物理現象です。Nukeの`RayRender`と`PrmanRender`ノードは、レイトレーシングを使用してこの効果を計算します。`ScanlineRender`には対応していません。
　鏡面反射を得る場合は、`Reflection`シェーダーノードを使用します。`Reflection`シェーダーはそれだけでは鏡面反射しか得られないので、入力にはテクスチャマップやDiffuse、Specular、Emissionなどのほかのシェーダーと組み合わせて使用することになります。
　また、複数のシェーダーノードを次々に追加することで、より複雑な効果を生み出すことができます。

図1-4-27 Reflectionの設定例

まとめ

　Nukeの3Dレンダリングは、Mayaなどの3D専用アプリケーションに付属している本格的なレンダラーと比べてできることは少ないのですが、3Dコンポジットを行う上ではそれほど高機能なレンダラーが必要になることはまずありません。

　しかし、Nukeにおける3Dシーン作成の基本的なところを理解しておけば、3Dコンポジットの実践や応用においても難しく感じることはなくなるでしょう。2Dと3Dを合わせて初めてNukeの本領を発揮できるのでしっかりマスターしたいところです。

Nukeの新しい3Dシステム

　Nukeに新しい「USD」ベースの3Dシステムが追加され、最新の3Dシーンを大規模に効率的に操作できるようになりました。新しいUSDアーキテクチャにより、Nukeの3Dは最新の標準に準拠し、専用のシーングラフ、新しいパスとマスキングのワークフロー、40を超えるノード、新しいUSDベースのワークフローが導入されています。

　Foundryは、Nukeにおける新しい3Dシステムの開発を継続しつつも、使い慣れたワークフローへのアクセスを失うことがないように、新しいシステムは従来の3Dシステムと並行して動作することを保証しています。そのためこれはベータ段階の機能であり、従来の3Dノードを廃止する前にユーザーからの意見を集めてシステムを改善するためにフィードバック専用のフォーラムが用意されています。共にNukeの3D合成の未来を形作っていきましょう。

2-1 新しいUSDベースの3Dコンポジット

　この節では、そもそも「USD」とは何か、コンピジターにとってどのようなメリットがあるのか、従来の3Dコンポジットとの違いなど、基礎的な内容を解説していきます。

USDについて

図2-1-1 USDロゴ

　「Universal Scene Description」(USD)は、3Dコンピュータのグラフィックスパイプラインでデータをパッケージ化、共有、操作するためにPixar社によって開発された、堅牢でスケーラブルなオープンソースのフレームワークです。

　USDを数あるファイルフォーマットのうちの1つだろうと思うかもしれませんが、それは間違っています。USDは、明確な階層に配置されたジオメトリ、マテリアル、ライト、カメラなどのグラフィックプリミティブを使用して、複雑なシーンの作成を簡素化します。そして、視覚効果やアニメーションで使用されるさまざまなソフトウェアツール間の効率的なコラボレーションを促進します。

　さらに、USDはアプリケーション間でシームレスなデータ共有を可能にし、パイプラインのどの段階でも非破壊編集をサポートしているため、視覚効果やアニメーション制作に最適です。

USDがコンポジターにとって便利なのはなぜか ※Nuke Documentより抜粋

USDが業界で広く受け入れられていることは、USDが3D合成の将来にとって重要な標準であることを示しています。USDには、3D合成タスクに適したさまざまな機能が備わっています。

・互換性とコラボレーション
　さまざまなツール間でのスムーズなデータ交換を可能にし、制作パイプラインでの共同作業と効率的なワークフローを促進します。

・スケーラビリティとパフォーマンス
　複雑なシーンを効率的に処理します。

・レイヤー化された構成と柔軟性
　独立したレイヤー管理をサポートし、シーンの組み立てと編集における柔軟性と組織化を促進します。

・非破壊編集とモジュール性
　USDを使用すると、変更をロールバックしてコンポーネントを再利用することができます。これにより、パイプライン全体で反復処理やクリエイティブな調整を行うことが容易になります。

・高度な属性システム
　強力な属性システムを使用して、完全な制御とカスタマイズを可能にします。

・オープンソース開発とコミュニティの関与
　このオープンソースフレームワークは、コミュニティの貢献とフィードバックによって継続的に改善され、機能が追加されます。

 ## 「新しいUSDベースの3Dシステム」と「Classic 3Dシステム」

Nukeの3Dシステムは、大規模なパフォーマンスの向上を実現するために完全に再設計されました。Nukeアーティストのニーズに応えるためにUSDベースのシステムを選択し、より効率的で高性能なシステムを実現しました。
新しいUSDシステムには、従来のシステムに比べて多くの利点があります。

・強化されたパフォーマンス
　新しいシステムは、より大規模なプロジェクトをより効率的に処理します。

・変換遅延の削減
　新しいUSDアーキテクチャを使用すると、3DデータをNuke独自の形式に変換する必要がなくなります。代わりに、USDデータを取り込んで直接操作することができ、インポート時に変換レイヤーの複雑さが増すことはありません。

・USDバージョンの柔軟性

　アーティストはUSDのどのバージョンでも作業できるため、さまざまなパイプライン設定での互換性と適応性が確保されます。

・最新のシーングラフエンジン

　Nukeでは適切なシーングラフが導入され、オブジェクトの配置が確実にできるようになり、3Dシーンの管理がより制御しやすくなりました。

・高度なモディファイアと作成ノード

　新しいノードにより、シーングラフの特定の部分を正確に制御できます。

・3Dシステムの並行リリース

　既存のワークフローの中断を回避するために、新しい3Dシステムと従来の3Dシステムが同時に利用可能になります。

・コミュニティ中心の開発

　このリリースは、コミュニティの意見とコラボレーションに重点を置いた、Nukeの3D環境を強化するための継続的な開発の始まりを示しています。

USDの基礎

　新しいUSD 3Dツールは、可能な限り使い慣れたアプローチを使用して、従来のシステムからスムーズに移行できるように設計されています。ただし、USD初心者の場合、強化されたワークフローを最大限に活用するには、理解しておくべき新しい概念や用語が数多くあります。

● USDシーンの要素

　PixarのUniversal Scene Description（USD）の背後にある考え方は、3Dシーンが常にオブジェクト、属性、関係などの階層を使用して記述されてきたという意味では急進的ではありません。ただし、USDが3Dデータを効率的に処理および構成するために導入するメカニズムは、この分野における大きな進歩と見なすことができます。

　USDフレームワークのいくつかの重要な要素を、以降で見てみましょう。

> 各用語を理解しやすくするために、スーパーヒーローが街中を飛び回るシーンを想像してみましょう。

● USDプリム（プリミティブ）：シーンの構成要素

　プリム（プリミティブの略）は、3Dシーンの基本的な構成要素です。プリムは、ジオメトリ、ライト、カメラ、ダイナミクス、およびプリムのそのほかのグループを表すアイテムです。プリムはコンテナーとして機能し、その特性と動作を決定するプロパティを定義します。

359

この例では、プリムはスーパーヒーロー、建物、車両、街灯柱、木、公園などの街路の詳細になります。これらの各プリムには、より細かい詳細、アニメーション、そのほかの定義特性を表すプリムが含まれます。サイズや色などの特性は、プリムの属性として保存されます。

● USDステージ：完全なシーン

USDステージは、3Dデータを1つの統一された表現に整理するシーン記述フレームワークです。ステージは通常、シーン情報を保持するファイルであるレイヤーで構成されるシーングラフによって記述されます。

ステージは、階層的に構造化されたシーン内のすべてのプリムへのアクセスを提供します。言い換えると、ステージはシーンを構成するすべてのプリムの完全なツリーです。

GeoImportを使用して、USDファイルからステージをインポートできます。

この例では、ステージはスーパーヒーローが飛行する都市のより広い環境であり、すべての構造、エンティティ、およびスーパーヒーローのキャラクターを包含します。

● USDレイヤー：シーンの機能部分

レイヤーは、非破壊編集とコラボレーションを容易にするため、USDの重要な概念です。レイヤーはシーンの一部を保存する自己完結型のファイルで、編集をサポートし、元のソースに影響を与えずに代替バージョンの作成を可能にします。レイヤーはソースファイルによって参照され、親シーンに取り込まれます。

レイヤーはスタック内で動作し、各レイヤーはその下にあるレイヤーのコンテンツを上書きまたは変更できます。これにより、レイヤーの重要な強みである非破壊編集のサポートが生まれます。基本的に、新しいレイヤーに変更を加えて、既存の属性を変更できます。ただし、編集された属性データは新しいレイヤーにのみ存在するため、元の属性データを再度確認して復元したい場合、元の属性データはそのまま残ります。

最終的に、メインレイヤーは、制作パイプラインのさまざまな部門間の責任分担を反映するように定義できます。シーンには、モデルレイヤー、アニメーションレイヤー、テクスチャレイヤー、ルックデベロップメントレイヤー、ライティングレイヤーなどが含まれます。これにより、各部門は、ほかの部門に悪影響を与えないという安心感を持って、変更を加えることができます。

この例では、さまざまな部門がそれぞれの責任領域（モデリング、テクスチャリング、外観の開発、照明など）に集中できるようにレイヤーが整理されています。

シーンの異なる側面を保持するレイヤーがいくつかあります。モデルレイヤーは、都市、車両、スーパーヒーロー、環境の構造を設定します。モデルレイヤー内には、特定の建物のサブレイヤースタックがあり、そこに小さなバリエーションが保存され、そのいずれも非破壊的に使用したり破棄したりできます。

モデルの表面を詳細に記述するためのテクスチャレイヤーがあります。

スーパーヒーローの飛行経路や乗り物の動きを表現するアニメーションレイヤーがあるかもしれません。さらに、ほかの視覚効果を高めるパーティクルエフェクト用のFXレイヤーもあります。また、カメラレイヤーと照明レイヤーもあります。

このようにシーンを分離することで、各レイヤーを独立して非破壊的に操作できるようになります。

NukeのUSDレイヤー

Nukeでは、新しい3Dノードごとに「USDレイヤー」が作成されます。これらのレイヤーは、ビューアーを使用する場合など、必要に応じて組み合わせてステージを形成できます。
主要な3Dノードは、カメラ、ジオメトリ、ライト、シェーダーを作成し、これらはそれぞれNukeでシーンが作成されるときにUSDレイヤーに対応します。

レイヤーを組み立てる順序は、スタック内のレイヤーオーバーライドの効果のために重要です。順序が異なると、異なるオーバーライドが適用される場合があります。3Dノードの出力をマージするときは、この点に留意してください。
図は、シーングラフに示されているシーンのレイヤーを示しています。このシーンには、ジオメトリ、カメラ、ライトのそれぞれに1つずつ、3つのレイヤーがあります。

図2-1-2 USDレイヤーの表示

2-2　USDシーンの作成

前節でUSDの概要やそのメリットがわかったところで、ここからは実際に「新しい3Dシステム」でUSDを使ってみましょう。

シーンにUSDオブジェクトを作成する

パイプラインでUSDファイルを使用すると、大規模なシーンをより効率的に整理し、オブジェクトを非破壊的に編集できるため、上流の作業が失われることはありません。
またUSDは、ほとんどのVFXソフトウェアパッケージがサポートする汎用性の高い形式であるため、テクスチャペイントからルックデベロップメント、合成まで、制作の各段階での作業が容易になります。

USDベースの3Dシステムは、これまでのClassic 3Dシステムといくつかの点では違

いがありますが、基本的には同じ操作方法で扱うことができます。

　カード、立方体、球体などの単純なジオメトリの作成は、従来の3Dワークフローと同じです。**GeoCard**や**GeoCube**などのノードをノードグラフに追加するには、左側のツールバーから追加するか、ノードグラフで「Tab」キーを押して、必要なノード名を入力します。

　クリエイト、モディファイ系の3Dノードは従来のClassic 3Dノードと間違わないように、頭に「Geo」というプレフィックスが付いています。

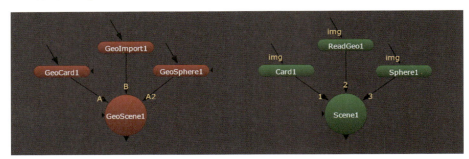

図2-2-1 新しい3Dシステム（左：赤）とClassic 3Dシステム（右：緑）

1. GeoCardノードを作成して接続

　「Tab」キー検索で「geo」と入力するか、新しい3Dメニューから**GeoCard**ノード作成してください。

　ビューアー上で「Tab」キーを押して3Dモードに切り替え、2Dの**CheckerBoard**ノードを作成して**GeoCard**ノードの「mat」に接続します。新しいジオメトリノードのマテリアル接続は従来の「img」とは違い、ノードの右側にある三角形を引き延ばすとimg接続として使用することができるようになっています。

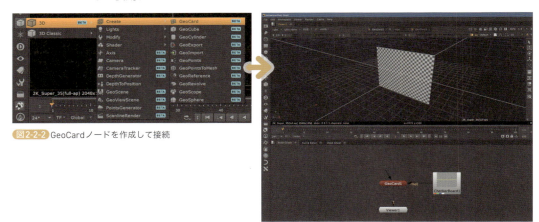

図2-2-2 GeoCardノードを作成して接続

2. ワークスペースを3Dに変更して確認

　ワークスペースを3Dに変更すると、左側にScene Graphが表示され、現在のビューアーに表示されている状況がリスト化されています。

　また、右側のプロパティにはこれまでと同様に各ノードのプロパティが表示され、新しい3Dシステムであっても使い慣れたプロパティは同様に扱うことができるように配慮されています。ビューアーでの操作もこれまでと同様です。

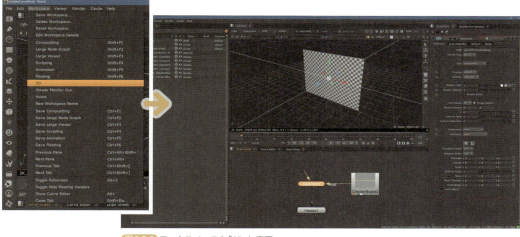

図2-2-3 ワークスペースを「3D」に変更

3 ビューアー上での操作

カードを移動させる場合は、ビューアー上でカードをクリックして選択し、移動ツールの矢印をドラッグ＆ドロップすることで動かすことができます。`GeoCard`ノードのプロパティでも、従来のようにTranslateの値をマウスホイールで変更して動かすことも可能です。

ここで、プロパティの枠が赤くなっていることがわかるでしょうか！これは従来のClassic 3Dノードと間違えないようにするためです。Classic 3Dノードの枠は、緑色になっていますよ。

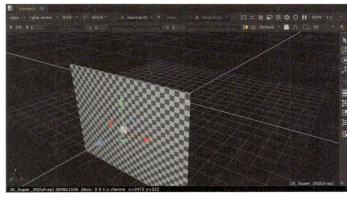

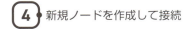
図2-2-4 カードの移動

図2-2-5 プロパティの枠の色に注目

4 新規ノードを作成して接続

`GeoTransform`ノードを作成して`GeoCard`ノードの下に接続します。そのプロパティでもTranslateの値をマウスホイールで変更して動かすことができます。

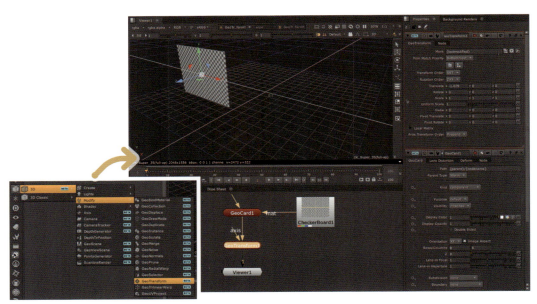

図2-2-6 GeoTransformノードを作成して接続

 シーンにUSDオブジェクトをインポートする

　これまでの章で解説してきた**Read**ノードを使ったUSDファイルの読み込み方では、Classic 3Dシステムの**ReadGeo**ノード（緑色）が自動適用されてしまい、新しい3Dシステムでの運用とはなっていませんでした。新しい3DシステムでUSDファイルを読み込むためには、以下の方法を覚えてください。

　Nukeは**GeoImport**ノードを使用してUSDファイルの内容全体をインポートします。ファイル内のレイヤーの数によっては、一度に大量のデータをシーンにインポートすることになります。
　または、インポートするオブジェクトのパスがわかっている場合は、**GeoReference**ノードを使用してファイルの一部を参照することもできます。
　USDファイルをインポートするには、2つの方法があります。

● ツールバーから作成

　上部のメニューバーで「ワークスペース→3D」をクリックして、Nuke専用の3Dワークスペースに切り替えます。左側のツールバーで「3D→作成→GeoImport」をクリックして、**GeoImport**ノードを作成します。

● ノードグラフ上で作成

　ノードグラフで「Tab」キーを押してノードセレクターを表示し、「GeoImport」と入力して「Enter」を押します。

　GeoImportノードがノードグラフに追加され、そのプロパティが表示されます。インポートするUSDファイルを選択します。Nukeは「.usd」ファイルと「.usda」ファイルをサポートしています。ビューアーを**GeoImport**ノードに接続して、ビューアーにシーンを表示します。

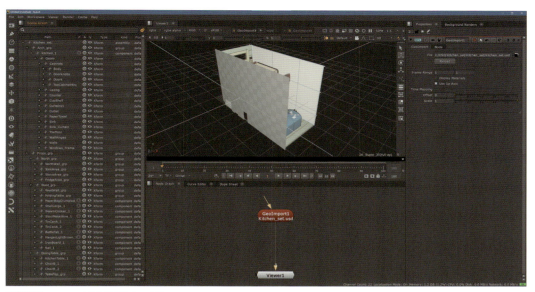

図2-2-7 USDファイルを読み込んで表示

🔑 Up Axisの変更

　`GeoInport`ノードでPixer社が提供している「Kitchen_set.usd」を読み込むと、ビューアー上ではX軸が90度回転した状態で表示されてしまいます。`GeoTransform`ノードでも修正できますが、`GeoInport`ノードのプロパティを見てください。その中にある「Use Ap Axis」のチェックを外すと、正しい向きで表示されます。

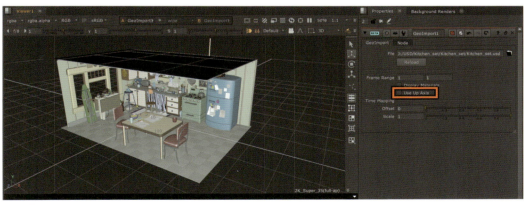

図2-2-8 「Use Ap Axis」プロパティの変更

　Scene Graphの任意のオブジェクトをクリックすると、ビューアー上でもハイライト表示され、ビューアー上で任意のオブジェクトをクリックすると、Scene Graphでも反映されます。
　ジオメトリだけでなく、カメラ、ライト、マテリアルなどもScnen Graphに表示されますが、現状はそのすべてに直接アクセスできるわけではありません。

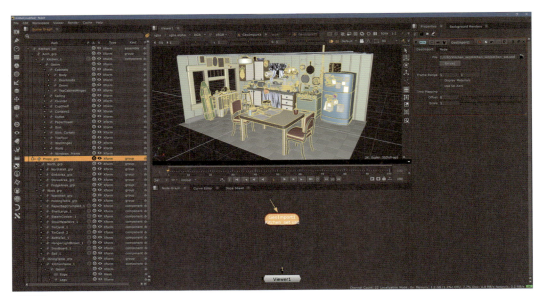

図2-2-9 Scene Graphとビューアーでのオブジェクトの選択

Scene Graphの詳細

　Nuke 14.0以降のバージョンでは、3Dシステムアップデートの一環として、3Dシーンの内容を表示できる新しい高性能シーングラフが導入されました。

　シーングラフはシーンの概要を提供し、大規模な3Dシーンを表示、ナビゲート、管理するためのツールで、アーティストがより柔軟に作業できるようにします。シーングラフは、ビューアーが接続されているポイントの3Dステージ内のすべてのリストです。シーングラフでエントリを選択すると、ビューアーで関連するオブジェクトがハイライト表示されます。

● 階層構造での管理とジオメトリのハイライトと選択の同期

　シーングラフは、Nukeの従来のフラットな構造とは対照的に、USDステージの階層表現を使用します。この階層は、ジオメトリ、ライト、カメラ、マテリアルなどのプリムをカバーし、それぞれに固有のIDまたはパスが付与され、整理された構造を促進します。

　シーングラフとビューアー間の同期により、選択とナビゲーションが簡単になります。シーングラフで項目を選択すると、ビューアー内の対応する項目がハイライト表示され、その逆も同様です。

図2-2-10 シーングラフとビューアーのオブジェクトの同期

● シーングラフでの検索とフィルタリング

　シーングラフの上部にある検索バーを使用すると、シーン内のアイテムをすばやく見つけることができ、検索結果は太字で強調表示されます。「Enter」キーを繰り返し押すと結果が循環し、「Shift」＋「Enter」を押すと戻ります。
　一致したものは、太字で強調表示されます。選択された結果の数と検索結果の合計数は、検索バーの右側に表示されます。
　タイプ、種類、目的でフィルタリングすることもできます。フィルタは、シーングラフの検索バーで簡単な構文を使用して機能します。たとえば、カメラの種類でフィルターする場合、構文は図のようになります。

図2-2-11 シーングラフでのアイテムの検索

図2-2-12 フィルタリングは、検索バーに構文を入力

● シーングラフの列

　シーングラフパネルには、さまざまなデータファセットを表すさまざまな列が含まれています。以下のような項目があります。

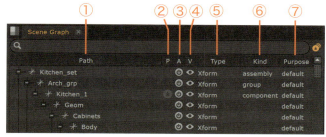
図2-2-13 シーングラフの列

表2-2-1 シーングラフの列の項目

項目	内容
①Path（パス）	オブジェクトの階層構造を表示
②P（ペイロード）	ロードするシーンの部分を決定してメモリ使用量を制御するUSD固有の概念
③A（アクティブ）	特定のプリムのアクティブ化と非アクティブ化
④V（可視性）	ビューアー内の3Dオブジェクトの表示を制御
⑤Type（タイプ）	要素のデータカテゴリ。たとえば、meshはメッシュを表し、float属性は数値を格納
⑥Kind（種類）	階層内の要素の組織的役割。個々のオブジェクトの場合はコンポーネント、コンポーネントのコレクションの場合はアセンブリなどの値として分類される

　⑦Purpose（目的）については、補足が必要です。制作パイプラインのさまざまな段階での役割に基づいて、コンポーネントまたはプリミティブを分類します。

たとえば、レンダリング目的のオブジェクトは、最終的なレンダリングパスに含まれます。デフォルトの目的は通常、それがシーンの主要要素であることを意味します。レンダリング、シミュレーション、ビューポート内でのインタラクションなど、さまざまなプロセスで考慮する必要があります。

● ペイロード管理

ペイロードを使用すると、シーンのどの部分をメモリに読み込むかを選択できます。これにより、メモリを節約し、読み込み時間を短縮できます。これは、詳細度の高い複雑なシーンで特に役立ちます。単一のアイテムまたはシーン全体のペイロードをロードすることを選択できます。

シーン全体を読み込む場合は、シーングラフの右上に、グローバルペイロードトグルがあります（図の①）。オンにすると（オレンジ）、USDテージを開いたときにすべてのペイロードが自動的にロードされます。

個々のシーン項目でペイロードを使用している場合は、ペイロード列の各項目に対応するドットアイコンをクリックして、個々の項目をロードできます。ペイロードがロードされると、ドットがアイコンに切り替わります（図の②）。

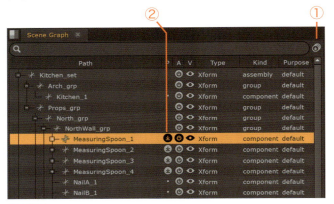

図2-2-14 ペイロードの設定

● プリムの可視性とアクティブステータス

シーングラフでプリムをオフにする（非アクティブにする）か、ビューアーに表示しないようにすることができます。シーングラフでプリムの可視性またはアクティブオーバーライドを変更すると、ビューアーの状態のみに影響し、`ScanlineRender`ノードや`Write`ノードなどの上流ノードには影響しません。

アクティブ（A）列の「オン」アイコンは、プリムがアクティブであることを示します。「オン」アイコンとドットを切り替えることで、プリムをアクティブにするか非アクティブにするかを選択できます（図の①）。非アクティブにすると、プリムのスロットはまだシーングラフ内にありますが、プリムはステージから実質的に削除されます。非アクティブ化されたプリムの子は、シーングラフに表示されません。

可視性（V）列の目のアイコンは、プリムがビューアーに表示されていることを示します。目を切り替えてプリムの表示／非表示を切り替えます（図の②）。非アクティブ化とは異なり、シーングラフは影響を受けず、ビューアーのみに影響します。

また、プリムを右クリックすると表示されるコンテキストメニューからも「プリムの表示／非表示」「プリムのアクティブ／非アクティブ」を設定できます。

図2-2-15 プリムのアクティブと可視化の設定

図2-2-16 コンテキストメニューからも設定できる

● ツリー操作

　プリム名の横にある「+」と「-」のアイコンを使用して、シーン構造を展開または折りたたみます。展開時に「Shift」キーを押すと、親内のすべてのネストされた要素も展開されます。

　複数選択は、「Shift」キーを使用して範囲を選択するか、「Ctrl」キーを使用して個々のプリムを複数選択して、複数の項目を選択します。

　また、プリムを右クリックしてコンテキストメニューを開き、「Collapse all（すべて折りたたむ）」「Expand all（すべて展開する）」を選択することもできます。

図2-2-17 右クリックでのツリーの展開（左）と折りたたみ（右）

● オーバーライド：指標と管理

　可視性またはアクティブアイコン上の小さな黄色の点は、プリムのこのコントロールがオーバーライドされたこと、つまりインポート時の状態から変更されたことを示します。

　オーバーライドとそのインジケーターが不要になった場合は、右クリックのコンテキストメニューを使用して「Clear overrides」（オーバーライドのクリア）を選択できます。黄色のドットがすべて消え、オーバーライドされていないことが示されます。なお、オーバーライドをクリアするオプションはコンテキストに依存せず、常にシーングラフ全体に

適用されますのでご注意ください。

図2-2-18 黄色いドットはプリムがオーバーライドされたことを示す

図2-2-19 オーバーライドのドットを削除

ファイルパスまたはプリムパスを使用してオブジェクトを参照

ファイルパスは、外部ファイルからオブジェクトを読み込み、もしくは参照するときのディレクトリパスです。

「Prim Path」(プリムパス)は、シーングラフに表示されているシーン内のオブジェクトの階層のことです。これは単なるレイヤー階層ではなく、新しい3Dシステムでオブジェクトのインスタンスを作成する場合に使用されます。

`GeoImport`ノードでUSDデータを読み込む場合のディレクトリがファイルパスとなります。いったんデータがインポートされると、シーングラフ上にプリムパスが表示されます。このプリムパスは同一の場所に同じプリムは存在できないので、`GeoImport`ノードを複数作成して同じファイルパスからインポートしても、シーングラフ上のプリムパスは上書きされるだけなので複製はされません。

図2-2-20 右のプロパティにファイルパス、左のシーングラフ上にプリムパスが表示される

`GeoReference`ノードでUSDデータを読み込む場合は、ファイルパスとプリムパスの両方を使用できます。この状態では`GeoImport`を使った場合と見た目は変わりませんが、`GeoReference`では「Reference Type」のプロパティで読み込み方を選択することができます。

- **Reference（リファレンス）**：オブジェクトをすぐに読み込み
- **Payload（ペイロード）**：準備ができるまでペイロードを遅らせて、重いジオメトリの読み込みを停止（KATANAの遅延読み込みと同じ）

図2-2-21 GeoReferenceノードでのUSDデータの読み込み

`GeoReference`ノードで`GeoImport`ノードで読み込んだUSDデータのプリムパスを参照すると、任意のプリムを複製することができます。

図2-2-22 読み込み方法の選択

シーングラフから任意のプリムを選んで`GeoReference`のプリムパスにマウスの左クリックでドラッグすると、新しい参照オブジェクトは、デフォルトでパスコントロールの「{parent}/{nodename}」変数を使用して、シーングラフの下部に追加されます。この場合「{parent}」はシーンのルートであり、「{nodename}」は「GeoReference1」です。

既存のプリムを参照すると、そのトランスフォームもコピーされるため、参照されたプリムはソースオブジェクトとまったく同じ位置に表示されます。

ダイニングテーブルセットをもう一組増やしたいので、`GeoReference`のプリムパスで「DiningTable_grp」を参照し、左側のツールバーで「3D→Modify（変更）→GeoTransform」をクリックして、下流に`GeoTransform`ノードを追加して、複製されたダイニングテーブルセットを動かします。`GeoTransform`ノードは、デフォルトではノードグラフすぐ上のノードだけに影響を与えます。

シーングラフで新しく追加された「GeoReference1」を選択し、ビューアー上でトランスフォームハンドルを使用して重ならない位置に動かしました。

このプリムパスは、USDデータ特有の構造なので慣れていないとわかりにくいのですが、大規模なシーンでも特定のプリムを探し出したり、リファレンスやモディファイ系ノードのプロパティでも頻繁に使用することになるので、あらためて理解しておくことが最善です。

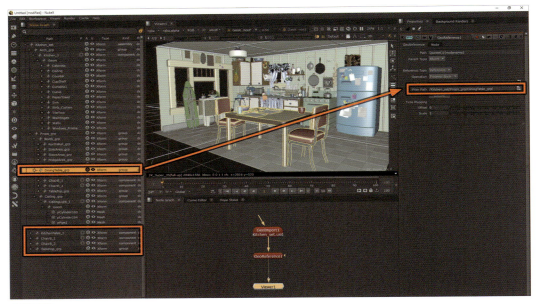

図2-2-23 プリムの複製

図2-2-24 複製したプリムの移動

マスクとパスを使用してシーングラフ内のアイテムを配置

　Nukeの新しい3Dシステムでは、「パスノブ」と「マスクノブ」という概念を使用します。「パスノブ」は、ジオメトリを作成またはインポートするノードの新機能であり、インポートしたオブジェクトがNukeの新しいシーングラフベースの階層のどこにあるかを指定できます。「マスクノブ」は、ジオメトリを変更するノードの新機能であり、ノードが影響を与えるシーングラフの部分を指定できます。

　特定の3Dノードのパスノブとマスクノブを使用して、シーングラフ階層にアイテムを

配置できます。パスノブは`GeoCard`などの作成ノードに配置されており、シーンの階層内の目的の位置を指定できます。`GeoTransform`などのモディファイアノードには、ノードが影響を与えるシーン内のプリムを定義するためのマスクノブがあります。

図のように、`GeoCard`ノードのプロパティでは「パスノブ」によって記述され、`GetTransform`ノードは「マスクノブ」によって記述されます。

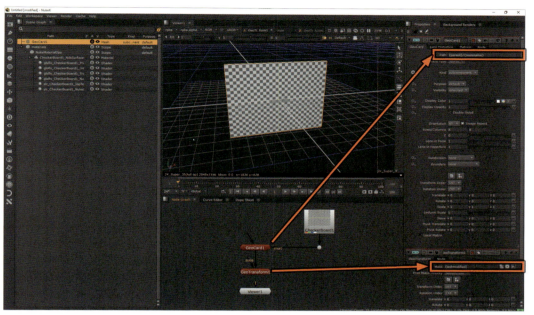

図2-2-25 作成ノードの「パスノブ」とモディファイアノードの「マスクノブ」

パスノブは、ユーザーによりカスタマイズすることができます。`GeoCard`のパスノブを直接トークンを利用して記述すると、シーングラフにもその階層が反映されていることがわかります。

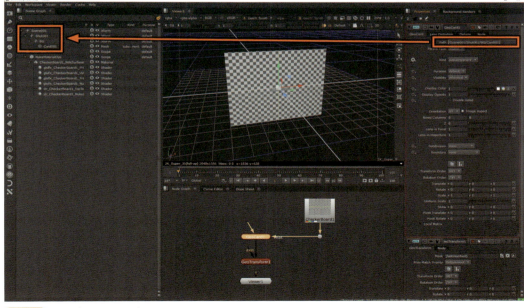

図2-2-26 パスノブのカスタマイズ

続いて**GeoCube**ノードを作成しましょう。**GeoCube**ノードは、**GeoTransform**ノードの下に繋げることができます。**GeoCard**のパスをコピーして**GeoCube**のパスに張り付け、最後の記述を「Cube001」に変更します。これでシーングラフ上では、BGの下にカードとキューブが並びました。

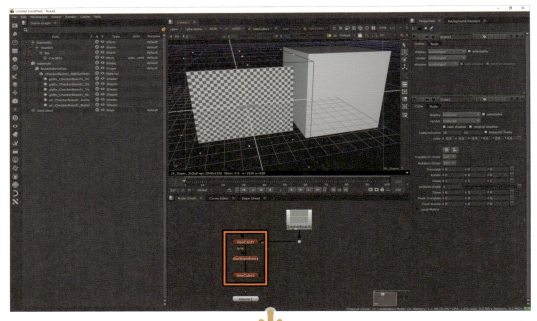

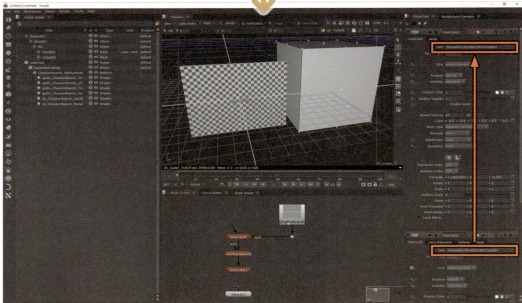

図2-2-27 GeoCubeノードを作成して配置

CheckerBoardノードから延長ラインを作って**GeoCube**にも接続することで、カードとキューブ両方にチェッカーテクスチャが割り当てられました。新しい3Dシステムでは、3Dも2Dと同じような感覚でノードグラフを組むことが可能になったのです。

Classic 3Dシステムでは、このようなノードの配置は無理でした。図のように**Scene**ノードに接続する必要がありました。

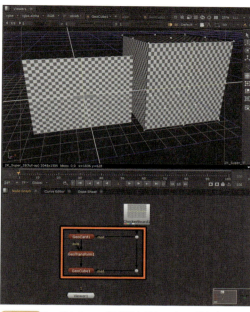

図2-2-29 Classic 3DシステムではSceneノードに接続する必要がある

図2-2-28 カードとキューブの両方にテクスチャの割り当て

　`GeoTransform`などのモディファイアノードは、マスクノブによって影響を与える範囲を指定することができます。たとえば、`GeoCard`直下にある`GeoTransform`の位置を上方に動かしたとしましょう。ビューアー上でもカードが上に移動しています。

　しかし、その`GeoTransform`ノードを`GeoCube`の下に持ってくると、今度はキューブの位置が動きました。`GeoTransform`ノードのプロパティにあるMaskを確認すると、「{lastmodified}」となっています。最後に接続されたノードに影響を与えるという意味です。これが、マスクノブによる影響範囲の指定になります。

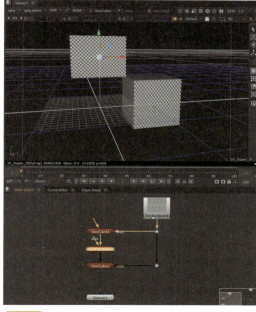

図2-2-30 カードを上に移動

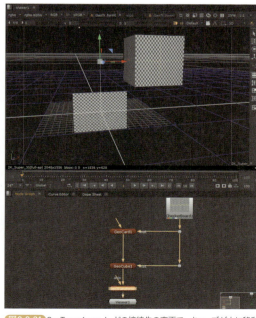

図2-2-31 GeoTransformノードの接続先の変更で、キューブが上に移動

375

GeoTransformノードのMaskを「/*」に変更しました。これはシーンルート以下のすべてに影響を与えるという意味です。このマスクノブによって、カードとキューブの両方の位置が動いています。

図2-2-32 プロパティ「Mask」の記述の確認

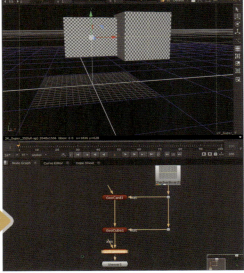

図2-2-33 Maskにより影響範囲をすべてに適用

マスクノブは、シーングラフから直接指定することも可能です。たとえばシーングラフ上で「Card001」を選択し、GeoTransformノードのMaskにマウスでドラッグ＆ドロップすると自動的に「/Scene001/Shot001/BG/Card001」とパスが入力されました。これにより、ノードグラフ上では下流に位置しているGeoTransformによって、カードだけが動かされました。

もしくは、プロパティのピッカー（スポイトアイコン）を使って、ビューアー上で対象のオブジェクトを直接指示することでも可能になります。

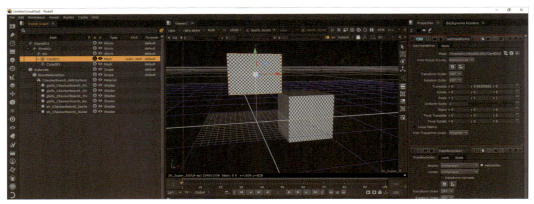

図2-2-34 シーングラフからのマスクノブの指定

GeoTransformなどのモディファイアノードが、これまでClassic 3Dシステムのように上流のすべてに影響を与えるのではなく、マスクノブによって影響を与える範囲を柔軟に指定できるようになったことで、大規模な3Dシーンでも快適に操作できるようになりました。

GeoImportとGeoReference：どちらのノードを使用するか？

Nukeは、`GeoImport`ノードを使用してUSDファイルの内容全体をインポートします。ファイル内のレイヤーの数によっては、一度に大量のデータをシーンにインポートすることになります。または、インポートするオブジェクトのパスがわかっている場合は、`GeoReference`ノードを使用してファイルの一部を参照することもできます。

カード、立方体、球体などの単純なジオメトリの作成は、従来の3Dワークフローと同じです。`GeoCard`や`GeoCube`などのノードをノードグラフに追加するには、左側のツールバーから追加するか、ノードグラフで「Tab」キーを押して必要なノード名を入力します。

図2-2-35 GeoImportメニュー（左）とGeoReferenceメニュー（右）

`GeoImport`は、シーン内のすべてのライト、カメラ、マテリアルを含むシーン全体をNukeに取り込みます。`GeoImport`では、シーングラフ内のオブジェクトのパスを変更できないため、同じファイルを複数回インポートしても、オブジェクトは同じデータで上書きされるため効果はありません。

同じオブジェクトを複数回インポートする場合は、`GeoReference`ノードを使用して必要なオブジェクトへの参照を作成するか、`GeoInstance`を使用してシーングラフに既に存在するオブジェクトをコピーします。

`GeoImport`ノードで「StoolWooden.usd」をインポートしました。シーングラフとビューアーには、1つのスツールが表示されています。

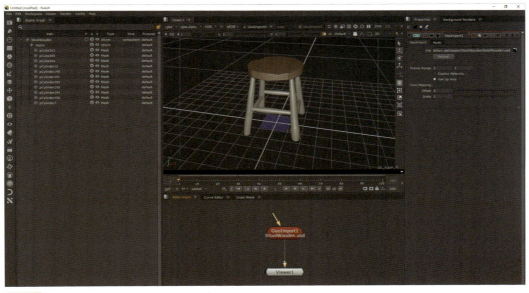

図2-2-36 GeoImportノードでUSDファイルをインポート

`GeoImport`ノードをコピーして、2つに増やしてみました。しかし、2つの`GeoImport`ノードは同一のパスを持っているため、2つ目の存在は認められず、シーングラフとビューアーには1つのスツールしか表示されていません。同じパスを持っているものは、オーバーライドされてしまいます。

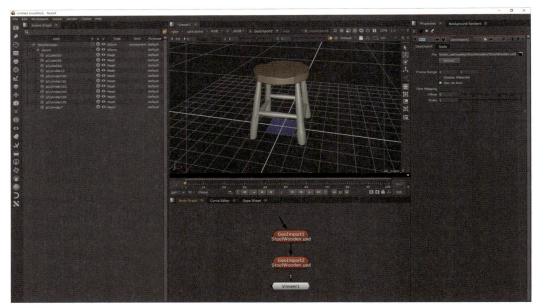

図2-2-37 同じパスを持つオブジェクトはオーバーライドされる

　今度は`GeoReference`ノードを使って、「StoolWooden.usd」を参照という形で読み込んでみました。`GeoTransform`ノードでX軸を調整しています。シーングラフとビューアーには、1つのスツールが表示されています。

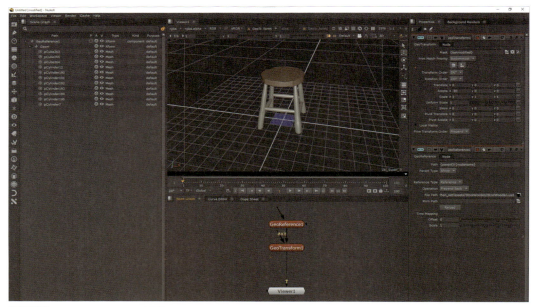

図2-2-38 GeoReferenceノードで参照読み込み

　`GeoReference`ノードをコピーして、2つに増やしてみました。わかりやすいようにそのうちの1つを移動させています。シーングラフとビューアーには、2つのスツール

が表示されました。シーングラフ上の記述も「GeoReference1」、「GeoReference2」となり、異なっていることが示されています。

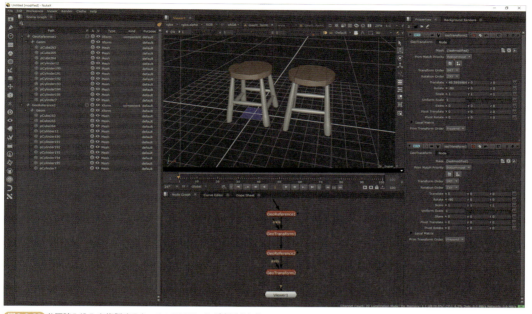

図2-2-39 参照読み込みを複製すると、2つのスツールが表示された

次に、`GeoInstance`ノードを使ってスツールを増殖させてみましょう。`GeoInstance`ノードを下流に接続すると、デフォルトのカウント数は「2」となっているため、2倍の数に増えました。わかりやすいように移動させています。シーングラフ上の記述も「GeoReference1_1」「GeoReference1_2」「GeoReference1_3」「GeoReference1_4」となっています。

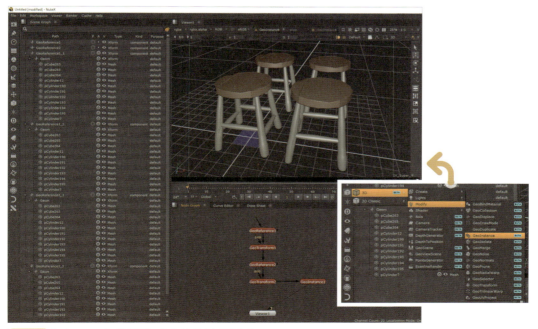

図2-2-40 GeoInstanceノードでスツールのインスタンスを生成

　　　　　`GeoInstance`ノードのカウント数を上げると、データ容量は変えずに数を簡単に増やすことができます。

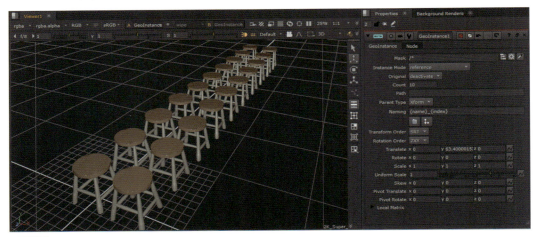

図2-2-41 Countで生成数は制御できる

　　　　　Classic 3Dシステム上では、カードジオメトリをドットで分岐させ、`MergeGeo`で2つ以上に増やすというテクニックがありましたが、新しい3Dシステムでは同一オブジェクトは1つしか存在できないため、この方法では複製することはできません。

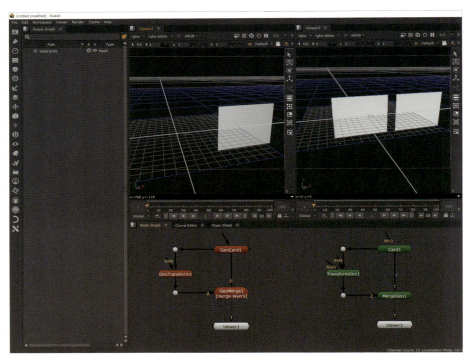

図2-2-42 Classic 3DシステムでのMergeGeoノードの利用

　　　　　そこで、新しい3Dシステムでは`GeoMerge`のプロパティに「Merge Mode」が付きました。これを「Duplocate Prims」に変更することで、シーングラフ上にも別名で複製されることになり、Classic 3Dシステムと同じようなワークフローを採ることが可能になります。

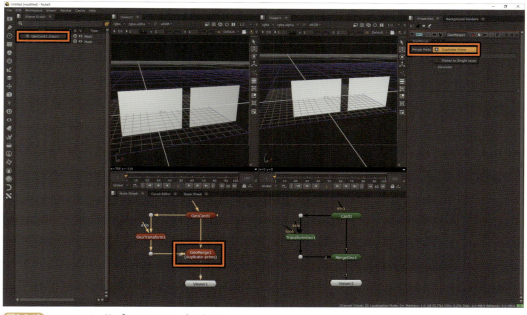

図2-2-43 GeoMergeノードの「Merge Mode」プロパティ

2-3 USD対応の新しいノード

　前節では、USDベースの「新しい3Dシステム」の基本的な操作や流れを解説しました。ここでは追加されたUSD対応の新しいノードについて解説していきます。ただし、Nuke 14.0の段階では使用に当たって注意が必要だったり、制約があるなどの問題もあるので、そのあたりについても触れていきます。

MayaのUSDファイルをNukeで読み込み

　既存の3Dアプリケーションから、エクスポートという形でUSDファイルを変換出力することは可能ですが、エクスポート時の変換が上手く行かない場合もあります。特にライトやマテリアルなどは最初からUSDデータで作成しておかないと、その後の互換性が損なわれてしまいます。

　現状ではまだ互換性に難があるため、安全な方法として既存の3Dシーンを使用しながらも、USBネイティブのファイル作成を行うことをお勧めします。

　Mayaの3DシーンをUSD出力する場合は、以下の設定を行っておきます。アニメーションがあれば「Animation Data」にチェックを入れて「Frame Range」を設定します。

- ファイルタイプ特有のオプションの「Arnold」をオフ
- Materialの「USD Preview Surface」をチェック
- Materialの「Assigned Material Only」にチェック

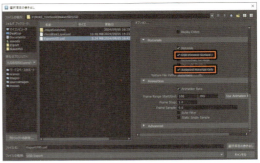

図2-3-1 MayaでのUSD出力の設定

GeoImportノードを使って、Mayaから出力したUSDファイルをNukeで読み込んでみました。Scene Graphには変換されたデータが見えていますが、どうやらNukeが認識できる形では見えていないようです。GeoImportノードのプロパティの「Display Material」をオンにしても、ビューアーには表示されていません。

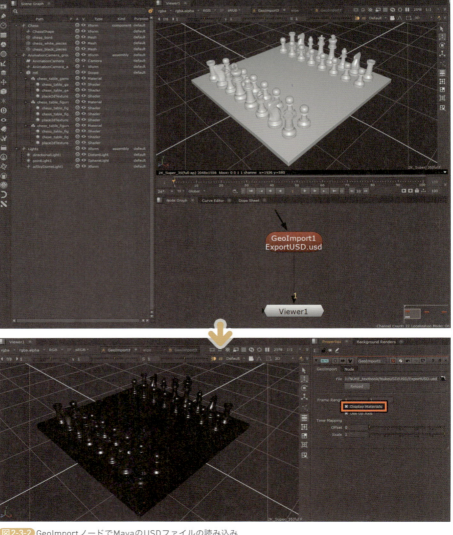

図2-3-2 GeoImportノードでMayaのUSDファイルの読み込み

Autodesk 標準サーフェイスの使用

　そこで、ジオメトリにアサインされているシェーダーを「Autodesk標準サーフェスシェーダー」(Autodesk standardSurface shader) に変更しました。MayaシェーダーやArnoldシェーダー (aiStandardSurface Shader) では、今のところNukeで表示できる「USD Preview Surfaceシェーダー」には上手く変換が行われないようです。

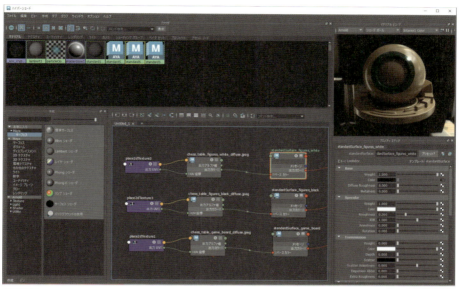

図2-3-3 シェーダーを「Autodesk standardSurface shader」に変更

　あらためて出力されたUSDデータを`GeoImport`ノードで読み込み、「Display Material」をオンにすると正しくマテリアルが表示されました。読み込んだライトも機能しているようです。

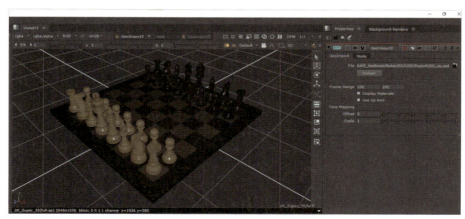

図2-3-4 今度は正しくUSDデータが読み込まれた

USDネイティブデータ

　3DアプリケーションのオリジナルデータをUSDに変換する場合、まだまだ互換性に難があるようです。そこでUSDへの変換ではなく、USDの作成が行えるアプリケーションでネイティブUSDファイルを作成してみました。

　Mayaの場合は、「USD Layer Editer」「Duplicate As USD Data」「LookdevX」などのツールを使って3Dシーンを作成します。

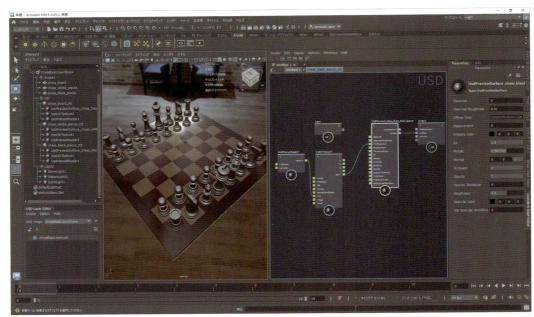

図2-3-5 「LookdevX」でのUSDデータの作成

　「USD Preview Surface Shader」は、既存のハイパーシェードでは扱えないので「LookdevX」を使用して作成します。USDネイティブデータの場合は、変更が行われたらその都度保存というUSD特有の操作を行うため、変換出力する必要はありません。Nukeに持ち込みたいステージのレイヤーを用意するだけです。

　Nukeの`GeoImport`で読み込んでみると、背景も含めて正しく表示されていることがわかります。

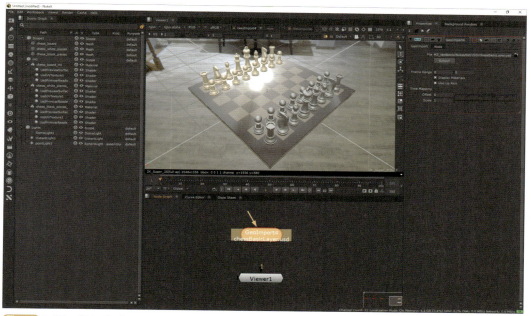

図2-3-6 ネイティブUSDデータのNukeでの読み込み

 ライトノード

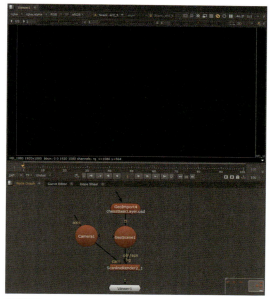

図2-3-7 通常の方法ではライトが読み込めない

新しい3Dシステムでは、「SpotLight」「Direct Light」「PointLight」「EnvironmentLight」という4つの新しいUSDベースのライトが、Nukeに導入されています。これらは以前のライトノードとは異なり、Nuke固有のライトではなくなりました。

従来のシステムでは、別のソフトウェアからライトをインポートすると、ライトの1対1変換ではなく近似値となるNukeライトに変換されていました。つまり、Nukeとほかの3Dツールの間で一貫した照明を得ることはできませんでした。

新しいUSDベースのライトでは、別のツールでライトを作成し、それをUSDとしてエクスポートすると、Nukeで同じUSDライトが得られ、同じ値と結果が得られます。ライトパラメータはUSD値に基づいているため、ライトごとに更新されたノブオプションが表示され、デフォルト値も異なるスケールで動作します。

しかし、現在のNukeの新しい3Dシステムでは、`GeoImport`ノードだけでライトとして機能させることはできません。`GeoImport`、`GeoScene`、`Camera`、`ScanlineRender2`でノードグラフを組んでみましたが、「Tab」キーを押しても真っ暗なままです。

385

ライトを点灯させるためには、Nukeのライトノードを使ってUSDファイルに含まれているライトオブジェクトを読み込む必要があります。3DメニューからDirectLightノードを作成し、GeoSceneに接続します。

図2-3-8 DirectLightノードを作成して出力

DirectLightノードのプロパティで、以下を設定します。これでビューアーにライトが反映されるます。

①「Import Scene Prim」をオン
②「File Path」でライトが含まれたUSDファイルを指定
③シーングラフから「Import Prim Path」にDistantLightをドラッグ

このように、NukeのScene Graphに見えているオブジェクトは、そのままでプロパティが編集できるわけではありません。いったんNukeのノードに読み込んで、そのプロパティで編集する必要があるのです。

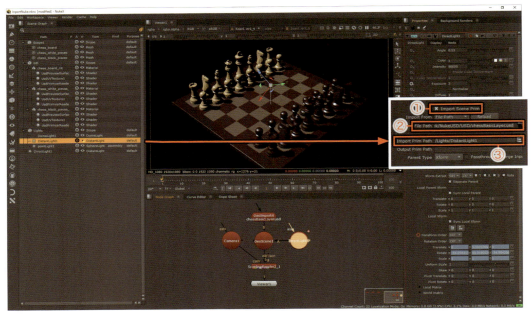

図2-3-9 DirectLightノードのプロパティの設定

すべてのライトを一度Nukeのライトノードに読み込んで、レンダリングしてみました。残念ながら現在のバージョンではScanlineRender2だけしか使用できないので、EnvironmentLightによる環境光は再現できていません。

なお、反射マテリアルに対する環境の映り込みは、`ScanlineRender2`でも再現することは可能です。

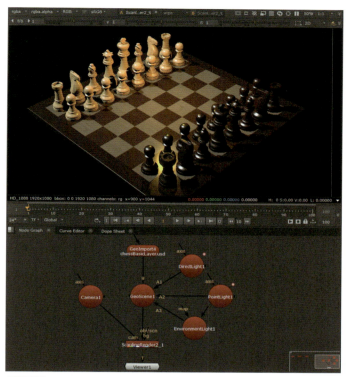

図2-3-10 すべてのライトを読み込んでレンダリング

BasicSurfaceノード

このノードは、`GeoBindMaterial`ノードまたは、プリムにimg入力がある場合はその入力を使用してプリムにバインドできる基本マテリアルを作成します。`Diffuse`、`Specular`、および`Emission`ノードを組み合わせることで、1つのノードでマテリアルの3つの側面すべてを制御できます。

Classic 3Dシステムの`BasicMaterial`ノードに相当するシェーダーです。`BasicMaterial`はDiffuse（拡散）、Specular（反射）、emissin（発光）が組み合わされており、1つのノードで材質の3つの側面すべてを制御できます。それぞれにテクスチャマップを接続する入力も備えているため、複雑な質感を再現することも可能です。

`BasicMaterial`のSpecular（反射）は、鏡面反射ではなく物体の表面に強い光が反射するハイライトをシミュレートしています。「min shininness」と「max shininness」は、ハイライトの広がりをコントロールします。

PreviewSurfaceノード

`PreviewSurface`ノードは、USD標準のプレビューシェーダーを表します。これは、外部の3Dアプリケーションと共通のシェーダーを持つことになり、パイプライン全体で標準ソリューションとして使用できる基本的なマテリアルです。

ゲームパイプラインはメタリックワークフローに依存し、映像系パイプラインではス

ペキュラワークフローに依存する場合がありますが、`PreviewSurface`は、「Use Specular Workflow」コントロールを有効または無効にすることでどちらにでも対応できます。

　`PreviewSurface`をチェスの駒にバインドさせて、ビューアー上での質感の調整による変化を確認してみましょう。以降では、さまざまなパラメータを変更した例を示します。

図2-3-11 PreviewSurfaceノードの接続

Diffuse Colorを「0」にすると、テクスチャマップを貼っていても見えなくなります。

図2-3-12 Diffuse Colorを「0」

Diffuse Colorを「1」にすると、テクスチャマップが拡散色になります。

図2-3-13 Diffuse Colorを「1」

Emissive Colorを「1」にすると、自らが発光した状態になります。

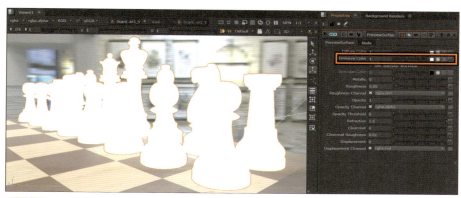

図2-3-14 Emissive Colorを「1」

Metallicを「0.5」にすると、拡散色に混ざって金属感がミックスされている状態です。

図2-3-15 Metallicを「0.5」

Metallicを「1」にすると、金属の質感となり、スペキュラーカラーが白ではなく拡散色に影響を受けるようになります。

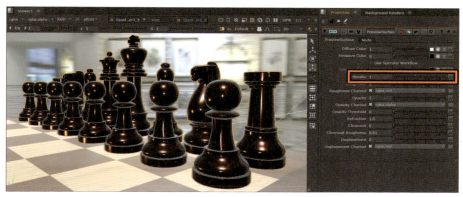

図2-3-16 Metallicを「1」

Roughnessを「0.4」にすると、表面が粗くなり、反射感がぼやけます。

図2-3-17 Roughnessを「0.4」

Opacityを「0.2」にすると、透明感が現れます。

図2-3-18 Opacityを「0.2」

Refractionを「0.1」にします。Refractionは、半透明のオブジェクトと鏡面反射コンポーネントを持つオブジェクトに使用する屈折率を設定します。

図2-3-19 Refractionを「0.1」

Clearcoatを「1」にします。Clearcoatは、2層目のスペキュラ量を設定します。

図2-3-20 Clearcoatを「1」

Clearcoat Roughnessを「0.4」にします。Clearcoat Roughnessは、クリアコートに適用される粗さの量を設定します。

図2-3-21 Clearcoat Roughnessを「0.4」

テクスチャとしてCheckerBoardを使用し、Displacementを「0.6」にすると、表面が変位してでこぼこになっています。

図2-3-22 Displacementを「0.6」

・Use Specular Workflowの設定

「Use Specular Workflow」モードを使用するとSpecular Colorが使えるようになりますが、Metallicはグレーアウトして使えなくなります。

有効にすると、**PreviewSurface**は映像系パイプラインで推奨される「スペキュラワークフロー」を使用します。スペキュラカラースライダーは、シェーダーに適用されるスペキュラの量を制御します。

無効にすると、**PreviewSurface**はゲームパイプラインで推奨される「メタリックワークフロー」を使用します。Metallicスライダーは、シェーダーに適用されるメタリック度の量を制御します。

Specular Colorを「1」にした場合、全反射状態となりメッキやクロームのような質感はでますが、物理マテリアルのようなハイライトカラーの変化は起こらなくなります。

図2-3-23 Use Specular Workflowをオン

図2-3-24 Specular Colorを「1」

・テクスチャの接続

　`PreviewSurface`ノードにテクスチャマップを接続したい場合、ノードのデフォルトの状態では図のような入力ラインが表示されていますが、実際にはさらにたくさんの入力を使うことが可能です。

　`PreviewSurface`ノードの左側に少しだけ見えている三角を引っ張り出すと、図のように「Opacity」の入力が現れました。これを放すとまた見えなくなってしまうので、いったん引っ張り出す前にキーボードの「.」を押してdotを作り、そこに接続してキープしておきましょう。

　そうすることで次に三角が見えるので、次々に隠れている入力を引き出すことができるようになります。`PreviewSurface`ノードからすべての入力を引っ張り出すと、図のようになります。

図2-3-25 PreviewSurfaceノードにテクスチャマップを接続(デフォルト)

図2-3-26 「Opacity」の入力を引き出す

図2-3-27 すべての入力を引き出した状態

　Substance 3Dで作成したPBRテクスチャマップを追加すると、ビューアー上でもそれらが反映されました。

図2-3-28 Substance 3Dで作成したPBRテクスチャマップを追加

GeoBindMaterialノード

　　GeoBindMaterialノードは、シーン内のマテリアルをマスクコントロールで指定されたすべてのオブジェクトにバインドします。

　　たとえば、`Checkerboard`ノードを`GeoBindMaterial`にマット入力で接続すると、チェッカーボードマテリアルがシーン内のプリム（/GeoCube1など）に割り当てられます。マット入力に何も接続されていない場合は、マテリアルコントロールを使用して、シーングラフからマテリアルまたはシェーダーを割り当てることができます。

　　`GeoBindMaterial`の従来の3Dシステムに相当するものは、`ApplyMaterial`ノードです。

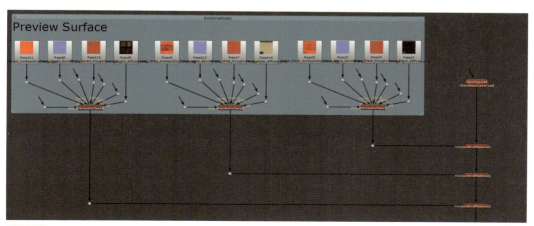

図2-3-29 GeoBindMaterialノードを使った接続構成

ApplyMaterialノードにシェーダーの接続がある場合は、**ApplyMaterial**ノードのプロパティのマスクに、バインドさせたいジオメトリのパスを書き込めばOKです。

　ApplyMaterialノードにシェーダーの接続がなくても、Scene Graph上にマテリアルがあればそのパスをMaterialパスに書き込めばバインド完了です。この方法だと、ノードグラフの接続が必要ないので直感的には判別しづらいですが、グラフ上はかなりスッキリさせることができます。

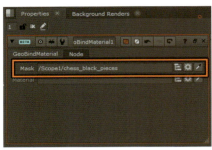

図2-3-30 シェーダーの接続がある場合は、Maskにパスを設定

図2-3-31 シェーダーの接続がある場合は、Materialにパスを設定

ScanlineRender2ノード

　GeoSceneまたは**GeoMerge**ノードに接続すると、**ScanlineRender2**ノードは、そのシーンに接続されているすべてのオブジェクトとライトを、接続されているカメラ（カメラ入力が存在しない場合はデフォルトのカメラ）の視点からレンダリングします。

　レンダリングされた2Dイメージは、ノードグラフの次のノードに渡され、その結果をスクリプト内のほかのノードへの入力として使用できます。シーングラフからディープデータが利用できる場合、**ScanlineRender2**ノードはディープデータも出力できます。

　ScanlineRender2の従来の3Dシステムに相当するものは、**ScanlineRender**ノードです。

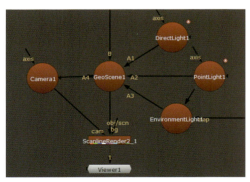

図2-3-32 ScanlineRender2ノードを使った接続構成

　新しい**ScanlineRender2**ノードは、これまで使用してきた**ScanlineRender**と同じように動作しますが、いくつかの項目はまだ開発段階のため、今後のアップデートに期待しましょう。

　ジオメトリ、マテリアル、シェーダーのレンダリングに関する機能の多くは、新しい**ScanlineRender**ノードで利用できますが、ディープレンダリングのサポート、ライトのレンダリングの更新、および上記の項目の一部などは、Classic 3Dシステムと並列して運用することをお勧めします。

　ScanlineRender2がこれまでの**ScanlineRender**と異なる点は、マスクノブが追加されたことです。これにより、アーティストはシーングラフ内で**ScanlineRender**でレンダリングする内容を指定できます。

　このオブジェクトのマスクノブを使用すると、選択範囲を細かく設定したり、**ScanlineRender**ノード自体からレンダリングに含める内容や除外する内容を指定したり

できるようになります。またライトマスクノブを使用すると、レンダリングに使用するライトを指定したり、除外するライトを指定したりできるようになります。

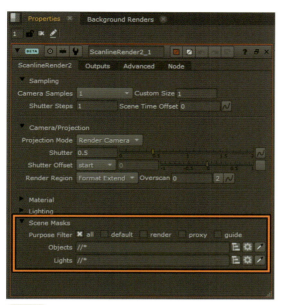

図2-3-33 ScanlineRender2ノードのマスクノブ

まとめ

　このようにNukeの新しい3Dシステムは、USDベースになったことにより、シーングラフの導入やマスクパスでの直接指定など、従来のClassic 3Dシステムとは大きく異なっていることが理解できたと思います。

　Classic 3Dシステムは、3Dではあってもいわゆる3Dソフトのような自由度は少なく、2Dコンポジットを拡張するための補佐的な存在でしたが、新しい3DシステムはUSDをメインに据えることによってワークフローにおける互換性と、大規模シーンでも自由に扱える柔軟性、ハイドラベースのビューアーに変更することで、今後の発展性を持たせています。

　Nukeは、これまでの2Dプラスアルファ的なコンポジットから、本当の意味での次世代3Dコンポジットへ変わろうとしています。

Part 5 CHAPTER 03

3Dノードコンポジット実践

これまでの章では、Nukeの「新しい3Dシステム」の基礎的な話を中心に解説してきました。ここからは、より実践的な内容に踏み込んでいきます。

最初に取り上げる「3Dプロジェクションマッピング」は2D画像から3D空間の動画を生成する機能で、緻密なモデリング作業を行うことなく3Dアニメーションを作ることが可能になります。「ディープコンポジット」では、深度データを持つディープイメージを使って、焦点距離の変更やボケ効果などのVFXを施すことができます。

3-1 3Dプロジェクションマッピング

映画やドラマでは、実写にCGアニメーションが合成されているVFXシーンがよくあります。動画撮影した素材を元にカメラの動きを割り出して合成する方法もあれば、1枚の静止画像から魔法のようにカメラ位置を動かしていく場合もあります。この節で紹介するNukeの「3Dプロジェクションマッピング」では、その魔法が可能になります。

Photoshopによる写真の加工

例として、図のような1枚の写真があるとします。「3Dプロジェクションマッピング」を使うことで、その中をカメラが上下左右にパン、ティルトしたり、前後にドーリーさせることもできるようになります。

このような教室をカメラが動き回る場合は、たくさん並んでいる机が邪魔になります。かといって、教室全体をモデリングする時間の余裕がない場合には、3Dプロジェクションマッピングの出番となります。

図3-1-1 元になる1枚の写真画像

シンプルな写真（たとえば壁、床、天井だけ）の場合は、特に写真素材を加工する必要はありません。ただし、カメラの動きによって壁や床と机に明らかな視差が発生しそうな

場合は、部屋と机を分けなければいけません。

そこで、Adobe Photoshopの最新バージョンの出番です。実際にやってみましょう。

1 Photoshopで机を選択

Photoshopのオブジェクト選択ツールを使用すると、写真から机を選択することができます。オブジェクト選択ツールで机の辺りをクリックすると、図のように机がピンク色に塗られて選択された状態になります。

細かなところを見ていくと、机の脚が正しく選択されていない箇所がありますが、選択範囲としてはこれくらいで十分です。

図3-1-2 Photoshopで机をすべて選択

2 生成塗りつぶしの適用

選択すると、画面下部に図のように選択範囲をどうするか、というコマンドパネルが現れます。ここではマスクを作成したり、塗りつぶしたり、調整レイヤーを作成したりすることができますが、最新バージョンのPhotoshopでは「生成塗りつぶし」という機能がありますので、これを使用します。

AI世代にはおなじみのテキストプロンプトで、生成したい画像の要点を記述します。この場合は机をすべて消したいので「イスとテーブルを消す」というプロンプトを与えて、パネル右にある「生成」をクリックします。

図3-1-3 Photoshop最新版での生成塗りつぶし

3 結果の確認

「生成塗りつぶし」を適用すると、図のように机が片付けられた教室が現れました。正確には、机があったところを画像生成AIが描いたということになります。ただし、プロンプトの記述内容によっては、まったく同じ結果にはならない場合があります。

Photoshopの画像生成AIは、一度の生成で3つのバリエーションを用意してくれます。

397

たとえば3つ目の画像生成は図のような感じでした。厳密には、実際の床の質感とは異なりますが、3Dプロジェクションマッピングでカメラを動かす場合は、机の下に表示されるだけですのでこれくらいの精度で十分でしょう。

図3-1-4 「生成塗りつぶし」により机と椅子を消すことができた　　図3-1-5 生成された3つのバリエーションのうち3つ目を選択

図3-1-6 机ありの元画像（左）と机を消した加工画像（右）

写真に合わせた3Dモデリング

「机あり」と「机なし」の教室の写真ができたので、この写真に合わせて簡易的なモデリングを行っていきます。

1 Mayaのシーンの準備

Mayaでは、まず新しいカメラを作成して、そのカメラから見える背景に合わせてモデリングを行います。カメラを作成したら、そのアトリビュートでイメージプレーンを作成しましょう。

2 机なし教室の写真の読み込み

イメージプレーンのアトリビュートで、机がないほうの教室の写真を読み込みます。

3 カメラの調整

ビューポートでグリッド表示をONにして、グリッドが教室の床に合うようにカメラを動かしていきましょう。カメラの焦点距離も調整します。撮影時の焦点距離がわかっていれば、それに合わせておきます。

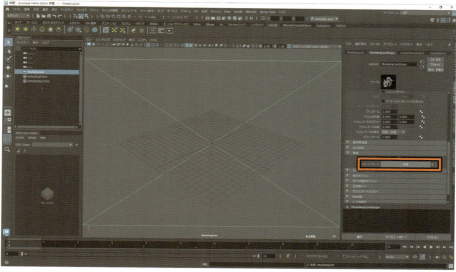

図3-1-7 Mayaでカメラとイメージプレーンを作成

図3-1-8 机がない教室の写真を読み込み

図3-1-9 カメラの調整

NukeのNukeの3Dシステム

4 床と天井の作成

まず、床と天井をポリゴンプレーンで作成します。モデリングを行う際は、写真に写っている範囲を意識しやすいように解像度ゲートをONにしておきます。

図3-1-10 床と天井の作成

5 壁と柱の作成

続いて、壁と柱をモデリングし、床、天井との接点を合わせておきます。

図3-1-11 壁と柱の作成

6 「床」「天井」「壁」「柱」の位置合わせ

床、天井、壁と柱のモデルを一体化して、イメージプレーンに表示されている画像を見ながら、頂点位置を正確に合わせていきます。

この時、1枚の写真を元にモデルを合わせているため、必ずしも正確なモデリングにならない場合もありますが、プロジェクションマッピングで使う場合はそこまで厳密なモデ

リングでなくても、最終的な結果は気にならない場合もありますので、何度か試してみて感覚を掴んでください。

図3-1-12 作成したモデルの位置を合わせる

7 モデルを再度分離

うまく調整できたら、再度モデルを「床」「天井」「壁」「柱」に分けておきます。

図3-1-13 「床」「天井」「壁」「柱」にモデルを分ける

8 机あり教室の写真の読み込みでモデリング

次に、イメージプレーンの画像を机が置かれているほうに変更して、机のイメージを投影するための形状をモデリングしていきます。

机のモデリングは、次の手順9にもあるようにかなり単純化したポリゴンボックスで上面と側面のみを作っています。細かなモデリングをしても、プロジェクションマッピングで行うコストに見合わないためです。

図3-1-14 机あり教室の写真の読み込みでモデリング

9 すべてのオブジェクトのモデリングの完成

　机のモデリングも細かな形状を捉えるには時間が掛かってしまいそうですが、まずは左右で大雑把な形を作り、投影しながら調整していきましょう。

　すべてのモデルが用意できたら、USDでエクスポートしておきます。

図3-1-15 教室内のオブジェクトのモデリングの完成

プロジェクションマッピングの準備

　写真素材とモデルの準備ができたので、本題であるプロジェクションマッピングを行っていきます。「Classic 3Dシステム」と「新しい3Dシステム」では手順が異なりますので、それぞれを解説していきます。共通の手順は、以下のとおりです。

1 元の写真素材を読み込み

Nukeを立ち上げ、まず元の写真を**Read**ノードで読み込み、Viewerに表示してきます。

2 作成したモデルの読み込み

続いて、エクスポートされたモデルをNukeに読み込みます。

図3-1-16 元の写真素材の読み込み

図3-1-17 Classic 3Dシステムで行う場合は、ReadGeoノードで読み込み

図3-1-18 新しい3Dシステムで行う場合は、GeoImportノードで読み込み

プロジェクションマッピング－Classic 3Dシステム

最初に「Classic 3Dシステム」でのプロジェクションマッピングの作成について、解説していきます。

1 モデルをすべて読み込んで表示

ReadGeoノードを使うと、読み込み時にどれを読み込むかを選択できますが、今回はいったんすべてのデータを読み込むため「CrateCrate all-in-one nodeを」クリックしておきましょう。必要なモデルは、後から分けることにします。

ReadGeoノードで、読み込んだデータを3D Viewerで表示させてみます。

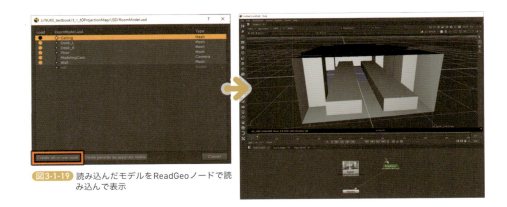

図3-1-19 読み込んだモデルをReadGeoノードで読み込んで表示

2 4つのモデルに分ける

この`ReadGeo`ノードを4つにコピーし、それぞれを「床」「天井」「壁と柱」「机」の4つのモデルに分けておきましょう。`ReadGeo`ノードの「Scenegraph」プロパティで必要なモデルをON、それ以外をOFFにします。

`Scene`ノードを作成し、4つの`ReadGeo`ノードを接続しておくと、先ほど切り分けたすべてのモデルが表示されるようになります。

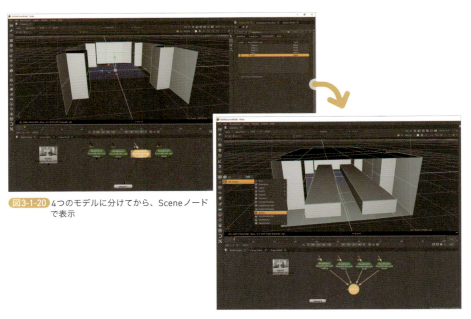

図3-1-20 4つのモデルに分けてから、Sceneノードで表示

3 CameraノードでUSDデータの読み込み

`Camera`ノードを作成し、プロパティの「read from file」でUSDデータを読み込むと、モデルデータとともに出力されていたカメラがFileタブに表示されるはずです。

`Camera`ノードで読み込んだカメラに切り替えますが、カメラ名は`Camera`ノードの名前になっているため（この場合は「Camera1」）間違えないようにしてください。

図3-1-21 カメラでUSDデータの読み込み

4 Project3Dノードの作成

いよいよ、プロジェクションマッピングを行うためのシェーダーである**Project3D**ノードを作成します。シェーダーというカテゴリからわかるとおり、このシェーダーをそれぞれのモデルに割り当てていきます。

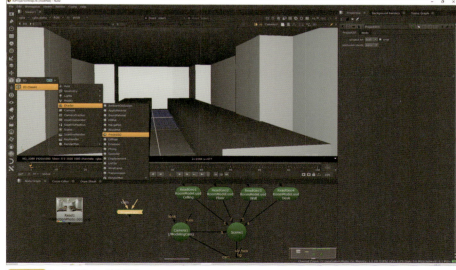

図3-1-22 Project3Dノードの作成

5 ▶ 天井のモデルにProject3DノードとCameraノードで写真を投影

まず最初は「天井」「床」「壁」用のProject3Dノードを作成します。Project3Dノードを作成したら、Readノードを使ってPhotoshopで机を消した写真を読み込み、Project3Dノードに接続します。

その写真をどの方向からプロジェクション（投影）するかを指定するために、先ほど読み込んだCameraノードをProject3Dノードに接続しましょう。写真とカメラを接続したProject3Dノードを、天井のReadGeoノードの「img」に接続します。こうすることで、まず天井のモデルに写真を投影できました。

なお、投影作業時は3D Viewerのライトをオフにしておくと、写真がシェーディングされずに表示されるので確認しやすくなります。

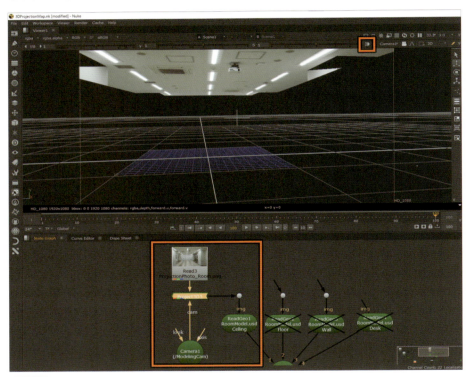

図3-1-23 天井のモデルに写真を投影

6 ▶ 床と壁のモデルにProject3Dノードを接続

次に、天井に接続したProject3Dノードを床のモデルにも接続し、続いて壁のモデルにも同じProject3Dノードを接続します。

7 ▶ 机のモデルにProject3DノードとCameraノードで写真を投影

机を表示するためにProject3Dノードをもう1つ作成し、最初に読み込んだ机があるほう（机を消す前の写真）のReadノードを接続します。カメラも接続して、そのProject3Dノードを机のReadGeoノードの「img」ポートに接続しておきましょう。

図3-1-24 床と壁のモデルにProject3Dノードを接続

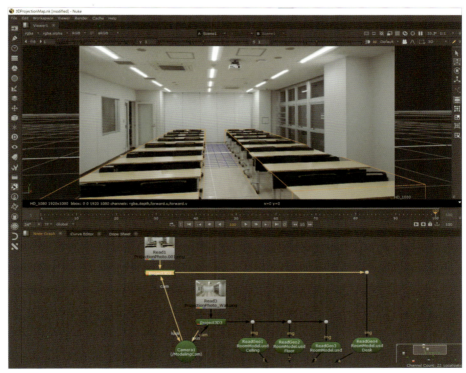

図3-1-25 机のモデルに写真を投影

これですべてのモデルに、それぞれ必要な画像をプロジェクションマッピングすることができました。

8 プロジェクションマッピング用のカメラを配置

3D Viewerのカメラをいったんdefaultカメラに変更して、カメラとモデルの位置関係がわかりやすいパースに調整します。`Camera`ノードをもう1つ作成して、このプロジェクションマッピングシーンをアニメーションさせるためのカメラを配置します。

この時、`Camera`ノードの名前を「CameraAnimation」などに変更しておくと、カメラを切り替えるときに間違えずに済みます。

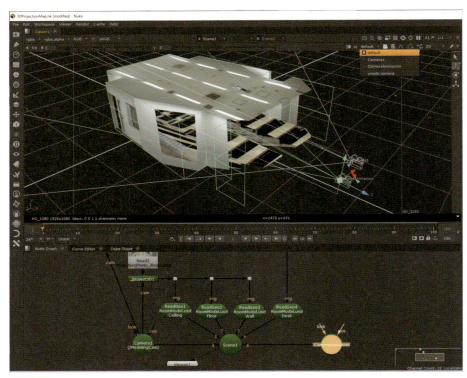

図3-1-26 プロジェクションマッピング用のカメラの作成

アニメーションカメラの作成

　1枚の静止画から作成するプロジェクションマッピングの性質上、アニメーションさせるカメラは最初のカメラ位置から大きく動かすことはできません。そのためカメラのアニメーションは、最初のカメラ位置から動かすようにアニメーション設定を行いましょう。

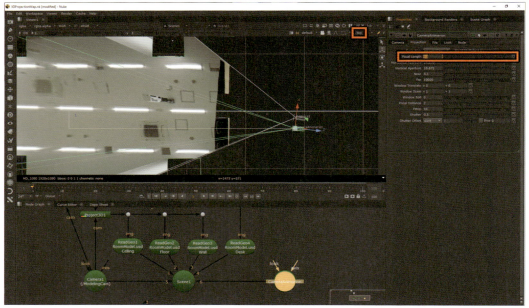

図3-1-27 カメラの画角の調整

1 カメラの画角の調整

スタート位置を合わせる場合、カメラの位置だけでなく焦点距離の調整も必要です。Nukeの**Camera**ノードのFocal Lengthはデフォルトで「50mm」に設定されているため、プロジェクションマッピングで使われるようなシーンのカメラ焦点距離とは、かなりずれている可能性があります。

3D ViewerをTopビューに切り替えて、画角の範囲を調整しましょう。

2 前進するアニメーションで確認

例として、最初のカメラ位置から前進するアニメーションを設定した場合、アニメーションカメラビューで確認すると、左右の柱に隠れていた部分が見えてくるようになり、図のような歪んだ画像が現れてきます。

図3-1-28 前進するアニメーションでは柱が歪んでしまった

3 Photoshopで調整

柱に隠れていた部分を見せる必要がある場合は、もう一度Photoshopに戻り、柱を消して壁を延長した画像を作成しましょう。Photoshopで左右の柱を選択し、「生成塗りつぶし」を使って柱を消してみます。

生成塗りつぶしのプロンプトに「柱を消す」と入力し、生成させてみた結果、図のように柱の面積が縮小し、壁や窓が新たに付け足されました。生成塗りつぶしではまったく同じ結果になるとは限りませんが、何度か試してみて壁の面積が一番多くなる画像を使用しましょう。その分カメラが前進できる余地が生まれます。

図3-1-29 左右の柱を小さくして壁の面積を広げる

4 Mayaでのモデリング

モデリングに戻り、手前の柱を壁と分離させて、再度エクスポートしておきます。その

際、新たに壁が見えて来る範囲まで、壁のジオメトリがあるようにモデルを確認しておいてください。

図3-1-30 Mayaで再度モデリングして出力

5 Nukeでモデルと画像の読み込み

Nukeで、すべての`ReadGeo`ノードでUSDデータを再読み込みし、柱と壁を分離したので`ReadGeo`ノードをもう1つ増やして柱と壁を分けておきましょう。

柱を消した画像を読み込むため、`Project3D`ノードももう1つ必要になります。柱を消した画像は「床」「天井」「壁」の`ReadGeo`ノードに接続し直します。

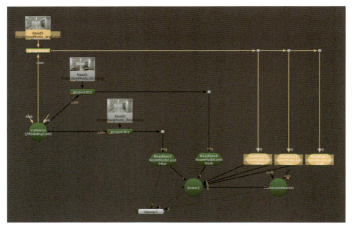

図3-1-31 Nukeのノード構成

プロジェクションマッピングのレンダリング

プロジェクションマッピングを行った3Dモデルを、最終的に2D画像に変換するためにレンダリングを行います。

1 ScanlineRenderノードの作成

　ScanlineRenderノードを作成し、Sceneノードと「obj/scn」ポートを接続します。「cam」ポートにはレンダリングで使用するアニメーションカメラを接続します。「bg」ポートにはConstantノードを作成して接続し、そのプロパティで赤い色に変更しておきましょう。

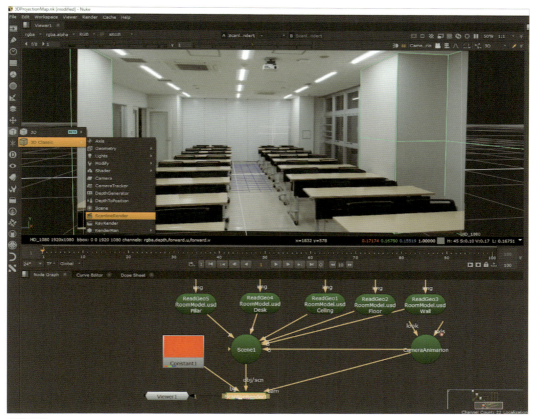

図3-1-32 ScanlineRenderノードでレンダリング

2 レンダリング結果の確認

　「Tab」キーを押して2Dモードに変更し、ScanlineRenderの結果を見てみましょう。Viewerノードの接続を、ScanlineRenderノードに変更するのを忘れないでください。

　すると、図のように赤い色で塗りつぶされた領域が見えています。これはアニメーションカメラの位置が元々の画像の範囲を超えて設定されているためです。カメラアニメーションの設定を見直して、赤い色が見えない位置からスタートさせ、そのほかの破綻が起きないような位置までカメラを動かして調整します。

　調整が完了したら、ScanlineRenderノードにWriteノードを接続してレンダリング結果を確認しましょう。

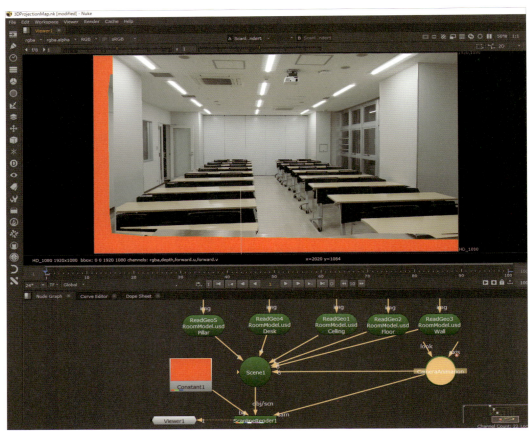

図3-1-33 カメラの表示範囲を超えてしまった部分が赤く表示された

図3-1-34 カメラのスタート位置を調整結果（左：スタートカメラ位置、右：エンドカメラ位置）

プロジェクションマッピングー新しい3Dシステム

ここまで「Classic 3Dシステム」での解説を行ってきましたが、最後に「新しい3Dシステム」でのプロジェクションマッピングの作成について解説します。

 GeoImportノードでUSDデータを読み込み

USDベースの新しい3Dシステムでプロジェクションマッピングを行う場合は、まず`GeoImport`ノードでUSDデータを読み込みます。

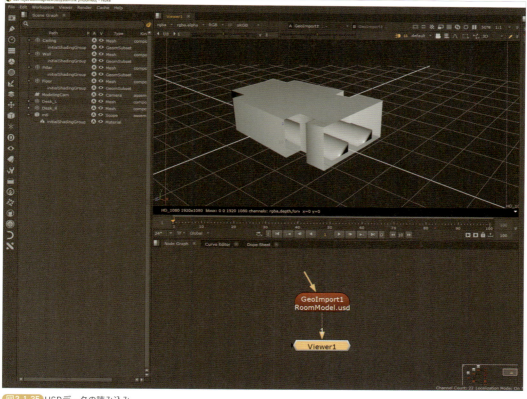

図3-1-35 USDデータの読み込み

❷ プロジェクションマッピング用の画像の読み込み

　`Project3DShader`ノードを使用して、プロジェクションマッピング用の画像を読み込み、そのシェーダーのアサインは`GeoBindMaterial`ノードを使用します。

　`GeoBindMaterial`ノードでは、マテリアルをアサインするジオメトリをマスクパスを使って指定する必要があります。Scene Graphから`GeoBindMaterial`ノードプロパティの「Mask」にドラッグ＆ドロップで任意のジオメトリを指定しましょう。

　その際、`GeoBindMaterial`ノードの「Label」に指定したジオメトリの名称をメモしておくと、後から`GeoBindMaterial`ノードが増えてきても混乱しなくて済みます。

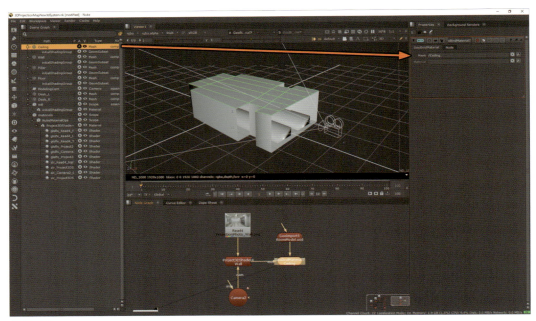

図3-1-36 プロジェクションマッピング用の画像の読み込み

③ カメラの読み込み

`Project3DShader`ノードには、プロジェクション用のカメラが必要ですので、`Camera`ノードを作成してプロパティの「Import Scene Prim」でエクスポートしたUSDデータを読み込みます。

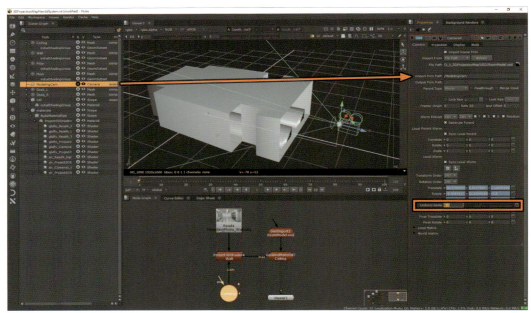

図3-1-37 カメラの読み込み

カメラの指定は、こちらも同じようにScene Graphから`Camera`ノードプロパティの「Import Prim Path」にドラッグ＆ドロップで任意のカメラを指定しましょう。

`Camera`ノードのデフォルト値では、3D Viewer上のカメラアイコンが大きくなって

414

いる場合がありますので、プロパティのUniform Scaleを「0.1」にしておきます。これで、カメラアイコンの大きさが小さくなります。

4 ノードの構築

「新しい3Dシステム」のノードグラフでは、「Classicシステム」のようにプロジェクションマッピングをアサインするジオメトリを、個別に分ける必要がありません。1つの`GeoImport`ノードにすべてのジオメトリデータが含まれていますので、`GeoBindMaterial`ノードのマスクノブによってScene Graphからアサインしたいジオメトリを指定するだけです。

そのため、シーングラフは図のように直線的に組むことが可能になります。ただ、`GeoBindMaterial`ノードが増えてくると混乱してしまいますので、ノードの「Label」には必ずマスクノブで指定したジオメトリの名前を付けておきましょう。

5 ノードグラフの完成

`GeoScene`ノードでまとめ、`ScanlineRender2`ノードで2Dレンダリングを行い、図のようになっていれば、ノードグラフとしては完成です。あとは任意のアニメーションカメラを作成して破綻しないように動かしてみてください。

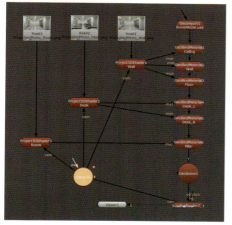

図3-1-38 ノードグラフの接続図

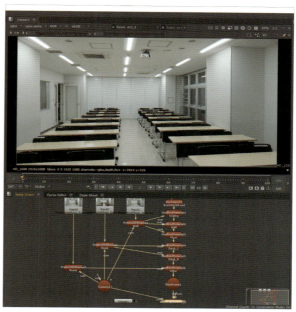

図3-1-39 ノードグラフの完成

まとめ

3Dプロジェクションマッピングは、1枚の2D画像から3D的な動画を作成するために応用範囲は限られてしまいますが、うまく使えば背景モデリングや撮影の手間と時間を省くことができる強力なツールです。

同じことは、3Dアプリケーションでも行うことができますが、Nukeの3Dシステムでプロジェクションマッピングを行うことで、同じ3D空間内にカードオブジェクトを使った2D画像や動画を配置しやすくなり、より複雑な3Dコンポジットの可能性が広がります。

3-2 ディープコンポジット

　ディープコンポジットは、標準的な2D（フラット）コンポジットとは異なる形式のデータを使用して、デジタル画像を合成する方法です。名前が示すように、ディープ合成では追加のディープ（深度）データを使用します。これにより、再レンダリングの必要性が減り、高画質が得られ、オブジェクトのエッジ周辺に発生するアーティファクトの問題を解決するのにも役立ちます。

　また、後半ではディープ情報を利用して高精度なレンズ効果を適用する方法についても解説します。

通常の2Dコンポジットの利用

　通常の2Dコンポジットの利用例を見ていきましょう。たとえば、図のような2人のキャラクターによる一連のバトルシーンがあった場合を考えてみます。カメラの前で、キャラクターが交互に入れ替わります。

図3-2-1 2人のキャラクターによるバトルシーン（Adobe Mixamoで作成）

　これを3Dレンダリング時にキャラクター、背景などを分けてレンダリングして、Nukeで2Dコンポジットを行った場合、単純なマスクワークだけの作業ではキャラクターの位置が前後で入れ替わった場合、図のような残念な結果になってしまいます。

図3-2-2 背景レイヤー　　図3-2-3 赤いキャラクター　　図3-2-4 青いキャラクター　　図3-2-5 合成レイヤー

　3Dレンダリング時のレイヤー分けの段階で、ホールドアウト処理を行えば、カメラ位置が入れ替わっても正しく合成できますが、レンダーレイヤー関連の処理が複雑になってしまいます。

　たった3つのレイヤーなのに、レンダリングする前にこれだけの設定（プライマリービジビリティーやホールドアウトのマスク）を間違いなく処理しておかなければなりません。多数のキャラやエフェクトなどのレイヤーが膨大になると、その設定だけで頭を抱えてしまうことでしょう。またこの方法も、場合によってはマスクエッジの問題が付きまとっ

てしまいます。

図3-2-6 背景レイヤー（ホールドアウト処理）

図3-2-7 赤いキャラクター（ホールドアウト処理）

図3-2-8 青いキャラクター（ホールドアウト処理）

図3-2-9 合成レイヤー（ホールドアウト処理）

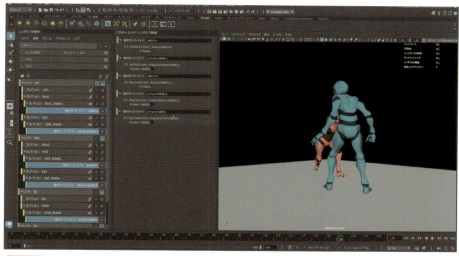
図3-2-10 ホールドアウト処理を行うためのレイヤー設定

ディープイメージの設定

前述した煩雑さを回避するために登場するのが、「ディープイメージ」です。標準的な2D画像には、各ピクセルの各チャネルに1つの値が含まれます。対照的にディープイメージには、さまざまな深度でピクセルごとに複数のサンプルが含まれ、各サンプルには色、不透明度、カメラ相対深度などのピクセルごとの情報が含まれます。

ディープイメージは、DeepEXRデータでレンダリングされます。DeepEXRファイルは、ピクセルごとに異なる深度に対し複数の値を保持しているサンプルの可変長のリストを格納します。

DeepEXRの設定は簡単です。レンダリング設定のファイル出力でイメージフォーマットを「deepexr」に変更するだけです。ただし、出力されるデータの容量は通常のEXRよりも深度情報を含んでいるため大きくなります。

図3-2-11 DeepEXRファイルの出力設定

417

Mayaでの設定例を解説しておきましょう。

● イメージフォーマットオプション

オプションの意味は、以下のとおりです。

・Tiled

ファイルの保存形式を「スキャンライン」または「タイルモード」に変更できます。Nukeで使用する場合はスキャンライン（チェックを入れない）にしておきましょう。

・Subpixel Merge

有効にすると画面スペースの解像度が考慮され、精度を損うことなくファイルがさらに圧縮されます。このため、必要な場所ではより深度の大きいサンプルが維持されます。「Subpixel Merge」が無効になっている場合は、サンプルの総数は大幅に増加しますので注意が必要です。

・Use RGB Opacity

デフォルトでは1つのアルファチャネルが使用されますが、この設定をオンにするとRGB不透明度が使用され、「RA」「GA」「BA」チャネルとして保存されます。Nukeではアルファチャネルのみを想定しているため、圧縮時にさらに作業が必要になることがあります。

● Tolerance Values

2つのサンプルのレイヤー値の差がこの閾値よりも大きい場合、サンプルはマージされません。また、アルファ、深度、AOVレイヤーごとに1つの閾値を指定できます。2つのサンプルは、アルファ、深度、各AOVの差の値が閾値未満の場合にのみマージされます。

・Alpha Tolerance

深度に沿った不透明度の差がこの閾値より小さい場合、サンプルはマージできません。この閾値の差の値に収まらないサンプルはマージされます。値が許容値よりも大きいサンプルのみがそのままになります。

・Depth Tolerance

指定されたサンプルの深度の差がこの値より大きい場合、サンプルはマージされません。「Depth Tolerance」の値をゼロまで下げると、シーンをレンダリングしてNukeで表示するときに多くのサンプルが取得されます。一方「Depth Tolerance」の値を上げると、閾値を効果的に作成でき、これによりサンプルがマージされます。この閾値の差の値に収まらないサンプルはマージされます。値が許容値よりも大きいサンプルのみがそのままになります。

・Beauty Tolerance

2つのサンプルのレイヤー値がこの閾値よりも大きい場合、サンプルはマージされません。「options.outputs」で宣言されていたのと同じ順序で、AOVレイヤーごとに1つの許容値を指定することもできます。「Beauty Tolerance」の値をゼロまで下げると、シーンをレンダリングしてNukeで表示するときに多くのサンプルが取得されます。一方「Beauty Tolerance」の値を上げると、閾値を効果的に作成でき、これによりサン

プルがマージされます。この閾値の差の値に収まらないサンプルはマージされます。値が許容値よりも大きいサンプルのみがそのままになります。

● Half Precision

オプションの意味は、以下のとおりです。

・Alpha

　アルファを16ビット精度に設定します。ファイルサイズを減らすのに役立ちます。

・Depth

　深度情報を16ビット精度に設定します。深度は通常32ビットとしておくことをお勧めします。

・Beauty

　RGBを16ビット精度に設定します。

● Enable Filtering

有効にすると、このレイヤーの元データに対するフィルタ操作が一切無効になります（法線やIDレイヤーに便利です）。デフォルトでは、フィルタはRGBチャネルでは実行されますが、ベクトルチャネルではスキップされます。ただしこれらの既定値は、この設定でオーバーライドできます。

● Color Space

Color Spaceアトリビュートを使用すると、特定のカラースペースを設定してレンダリングされたイメージを出力できます（Autodesk Arnoldユーザーガイドより）。

ディープコンポジットノードの種類

ディープコンポジットノードは、ディープメニューに集約されており、14個のノードがあります。

● DeepColorCorrectノード

ディープコンポジット用のカラーコレクトノードです。各ピクセルのすべてのサンプルに色補正を適用します。

● DeepCropノード

特定の平面の前後、またはビューアーのクロップボックスの内側または外側の奥行きのある画像をクロップします（通常のクロップノードと同様）。

● DeepExpressionノード

エクスプレッションを使用して、複雑な数式をディープデータに適用できます。

図3-2-12　ディープコンポジットノード

● DeepFromFramesノード

　通常の2Dイメージからの複数の入力フレームを、単一のディープフレームのサンプル
にコピーします。

● DeepFromImageノード

　通常の2Dイメージ「depth.z」チャネルで定義された深度の各ピクセルの単一サンプル
を持つディープイメージに変換できます。

● DeepMergeノード

　複数のディープイメージからのサンプルをマージし、各出力ピクセルに各入力の同じピ
クセルからのサンプルがすべて含まれるようにします。また、A入力のサンプルによって
隠されているB入力のサンプルをホールドアウトしたり、A入力とB入力の重複サンプル
をホールドアウトしたりするためにも使用できます。

● DeepReadノード

　DTEX（Pixar社のPhotoRealistic RenderMan® Pro Serverから生成）、もしくはスキャ
ンラインタイプの「OpenEXR 3.1.6」以上のディープイメージを読み込みます。

● DeepRecolorノード

　通常の2Dイメージ（カラー入力）とディープイメージ（深度入力）をマージします。

● DeepReformatノード

　ディープデータの再フォーマットノードです。ディープイメージの寸法やスケールなど
を設定できます。

● DeepSampleノード

　ディープイメージ内の任意のピクセルをサンプリングします。ビューアー内のピクセル
上で位置インジケーターを移動すると、DeepSampleコントロールパネルにディープサ
ンプル情報が生成されます。

● DeepToImageノード

　このノードを使用して、ディープイメージ内のすべてのサンプルを通常の2Dイメージ
にマージできます。

● DeepToPointsノード

　ディープピクセルサンプルを、ポイントクラウドのようにNukeの3Dビューで表示で
きる3Dポイントに変換できます。これを使って、3D上の前後関係を把握できます。

● DeepTransformノード

　X、Y、Z軸に沿って移動、Z深度値をスケーリングできます。

● DeepWriteノード

　上流のすべてのディープノードの結果をレンダリングし、その結果をスキャンライン
「OpenEXR 3.1.6」形式でディスクに保存します。

ディープコンポジットの手順

それでは、ディープコンポジットノードを使って合成を行ってみましょう。

● ディープイメージの読み込み

`DeepRead`ノードを使ってディープイメージを読み込みます。この場合は、3つのレイヤーで出力されたディープイメージを読み込んでいます。Viewerで確認すると、2Dビューアー上では通常のレンダリング画像に見えています。

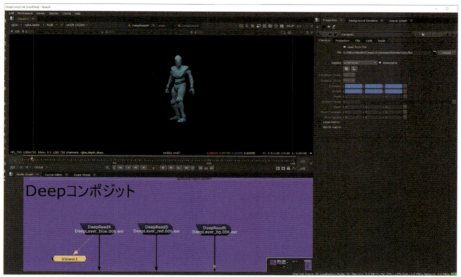

図3-2-13 ディープイメージの読み込み

● ディープイメージのマージ

ビューアー上では2D画像に見えていますが、ディープイメージは通常のマージノードは使えません。ディープデータは、`DeepMerge`ノードを使って合成していきます。`DeepMerge`ノードのプロパティでは、3つのマージタイプを選ぶことができます。

・Combine
　A入力とB入力からのサンプルを結合します。

・holdout
　入力Bからのサンプルを入力Aのサンプルでホールドアウトします。これにより、入力Aのサンプルによって遮られる入力Bのサンプルが削除またはフェードアウトされます。

・plus
　AとBの重複サンプルを追加します。これは、ホールドアウト後にデータを再結合するときに役立ちます。

図3-2-14 ディープイメージのマージ

● ディープイメージの可視化

　`DeepToPoints`ノードを使用すると、ディープデータを3Dビューアー上で見ることができます。カメラが必要になるので`Camera`ノードを作成し、`DeepToPoints`ノードに接続し「Tab」キーを押して3Dビューアーで見てみましょう。

　3Dビューを動かしていくと、ディープデータが点群のように表示されているはずです。この時、`Camera`ノードに3Dで作成したカメラをインポートしておくと、3Dアプリケーションと同じ視点で確認することもできます。

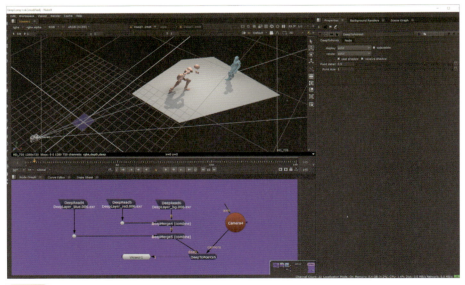

図3-2-15 ディープイメージの可視化

　`DeepTpPoint`ノードのプロパティで、3Dビューアーに表示されるポイントのサイズを変えることができます。密度が粗い場合は、この値を少し上げてみましょう。

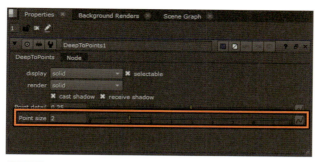

図3-2-16 3Dビューアーに表示されるポイントのサイズの変更

　タイムライン上でフレームを変えていくと、キャラクターの前後関係が3D空間上で入れ替わっていることが理解できます。

　ディープイメージは2D画像でありながら、ピクセルごとに深度情報を持っているためNuke上では、まるで3Dのようにコンポジットすることができるのです。

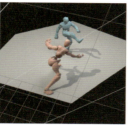

図3-2-17 ディープコンポジットの確認

ディープコンポジットの2D化とディープクロップ

　ディープデータは`DeepToImage`ノードを使うことで、フラット化された通常の2Dイメージに変換することができます。これ以降は、2Dコンポジットとして扱うことが可能になります。

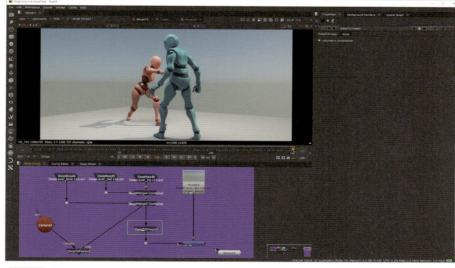

図3-2-18 ディープデータの2D化

また、`DeepCrop`ノードを使用すると、プロパティの「znear（手前）」「nfar（奥）」を深度「i」位置でクロップすることができます。

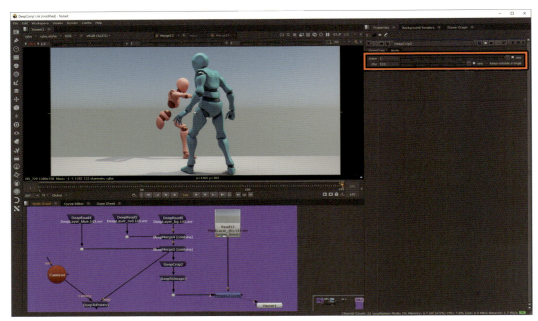

図3-2-19 ディープデータのクロップ

ディープコンポジットと3Dコンポジットの利用

たとえば図のようなシーンがあった場合、建物のどこかに人物を合成したいと思っても、柱がたくさんあるのであらかじめ位置を決めて同時にレンダリングするか、ていねいにマスク作業を行って合成するしかありません。

しかし、ディープイメージを使うことで、後から合成する場合でも自由に位置を変更することができます。

図3-2-20 パルテノン神殿のような建物（3dモデルはTurboSquid、背景は生成AIで作成）

Nukeで、ディープイメージを3Dビューアーに表示させてみました。2つのレイヤーに分けてDeepEXRでレンダリング出力し、それを**DeepRead**で読み込んで**DeepMerge**で建物と背景を合わせ、**DeepToPoints**で3D表示しています。カメラは、あらかじめ3Dアプリケーションから出力しておいたものを使用しています。

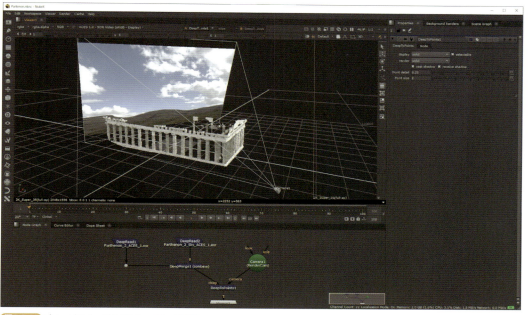

図3-2-21　ディープイメージを3Dビューアーに表示

　3Dコンポジットノードを組んで**Card**ノードで板ポリを作り、人物の2Dイメージを読み込んでアサインしておきます。ディープコンポジットからは**DeepToPoint**ノードで3D化してから**Scene**ノードに接続し、3Dビューアー上でそのカードとディープイメージが同時に見えるようにしておきます。

　こうすることで、3D空間上で人物のイメージをアサインしたカードを自由に動かせるようになります。

　3Dビューアーに切り替えて、カードを好きな位置に動かしてみましょう。なお、スケールの問題で、作成したカードが最初かなり小さい場合があります。その場合は思い切って拡大しておきます。拡大

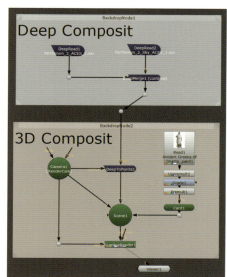

図3-2-21　人物の2Dイメージを読み込んで、3Dビューアー上に表示

はビューアーのツールでもできますが、**Card**ノードのプロパティでも数値で指定できます。

　2Dイメージは平面なので、カメラの向きに角度を合わせておきましょう。3Dアプリケーションからカメラを持ってきておくと、3Dビューアーのカメラを切り替えて実際に見えているイメージが作りやすくなります。ただし、3Dビューアーでカメラを切り替えた時に見えるイメージは、最終イメージではありません。

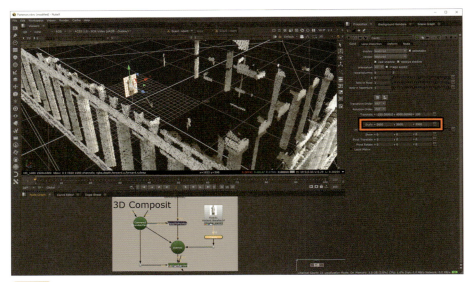

図3-2-23 人物イメージの拡大

続いて、3Dコンポジットを**Deep ToImage**ノードでいったんディープイメージに変換し、ディープコンポジットの流れと**DeepMerge**ノードで合わせます。この時の**DeepMerge**ノードのプロパティはoperationを「combine」にしておきましょう。

なお、3Dコンポジットに渡した**DeepToPoint**ノードは最終合成時にオフにしておきます。そうでないと、粗い点群データが2Dイメージに合成されてしまいます。

図3-2-24 人物イメージの角度の調整

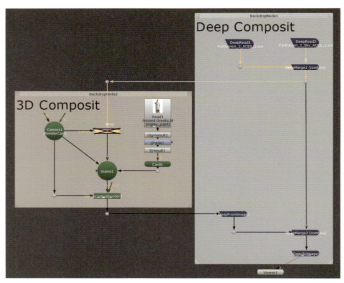

図3-2-25 3Dコンポジットとディープコンポジットの合成

最終的にマージされたディープイメージを、`DeepToImage`ノードで2D化して出来上がりです。カードの位置は3Dビューアー上で自由に変更することができるので、建物の柱の後ろに配置することも簡単です。

ディープコンポジットと3Dコンポジットを合わせることによって、3Dアプリケーションに戻らなくても、レイヤーの位置を自由に変更することができるようになります。

図3-2-26 合成結果を2Dイメージ化

図3-2-27 3Dでカードの位置を変更して2Dでレンダリングした例①

図3-2-28 3Dでカードの位置を変更して2Dでレンダリングした例②

ディープとBokehノードの利用

Nukeでカメラの被写界深度を再現する方法は、「Blur」から「Defocus」「Conbolve」、3Dレンダリングと合わせて使用する「ZDefocus」まで、いくつもありますがディープイメージの深度情報を利用して、その効果を得る方法があります。

● Bokehノードとは

Bokehは、もともとPeregrine Labsによって開発され、2022年にFoundryによって買収されたプラグインです。Bokehは、Nuke 14.0v2およびNuke 13.2v6にネイティブに導入され、その後のNuke、NukeX、Nuke Studio、Nuke Indie、Nuke Non-commercialのリリースでは、有効なライセンスを持つすべてのユーザーに提供されます。

図3-2-29 Bokehノード

Bokehは、Z深度マップ、Deepデータ、またはカメラ情報に基づいて画像の焦点をぼかします。焦点面の位置を制御して画像内の特定の要素に焦点を合わせ、現実世界のレンズをシミュレートできます。またカーネル入力を使用して、絞りの形状やレンズの汚れなどを再現することも可能です。

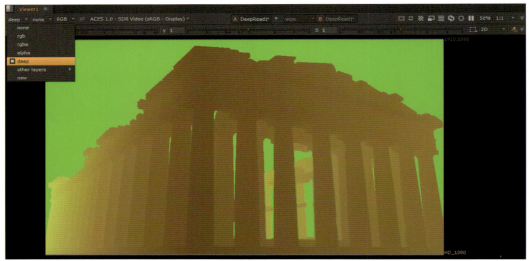

図3-2-30 ディープイメージの深度情報の確認

2Dビューアーのチャンネルを「Deep」に変えて、明るさを極端に落としていくと、このようにディープイメージに格納された深度情報がdeepチャンネルとして確認することができます。

● Bokehノードの使用方法

`Bokeh`ノードは、2Dフィルタメニューの中にあります。`Bokeh`ノードにはいくつかのインプットがありますが、ディープと組み合わせて使うシンプルな使用方法としては、以下の2つです。

- Inputに2Dイメージを接続（`DeepToImage`に接続）
- Deep InputにDeepデータを接続（`DeepRead`もしくは`DeepMerge`に接続）

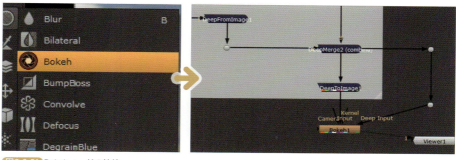

図3-2-31 Bokehノードの接続

● Deep深度の調整

2Dビューアーでチャンネルをdeepに切り替えたときに表示される深度の値が、あまりにも大き過ぎる場合は、`DeepTransform`ノードで調整することができます。

`DeepTransform`ノードのプロパティの「zscale」の値は、各ピクセルのすべてのサンプルのZ深度をスケールします。「1」より大きい値は深度が減少し、「1」より小さい値は深度が増加します。図の場合は「100分の1」になります。

図3-2-32 Deep深度の調整

● Bokehノードのプロパティ

ディープと`Bokeh`ノードを組み合わせて使う場合は、`Bokeh`のタブで以下を設定します。

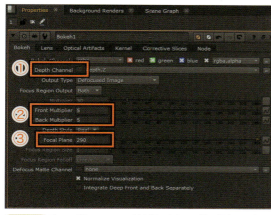

①Depth Channelを外す（Deep Inputを使用するのでこれは使いません）
②焦点前後のボケ量を設定
③焦点の位置を設定

Lensのタブでは、「Real World Lens Simulation」にチェックを入れます。これを有効にすると、レンズコントロールを使用して、焦点距離や絞りなどの物理的なレンズの特性を一致させることができます。そのほかの設定としては、以下のとおりです。

図3-2-33 ディープとBokehノードを組み合わせて使う場合の設定

429

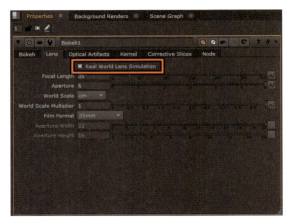

図3-2-34 レンズの設定

・Focal Length
　焦点をぼかすときに一致させたい物理レンズの焦点距離を設定します。

・Aperture
　焦点をぼかすときに一致させたい物理レンズのfストップ値を設定します。

・World Scale
　シーンで使用するワールドスケールの単位を設定します。Nukeは特定の単位に依存しませんが、Mayaなどのアプリケーションではデフォルトで「cm」に設定されている場合があります。

・World Scale Multiplier
　ワールドスケールに適用される乗数を設定します。たとえば、シーンの単位が「10cm」ブロックに基づいている場合は、ワールドスケールを「cm」に設定し、ワールドスケール乗数を「10」に設定して、それに応じてシーンを調整できます。

・Film Format
　プリセット値のリストから使用するフィルムバックを設定します。これにより、選択したフィルムバックの絞り幅と絞り高さが自動的に設定されます。絞りを手動で設定する場合は、「フィルムフォーマット」を「カスタム」に設定し、必要な絞りの寸法を「mm」単位で入力します。

● 焦点の合わせ方

　Bokehノードのプロパティにある Output Typeを「Focal Distance Visualization」に変更すると、2Dビューポートが図のような表示に変わります。焦点が合っているところが「赤」、手前が「緑」、奥が「青」に着色されます。少し暗い場合があるので、ビューポートの明るさを上げておくとわかりやすいです。

図3-2-35 焦点の確認

　焦点の位置を決めたら、Output Typeを「Defocused Image」に戻します。これで、被写界深度が表現されているはずです。

図3-2-36 被写界深度を調整した完成画像

まとめ

　非常に広範囲なシーンの小さな部分に焦点を当てる場合などのVFXショットでは、レンダリング時に生成されるDepthチャンネルと**ZDefocus**ノードで達成できるものよりも高いレベルの焦点の精度が求められます。

　これらのショットでは、業界のVFXアーティストは3D深度データ、つまり「ディープ」を使用します。これは、画像内のすべてのピクセルが独自の個別の3D深度データを持つものです。これにより、リアルな被写界深度を実現できます。

　ディープデータを使用すると、完璧なデフォーカスが得られますが、時間とストレージの容量の面でコストが掛かるため、必ずしも最良のソリューションとは限りません。

　ただし、正確な焦点深度が本当に必要なショットを扱っていて、標準のデフォーカスツールセットでは必要な精度が得られない場合は、Nukeの**Bokeh**ノードとディープデータを使用するのが最善の方法です。

Part **5** CHAPTER **04**

3Dノードコンポジット応用

　Part 5の最後のこの章では、これまで取り上げなかったいくつかのテーマをピックアップして解説していきます。

　1章ではカメラで撮影された動画にCG画像を合成する3Dカメラトラッキング事例を解説します。ここでは撮影機材の選定やファイルフォーマットについても触れています。2章では3DカメラトラッキングとDepthGeneratorを利用して、2D映像の深度マップから擬似的な3D空間を作ることで、被写界深度のコントロールやライティングを変更する事例を解説します。

　残り章ではトピック的な話題として、巨大なテクスチャマップを扱う「UDIM」と、「Bokeh」ノードを使ったレンズの光学的効果のシミュレーション、点群データを生成する「PositionToPoints」、ポリゴンモデルとは異なる方法で3D空間を扱うための「3D Gaussian Splatting in Nukeプラグイン」について紹介しています。

4-1 ｜ 3Dカメラトラッキング

　カメラで撮影された動画に3Dで作られたCGを合成する場合、静止画と違って実写のカメラの動きに3Dを合わせる必要があります。そのような作業を行うために専用のツールもありますが、Nukeの3Dシステムを使っても同じように実写動画に3DCGを合成することができます。

　この節では、それを行うための機能である「3Dカメラトラッキング」を解説します。

合成作業の流れ

　基本的な流れとしては、以下のようになります。以降で、それぞれの項目を詳しく解説します。

①**動画の撮影**
　　撮影機材を選定し、撮影した動画をどのようなファイル形式で書き出すかを解説します。
②**カメラトラッキング**
　　NukeXを使って実際に撮影された動画から、カメラの位置と動きを検出する方法を解説します。
③**それをDCCツールに持ち込んで同じアングルから3Dシーンを設定**
④**レンダリング**
⑤**レンダリングされた画像をNukeXに読み込み元の動画とコンポジット**

①動画の撮影

撮影機材とファイルフォーマットは次のとおりです。

● 一眼レフカメラ

高解像度で高画質な映像を撮影できます。一般的に一眼レフでは被写界深度の浅い映像（ぼけ）を得られますが、実写合成ではトラッキングエラーになるので、F値を大きくして被写界深度を広く保つ（パンフォーカス）必要があります。

図4-1-1 一眼レフカメラの機材例

● アクションカメラ

さまざまなアングルで撮ったり、自転車やドローンなどに付けて撮ることもできますが、一般的なアクションカメラは超広角レンズを使ったものが多く、周辺の歪みが大きいため実写合成には向いていない場合があります。

図4-1-2 アクションカメラの機材例

● スマートフォン

最近のスマートフォンでも手軽に高画質な映像が得られ、Prores撮影ができるものもあります。センサーサイズの関係で被写界深度は広く取れるので、実写合成の撮影に向いています。

iPhone13、14、15などは光学式手振れ補正を備えているので、不自然なブレが少なく実写合成の撮影に向いています。

撮影機材には、手ぶれを抑えるための「スタビライザー」を合わせて使用します。

図4-1-3 スマートフォンの機材例

● 一眼レフカメラ用スタビライザー

歩いたり走ったりといった撮影状況でも、カメラの振動を強力なモーターにより吸収し、重い一眼レフ＋レンズでも安定させて撮影することができるシステムです。最近では5万円以下でも手に入るようになってきました。

● アクションカム対応スタビライザー

GoProなどに代表されるアクションカムの場合、機械式ではなくソフトウェアによる後処理でスタビライズをかける場合が多いです。その場合最終的な映像は少し画角が狭くなり、人工的な歪みが生じる場合もあるため、実写合成でエラーになる可能性があります。

図4-1-4 一眼レフカメラ用スタビライザーの機材例

その場合は、アクションカムを搭載できるスタビライザーを使うという手もあります。

図4-1-5 アクションカム対応スタビライザーの機材例　　図4-1-6 スマートフォン向けスタビライザーの機材例

● スマートフォン向けスタビライザー

　1万円前後で安価なスマートフォン向けのスタビライザーが販売されています。3軸タイプのものを選べばかなり効果的に揺れを吸収してくれます。光学式手振れ補正が付いていないスマートフォンの場合は、アクションカメラと同じようにこちらを使うとよいでしょう。

　撮影した動画ファイルは、以下のファイル形式で書き出します。

● MP4

　H264やH265でも高いビットレートであれば、高画質な動画として使用することは可能です。

● Apple ProRes（プロレズ）

　4K、8Kなどの放送用データや映画のデータを作る場合は、Apple ProResフォーマットがデフォルトとなっています。変換を繰り返しても非圧縮に近い品質を保ち、SDRだけでなくHDR撮影も可能となっています。

　最近は、ProRessフォーマットで記録できるカメラも増えてきました（Fujifilm X-H2S、Fujifilm X-H2、Nikon Z9、Nikon Z8、iPhone Pro 13）。

　ビットレートや画質ごとにいくつか種類があり、ビットレートの高い順に上げると以下のようになります。

- Apple ProRes 4444 XQ
- Apple ProRes 4444
- Apple ProRes 422 HQ
- Apple ProRes 422
- Apple ProRes 422 LT
- Apple ProRes 422 Proxy

 ②カメラトラッキング

　カメラトラッキングは`CameraTracker`ノードを使用して行います。`CameraTracker`ノードは、3Dコマンドにあります。Nuke 14.1、Nuke 15では3Dコマンドが「BETA」と「Classic」に分かれていますが、どちらを使ってもトラッキングを行うことが可能です。

　`Read`ノードを使って、トラッキングを行う動画を読み込みます。トラッキングを行う動画を読み込んだ後は、プロジェクト設定でfpsとフォーマットサイズを撮影された動画データに合わせて設定しておきましょう。

図4-1-7 動画を読み込んでプロジェクトを設定

今回は、新しい3DノードのCameraTrackerを使ってみます。3DコマンドからCameraTrackerノードを呼び出し、Readノードの下に接続します。

図4-1-8 3DノードのCameraTrackerを接続

▶ CameraTrackerの設定

CameraTrackerの主な設定項目をまとめておきます。

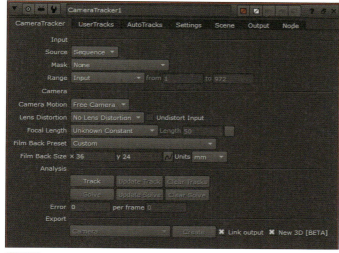

図4-1-9 CameraTrackerの設定画面

● Camera Motion

撮影時のカメラの状態の動きを、以下の4つから選択します。

表4-1-1 Camera Motionの設定項目

項目	カメラの状態
Rotation Only	カメラが静止しているが、回転している場合にこれを選択
Free Camera	カメラが自由に動き、回転し、平行移動している場合はこれを選択
Linear Motion	カメラの動きがレールに乗った直線的な動きの場合はこれを選択
Planar Motion	カメラに2次元平面内でのみ移動するフラットな動きの場合はこれを選択

● Lens Distortion

レンズによる歪みは実際の映像を歪ませ、トラッキング時に問題を引き起こす可能性があるため、合成作業をより困難にする可能性があります。

この問題を回避する方法は、**LensDistortion**ノードで先に歪みを処理しておくか、CameraTracking時に同時に処理を行うかになります。

表4-1-2 Lens Distortionの設定項目

項目	歪みの処理
No Lens Distortion	映像に歪みがないものとして処理。このオプションを使用する場合は、ソース映像はレンズの歪みを取り除くためにすでに修正されている必要がある
Unknown Lens	シーケンスからレンズの歪みを自動的に計算する。Analysisのタブのレンズ歪みノードを実行してから、カメラソルバの歪みを調整

● Focal Length

撮影したカメラの焦点距離を指定します。指定することで、より精度の高いトラッキングが行えます。

表4-1-3 Focal Lengthの設定項目

項目	焦点距離
Known	焦点距離がわかっている場合はこのオプションを選択し、値をLengthに入力
Approximate Varying	ズームレンズを使用して焦点距離が可変するような映像の場合はこのオプションを選択し、キーフレームを使って変化する焦点距離の値をLengthに入力
Approximate Constant	おおよその焦点距離がわかっていて、なおかつズームレンズではない場合にこのオプションを選択し、焦点距離の値をLengthに入力
Unknown Varying	ズームレンズを使っていて、焦点距離が不明で可変する場合はこのオプションを選択
Unknown Constant	デフォルトのオプション。このオプションは、焦点距離が不明でズームレンズでない場合に使用

● Film Back Preset

カメラのフィルムバックサイズをプリセットかもしくは手動で設定します。撮影したカメラがプリセットにある場合はそれを選択しますが、わからない場合やプリセットにない場合はデフォルトのままにしておきます。

▶トラッキングの作業手順

では、実際にトラッキングを行ってみましょう。AnalysisのTrackをクリックするとトラッキング処理が行われます。

フレームレンジの長さによって処理時間は異なります。最初は**CameraTracker**プロパティのレンジを使って範囲を制限し、短いフレームからトラッキングを試していきま

しょう。トラッキング処理の計算は最後のフレームまでいったら逆再生になり、もう一度最初に戻るまで処理が続きます。

図4-1-10 トラッキングの開始

　　トラッキング処理が終わり、再生してみて問題がなければ、トラッキング情報から3D情報を計算するSloveコマンドをクリックします。Slove計算は、それほど時間はかかりません。
　　Viewerには、トラッキングポイントの3Dにおける軌跡が表示されています。

図4-1-11 Sloveの計算

　　Slove処理が終わると、ソルバのRMS（二乗平均平方根）エラーをピクセル単位で表示します。これは、トラッキングの精度に関わる情報です。
　　一般的な経験則として、2Kの映像に対してトラッキングを行う場合、「1.0」ピクセルを超えるエラーが出ている状態では、データの微調整を検討する必要があります。1.0以内に抑えたいですね。
　　この例題の場合ではRMSエラーが「1.44」なので、調整する必要がありそうです。

図4-1-12　エラーの表示

▶ RMS Errorの調整

Error値を下げるために行う手順を解説します。

①Delete UnSolved

`CameraTracking`ノードプロパティのAutoTracksタブに行き、「Delete UnSolved」をクリックし、ソルブ処理で3Dポイントを計算できなかったトラックを完全に削除します。

この時点でError値が1.0以内になればOKですが、そうでない場合はまだ設定を追い込む必要があります。

図4-1-13　Delete UnSolvedの実行

図の右側に表示されるAuto Tracksの各項目の概要をまとめておきます。

表4-1-4 Auto Tracksの設定項目

項目	内容
num tracks	各フレームで追跡される機能の数
track len - min	各フレームでのトラックの最小長（フレーム単位）
track len - avg	各フレームでのトラックの平均長（フレーム単位）
track len - max	各フレームでのトラックの最大長（フレーム単位）
Min Length	最小トラック長の閾値。最小長コントロールを使用して最小値を調整できる
Solve Error	定数のSolve Errorパラメータを表示
error min	各フレームでの最小再投影エラー（ピクセル単位）
error rms	各フレームでのルート平均再投影エラー（ピクセル単位）
error track	各フレームでのトラックの寿命にわたって計算された最大ルート平均再投影誤差（ピクセル単位）
error max	各フレームでの最大再投影誤差（ピクセル単位）
Max Track Error	定数の最大RMSエラーパラメータを表示。Max Track Errorコントロールを使用して最大値を調整できる
Max Error	最大エラー閾値パラメータを表示。Max Errorコントロールを使用して最大値を調整できる

②track len-minとMin Lengthの調整

　グラフ左側の項目にある「track len - min」と「Min Length」を選択し、「F」キーを押してグラフをフィットさせます。

　下部のMin Lengthパラメータを上げて、黄色いMin Lengthの横ラインがグラフの上限値あたりに来るように設定します。

③error-minとMax Track Errorの調整

　次に「error - min」と「Max Track Error」を選択し、「F」キーを押してグラフをフィットさせます。Max Track Errorパラメータを調整して、オレンジ色の横ラインをグラフの突出している部分の少し下に来るくらいに調整します。

　値を動かしているとViewer上のトラッカーが、緑色から赤色に変化するのがわかります。値を下げていくと、情報量の乏しいトラッカーが赤くなるわけです。

図4-1-14 track len-minとMin Lengthの調整

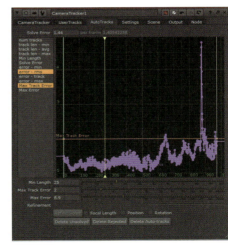

図4-1-15 error-minとMax Track Errorの調整

④ error-maxとMax Errorの調整

続いて「error - max」と「Max Error」を選択し、「F」キーを押してグラフをフィットさせます。Max Errorパラメータを調整して、緑色の横ラインをグラフの平均値よりも少し上の当たりに値を調整します。

値を下げ過ぎると、Viewer上のトラッカーがどんどん赤くなっていきます。

⑤ 精度の低いトラッカーを削除

ここまでの調整ができたら、グラフの下にある「Focal Length」「Position」「Rotation」の3つにチェックを入れて、Delete Rejectedをクリックします。すると、赤くなったトラッカーが削除されてエラー値が下がります。

下にあるRefine Solveをクリックし、ソルバを再計算させるともう少し値が下がるはずです。左上にSolove Error値が表示されていますので、これが1.0以下になるまで設定を見直しましょう。

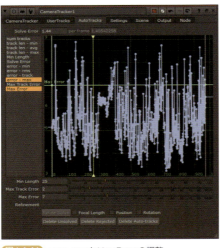

図4-1-16 error-maxとMax Errorの調整

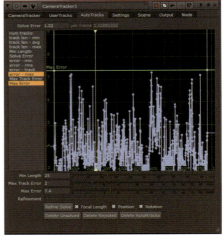

図4-1-17 精度の低いトラッカーの削除

▶ エラーの調整結果

これまでの調整を行った結果、Solve Errorは「0.95」という値になりました。これで精度の高いトラッキングデータが得られますね。

ちなみに、Foundryで公開されている許容可能なエラー値の目安は以下です。

表4-1-5 許容可能なエラー値

動画サイズ	許容可能なエラー値
1k（1024×683）	0.8
2k（2048×1365）	1.6
3k（3072×2048）	2.4
4k（4096×2731）	3.2
5k（5120×3413）	4.0
6k（6144×4096）	4.8

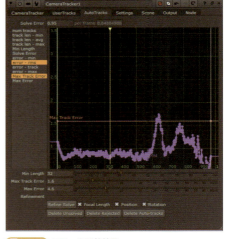

図4-1-18 エラーの調整結果

CG合成の準備

カメラトラッキングが完了したら、映像にCGキャラクターなどを合成するための準備を行います。

▶ Ground Planeの設定

3D空間における上下左右の向き情報をトラッキングされた映像と一致させるために、まずGroundの設定を行いましょう。

図4-1-19 Ground Planeの設定

Viewer上で地面に当たるところのトラックをシフトキーを使って複数選択し、右クリックして「ground plane→set to selected」コマンドを使って、Ground Planeを設定します。正しく設定されると、トラックがピンク色になります。

こうすることで、キャラクターなどを合成する場合の処理がやりやすくなります。

▶ 3Dノードグラフの作成

トラッキングの結果を出力するための3Dノードグラフを作成します。といっても自分で1から組むのではなく、**CameraTracker**が自動的に作成します。

CameraTrackerプロパティのExportのプルダウンから「Scene+」を選択し、「Create」をクリックします。すると、ノードグラフに図のようなノードが自動的に作成されます。

図4-1-20 3Dノードグラフの作成

▶ 3D表示の確認

「Tab」キーを押して3Dビューに切り替えると、このようにトラッキングされたポイントが3Dシーンに表示されます。

図4-1-21 3D表示の確認

先ほど設定したGround Planeによって、地面に当たるところのトラッキングポイントが平らになるように調整されていることがわかります。

▶ CameraTrackingPointの確認

3DコマンドからScanlineRender2ノードを呼び出し、ノードグラフ内で図のように接続し、Viewerを繋いで再生してみてください。
正しくトラッキングできていれば、3Dポイントが動画に追従しているはずです。

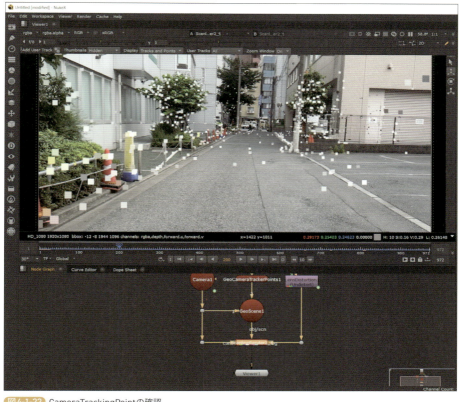

図4-1-22 CameraTrackingPointの確認

▶ Cardオブジェクトの作成

キャラクターを歩かせるための場所として、3Dオブジェクトを作成します。これにより、地面にキャラクターの影を落としたり、足の設置を正しく行うことができます。

図4-1-23 Cardオブジェクトの作成

`Viewer`ノードを`CameraTracker`に繋ぎ直し、先ほどと同じようにキャラクターを歩かせたい場所のトラッキングポイントを選択し、右クリックで「Crate→Card」コマ

ンドを使用します。

▶ Cardの調整：BETA版

　Cardノードができたら**GeoScene**ノードに接続し、ノードグラフでチェッカノードを作成し、**Card**に接続しましょう。こうすることでViewer上にチェック模様が表示され、位置調整が行いやすくなります。

　Cardノードのプロパティで、スケールや回転などでCardの位置を調整しておきます。

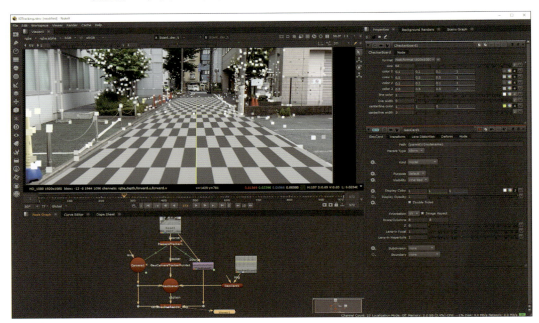
図4-1-24　Cardの調整（BETA版）

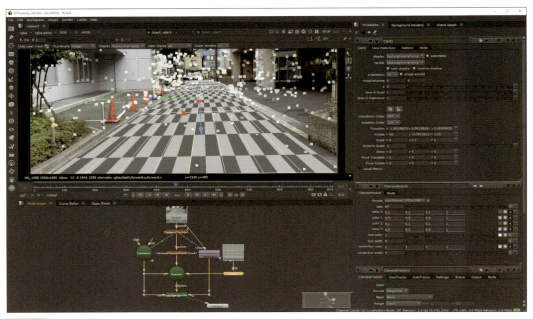
図4-1-25　Cardの調整（Classic版）

▶ Cardの調整：Classic版

Classic版の`CameraTracking`ノードを使っていた場合は、3Dノードグラフはこのように緑色で表示され、新しいノードと混同しないように明示されます。

Classic版では、プロパティでCardの表示方法をTexturedに変更した上で、位置を調整しておきましょう。

シーンデータの出力

Nukeでのトラッキング作業が終わったら、その結果を出力してDCCツールに持って行きましょう。

▶ シーンデータの出力：BETA版

3Dコマンドから`GeoExport`ノードを作成し、`GeoScene`ノードに接続しておきます。

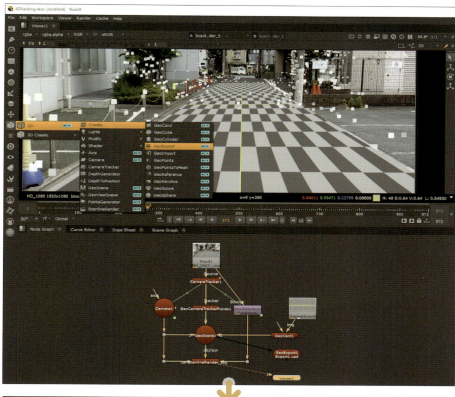

図4-1-26 シーンデータの出力（BETA版）

`GeoExport`ノードのプロパティで出力先のパスと「ファイル名.usd」を設定し、Executeをクリックしてフレームレンジを設定して、OKを押します。フレームレンジは元の動画のフレームを指定します。
　BETA版ではUSDデータでカメラ、トラッキングポイント、作成したジオメトリ、マテリアルが出力されます。

▶シーンデータの出力：Classic版

　Classic版では3D Classicコマンドから`WriteGeo`ノードを作成し、同じように`Scene`ノードに接続しておきます。Classic版では、FBX形式などで出力します。

図4-1-27　シーンデータの出力（Classic版）

③DCCツールへの読み込みと3Dシーンを設定

　Nukeから出力されたUSDデータを読み込むことができるDCCツールを使用しましょう。

▶シーンデータの読み込み：USD

　DCCツールによってUSDデータの読み込み方法は異なりますが、ここではMaya 2024を使って説明します。
　Maya 2024の場合は、Crateメニューから「Universal Scene Description→Stage From File」コマンドを使用してUSDデータを読み込みます。
　USDデータを読み込んだら、USDデータの中にあるNukeでトラッキングされたカメラに切り替えます。タイムレンジを元の動画の長さに変え、fpsも動画と同じ30fpsに変

えておきましょう。

　ビューポート上ではカメラのクリッピングレンジが大き過ぎるので、手前のレンジを少し小さくしておきます。ここでは「1.0」→「0.1」にしました。

　また、レンダー設定でイメージサイズを撮影された動画と同じサイズ(この場合はHD_1080)に設定しておきます。

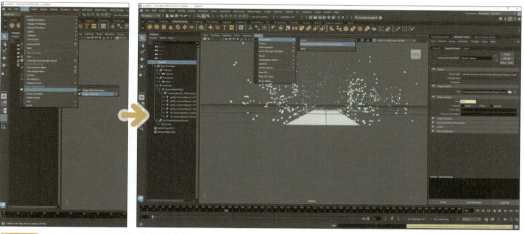

図4-1-28　Maya 2024でのUSDデータの読み込み

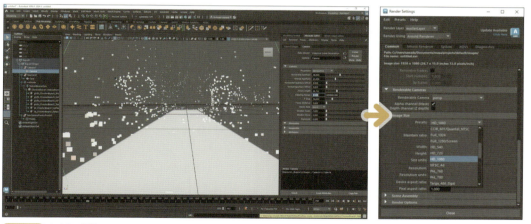

図4-1-29　カメラの調整

▶背景イメージの作成:NukeX

　Mayaでカメラの背景に同じ動画のイメージを置くために、あらかじめ動画を連番もしくはムービーファイルにして出力しておきましょう。その際に、レンズのひずみを除去したものを出力します。`LensDistortion`ノードの下に「1920×1080」サイズにした`Reformat`を置き、その下に`Write`ノードを繋げて連番出力します。

図4-1-30 動画の連番画像ファイル出力

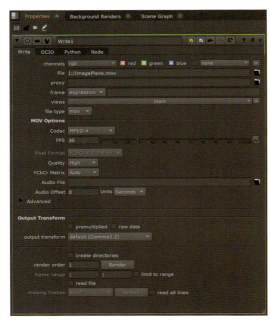

図4-1-31 動画のMPEG-4ファイルでの出力

Mayaの「Image Plane」への動画の読み込み可能なデータは連番ファイルだけでなく、MPEG-4圧縮によるmovファイルも読み込むことが可能です。

▶ 背景イメージの作成：Maya（USD）

USDカメラの状態ではバックイメージを置くことができないため、アウトライナーからUSDカメラを右クリックして「Edit As Maya Data」コマンドを使用します。

こうすることでUSDデータがMayaデータに変換されるため、カメラもMayaのアトリビュートを使用することが可能になります。これで「Image Plane」を使ってバックイメージを置くことができます。

Image PlaneアトリビュートでNukeから出力された連番ファイルを読み込み、「Use Image Sequence」にチェックを入れると、カメラの背景に動画が表示されます。USDカメラを「Edit As Maya Data」コマンドでMayaカメラにしたことで、カメラの名前が変わってしまいます。ビューポートのカメラを切り替えることを忘れないようにしましょう。

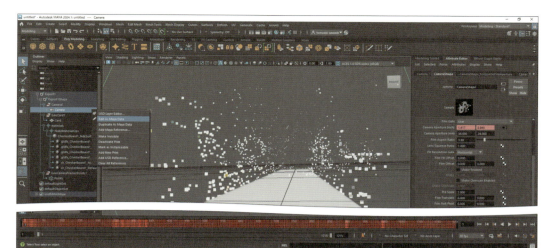

図4-1-32 USDデータをMayaで扱えるようにカメラを設定

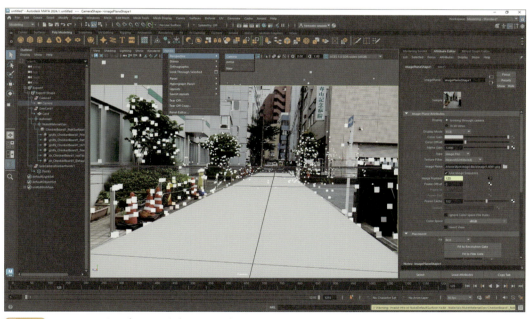

図4-1-33 Image Planeアトリビュートで連番ファイルの読み込み

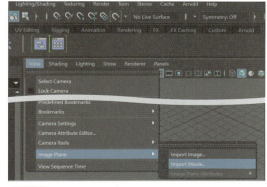

図4-1-34 動画ファイルの読み込み

　Image Planeへムービーファイルを読み込む場合は、ビューポートメニューの「Image Plane→Import Movie」コマンドを使用します。日本語がファイル名やパスに入っていると、上手く読み込むことができませんので注意してください。

▶地面に落とす影の設定：Maya（USD）

　背景動画に合わせて地面の影をレンダリングするために、GroundPlaneに「aiShadow Matted」を割り当てます。ただし、USDデータ

449

のままではできないのでGeo Cardを右クリックして、「Edit As Maya Data」コマンドを使用してからマテリアルを割り当てましょう。

図4-1-35 地面に影を落とす設定

▶ 3Dアニメーションの作成：Maya

ここまでできれば、あとは動画に合わせてキャラクターなどを配置してアニメーションさせます。こちらのシーンは、AdobeのMixamoからキャラクターアニメーションを持ってきた例です。

図4-1-36 キャラクターのアニメーションを配置

④レンダリング設定

Mayaで、以下の手順でレンダリングを行っていきます。

▶ レンダリング：Maya

Mayaの「Arnold」でレンダリングします。ライティングは、実写撮影時にHDRIの撮影およびカラーチャートを撮影しておくことを推奨しますが、曇り空のような明確な陰影を再現する必要がない場合は、既存のHDRIをドームライトにアサインして「ImageBasedLighting」とするだけでもいいでしょう。

図4-1-37 Arnoldでレンダリング

▶ 合成用素材の作成：Maya

Nukeでコンポジットするための合成用素材の作成します。レンダリングする対象は、キャラクターと影を落とすための「GroundPlane」だけです。ImagePlaneはオフにしてレンダリングされないようにDisplay Modeを「None」にしておきます。

ImageBasedLightingもカメラから見えないように、ドームライトアトリビュートでCameraのVisibilityを「0」にします。レンダリング出力ファイルフォーマットは「OpenEXR」で、軽量化するために「Half Precision」にチェックを入れます。

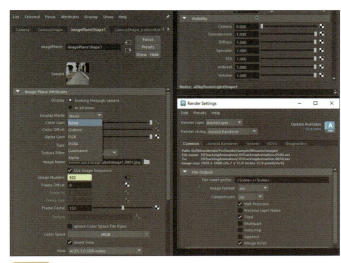

図4-1-38 合成用素材の出力設定

▶ ShadowMatted効果の確認：Maya

出力結果を確認してみましょう。GroundPlaneにはaiShadowMatteシェーダーを割り当てているので、ImageBasedLightingからの柔らかい影がレンダリング時に生成されます。これを単純に合成するだけでも、地面に落ちたキャラクターの自然な影が得られます。

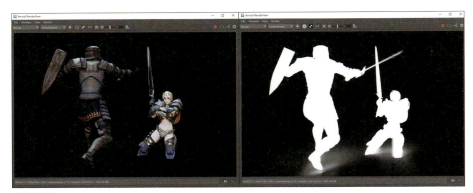

図4-1-39 自然な影が素材として作成された

⑤Nukeでのコンポジット

それでは、最後の行程です。Nukeで、以下の手順で合成を行っていきましょう。

▶ ACES設定：NukeX

Mayaでレンダリングされた「OpenEXR」を`Read`ノードで読み込み、`Merge`ノードで重ねます。その際に1つ注意があります。

Maya 2024でレンダリングされたOpenEXRのカラースペースは「ACES」です。そのままでは実写の背景とカラースペースが合っていませんので、Nukeのプロジェクト設定も「ACES」にしておく必要があります。

Project Settingからcolor managementを「OCIO」に変え、OCIO configを「aces_1.2」に変更しておきましょう。

図4-1-40 Mayaでレンダリングされたファイルの読み込み

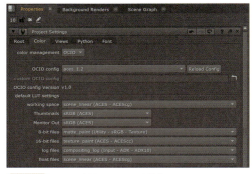

図4-1-41 ACESでカラースペースを設定

▶ 実写動画カラー設定：NukeX

このままだと、最初の動画を読み込む`Read`ノードがエラーになるので、Input Transformをデフォルトから「Output-sRGB」に変えておきます。これで正しくsRGBによる動画と、ACESによるCGを合成できるようになります。

図4-1-42 読み込み時のカラー設定も変更

▶ カラーコレクション：NukeX

実写動画とレンダリングされたCGを馴染ませるために、カラーグレーディングを行います。Mayaでレンダリングされた素材のアルファチャンネルに悪影響を及ぼさないように、`Unpremult`と`Premult`ノードに挟む形で`Grade`ノードを置きます。

`Grade`ノードの「blackpoint」「whitepoint」「lift」「gain」を調整して、背景動画と色合いを合わせます。`Grade`ノードを使ったカラーコレクションの詳しい方法は、「Part 3」の3章「3-8 カラーコレクション」のページを参考にしてください。

図4-1-43 合成結果を馴染ませるためのカラーグレーディング

まとめ

「3D Tracking」は、最初の動画素材づくりが肝心です。

撮影場所の選定と撮影機材の準備も大事なことですが、それよりもどのような実写合成を行いたいのか、カット替えや時間はどれくらい必要なのか、あらかじめ絵コンテに落とし込んでおくことが必要になります。具体的なイメージができてはじめてよい実写合成が行えるので、しっかりとイメージを組み立てておきましょう。

その上で、動きのある動画の場合はできるだけ揺れないように撮影を行います。また撮影場所が一般道の場合は撮影で占有することはできません（占有するには許可申請が必要）。なので通行の妨げにならないように、また往来する自動車などにも注意が必要です。

さらに、実写動画撮影時にHDRIとカラーチャートを撮っておくとよりよい合成が行えます。今回のようなキャラクターによるバトルシーンを制作する場合は、エフェクトなども併せて合成するとより厚みのあるシーンに仕上がるでしょう。

4-2 DepthGeneratorによる合成

3DカメラトラッキングとDepthGeneratorノード（NukeXおよびNuke Studioのみ）を使用すると、2D映像から深度マップを生成し、疑似的な3D空間を作り出すことができます。この3D空間を使って実写合成時の配置をやりやすくしたり、深度マップを使って後から被写界深度を加えたり、位置情報を使ったリライトなどにも応用することが可能です。

3Dカメラトラッキングの走査

`DepthGenerator`ノードは、追跡されたカメラからの情報を使用して、深度の変化を表示するチャネルを作成します。深度マップは、各ピクセルの明るさを使用して、3Dシーンのポイントとシーンをキャプチャするために使用される仮想カメラ間の距離を指定する画像になります。

それでは動画を用意し、まずは`CameraTracker`ノードで、カメラ位置を割り出しておきましょう。動画のフレームレート、レンズの設定などを注意して正しく合わせてから解析します。解析が終わったらSolveで3D情報を計算させます。

「Solver Error」が「1」に近づくように、不確実なトラッキングポイントを間引いておきましょう。また、ビューアー上でグランド平面となるようなポイントをいくつか選択して、右クリックから「ground plane→set to selected」コマンドを使ってグランドプレーンを設定しておきます。

図4-2-1 カメラ位置の割り出し

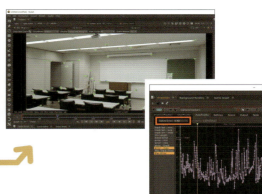

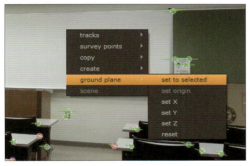

図4-2-2 平面になるポイントからグランドプレーンを設定

CameraTrackerタブの「Export」でカメラを作成します。「Tab」キーを押して、3Dビューアーで確認します。

CameraTrackerは、シーンのスケールを考慮しません。しかし3Dツールとの連携や、同じ場所で異なる複数のショットを作成する場合、スケールを合わせておいたほうが調整しやすくなります。

2Dビューアー上で距離がわかるポイントを2つ選択し、右クリックから「scene→add scale distance」コマンドを使って、スケールを設定する2つのポイントを指定します。Sceneタブの「Scale Constraints」の欄に指定したポイントが登録されているので、distanceのセルに2点間の距離を記入しておきます(この例の場合は、3メートル)。

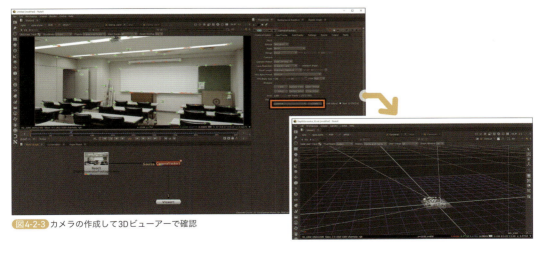

図4-2-3 カメラの作成して3Dビューアーで確認

「Tab」キーを押して3Dビューアーで確認して見ると、先ほどのデフォルトの状態より3Dシーン全体が拡大していることがわかります。前述したように、**CameraTracker**はシーンのスケールを考慮しないので、スケールを合わせておいたほうが調整しやすくなります。

図4-2-4 距離の設定

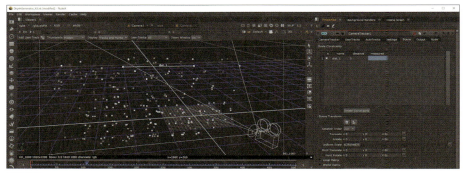

図4-2-5 距離を設定することで3Dシーンが拡大した

DepthGeneratorノードの設定

　DepthGeneratorノードを作成して、Source入力に2D動画を、Camera入力にカメラトラッキングで作成した**Camera**ノードを接続しておきます。

　2Dビューアーでレイヤーを「depth」に切り替えると、2D画像から深度情報が作成されていることがわかります。depthレイヤーを確認する場合は、ビューアーの明るさを調整して、見やすい状態にしてください。

図4-2-6 DepthGeneratorノードの接続して、深度情報を確認

　DepthGeneratorノードの主なプロパティについて解説しておきます。

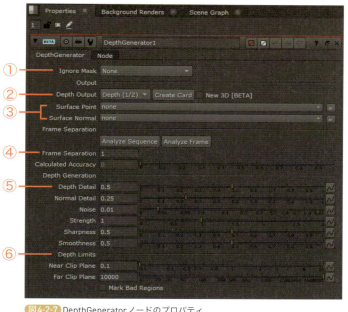

図4-2-7 DepthGeneratorノードのプロパティ

①Ignore Mask
人や車などの動いているものがある場合は、深度生成に影響を及ぼすため、このマスク機能を使って深度生成から除外することができます。

②Depth Output
深度情報がわかりやすいように、ディスプレイスメントで奥行きを持たせた3Dカードオブジェクトを作成します。

③Surface Point／Surface Normal
深度情報とともに生成される3D位置情報と法線情報を出力するレイヤーを設定します。

④Frame Separation
シーケンスもしくは任意のフレームで使用するフレーム分離が自動的に計算されます。Frame Separationのプロパティは、カメラの動きが速い場合は分離値を小さくし、カメラの動きが遅い場合は分離値を大きくします。

計算が終わると「Caluculated Accuracy」にフレーム分離を分析するときに計算された深度精度を表示します。「1」に近い値は正確であると見なされ、「0」に近い値は不正確であると見なされます。

⑤Depth Generation
深度生成のプロパティです。Depth Detailは、深度マップの計算に使用する画像の解像度を変更します。デフォルト値の「0.5」は、画像解像度の半分に相当します。値が低いほど処理が高速化され、より滑らかな結果が得られます。値が高いほどより細かい詳細が取得されますが、処理時間も長くなります。

⑥Depth Limits
Z深度の最小値と最大値を設定します。たとえば建物の中を再現したい場合などで、窓

の外の情報が必要でない場合は、最大値を窓の位置で設定しておきます。

「Analyze Sequence」をクリックして、シーケンス全体の深度情報を計算しましょう。「Caluculated Accuracy」の値が小さくなり過ぎていないかを注意してください。また、depthレイヤーを確認する場合は、ビューアーの明るさを調整して見やすい状態にしておきます。

図4-2-8 深度情報の計算

深度情報を使ったオブジェクトの作成

`DepthGenerator`ノードのプロパティにある「Create Card」をクリックすると、3Dビューアー上に深度情報で変位されたオブジェクトが作成されます。3Dビューアーで確認すると、図のようになります。この時、レイヤーを「rgb」に戻しておくことを忘れないでください。

Create Cardを作る時は、できるだけ「Caluculated Accuracy」の値が「1」に近いフレームで行うことをお勧めします。

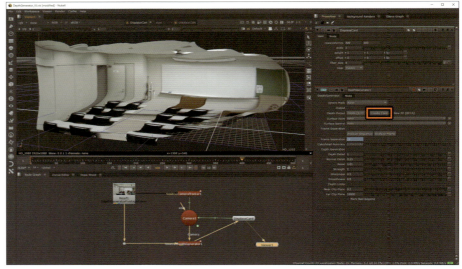

図4-2-9 Create Cardで深度情報のオブジェクトの作成

3Dオブジェクトを作成して位置を合わせる場合は、DepthGeneratorによって作成された`DisplaceCard`と3Dオブジェクトを`Scene`ノードに接続しておくと、同一空間上に見ることができるので配置しやすくなります。

その場合、3Dビューアーの「GL Light」をオンにしておくと、深度情報によって変位しているより正確なジオメトリが表示されるようになります。DesplaceCardによって3Dビューアーで確認すると図のようになっています。

　繰り返しになりますが、レイヤーを「rgb」に戻しておくことを忘れないでください。また、できるだけ「Caluculated Accuracy」の値が「1」に近いフレームで行うことをお勧めします。

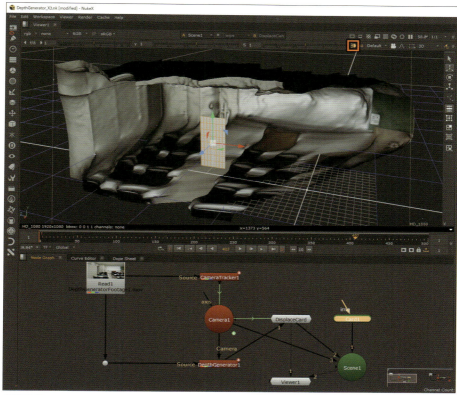

図4-2-10　3Dオブジェクトをシーンに配置

DepthGeneratorを使った2D画像へのデフォーカス

　`DepthGenerator`によって深度情報（Zdepth）が作成されていますので、2D画像に対して後からZDefocusの効果を与えることができるようになります。

　`ZDefocus`ノードを作成し、`DepthGenerator`の後に接続します。プロパティでは、以下を設定してください。

- depth channelを「depth.Z」
- outputの「output focal plane setup」にフォーカスポイントの確認
- 「depth of field」でフォーカス範囲の設定
- 「size」「maximum」でボケ具合の設定

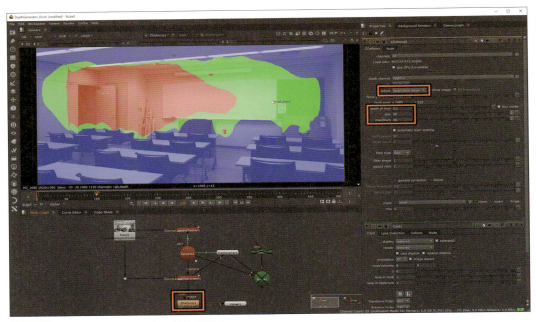

図4-2-11 ZDefocusノードでフォーカスの調整が行える

図4-2-12 元のシーケンス

図4-2-13 DepthGeneratorとZDefocusによるDepth Of Field

 位置情報と法線情報の設定

　　　　`DepthGenerator`で生成される位置情報と法線情報を使うことで、次項で解説する2D画像に対して後からライトの効果を加えることができるようになります。まずは、位置情報と法線情報を作成しましょう。

　　　　`DepthGenerator`ノードのプロパティで、Surface Pointの出力レイヤーを設定します。Point情報を入れるレイヤーはデフォルトにはないので、「new」でレイヤーを新しく作ります。

　　　レイヤーを設定するウィンドウが開くので、Nameを「Point_3D」に、Channelを「x」「y」「z」と設定してOKをクリックします。

　　　同じく、Surface Normalの出力レイヤーを設定します。Normal情報を入れるレイヤーはデフォルトにはないので、「new」でレイヤーを新しく作ります。

　　　レイヤーを設定するウィンドウが開くので、Nameを「Normal」に、Channelを「x」「y」「z」と設定してOKをクリックします。

図4-2-14 Surface Pointの出力レイヤーの作成

図4-2-15 Surface Normalの出力レイヤーの作成

ビューアーでレイヤーを切り替えると、どのような情報が出力されているかを確認できます。

図4-2-16 3D位置情報　　　　　　　　　　　　**図4-2-17** 法線情報

リライティング

先ほど作成した深度情報および3D位置情報と法線情報を駆使して、2D画像にライトの効果を加えてみましょう。リライティングには、`ReLight`ノードが必要になります。

まずは`ReLight`ノードを作成して、`DepthGenerator`ノードに接続します。同時に3Dシーン上でもライトが必要なので、`Scene`ノードと`Light`ノードを作成して接続し、`DepthGenerator`で作られた`DisplaceCard`と`Camera`を`Scene`ノードに接続しておきます。`ReLight`ノードにも`Light`を接続しておきます。

図4-2-18 ReLightノードを作成してノードを構成

　`ReLight`ノードは、最初「color」と「light」の入力しか見えていませんが、その2つを接続すると左側に矢印が見えます。それを引き出すと「cam」入力が現れます。そのcam入力に`Camera`を接続しておきます。

　もう1つ矢印が見えますので、それを引き出すと「material」入力が現れます。`Diffuse`シェーダーノードを作成して接続しておきます。入力はこれで終わりです。

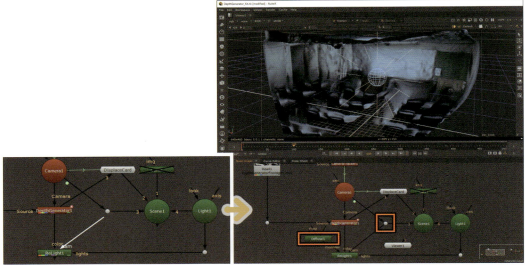

図4-2-19 ReLightノードにカメラとシェーダーを接続

　`ReLight`ノードのプロパティを設定します。`ReLight`ノードには、`Depth Generator`ノードで設定した「3D位置情報」と「法線情報」が来ていますので、プロパ

ティでそのレイヤーを選択します。

　`ReLight`ノードからは2D情報が出力されているので、最初に`Read`ノードで読み込んだ動画素材に`Merge`ノードを使ってリライト情報を合成します。

図4-2-20 「3D位置情報」と「法線情報」を利用して合成

　このノード接続によって何が行われているかというと、`DepthGenerator`ノードによって作成された疑似3Dオブジェクト（DisplaceCard）に対して、同じ3D空間上に配置されたポイントライトから新たなライティングを行い、それをDiffuseマテリアルを割り当てられた`ReLight`ノードによって2D画像に変換し、`Merge`ノードによって元の2Dシーケンスと合成してライティングを変更しているわけです。

　リライトにおいて調整しておかなければいけないことは、以下の3つです。

- ポイントライトのFalloff Type設定（光の減衰を設定します）
- DepthGeneratorから出力される3Dオブジェクトの調整（詳細度を設定します）
- ReLightのambientを調整（ポイントライトが当たっていない部分の環境光として）

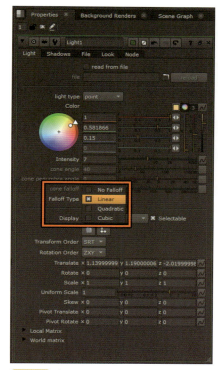

図4-2-21 ポイントライトのFalloff Type設定

図4-2-22 3Dオブジェクトの調整

図4-2-23 ReLightのambientの調整

図4-2-24 ライトをオフにして合成

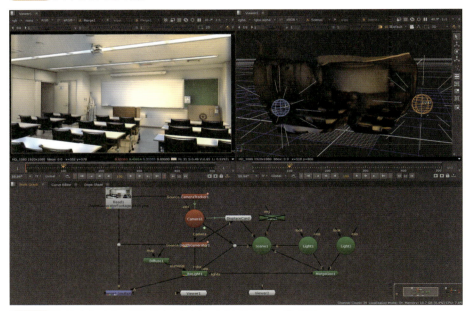

図4-2-25 ライトをオンにしてリライトにより夕方のようなライティングに変更

4-3 UDIMテクスチャ

「UDIM」とは、巨大なテクスチャマップを複数の「UVタイル」に切り分けて使用する手法です。Nukeでも、巨大なサイズの画像を扱うことは可能ですが、3Dレンダリングでは「512」「1024」「2048」「4096」などの一定のサイズに切り分けて使用するほうが、メモリ効率が上がり処理も速くなるため、3Dツールやゲームエンジンなどでは「UDIM」と

いう手法が設定されています。

UDIMの構成

　UDIMには、明確なルールが存在します。標準の(0,0)～(1,1)範囲外のUV空間領域を使用するモデルにテクスチャを適用する場合、1×1の正方形ごとに1つのテクスチャを使用するのが一般的です。

　これらのテクスチャには、さまざまな方法で番号を付けることができます。UDIMは、(0,0)～(1,1)領域に適用された最初のテクスチャを「1001」として識別する番号付けスキームです。番号は、U方向のテクスチャごとに「1」ずつ増加し、V方向のテクスチャごとに「10」ずつ増加します。

　横方向には最大10個のパッチ、上方向は無制限にパッチを含めることができます。これは即ち、パッチには「0～9」のUインデックス、「0～任意の正整数」のVインデックスが付けられます。

　たとえば、領域(1,0)～(2,1)のテクスチャは「UDIM.1002」になり、領域(0,1)～(1,2～のテクスチャは「UDIM.1011」になります。

　UDIMスキームに従うパッチのセットは、左下の最下段から数えて次のようになります。

「Tex.1001.tif」「Tex.1002.tif」「Tex.1003.tif」「Tex.1004.tif」

　下から2段目は、次のようになります。

「Tex.1011.tif」「Tex.1012.tif」「Tex.1013.tif」「Tex.1014.tif」

　Nukeでは、UDIMスキームに従ってパッチのセットをインポートし、3Dオブジェクトの表面にすばやく適用できます。

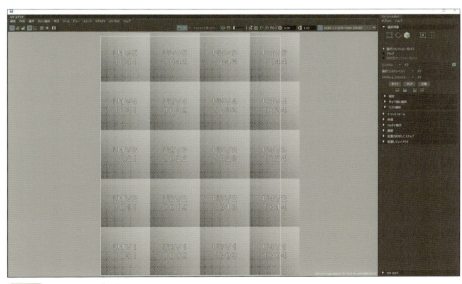
図4-3-1 MayaのUVエディタ

UDIMインポート

NukeでのUDIMの使い方を見ていきましょう。ツールバーから「イメージ→UDIMインポート」を選択します。インポートするUDIMイメージまたはシーケンスを選択し、「開く」をクリックします。

UDIM専用ダイアログウィンドウが表示されて、読み込んだUDIMテクスチャマップが一覧で表示されます。個々のパッチを無視するには、そのパッチの右にあるチェックボックスを無効にします。

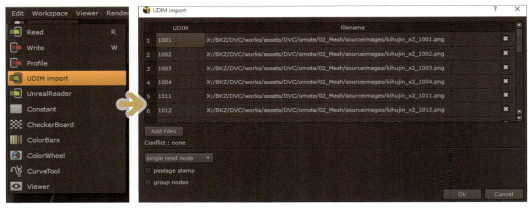

図4-3-2 UDIMインポートの実行

パッチを追加するには、「ファイルの追加」(Add Files)をクリックします。追加したパッチ間に競合がある場合は、「ファイルの追加」ボタンの下に競合を説明する通知が表示されます。典型的な競合は、同じUDIM値を共有する複数のファイルをインポートしようとした場合です。

読み取りノード上のパッチのサムネイルビューを有効にするには、ポステージスタンプチェックボックス(postage stamp)をオンにします。グループノードチェックボックス(group nodes)をオンにすると、各パッチの読み取りノードがグループノードに配置されます。グループノードの名前は、イメージまたはシーケンスの名前に基づきます。

「OK」をクリックして、ファイルをインポートします。グループノードのチェックをせずに読み込んだ場合は、図のように個々パッチに対して**Read**ノードが作成され、各パッチに**UVTile**ノード(UV空間内のパッチの座標を変更できる)が追加されます。また、右列の下段に出力ポートである**MultiTexture**ノードが作成されます。

図4-3-3 個別のパッチとしてUDIMを読み込み

グループノードにチェックを入れた場合は、図のように1つにまとめられます。1つになっていても、「Ctrl」+「Return」(「Cmd」+「Return」)を押すと、図4-3-3のノードグラフと同じように個々の内容を表示することが可能です。

これらのパッチをシーン内の3Dオブジェクトに適用するには、ツリー内の最後のノードの出力を`ReadGeo`ノードのimg入力、もしくはシェーダーのimg入力に接続するだけです。

　パッチをUV空間内の別のポイントに移動するには、UVTileコントロールパネルで別のUDIM値を入力するか、udimフィールドを無効にして「u」および「v」フィールドに値を入力します。

図4-3-4 グループとしてUDIMを読み込み

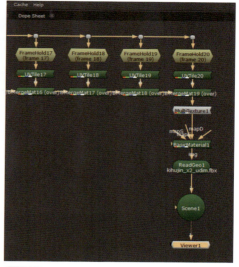

図4-3-5 パッチをオブジェクトに適用

UDIMワークフロー

　絵画などの超高解像度画像をNukeで使用する場合は、このUDIM機能が役に立ちます。まず高解像度画像に2Dツールなどでスライス処理を行い、複数枚のUDIMテクスチャに分解して出力します。

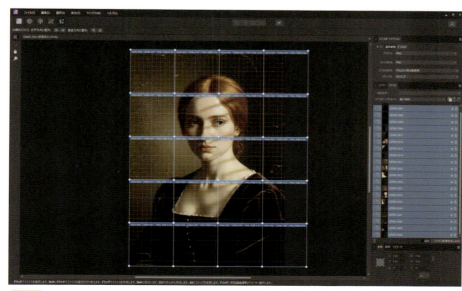

図4-3-6 絵画風の画像（画像生成AIにて作成）をスライス処理

なお図4-3-6は、Serif Europe社の画像編集アプリ「Affinity Photo」の画面です。UDIMの切り出しの使い勝手がよいので、使ってみてもよいでしょう（試用版もあります）。

図4-3-7 スライスされUDIM番号を割り当てて出力された画像

　DCCツールで3Dモデルに分解された画像を読み込み、UVツールでUDIMマッピングを設定します。設定された3DデータをNukeで読み込める形式にして出力します。

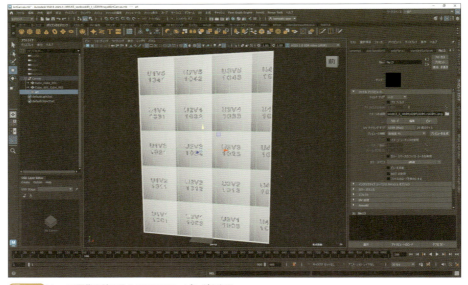

図4-3-8 Mayaで画像を読み込んでUDIMマッピングを行う

　Nukeで3Dモデルデータを読み込み、それぞれのパーツのマテリアルにテクスチャマップを割り当てるのと同じように、UDIMに分解されたテクスチャを前述の手順で読み込んで割り当てます。
　このように、Nukeの3Dも最新のテクスチャマップ手法である「UDIM」に対応しているので、3Dツールやゲームエンジンなどからのモデルデータ運用も問題なくこなすことが可能です。

図4-3-9 3DモデルデータにUDIMテクスチャを割り当てる

4-4 Deepを使ったBokeh効果

　Bokehノードには、これまでよく使われてきたZDefocusノードよりも優れた機能として、ボケの形状をコントロールする「Kernel」と、レンズの光学的効果をシミュレートする「Optical Artifacts」が備わっています。ここでは、その使用方法を見ていきましょう。

サンプルの作例

　たとえば、次ページの図のような3Dアプリケーションからレンダリングされたディープイメージを使ってシンプルなBokehノードグラフを組んでみました。今はまだBokehノードの効果は、オフにしてあります。
　Bokehノードのプロパティで Output Typeを「Focal Distance Visualization」に変更し、焦点を合わせたい位置を指定します。

図4-4-1 サンプルのディープイメージ

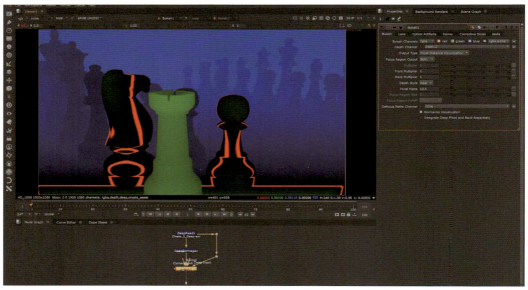

図4-4-2 焦点を合わせたい位置を設定

Kernelでのボケ形状の設定

　Output Typeを「Defocused Image」に戻し、Kernelタブの「Kernel Type」を変えてみましょう。Kernel Typeには3つの選択肢があり、「Circular」は円形のボケ形状、「Aperture Blades」は絞り羽による非円形のボケ形状、「Input」はaperture textureの画像を用意して任意のボケ形状を得ることができます。

Aperture Bladesを選んだ場合は、「Blade Count」で絞り羽の枚数を変えることができます。

図4-4-3 Kernel Typeでボケ形状の設定

図4-4-4 絞り羽の枚数の設定

Optical Artifactsのボケとブルーム効果の設定

　「Optical Artifacts」では、明るい部分がにじむブルーム効果やレンズの球面収差や色収差などの光学シミュレート効果を得ることができます。図の例では、「Spherical Aberration」の値を上げてドーナツのようなボケ形状効果を得ています。

図4-4-5 Spherical Aberrationの設定

「Chromic Aberration」の値を調整すると、光の波長の違いによる色収差効果を得ています。

図4-4-6 Chromic Aberrationのの設定

最後にBloom効果についてですが、このブルーム効果はレンズに強い光が入ってきたとき、内部で光が散乱して本来の輪郭よりも回り込んで光がにじむ現象を再現できます。

コントラストの強いディープイメージを用意して、同じように**Bokeh**ノードを組んでみました。「Bloom」の値を上げていくと、強い光が手前のオブジェクトの輪郭を回り込んでにじむ効果が出ました。チェスの駒の輪郭が細くなっていることがわかります。

図4-4-7 ブルーム効果の確認

このブルームは、BokehタブのOutput Typeを「Lens Bloom」に変えることでブルーム効果のみを表示させることが可能で、効果の強さを認識しやすくなっています。

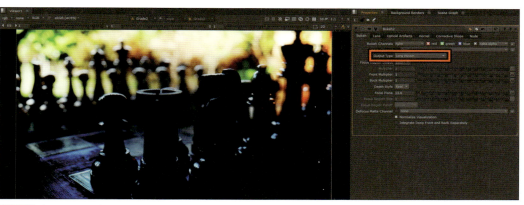

図4-4-8 ブルームのみを表示して確認

4-5 PositionToPoints

PositionToPointsは、3Dアプリケーションからレンダリングされた画像ファイルに含まれるAOV情報から3次元位置データを計算し、Nukeの3D上に点群データとしてレンダリング画像を再構築することができます。

3D点群データは3Dコンポジットとして使用できるため、2Dコンポジットでは難しい処理も容易に行うことが可能となります。

 この節での作例

この節で解説する作例を先に示しておきます。モデルデータやアニメーションは、Adobe Mixamoにて作成しました。

図4-5-1 Mayaでレンダリングされた3Dアニメーション

図4-5-2 Nukeで2D画像から3D点群データを生成

レンダリングとカメラの設定

ここでは、Mayaでの設定例を解説します。Arnoldでレンダリングする場合、AOVの設定では以下を出力できるように設定しておきます。

- N：シェーディングポイントのワールド空間内での法線情報
- P：シェーディングポイントのワールド空間内での位置情報
- Z：カメラから見たシェーディングポイントの深度情報

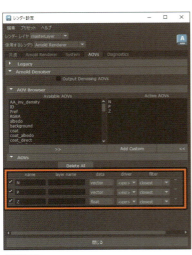

図4-5-3 ArnoldのAOVの設定　　図4-5-4 USDでの書き出し設定

AOV以外には、3Dアプリケーションのカメラ情報をNukeへ渡す必要があります。**PositionToPoints**は新旧どちらのスタイルの3Dでも処理できますので、USDデータとして書き出しておくことをお勧めします。

USDで書き出す場合は、オプションの「Animation Data」をONにしておきましょう。

フレームレンジの設定は「Use Animation Range」をクリックすると、自動的に数値が入力されます。

Classic 3Dシステムでの設定

　Classic 3Dシステムでの設定を解説します。「新しい3Dシステム」での設定については、後半で解説します。

　3DメニューよりPositionToPointsノードを作成し、レンダリングされたシーケンスを読み込んだReadノードの下に接続します。

　Readノードで読み込んだシーケンスには、AOVの「P」（位置情報）「N」（法線情報）が格納されています。

図4-5-5 PositionToPointsノードの作成

図4-5-6 P（位置情報）

図4-5-7 N（法線情報）

　これらの情報をPositionToPointsノードで使用するために、プロパティでは以下のように設定します。

- surface pointには「P」を選択
- surface normalには「N」を選択

　それ以外の設定として、以下のようにしておきます。これは、Viewer上での点群データの見え方の設定です。

- displayを「textured」
- renderを「textured」
- point detailを「1」に
- point sizeを「1」に

475

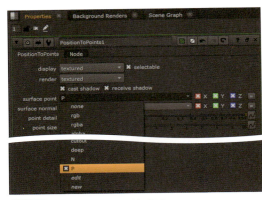 

図4-5-8 PositionToPointsノードの設定

図4-5-9 3D Viewerでの表示

キーボードの「Tab」キーを押して3D Viewerに切り替えると、図のような表示になっているはずです。タイムラインの位置を変えると、そのフレームでの点群データが再構築されます。

なお、3Dアプリケーションで設定されたカメラから見えていない部分は、Nukeでは表示されないことに注意してください。従って、後から自由に視点を変えられるわけではありません。これは2D画像から3D点群データを生成する場合の制約です。

3D Viewerに表示されている画像を拡大していくと、細かい点の集まりになっていることがわかります。これが PositionToPoints ノードによって生成された点群データです。PositionToPoints ノードのプロパティでは、点群のディティールやサイズを調整することができます。

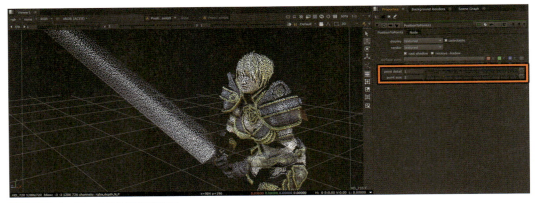

図4-5-10 プロパティで点群の調整が行える

ノードグラフ上では PositionToPoints の文字に隠れてはっきりとは見えていませんが、PositionToPoints ノードの左側に別の接続ポイントが隠されています。

Read ノードからの接続を明示的に切り分けておきたい場合は、Shuffle ノードを使っていったん「P」（位置情報）と「N」（法線情報）を切り分けてから、Position

ToPointsノードから出ている「pos」と「norm」にそれぞれ「P」と「N」を接続するとよいでしょう。どちらでも結果としては同じになります。

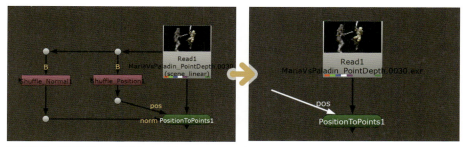

図4-5-11 P（位置情報）とN（法線情報）の情報を切り分けて入力

PositionToPointsを使ったリライティング

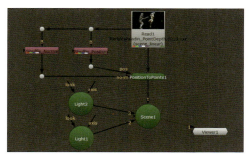

図4-5-12 点群データへのライティング

PositionToPointsノードで作られた点群データには、3D上でライティングを施すことができます。LightノードとSceneノードを作成し、図のように接続します。

3D Viewer上でライトの位置を調整し、プロパティでライトの色や強さ、Falloffなどを調整します。

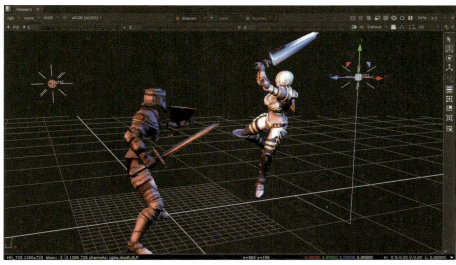

図4-5-13 ライティングの調整結果

Cameraノードを作成し、Sceneノードに接続します。Cameraノードのプロパティでは、3Dアプリケーションから出力されたUSDデータを読み込みます。カメラ以外のデータが付随している場合は、FileタブのUSDオプションでカメラを選択しておきます。

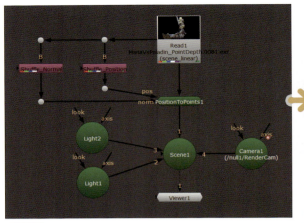

図4-5-14 CamareノードでUDSデータを読み込む

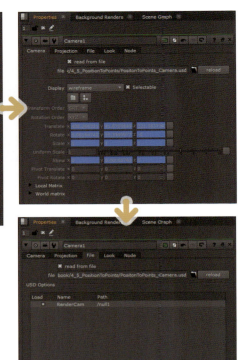

　3D Viewer上で読み込んだカメラに切り替えます。これでレンダリングされた2D画像と3D点群データが同じ見え方になるので、合わせることができるようになります。

図4-5-15 読み込んだカメラに切り替え

　ScanlineRenderノードを作成し、2D画像に変換すればそれ以降は2Dコンポジットになります。元の画像に**Merge**ノードを使って、multiplyなどで合成することでリライティング情報を自由に追加できるようになります。

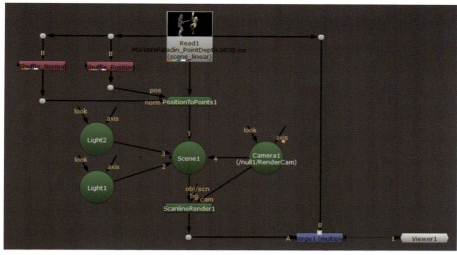

図4-5-16 ScanlineRenderノードで2D画像に変換

図4-5-17 リライティングの効果（左：元画像、右：ライティングの結果）

新しい3Dシステムでの設定

新しい3Dシステムでは、`PositionToPoints`ノードと同じ役割を果たす`GeoPoints`ノードを使用します。`GeoPoints`ノードの「src」（ソースコネクト）を`Read`ノードに接続します。

図4-5-18 GeoPointsノードの作成

`GeoPoints`ノードのプロパティでは、以下のように設定します。

- Surface Pointには「P」を選択
- Surface Normalには「N」を選択
- Depth Channelには「depth.Z」

そのほかの設定としては、以下のようにしておくとよいでしょう。

- Point Detailを「1」に
- Point Sizeを「1」に

図4-5-19 GeoPointsノードの設定

「Tab」キーを押して、3D Viewerに切り替えると図のように見えているはずです。ライト表示をONにしておきましょう。新しい3Dシステムでは、同時にScene Graph上にもGeoPointsが見えていることがわかります。

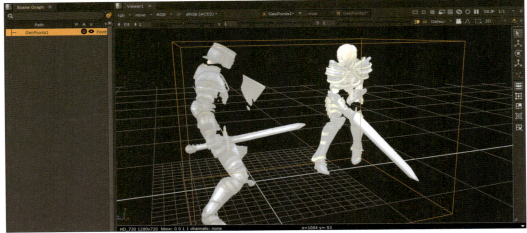

図4-5-20 3D Viewerでの表示

次は、前述したClassic 3Dシステムと同じようにライトとカメラを設定します。新しい3Dシステムは、Classic 3Dシステムとはノードが異なりますので注意してください。赤のノードが「新しい3Dシステム」、緑のノードは「Classic 3Dシステム」です。

`Camera`ノードでは、少々設定が必要です。

図4-5-21 カメラとライトの設置

図4-5-22 カメラの設定を変更

①Cameraタブの「Import Scene Prim」にチェックを入れて、USDファイルを読み込む

②「Import Prim Path」で、USDデータの中からカメラを選択

③「Lock Rea」のチェックを外し、その下の「Frame Rate」を3Dアプリケーションでのフレームレート設定と同じ値に設定

3D Viewer上でライトの位置の調整を行います。この時、ライト表示をOFFにすると元画像の色味が消え、ライトによる影響だけが3D Viewer上に表示されるように変わります。ライトを調整する場合は、こちらのほうがわかりやすいですね。

ライトのプロパティは、Classic 3Dシステムのライトより設定できる項目が増えています。明るさの調整は、3Dアプリケーションのレンダラーなどと同じく、「Intensity」と「Exposure」で調整を行います。

図4-5-23 ライトの位置の調整

図4-5-24 カメラのプロパティ

`ScanlineRender2`ノードを接続し、元のシーケンス画像と`Merge`ノードでmultiply合成を行います。

`ScanlineRender2`ノードのプロパティでは、なぜかScene Time Offsetの値にデフォルトで「1」が入っているため、`Merge`ノードで合成したときに、モーションブラー計算が行われて元画像とズレが発生してしまいます。必ず「0」に設定しておきましょう。

図の左が、デフォルトのScene Time Offset値の表示です。なお、ズレがわかりやすいように`Merge`ノードの設定を「difference」にしています。

図の右が、Scene Time Offsetの値を「0」に設定した状態です。フレームのズレはなくなっています。

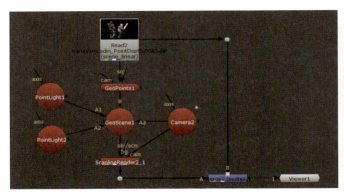
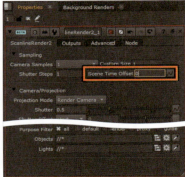

図4-5-25 ScanlineRender2ノードの接続と設定

図4-5-26 Scene Time Offsetの「1」(上)と「0」(下)の比較

　　　　　最後に、新しい3Dシステムでのライティング調整を行った結果の例を示しておきます。

図4-5-27 リライティングの効果（上：元画像、下：ライティングの結果）

4-6 3D Gaussian Splatting in Nuke

　現実世界とCGの表現を合わせて1つの世界を作り上げることは、VFXデザイナーの夢です。Nukeで行うコンポジットはその最前線であり、多くのVFXスタジオで今日もさまざまな手法が試されています。
　これまで現実の世界をコンピュータに取り込む試みとして、以下などの手法がありますが、どの手法も現実世界をリアルに再現することと、表現の自由度にはトレードオフの関係があり制限がありました。

- プロジェクションマッピング
- 2D、3Dカメラトラッキング
- デプスジェネレーター
- フォトグラメトリー
- 3Dスキャニング
- リアルな3Dモデリング

　そのような状況の中、2023年に登場して以来注目を集めている新しい手法は「3D Gaussian Splatting」です。

 ### 3D Gaussian Splattingとは

　3D Gaussian Splattingは、写真やビデオ映像から現実の世界を3Dデータ化する手法ですが、ポリゴンベースで行う3Dモデリングやフォトグラメトリーとは異なり、空間そ

のものを多数の「ガウス分布」と呼ばれる楕円体の集まりで表現します。

これにより、従来のポリゴンメッシュでは難しかった植物などの複雑な形状や、金属やガラスなどの微妙な光の効果を、より自然に表現することが可能になりました。また2D写真ベースのコンポジットとは異なり、3Dデータ化されていますので自由にカメラを動かすことができます。さらに、3D Gaussian Splattingはレンダリング時の負荷が軽いため、リアルタイム表現にも長けています。

OFX Gaussian Splatting Plugin for Nukeプラグイン

3D Gaussian SplattingをNukeで扱えるにようにするOFXプラグイン「Gaussian Splatting for Nuke」がirrealix社からリリースされています。

● Gaussian Splatting for Nuke
https://irrealix.com/plugin/gaussian-splatting-nuke

「Gaussian Splatting for Nuke」は、PLY形式の3D Gaussian splatsデータをNuke内にインポートしてGPUによるリアルタイムプレビューを見ながら操作し、レンダリングが行える「OFX」(OpenFX、VFXのオープン規格)プラグインです。

このプラグインでは、3D Gaussian Splattingの位置、スケール、ボックスによるクロップ、Y平面でのクロップ、最大10個の3D Gaussian Splattingモデルのシーン内での結合、カラーコレクト、ノイズを使ったモデル出現アニメーションなどのエフェクトも作成できるようになっています。

図4-6-1 irrealix社の公式Webサイト

3DGaussian Splattingのデータの準備

それでは、実際のワークフローを見てみましょう。まずターゲットとなる空間の撮影を行います。写真やビデオ映像からの切り出しも使用できます。撮影時にはブラーや浅い被写界深度によるボケは、できるだけ排除して行うことが重要です。

撮影されたデータから3D Gaussian Splattingの作成を行うアプリケーションはいくつかありますが、今回はドイツのJawset Visual Computing社が開発している「Postshot v0.5.48」(ベータ版として公開中)を使用します。

- Postshot（ベータ版）のダウンロードサイト

https://www.jawset.com/

- Postshotの紹介記事（CGWORLD.JP）

https://cgworld.jp/flashnews/202501-Postshot-v05.html

適切に撮影されたデータの場合はPostshotだけでも作成可能ですが、複雑な空間を再現する場合はカメラ位置の割り出しにフォトグラメトリー作成で有名なEpic社の「RealityCapture 1.5.1」を経由することで時短を図ることも可能です。

- EPICのRealityCaptureのWebページ

https://www.capturingreality.com/

1 RealityCaptureに素材を読み込み

RealityCaptureに撮影された写真を読み込み、アライメントを行いカメラ位置と点群データを割り出します。

2 カメラ位置や点群データの出力

アライメントが完了したら、カメラ位置はレジストレーションコマンドから「CSV」データとして出力し、点群データは点群コマンドから「PLY」データとして出力しておきます。

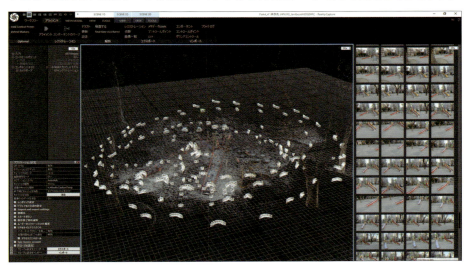

図4-6-2 RealityCaptureでの素材の読み込みとデータの書き出し

3 Postshotでのデータの分析

RealityCaptureから出力されたCSVデータとPLYデータを、使用した写真とともに「Postshot」にドラッグ＆ドロップします。

表示されるポップアップウィンドウの設定は、デフォルトのままPostshotによるガウシアンデータのトレーニングを行います。トレーニング時間は使用するGPUによっても変わりますが、簡易なものでは数十分、長くても数時間といったところです。

図 4-6-3 Postshotでのガウシアンデータのトレーニング

4 必要な領域のクロップ

目標値までのトレーニングが完了できたら、クロップボックスで表示する領域を指定し、余分なスプラットをクリーニングしておきましょう。クロップは広域を再現する場合は必要ありませんが、単体のオブジェクトなどの場合はPostshot内でクロッピングしておくほうがやりやすいです。

図 4-6-4 Postshotでクロップ

5 Nukeにプラグインで読み込むためのデータ出力

完成したGaussian Splattingデータは、Export Rdnc Fieldsコマンドで「PLY」データとして出力します。「Gaussian Splatting for Nuke」では、このPLYデータを使用します。

Gaussian Splatting for Nukeプラグインでの操作

3DGaussian Splattingのデータの準備ができたので、プラグインで操作してみましょう。

1 プラグインのインストール

「Gaussian Splatting for Nuke」は、OFXプラグインとしてインストールされます。Nukeでの扱い方は簡単で、コマンドメニューから**Gaussian Splatting**ノードを作成して、Viewerに接続します。

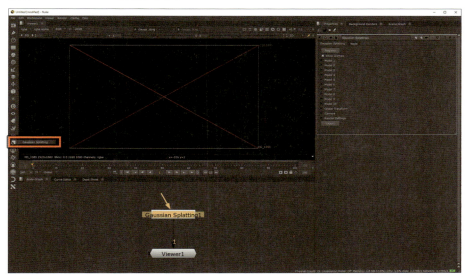

図4-6-5 Gaussian Splatting for Nukeプラグインの画面

2 データの読み込みとカメラの配置

Gaussian Splattingノードのプロパティで、Postshotで作成したPLYデータを「Model1」として読み込みます。

PLYデータを読み込んだ段階では、カメラがAlign地点を見る状態になっていますので、データの状態によっては何も見えない場合もあるかもしれません。任意の視点を得るためには、Nukeの中で3Dカメラを配置します。

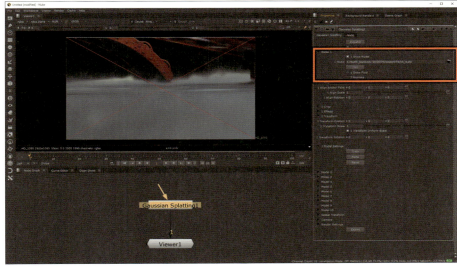

図4-6-6 データの読み込みとカメラの配置

③ 3Dカメラノードを作成して設定

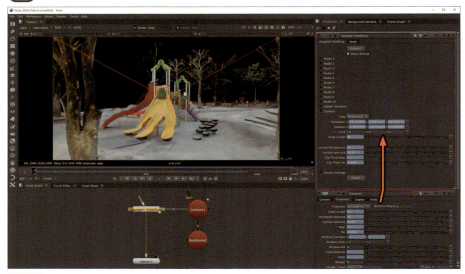

図4-6-7 3Dカメラノードを作成して設定

　Gaussian Splattingノードだけでは自由にカメラを操作することが難しいので、Cameraノードを作成し、プロパティパネルでGaussian SplattingノードとCameraのプロパティを同時に表示させ、「Ctrl」(Cmd)キーを押しながら、「Camera Translation」「Rotation」「Pivot」「Focal Length」「Horizontal and Vertical Aperture」をドラッグします。

　これでNukeの3Dカメラから、Gaussian Splattingを自由に見ることができるようになります。

④ カメラデータの読み込み

　Postshotやほかの3Dツールから、Nukeにカメラデータを持ち込んでアニメーションさせることも可能です。Nukeでの表示は、ほぼリアルタイムで処理されますので、長尺なカメラアニメーションのレンダリングも短時間で行えます。

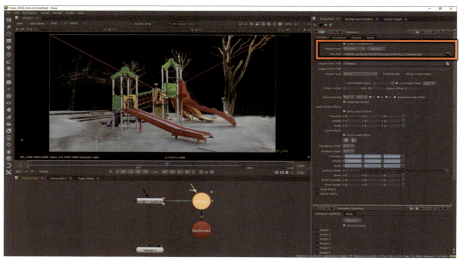

図4-6-8 カメラデータを使ったアニメーション

複数のデータを読み込んで合成

「Gaussian Splatting for Nuke」プラグインでは、10個までのPLYデータを読み込んで表示させることが可能です。図のように、2つ目のPLYデータを3D空間上に重ねて表示させることができます。

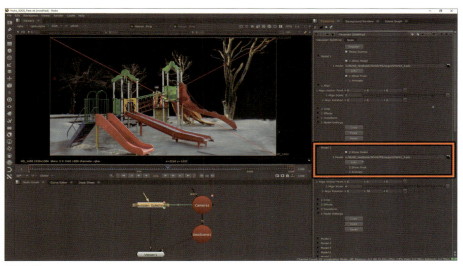

図4-6-9 複数のデータを読み込んだ例

Gaussian Splatting for Nukeプラグインでのエフェクト

「Gaussian Splatting for Nuke」プラグインでは、PLYデータに対してそれぞれ個別にクロップやカラーグレーディングによる調整を行うことができます。

エフェクトでは、スプラットサイズを小さくして細かな点群から実態が現れるようなアニメーションを与えたり、ノイズを掛けて散っていくようなアニメーションを表現することも可能です。

最終的には、2Dイメージとしてアルファチャンネルで背景と合成したり、Gaussian Splattingは3D空間情報なので、Z Depth情報も出力することが可能です。

3D Gaussian Splattingの作成には、AIによるトレーニング時間が必要になりますが、近年のAIチップの発展により、文化財・美術作品のデジタルアーカイブ、ゲーム背景、仮想現実、拡張現実、VFXなど幅広い分野における活用が期待され、その高速なレンダリング能力と写実的な表現力は、次世代の3D技術の基盤となることが期待されています。

図4-6-10 Gaussian Splatting for Nukeプラグインのプロパティ

図4-6-11 点群を使ったアニメーション

図4-6-12 ノイズによるアニメーション

Nukeのコンポジットで「3D Gaussian Splatting」が扱えるようになると、これまでの3Dコンポジットでは手間が掛かったり難しかった表現ができるようになっていくでしょう。

図4-6-13 2Dイメージとの合成

まとめ

　Nukeではこのように、さまざまな方法で3Dコンポジットを行うことができます。ほかのコンポジットアプリケーションや2Dコンポジットでは難しい、あるいはプラグインをたくさん使わなければできないようなショットワークがノードのネットワークだけで実現できてしまいます。

　さらに今後は、USDシステムを根幹に搭載することで、これまでの知見の枠を超えてより3Dに特化した新しいコンポジットワークが行えるようになるでしょう。ぜひ、本書を手掛かりにNukeのコンポジットワールドを探求し続けてください。

Part

6

Nukeシーンリニアと
カラーマネージメント

　ノードベース、3D composite、Deep compositeなど、さまざまな特徴的な機能を有するNukeですが、ほかのコンポジット・アプリケーションと大きく異なっている点を挙げるとすれば、処理のコアが「32bit floating」「scene linear color space」である、ということではないでしょうか？ この強力な特徴は、初めてNukeに触れる際には戸惑うこともあるかもしれません。

　Nukeはこの特徴により、高い精度で色情報を処理でき、ハイダイナミックレンジの画像を正確に合成できます。ここでは、「シーンリニア」とそのシーン構築に必要な「カラーマネージメント」を解説し、それらがNukeでどのように機能し、処理されているかを詳しく解説します。

　シーンリニアの理解と適切なカラーマネージメントは、高品質なコンポジット作業に欠かせない要素です。

　またダウンロードデータとして、この編で掲載している画像を作成した「nuke scrip」、および「Nuke-default」「OCIO」の動作確認用のサンプルファイルを用意しました。これらの使い方については、本編の最後をご覧ください。

1章	シーンリニアとは	492
2章	カラースペース（色空間）ー color space ー	497
3章	NukeのColor Management I/O	506
4章	実践：NukeでのOCIO	518
付章	付録：nuke scriptの使い方	528

Part 6

CHAPTER 01

シーンリニアとは

「シーンリニアとは何か?」このデジタル画像制作において重要な概念を説明する前に、まずデジタル画像データに関する情報を整理します。これらは、デジタルイメージを扱う上で役立つとともに、素材画像や出力納品データを扱うNukeでのインプットとアウトプットを行う上で、必須な知識となります。

1-1 デジタル画像の3つのステート

みなさんは「画像の用途」を意識したことがあるでしょうか?

普段は画像ファイルについて、「見る」(鑑賞)以外の用途を意識することはないでしょう。しかし、画像のファイルフォーマットは、格子状に並んだピクセル(画素)に値を格納できるため、その特性を利用した、観賞以外の目的で活用される画像ファイルが多く存在します。

たとえば、デジタルカメラのRAWファイルは、センサーが検知した値を記録することを目的とした画像フォーマットです。CGの世界ではノーマルマップなど、レンダリングの計算に使用する目的で値を保存した画像もあります。

こうした画像は「見る」ことではなく、「値を保存する」ことが目的であるため、ビューアーで開くと、色が現実とは異なっていたり、色褪せていたり、単色だったり、そもそも何を表しているのかがわからないこともあります。

世の中にはさまざまな画像メディアを記録するためのデジタルデータが存在し、そして多岐に渡る用途に応じてカラースペースが存在します。カメラ撮影の記録、PCアプリケーションを使って描かれた画像、デジタルビデオ録画、フィルムをデジタルスキャンした画像など、それらの目的ごとにカラースペースは膨大な数が存在しますが、これらは3つのファミリーに分類することができます。

この3つのファミリーは「イメージステート(Image State)」と呼ばれ、この概念は、次の規格として定義されています。

> ● 国際標準ISO22028-1
>
> Photography and graphic technology - Extended colour encodings for digital image storage, manipulation and interchange - Part 1: Architecture and requirements
>
> 「フォトグラフィーとグラフィックテクノロジー—デジタル画像の保管・取り扱い・互換用の拡大色符号化---第1部:構造および要求事項」

以降では、それぞれのイメージステートについて解説します。

アウトプット・リファード：output-referred

　一般的に一番馴染があり日常的に利用されているファミリーが、この「output-referred」です。文字どおりデバイスに出力するためのカラースペースであり、「BT.601」「BT.709」などのビデオカラースペース、デジタルシネマ上映のための「DCI」、日常的に使用している「sRGB」など、広範囲に渡って使用されるカラースペースです。output-referredには、出力デバイスで使用する値が保存されています。

インターミディエイト・リファード：negative-referred、intermediate-referred

　Kodak Cineonシステムの一部がその発祥であり、一般的に「Log」と呼ばれています。これは元々カラーネガフィルムをスキャンしデジタルデータ化するために開発されたもので、negative-referredと呼ばれることもあります。現在ではDigital Cinema Cameraがログイメージを生成するように進化しており、メーカー各社で独自のログフォーマットを採用しています。

　アウトプット・リファードとシーン・リファードの中間の状態なので、インターミディエイト・リファードと呼ばれています。

シーン・リファード：scene-referred

　現実のシーンの光に基づいたリニアな明度を相対的に参照したデータを格納しています。従って「Raw（生の、加工していない）」カラースペースと呼ばれることもあります。ただし、現実の世界に存在する光は太陽光から月明かり、蝋燭の光など広範で大きな明度の差が存在し、これをそのまま記録することは非常に難しく、格納されるデータは絶対値ではなく、あくまでも相対的にリニアな明度になります。

　カメラのイメージセンサーの出力をそのまま記録するケースもありますし、CGIレンダリングソフトウェアの内部演算ではシーン・リファードカラースペースが使用されています。

図1-1-1　3つのイメージステート

3つのステートが必要な理由

　デバイスに出力するためのステートとシーンを記録するためのステートが存在する理由は、以下の3つのポイントにより説明できます。

493

①視聴環境の違いへの順応不完全性

　野外でモノを見る環境と室内の通常の環境でテレビや映画を観る際の視聴環境の違いは極端に大きく、人間の視覚システムはその違いに順応できますが、この順応は不完全です。このため表示する画像に対して、環境の差異を補正することが必要となります。

②技術的な制約によるダイナミックレンジの再現不足

　実世界のシーンを構成するダイナミックレンジは広大であるのに対して、現在のデバイスでは技術的にほんの一部しか再現ができません。この制約により、表示デバイスが扱うことのできるダイナミックレンジが限定されています。

③理想の色の記憶との不一致

　最後に、私たちは実際のシーンの色ではなく、記憶の中の理想の色が表示されることを望むケースが往々にしてあります。

　これらの要素を加味し、実際のシーンやデータから色を変換し、広大なダイナミックレンジの中から印象的な部分を抜き出し、コントラストを強調するなどさまざまな処理が行われて、最終的な「output-referred」データが表示デバイスに出力されます。

　いわゆるビデオカメラの電子的な処理、ネガフィルムのカラータイミング、撮影時のカメラセッティングなどがこれに該当します。

　intermediate-referred（Log）／scene-referred（Raw）でデジタルデータとして記録することで、以下が実現可能となります。

- 撮影時にルックを決定することなく広いレンジの情報を使い、ポストプロダクションにおいてまったく異なるルックを試し、リライティングを行うなど、高い柔軟性を持つ

- 最終表示デバイスより広い色域データで記録することにより、さまざまなフォーマットへの対応できる

　簡単な一例をお見せします。図1-1-2は各リファードの画像をこの後に解説するリニアライズを行いカラースペースを揃えて「sRGB」として表示させた状態です。

図1-1-2 イメージステートの情報量①

　一見同じように見えますが、exposureを「-3stop」にすると図1-1-3のようになります。アウトプットリファードは出力デバイスの最高輝度以上の情報を保持していないので、インターミディエイトリファードとシーンリファードと比較すると髪のハイライトなどのHDR（ハイダイナミックレンジ）の情報が失われていることがわかります。

図1-1-3 イメージステートの情報量②

1-2 アウトプット・リファードでのワークフロー

　シーンリニアワークフローが登場する以前の画像処理は、「output-referred」の画像データを扱う作業でした。これは観賞用画像である「出力デバイスで見るための処理がなされた」データを調整、演算することを意味し、ディスプレイに映し出された画像を眺めながら光を足したりカラー調整を加えたりといったことを、感覚的にソフトウェア処理として加えていきます。

　一見シンプルでわかりやすい作業ですが、この観賞用画像にはディスプレイ特性（最近ではEOTF、一般的にGammaと呼ばれている）が含まれていて、この特性を加味した処理をソフトウェア内では行っています。また作業するアーティストの主観や経験などの要素が存在し、ある意味感覚的なアナログプロセスをデジタルに置き換えたことで、混乱や誤解を生じやすいフローでした。

　簡単な一例として、図1-2-1はアウトプットリファードとシーンリファード画像の50%の輝度の違いを示しています。

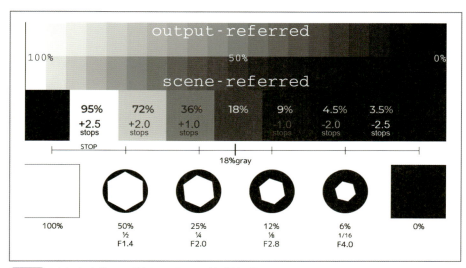

図1-2-1 アウトプットリファードとシーンリファードの輝度の違い

1-3 シーンリニアワークフローとは？

　シーンリニアワークフローとは、現実の世界の光を捉え、あるいは忠実に再現したデータを扱うワークフローのことです。たとえばCGで現実世界の光を再現するためには、シーンリニアな環境で作業を行うことが必要になります。

　シーンリニアでない環境で作業をすると、どうなるでしょうか？ たとえば、コンポジット作業の環境がシーンリニアに対応していないとします。

　その直前までシーンリニアで作業を進めてきたとしても、コンポジットの工程で現実に近い値（正しい値）からずれたデータが出力されることになります。そうした処理が繰り返され、蓄積されると現実世界ではありえない結果、つまり目になじまない、違和感を覚える画を生じやすくなります。

　このような場合には、最終段階の色調整で違和感をなくす処理をすることになります。しかし、どう調整しても修正できない場合も出てきます。それならば、最初からワークフロー全体でシーンリニアに対応できる環境を用意し、現実世界に則った状態で作業をしたほうが、調整の必要がない画をより効率的に作成できるようになるでしょう。

　ではシーンリニアとは、具体的にはどういうことを指すのでしょうか？ 以下の2つを満たしている状態が、シーンリニア（Scene-Linear）です。

- **"Scene-referred" な状態**
- **色の値が明るさに対してリニア**

　カメラやディスプレイの特性は切り離されていて、現実シーンと同様に光を足せば、その分だけ光が増加し、光を倍にすれば画像の値も倍の値になります。このように、加えたり、かけ合わせたりする処理が反映される特性を持つ状態を基準とした映像制作フローが「シーンリニアワークフロー」です。

カラースペース（色空間）
— color space —

シーンリニアワークフローとカラーマネージメントを実施するために必要な情報として、さらにもう1点「カラースペース」について解説します。カラースペースは色を表現するための数学的なモデルであり、色の表現方法や範囲を規定します。一般的に、次の3つの要素で定義されます。

- 色域（gamut）
- トランスファーカーブ（OETF／EOTF／gamma）
- 白色点（white point）

なお、掲載している色域図の引用先は章末を参照してください。

2-1 色域（gamut）

色を示すためには「R」「G」「B」の3つの値を使う方法が一般的です。これは人間の視覚を司る神経が3種類あり、それぞれ「赤」「緑」「青」の色に反応するところから来ています。ただし、RGBの3つの値で再現できる色には限界があって、人間の目が認識可能な色を印刷物やモニタなどですべてを出力、表示することは不可能です。

色域とは「人間が認識可能な色の範囲のうち、どれだけの領域を表すことができるか、またその範囲の中の色をどのように数値化するか」の定義になります。数値化の方法はカラースペースごとに異なりますが、一般的に映像制作で使われる色域は、図に示す「CIE1931色度図」を基準にしてそのxy座標上で3点を結ぶ三角形で色域を表します。

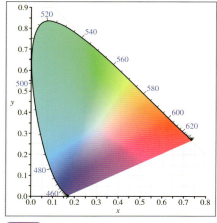

図2-1-1 CIE1931色度図

Nukeで使われることが多いRGB表色系について解説しましたが、RGB以外にも色相、彩度、明度で色を表す「HSV」や、輝度と色差で色を表す「YUV」、印刷の世界でよく使われるシアン、マゼンタ、イエロー、ブラックの4色からなる「CMYK」を使う方法などがあります。

ほかにも、色見本帳として使われる「PANTONE」の色のパレット（カタログ）も色を数値化している点では変わりはなく、限定された色しか存在しない狭いカラースペースと見なすことができます。さらに詳細に興味のある方は、専門書などを参考にしてください。

2-2 トランスファーカーブ（OETF／EOTF／gamma）

トランスファーカーブとは以前は「gamma」（ガンマ）と呼ばれることが一般的でしたが、HDRフォーマットの出現以降は「OETF／EOTF」という呼び方が使われるようになりました。

TFは「Transfer Function」の略で変換を意味し、OEは「オプティカル→エレクトリック」、EOはその逆を示すので、「OETF＝アナログからデジタル変換」「EOTF＝デジタルからアナログ変換」を行う輝度の変換値のことになります。

また、デジタルシネマカメラ収録時に使用されるlogカーブも「OETF」です。「EOTF」の代表的なものは、PCモニタやテレビ表示に変換値として使用される「ガンマ」で、「sRGB gamma／gamma2.4」が規定値として使用されています。

2-3 白色点（white point）

前述した「CIE1931色度図」は、明度情報を除いた色度情報のみを表す2次元空間ですが、実際に使用する色空間は3次元空間で表わされ、正確な色情報を得るためには「R,G,B＝(1,1,1)」である白色点を色度図上の位置として定義する必要があります。

「R,G,B」各点と同様に「x,y」として2次元のポイントとして定義されますが、色温度を数値で表現するケルビンを用いて「6500K（D65）」「5000K（D50）」などと記して表現されます。

色温度とは、光源の色合い（赤っぽいとか青白いなど）を数値で表す尺度であり、単位として「K（ケルビン）」を用います。白色点は、理想的な黒体（完全放射体：あらゆる波長の電磁波を完全に吸収・放出する物体）を想定した際に導き出される「温度によって放射する波長の分布」＝「黒体の熱放射スペクトルを表す曲線」であるプランキアン軌跡上の点で示されます。

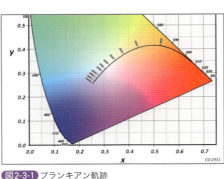

図2-3-1 プランキアン軌跡　　図2-3-2 色空間概念図

2-4 映像制作で使用される代表的なカラースペース

コンポジット作業で使われることが多い代表的なカラースペースについて解説します。

Rec.709／Rec.1886

Rec.709／Rec.1886は、HDTV映像制作のために策定された映像フォーマットです。当時放送モニタの主流であったCRTに基づいて定められています。そのため、CRTの蛍光体の発光に基づいた三原色と白色点によって値が規定されました。

Rec.709はCRTへの出力を想定しているため、撮影画像のトランスファーカーブであるOETFのみ定義されており、出力側のEOTFは未定義になっています。規格上定められていないために「gamma2.2」「gamma2.4」両方で出力されるケースがあり運用上注意が必要です。

またNukeでの注意点として、「viewer process-Rec.709」を選んだ時には「EOTF-gamma」としてOETFを使用しているため、想定外のカラーが表示されます。

一般的に「Rec.709」と呼ばれていますが、総称では「ITU-R（International Telecommunication Union）Recommendation BT.709」と言い、直訳すると「国際電気通信連合無線通信部門 勧告 放送業務.709」となります。「Rec.709」は「BT.709」と呼ばれることもあり、この2つはまったく同じ規格を意味します。

「Rec.1886」は、色域および白色点は「Rec.709」と同じ値が定義され、HDTVフラットパネルディスプレイで使用されるEOTFを「gamma2.4」として定義されています。通常のテレビモニタに出力する場合は、「Rec.1886」を使用することをお勧めします。

図2-4-1 Rec.709色域図

表2-4-1 Rec.709とRec.1886の違い

	Rec.709		Rec.1886	
	x	y	x	y
Red	0.640	0.330	0.640	0.330
Green	0.300	0.600	0.300	0.600
Blue	0.150	0.060	0.150	0.060
White point	0.3127	0.3290	0.3127	0.3290
Name	Rec. ITU-R BT.709-5		Rec. ITU-R BT.1886-0	
CIE standard illuminant	D65		D65	
OETF	$C_{BT709} = \begin{cases} 4.5 \times C_{linear} & C_{linear} < 0.018 \\ 1.099 \times C_{linear}^{\frac{1}{2.2}} - 0.099 & C_{linear} \geq 0.018 \end{cases}$		$C_{BT2020} = \begin{cases} 4.5 \times C_{linear} & C_{linear} < 0.0181 \\ 1.0993 \times C_{linear}^{\frac{1}{2.2}} - 0.0993 & C_{linear} \geq 0.0181 \end{cases}$	
EOTF	—		$C_{linear} = \begin{cases} \frac{C_{BT2020}}{4.5} & C_{BT2020} < 0.08145 \\ \left(\frac{C_{BT2020}+0.0993}{1.0993}\right)^{2.2} & C_{BT2020} \geq 0.08145 \end{cases}$	

sRGB

sRGBは、PCディスプレイ、プリンタ、デジタルカメラなどコンピュータ関連機器のカラーマネージメントを実現するために、HP社とMS社による共同提案を元に1999

年に規格化されました。基本的にHDTVにおけるRec.709がベースとなっていますが、HDTVの視聴環境である家庭のリビングルームに対して、明るいオフィスでの使用を考慮してgammaカーブが異なっています。gamma2.2に近似していますが暗部が線形性を持つカーブとなっており、リニアライズ時に暗部のつぶれを防ぐことができます。

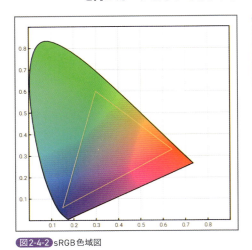

図2-4-2 sRGB色域図

表2-4-2 sRGB色域図の仕様

	x	y
Red	0.640	0.330
Green	0.300	0.600
Blue	0.150	0.060
White point	0.3127	0.3290
Name	sRGB IEC61966-2.1	
CIE standard illuminant	D65	
OETF	$C_{sRGB} = \begin{cases} 12.92 \times C_{linear} & C_{linear} < 0.0031308 \\ 1.055 \times C_{linear}^{\frac{1}{2.4}} - 0.055 & C_{linear} \geq 0.0031308 \end{cases}$	
EOTF	$C_{linear} = \begin{cases} \frac{C_{sRGB}}{12.92} & C_{sRGB} < 0.04045 \\ \left(\frac{C_{sRGB}+0.055}{1.055}\right)^{2.4} & C_{sRGB} \geq 0.04045 \end{cases}$	

 DCI-P3

　DCI-P3は、「Digital Cinema Initiatives」により策定されたデジタルシネマ向けの規格になります。映画館のように真っ暗な場所にあるスクリーンに投影するため、暗部の階調表現が豊かになるように「gamma2.6」に定められています。

　白色点は「〜6300k」と定義されており、これはCIE標準照度ではないのでD63とは呼ばれず、映画館で一般的に使用されているキセノンアークランププロジェクターでの最適化のためなので、少し緑がかっています。

　近年、「Display P3」というカラースペースも追加されました。このカラースペースの色域はP3の座標でトランスファーカーブと白色点はsRGBと同様に策定されており、名前のとおりディスプレイでより広い色域表示が可能となったカラースペースになります。Display P3は、Apple製品で広く採用されています。

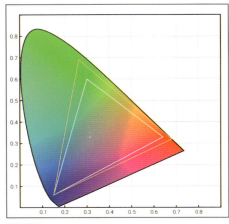

図2-4-3 DCI-P3色域図

表2-4-3 DCI-P3色域図の仕様

	x	y
Red	0.680	0.320
Green	0.265	0.690
Blue	0.150	0.060
White point	0.314	0.351
Name	SMPTE RP 431-2-2007 DCI (P3)	
CIE standard illuminant	N/A	
OETF	$C_{P3} = C_{linear}^{\frac{1}{2.6}}$	
EOTF	$C_{linear} = C_{P3}^{2.6}$	

Rec.2020

Rec.2020は、高色域を備えたUHDTV向けに策定された規格です。現状ではこの色域を表示可能なデバイスは存在しませんが、将来を見据えて制定されています。HDRフォーマットに向けた対応EOTFである「HLG/PQ」を規定した「Rec.2100」も制定されています。

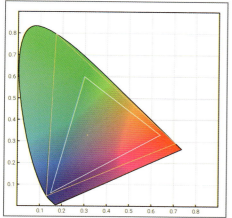

図2-4-4 Rec.2020色域図

表2-4-4 DCI-P3色域図の仕様

	X	y
Red	0.708	0.292
Green	0.170	0.797
Blue	0.131	0.046
White point	0.3127	0.3290
Name	Rec. ITU-R BT.2020-1	
CIE standard illuminant	D65	
OETF	$C_{BT2020} = \begin{cases} 4.5 \times C_{linear} & C_{linear} < 0.0181 \\ 1.0993 \times C_{linear}^{\frac{1}{2.2}} - 0.0993 & C_{linear} \geq 0.0181 \end{cases}$	
EOTF	$C_{linear} = \begin{cases} \frac{C_{BT2020}}{4.5} & C_{BT2020} < 0.08145 \\ \left(\frac{C_{BT2020} + 0.0993}{1.0993}\right)^{2.2} & C_{BT2020} \geq 0.08145 \end{cases}$	

Cinema Camera

カメラメーカーは、各社独自の設計思想におけるエンコード・ログフォーマットと色域を制定してカメラに実装しています。

すべてのメーカーのカラースペースを取り上げることは無理なので、近年新たなカメラとともに新たなlogC4をリリースした「ARRI-ALEXA」のデータを掲載します。

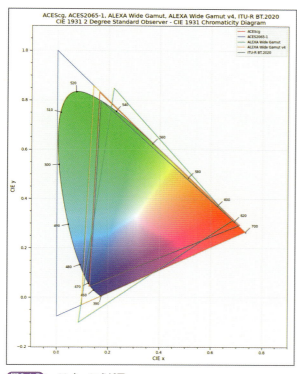

図2-4-5 logC3／logC4色域図

表2-4-5 logC3とlogC4の違い

	LogC3		LogC4	
	x	y	x	y
Red	0.6840	0.3130	0.7347	0.2653
Green	0.2210	0.8480	0.1427	0.8576
Blue	0.0861	−0.1020	0.0991	−0.0308
White point	0.3127	0.3290	0.3127	0.3290
Name	ARRI LogC3		ARRI LogC4	
CIE standard illuminant	D65		D65	
OETF	(x > cut) ? c * log10(a * x + b) + d: e * x + f		$f(E_{Scene}) = \begin{cases} \frac{\log_2(aE_{scene}+64)-6}{14}b+c & E_{scene} \geq t \\ \frac{E_{scene}-t}{s} & E_{scene} < t \end{cases}$	
EOTF	(t > e * cut + f) ? (pow(10, (t − d) / c) − b) / a: (t − f) / e		$f^{-1}(E') = \begin{cases} \frac{2^{(14\frac{E'-c}{b}+6)}-64}{a} & E' \geq 0 \\ E's + t & E' < 0 \end{cases}$	

ACES

　ACESは、「The Academy Color Encoding System」の略称です。AMPAS（The Academy of Motion Picture Arts & Sciences）の主導のもと、開発、規格化された業界標準であり、デバイスに依存しないカラーマネージメント&画像交換システムです。映像制作におけるほとんどのワークフローで適用することが可能です。

　カラースペースとしては、SMPTEより標準規格として「ST.2065」がリリースされています。また、「AP0」「AP1」の2つの色域を有するコアであるオリジナルの「ACES2065-1（AP0）」は、人間の可視光域全体を示すCIE1991の馬蹄形をすべて内含する三角形となっています。

　またACESは設計上、映像のアーカイブおよびデリバリー用として使われます。

表2-4-6 ACES2065-1の仕様

	x	y
Red	0.73470	0.26530
Green	0.0000	1.000
Blue	0.00010	−0.07700
White point	0.32168	0.33767
Name	SMPTE ST 2065-1:2012 ACES	
CIE standard illuminant	D60	
OETF	$C_{ACES} = C_{linear}$	
EOTF	$C_{linear} = C_{ACES}$	

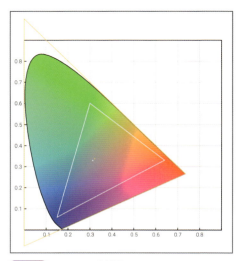

図2-4-6 ACES2065-1色域図

カラースペース（色空間）

ACEScg

ACEScgは、AP1Gamutを使用したリニアカラースペースです。主にCGIレンダリングとコンポジットで使用されることを目的としています。前述のRec.2020より少し広い色域になります。

AP1と呼ばれることもありますが、実はAP1は色域を意味し、ACEScgと同様のAP1を使用したカラースペースには、以下の3つがあります。

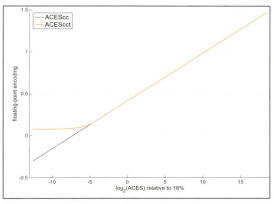

図2-4-7 ACESccとACEScctの比較

● ACEScc

ACESccは、ACESproxyの浮動小数点表現です。LogACESと呼ばれカラーグレーディングに使用することを目的としています。

● ACEScct

ACEScctは、ACESccに対してシャドー付近のlogカーブの改良を行い、toeを追加し「－0.0069」まで利用可能としたものです。これはグレーディングする際に、従来のログフィルムスキャンエンコーディングに近いグレーディング環境を提供するという目的で制定されました。

● ACESproxy

ACESproxyは、整数コード値でエンコードされたACESccです。最低値が0ではなく少し黒が浮いてしまうデメリットがあるため、使用は推奨されていません。

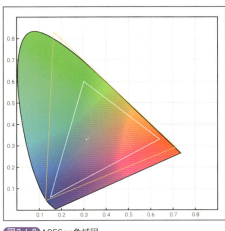

図2-4-8 ACEScg色域図

表2-4-7 ACEScgの仕様

	x	y
Red	0.713	0.293
Green	0.165	0.830
Blue	0.128	0.044
White point	0.32168	0.33767
Name	Academy S-2014-004 ACEScg	
CIE standard illuminant	D60	
OETF	$C_{ACES} = C_{linear}$	
EOTF	$C_{linear} = C_{ACES}$	

ACESは、デバイスに依存しないオープンでフリーな規格であり、常にアップデートされています。最新の情報を得たい場合は、ソースとしてACES central(https://acescentral.com/)が最適です。

2-5 リニアライズとモニタ出力

日常的に目にする映像は、出力デバイスに合わせて制作することが一般的なので「sRGB」を使用するケースが多く、特にカラースペースに関して意識したことがないという方も多いのではないでしょうか。しかし、最近ではHDRフォーマットの対応やシネマカメラの撮影素材を扱うなど、映像制作の現場ではさまざまなフォーマット（カラースペース）の素材を扱う必要が多く見られるようになりました。

たとえばPCで描かれた「DMP（デジタルマットペイント）」、撮影素材である「ログフォーマット画像」、3Dソフトでレンダリングした「CGI」といった画像を使用して、Nukeを使ってコンポジットするケースを考えてみましょう。

シーンリニアワークフローでは、インターミディエイト・リファードとアウトプットリファードの画像に対してはトランスファーカーブを使って、色の値が明るさに対してリニアであるシーンリファードへ「リニアライズ（線形化）」と呼ばれる変換処理を行います。そして、さらに各素材で異なる色域（gamut）と、白色点（white point）を同一のモノに揃える必要があります。

この時、「working color space」は素材と同一か、もしくはより広域な色域を使用しなければなりません。そうしないと「working color space」の外側のカラーデータはクリップされるので、データが失われてしまいます。

Nukeをはじめレンダリング計算を行うレンダラーには、カラースペースという概念はありません。レンダラーはRGB値を数値として扱い、カラースペースなどは一切考慮せずにピクセル値の計算を行います。そのため演算用に引き渡す色情報を、シーンリニアに揃えないと正しい計算が行われません。

異なるカラースペースのRGBが混在していたら、意図した色と違う色として計算され、結果は当然期待しているものとは異なってしまいます。

前述したとおり、シーンリファードはシーンの光を記録したデータであって、表示や描画をするためのデータではないと述べました。演算結果としてシーンリファードリニア・データを確認するためには、アウトプットリファードへ変換してデバイスに出力する必要があります。

この時、実際のシーンの明るさを直接参照しているシーンリニア・データは広大なダイナミックレンジを保持しており、すべてのコントラスト情報をそのまま画面に出力することはできません。また、モニタが表示可能な色域より大きな色域を使用しているケースも出てきます。

シーンリニアの演算結果に対して出力デバイスの色域へ変換を行い、リニアライズと逆の変換処理（ガンマ補正やガンマコレクション）を行うことになります。と同時に、S字カーブを使って好ましい表示が行われるようにコントラスト圧縮処理として「トーンマッピング」や、DIスタジオから提供されたLUTを使用するなど、「ルックコントロール」も必要になります。

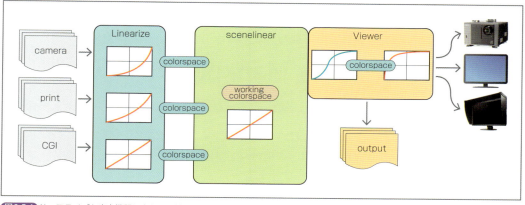

図 2-5-1 リニアライズと出力機器に合わせた補正の概念図

　この図にあるように、シーンリニアワークフローにおいてはワークシーンとビュープロセスが切り離されているので、1つのシーンリニア・データから、複数フォーマット出力への変換が可能なことも大きなメリットになります。

　たとえば1つの完パケデータからDI（デジタル・インターミディエイト）作業を経て、映画上映用「DCI-p3」、Blu-ray用「Rec.709」を出力することや、「SDR／HDR」データを出力することが可能となります。
　デジタル・インターミディエイト（DI）は、主に映画制作においてデジタルデータ化された画像に対し、「編集」「カラーグレーディング」「マスタリング」などの作業を行うプロセスです。

　この章で掲載した各種の「色域図」は、以下のWebサイトから引用しています。

・Android Developers
https://developer.android.com/reference/android/graphics/ColorSpace.Named

図2-3-2の画像は、以下のWebサイトから引用しています。

・WIKIMEDIA COMMONS
https://commons.wikimedia.org/wiki/File:Visible_gamut_within_CIELUV_color_space_D65_whitepoint_mesh.png

図2-4-7の画像は、以下のWebサイトから引用しています。

・ACES CENTRAL
https://community.acescentral.com/

NukeのColor Management I/O

この章では、これまで解説してきた シーンリニア（リニアライズ）とカラースペースが、Nukeでは実際にどのように扱われて処理されるのかを解説します。

3-1 Nukeのカラーマネージメントの流れ

以下の図は、Nukeのカラーマネージメントの流れを表しています。「Input」「Process」「View」「Output」の4ブロックに分けて、それぞれを見ていきます。

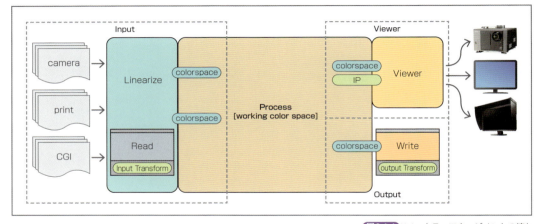

図3-1-1 Nuke カラーマネージメントの流れ

Process処理

センターとなる「Process」は、Nuke内で行われるコンポジット処理を意味します。「Scene linear color space」がデフォルトであり、それ以外へ変更することはできません。また、リニアライズの解説でも書いたとおり、Nukeはどんなカラースペースを扱っているかを自身では認識していません。入力されたRGB値を使って、ピクセル値を計算し出力するだけです。

Input処理

「Input」では、入力素材に対してリニアライズおよび色域と白色点変換を行い、統一された「Scene linear color space」として前述の「Process」に引き渡すための処理を行います。
シーンリファード画像（たとえば.exr画像）に対してはリニアライズは必要ありませんが、「working color space」と異なるカラースペースを使用する場合は、カラースペース変換を行う必要があります。

図3-1-2 Inputブロック

 Viewer処理

「Viewer」は、「Process」から出力されたデータに対してデバイス表示のための変換を行います。「Input」と逆の変換を行う必要があり、「Process」から出力された「Scene linear color space」を「sRGB」「Rec.709」などのアウトプットリファードに変換します。

またこの時、LUTファイルを適用するなどのトーンマッピング処理を行って、ルックコントロールするケースもあります。

図3-1-3 Viewerブロック

 Output処理

「Output」は、「Process」の出力をファイル保存する処理を行います。「Scene linear color space」のまま「openEXR」ファイルとして出力することもありますが、アウトプットリファード、インターミディエイト・リファードに変換して、ファイルに保存するケースも考えられます。

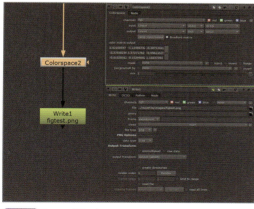

図3-1-4 Outputブロック

Nukeのカラーマネージメントの実装

　Nukeには、2つのカラーマネージメント方式が実装されています。1つはネイティブである「nuke-default」、そしてもう1つは「OpenColorIO（OCIO）」です。

　メニューの「Project Settings→Color→color management」のプルダウンメニューで、「nuke-default」「OCIO」の選択によって、カラーマネージメントの方式の切り替えを行います。

　この2つのカラーマネージメント方式の機能と使い方は大きく異なります。以降では、それぞれについての設定方法と使用方法を詳しく見ていきましょう。

図3-1-5 Project Settingsのカラーマネージメント選択メニュー

3-2 Nuke default

　以下の図は、Nuke defaultのカラーマネージメント設定画面になります。

 　画面下部に表示されるグラフのカーブを選択して、右クリックで表示されるメニューから「edit→Edit Expression」を選択すると、そのトランスフォームカーブの数式を確認することができます。

 Nuke defaultのfile I/O

　「default LUT settings」の各項目からそれぞれのファイルフォーマットに適応するカラースペースを選択し、プロジェクトの初期設定を行います。

　ここで設定されたカラースペースに適応する「OETF」が、`Read`ノードを使ってファイルをロードした際、ファイル名の拡張子によって自動判別されて`Read`ノードの「Input transform」

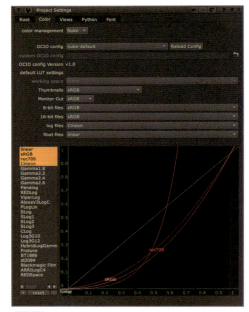

図3-2-1 Nuke-default LUT設定画面

が自動的にセットされます。なお、Nuke13.0まではInput transformは「Colorspace」という表記でした。

　これは、リニアライズ処理がファイルのロード時に行われることを意味します。また、このセットされた項目はロード後に自分で変更することも可能です。

同様に出力時には、`Write`ノードにおいて出力ファイルのフォーマットに従って「Output transform」が自動的にセットされます。

図3-2-2 Readノードのトランスファー選択メニュー

図3-2-3 Transform LUT選択メニュー

nuke-defaultでは、「working space」は変更できずグレーアウトされています。異なるカラースペースの素材を扱う場合は、ユーザー自身が「working Color space」を決め、`Colorspace`ノードを使って、Gamutとwhite pointを同一に合わせる必要があります。

図3-2-4 リニアライズとカラースペース変換

そして、ファイルを出力する時も「working color space」から必要なカラースペースに変換を行って`Write`ノードを使ってファイルを出力します。この時、`Colorspace`ノードでトランスファーカーブも設定済みの場合は`Write`ノードでの変換は必要ないので、Output transformは「linear」にセットします。

一点、例外のケースが存在します。出力ファイルを「.mov」にした場合、`Write`ノードのoutput transformは「default（Gamma2.2）」にセットされます。ほかの設定に変更したい場合は、Gammaをマニュアルで設定する必要があります。

図3-2-5
Colorspaceノードの設定（赤枠：トランスファーカーブ、青枠：white point、緑枠：Gamut）

Nuke defaultのViewer Process

　Nuke defaultでは、「Non」「sRGB」「rec709」「rec1886」の4つのView Processが使用可能です。ただし、「rec709」に関してはOETFをViewトランスフォームカーブとして使用しているため、基本的に使用することはありません。

　Processの出力は、選択したカラースペースのEOTFトランスフォームカーブに従ってgamma処理を行い、モニタ出力では意味のない「0～1」を超える値はクランプされて表示されます。

　Viewer Processには、ユーザーが項目を追加することが可能です。Nukeが内含している「nuke-default LUT setting」でリストアップされているトランスファーカーブを「View-LUT」として使用する場合「.nuke」ディレクトリ内の「init.py」ファイルに以下の文章を追加します。

リスト3-2-1 init.py（トランスファーカーブを追加）

```
nuke.ViewerProcess.register("<好きな名前>", nuke.createNode,
("ViewerProcess_1DLUT", "current <sourceName>"))
```

　たとえば、「Gamma2.2」を使用する場合は、以下のように記述します。

リスト3-2-2 init.py（Gamma2.2を使用）

```
nuke.ViewerProcess.register("Gamma2.2", nuke.createNode,
("ViewerProcess_1DLUT", "current Gamma2.2"))
```

図3-2-6 viewer-processメニュー追加

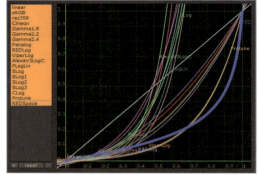

図3-2-7 default LUT選択

　もう1つ例を紹介します。以下は、GizmoをViewer Processに追加する方法になります。同様にinit.pyに文章を追加します。

リスト3-2-3 init.py（Gizmoを追加）
```
nuke.ViewerProcess.register("<好きな名前>", nuke.Node, ("Gizmo名", ""))
```

図のような「ACES（linear）→logcC4→LUT適用」の処理を行うノード群をグループ化して、「myColor.gizmo」として出力してViewer Processとして追加する場合は、以下のとおりです。

なお、Gizmoはinit.pyに追加したpathなど、nuke自身が認識可能な場所に保存する必要があります。たとえば、.nukeディレクトリ内に「gizmos」ディレクトリを作成して認識させる場合、init.pyには「nuke.pluginAddPath('./gizmos')」を記入します。

リスト3-2-3 init.py（ノード群をグループ化してGizmoを追加）
```
nuke.ViewerProcess.register("myColor", nuke.Node, ("myColor", ""))
```

図3-2-8 viewer-processメニュー追加

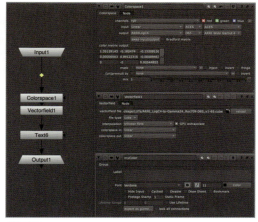

図3-2-9 viewer Group作例

Input Process

Viewer Processに対してノードやグループ（複数ノードを組み合わせたノードの集まり）の処理を適用させる「Input Process」（IP）と呼ばれる機能があります。この「IP」を使えば、Gizmo作成とinit.pyへの記述を行わずに、Viewerへの処理追加が可能になります。

Input Processの登録をするには、次の3つの方法があります。

> ①ノードもしくはグループの名前を「VIEWER_INPUT」にする
> ②ノードもしくはグループを選択して、「Edit→Node→Use as Input Process」を実行する
> ③viewer設定を開き、「Input Process」にノードもしくはグループの名前を入力する

なお、Viewer設定を開くには、Viewer上にカーソルを置き「s」キーを押します。Viewer設定ではIPをViewer Processの前後どちらで処理させるかを選択ことができます。

図3-2-10 IPボタン

Input Processをアクティブにするには、Viewer Processのプルダウンの左隣にある「IP」ボタンを押して赤く点灯させます。

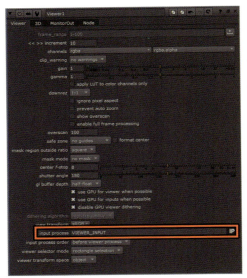
図3-2-11 Viewer setting のIP設定

図3-2-12 IP設定メニュー

3-3 OpenColorIO（OCIO）

「OpenColorIO（OCIO）」は、VFXとCGアニメーション制作を目的とした映画制作向けのカラーマネージメントツールで、無料のオープンソースソフトウェアです。

- OCIO公式ページ

https://opencolorio.org/

OCIOのワークフロー

OCIOは、ACESと互換性がありサポートするすべてのアプリケーションでわかりやすく一貫したカラーマネージメントを可能とし、多くの一般的なフォーマットをサポートしています。Sony Picture Image worksによって開発され、現在はASWF（the Academy Software Foundation）によって管理されています。

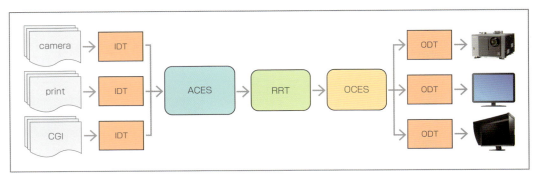
図3-3-1 ACES Color Managementフロー図

現状のNukeに同封されているOpenColorIOは、nuke-defaultを「OCIO」で記述したものと、「aces_ocio」の2種類になります（Nuke14からは、OCIO-v2のconfigが追加され4種類になりました）。前ページの図3-3-1はACESのワークフローブロック図ですが、aces_ocioはこのフローに準じて構築されたOCIOになります。

このフローは、次の3つのブロックに分かれます。

①Input

「IDT」とは「Import Device Transform」の略で、前述のシーンリニアで解説したリニアライズと同様の働きを担いますが、トランスフォームカーブだけでなくカラースペース3つの要素すべてを考慮して、「working color space」へ変換処理を行います。

②Process

ACESブロックは、この場合「working color space」となります。「Scene linear color space」であれば置き換え可能です。使い慣れた「sRGB-linear」や、撮影カメラに合わせて「Arri widw gumut」などさまざまなケースに設定可能です。

注意点としては入力素材の色域と同等か、より広い色域を「working color space」に選択することをお勧めします。狭い色域を選択した場合、色域の外側のカラーデータはクリップされて変換時にマイナス値が発生することもあります。

③Output

「RRT」とは「Reference Rendering Transform」の略で、シーンリファード・データをViewerへ引き渡すための標準ルック変換を行います。RRTによって、「OCES」（Output Color Encoding System）に変換されたデータを、ODTへ渡してデバイス出力データへ変換されます。「aces-ocio1.1」以降では、HDRフォーマットにも対応しています。

RRTを使わず「Viewer」「Output Process」への出力は、ログ・フォーマットへ変換してLUTを使用して変換するケースもあります。

図3-3-2 シーンリファード出力比較

OCIOを使うことで、カラースペースが異なる複数のソースを統一したシーンリファード・データとして「working color space」に入力してProcess後、そのデータを損なうことなく希望するデバイスに対応するアウトプットリファード・データに変換して表示、出力することが可能になります。

OpenColorIOは、とても柔軟性のある自由度の高いツールで、独自のconfigを構築して動作させることも可能です。aces_ocioを使用する場合でも、ACESを導入しないフローにおいての使用も可能なので、aces_ocioを使って理解を深めることをお勧めします。導入することによりNuke-defaultに比べて、飛躍的にカラーマネージメントを容易にして対応度を高めてくれます。

PreferenceのOCIO設定

「Preference→Color Management」で設定された項目は、「file→New Comp...」で新規シーンを作成した時の「Project settings→Color」の初期設定となります。

Nuke12以前の「Preference→Color Management」の項目は、OpenColorIO configのプルダウンメニューから「config.ocio」の選択だけでした。そして、config.ocioに記述されたrolesが優先されて、カラースペースのプルダウンメニューに展開されていました。

 Rolesとはエリアス（alias）のように機能し、カラースペースを名前で選択することなく、タスクに紐づけた色変換を実行させるconfig書式です。以下のように記述され、対応したアプリケーション内でのカラースペース指定に使用されます。

- compositing_linear：ACES – ACEScg
- matte_paint：Utility - sRGB – Texture

図3-3-3 Nuke12のプリファレンス→カラーマネージメント設定

Nuke13からは、「Preference→Color Management」では「config.ocio」の選択とともに、各ファイル・フォーマットのカラースペースの初期設定が可能になりました。

そして、追加された「OCIO Roles」チェックボックスによって、Rolesの扱い方が大きく変更されました。この設定を制御する以下の環境変数が追加され、ユーザーに対して環境レベルでの挙動のセットアップを統一できます。

図3-3-4 Nuke12のProject Setting→Color設定

- NUKE_OCIO_ROLES=0：Rolesを無視
- NUKE_OCIO_ROLES=1：Rolesが優先（12.2の現在の挙動）
- NUKE_OCIO_ROLES=2：Rolesの優先順位を下げる

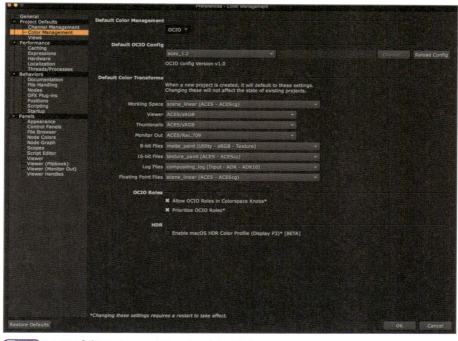

図 3-3-5 Nuke13の「プリファレンス→カラーマネージメント設定」

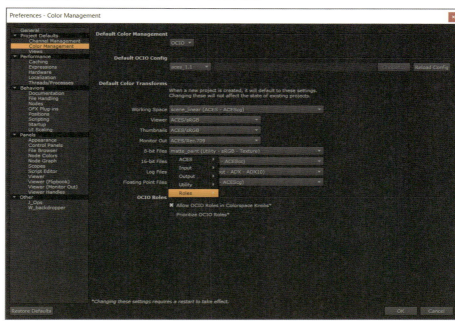

図 3-3-6 Nuke13の「プリファレンス→カラーマネージメント設定」で「Prioritize OCIO Roles」をoff

Project Setting OCIO

　「Project Settings→Color→color management」のプルダウンメニューで「OCIO」を選択し、「OCIO config」のプルダウンメニューから使用するconfigを選択すると、OCIOの使用が可能になります。

　Nuke自体に組み込まれたconfig.ocio以外にも「custom」を選択し、「custom OCIO

configj」へファイルパスを入力することで、ユーザーが作成したconfigを使用することが可能です。

図3-3-7 OCIO configの選択プルダウンメニュー

図3-3-8 プロジェクトセッティングのOCIOカラースペース選択メニュー

　Nuke-defaultと異なり「working color space」へのカラースペースの設定が可能であり、Readノードの「Input transform」と「working color space」のカラースペースが異なっている場合は自動的にカラースペース変換が行われ、カラースペースの統一をユーザー自身が管理する必要がなくなります。

　OCIOを使用することにより、すべてのカラースペース変換は「OCIO config.ocio」によって定義されることになります。それはcustomとして設定されたユーザー固有のconfig.ocioでも、Nukeに同梱されたOCIO config.ocioでも変わりはありません。

　「Monitor Out」や「Thumbnails」にリストされる項目は、ほかのプルダウンと異なりconfig内で「displays」として定義される各種フォーマットへのODT出力で、Viewer Processへのアウトプットになります。

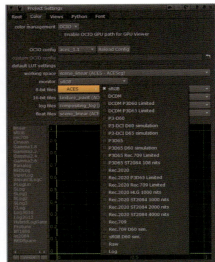

図3-3-9 Viewer process OCIO v1 選択メニュー

図3-3-10 「プロジェクトセッティング→モニター選択」メニュー

図3-3-11 Viewer process OCIO v2 選択メニュー

516

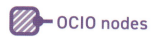
OCIO nodes

OpenColorIOのライブラリを使用したTransform処理が、Nuke内で利用可能なノードが用意されています。これらのノードを使用してconfigの動作シミュレーションも可能で、また出力ファイルへの変換を行うことができます。

● OCIOColorSpaceノード

configで定義されているColorSpaceを使用してカラースペース変換処理を行います。

● OCIOFileTransformノード

ファイル（通常は1D、3D LUT）を使ったカラースペース変換を適用します。ノード自身はカラースペースの対応は一切考慮しないので、LUTファイルが想定している入出力カラースペースに注意が必要です。

● OCIOLogConvertノード

compositing_logからscene_linear、またはその逆に変換を適用します。

● OCIOCDLtransformノード

ASC CDL（American Society of Cinematographers Color Decision Lis）のgradeを適用します。各パラメータを入力することもできますが、ファイルのImport／Exportも可能です。

ASC CDLは、米国撮影監督協会（ASC）の委員会が定めた、基本的なプライマリ・グレーディング情報を交換するためのフォーマットです。

● OCIODisplayノード

Displayとして定義された出力カラースペース変換を適用します。

● OCIOLookTransformノード

数学的なカラースペース変換などではなく、見た目の調整を行うlookファイルを適用します。

● OCIONamedTransformノード

新たに追加されたNamedTransformを適用します。これは色空間などの参照を考慮しない1D-LUT処理のような古い方法をエミュレートするのに使われます。

図3-3-12 OCIOノードメニュー

Part 6 / CHAPTER 04

実践：NukeでのOCIO

OpenColorIOのconfigのカスタマイズを含め、カラーマネージメントを行う際に必要な情報をまとめておきます。

4-1　OpenColorIOの中身

OCIO_v1は、configファイルとlutから構成されていましたが、OCIO_v2からはlutが廃されconfigファイルのみとなりました。configファイルは「.ocio」の拡張子を持つYAMLという形式のテキストファイルです。

YAMLフォーマット

YAMLはデータ構造を保存するフォーマットで、シンプルなテキストファイルで書かれています。HTMLやXMLとは異なり、タグなどの特殊な記法は使わずに、データ構造をインデントで表しています。

空白の数が階層を表していて、位置がずれると意味が変わってしまう場合があることに注意が必要です。

- 数字、文字列はそのまま記載する
  1
  3.14
  abc
- リストは「-」を使って表す
  -1
  -2
  -3
  1行で表す場合は
  [1, 2, 3]
- ハッシュは「:」を使って表す
  A:1
  B:2
  1行で表す場合は
  {a:1, b:2}
- リストとハッシュを混ぜることもできる
  ハッシュが2つあるリスト：
  -{a:1, b:2}
  -{c:3, d:4}
  リストの値を持つハッシュ：
  listA: [1,2,3]
  listB: [4,5,6]
- 特殊記号
  #：「#」以降の文字はコメントとみなされ、無視される
  | ：「|」の後に来る文字列は、複数行の文字列として扱われる

config.ocioのフォーマット

最低限必要とされるのは、以下の4つの定義になります。

- OCIOのバージョン（ocio_profile_version）
- タスク固有のカラースペース（roles）
- 出力デバイスの定義（displays）
- カラースペースの定義（colorspaces）

● ocio_profile_version

OpenColorIOのバージョンを記載します。

```
ocio_profile_version: 1
```

● roles

　OCIOではカラースペースの名前を自由に付けられますが、それが何を意味するのかはアプリケーション側では判断ができません。そこで、タスク固有のカラースペースをroleとして定義することで、アプリケーションはroleを参照し処理に対するカラースペースを選択して動作します。

　ただし、アプリケーションの対応はバラツキがあり、実際の運用では注意が必要です。次の表は、デフォルトで定義されているrolesの項目ですが、ユーザーが独自のrolesを追加することもできます。

表4-1-1 デフォルトで定義されているroles

role名	タスク
color_picking	色をUIで選択するときのカラースペース
color_timing	カラーコレクション用のカラースペース
compositing_log	ログ環境で作業するときに使われるカラースペース
Data	データ書き出し用のカラースペース
Default	デフォルトのカラースペース。定義されていない場合はscene_linear
matte_paint	マットペイント用カラースペース
reference	変換の基準となるカラースペース
texture_paint	3Dテクスチャ用のカラースペース
scene_linear	シーンリニアのカラースペース

　Nukeは、以下のようにroleを適用します。

```
compositing_log: log files
  matte_paint  : 8-bit files
  scene_linear : floating point files
  texture_paint: 16-bit files
```

● displays

　出力デバイスに使用するカラースペースを定義します。2階層のハッシュで形成され、1つの出力デバイスに対し複数の設定を持てるようになっています。

　OCIOでは、出力デバイスを「Display」、出力設定を「View」と呼んでいます。たとえば、sRGBモニターでLUTありとLUTなしの設定がある場合、「Display」がsRGB、「View」がLUTあり／なしに該当します。

　displaysのハッシュの後に、出力デバイス名、その下の階層に出力設定（「-!<View>」に続けて記載）の形となります。

```
displays:
  <出力デバイス名1>:
      - !<View> {name: <出力設定名1>, colorspace: <カラースペース>}
      - !<View> {name: <出力設定名2>, colorspace: <カラースペース>}
  <出力デバイス名2>:
      - !<View> {name: <出力設定名1>, colorspace: <カラースペース>}
      - !<View> {name: <出力設定名2>, colorspace: <カラースペース>}
```

● colorspace

カラースペースの設定を定義します。「-!<ColorSpace>」の後にカラースペースの属性が記載されます。

```
colorspaces:
  - !<ColorSpace>
      name: lnf
      bitdepth: 32f
      description: |
            lnf : linear show space
```

・name
カラースペースの名前です

・bitdepth
カラースペースのbit数で、「<bit数><形式>」で書きます。8uiは8ビットのInteger（uiはUnsigned Integerの略）、32fは32ビットの浮動小数点を表します。

・description
コメントです

・family
任意の設定で挙動にまったく影響を与えませんが、設定することでグループにまとめることができます。Nukeでは、Color SpaceはFamily毎にタブにまとまって表示されます。

・to_referenceとfrom_reference
referenceカラースペースとの変換方法が書かれています。to_referenceにはreferenceへの、from_referenceはreferenceからの変換方法になります。もしrolesのreferenceがlnfと定義されているのであれば、lnfカラースペースとの変換方法の定義が書かれます。

カラースペース変換のTransform

カラースペース変換方法の指定は、さまざまなTransformが用意されています。その中からよく使う代表的な4つのTransformについて紹介します。

● FileTransform

LUTを使った変換で、LUTを読み込むときに使います。

> **src**：LUTのファイルパス
> **interpolation**：出力値を計算するときの補完方法。入力値がLUT内に存在しない
> 　　　　　　　　　場合には、出力値を計算する必要がある
> 　　　**nearest**　　計算はせず、入力値に一番近い値の出力値を返す
> 　　　**linear**　　　線形補完
> 　　　**tetrahedral**　三角錐補完を行う。3D-LUTの場合、tetrahedralを選択すると、
> 　　　　　　　　　　より近い補完になる
> **direction**：LUTの計算方法。forwardの場合LUTをそのまま計算し、inverseの
> 　　　　　　　場合LUTを可逆して計算する。3D-LUTは非可逆なので、選択するこ
> 　　　　　　　とができない

● ColorspaceTransform

カラースペースからカラースペースへの変換します。すでに定義されているカラース
ペースから、ほかのカラースペースに変換するときに使用します。

> **src**：変換前のカラースペース
> **dst**：変換先のカラースペース

● ExponentTransform

値にべき乗の計算をする変換します。ガンマを変換するときに使います。

> **value**：べき乗の値を指定
> **direction**：inverseと指定した場合、valueを1で割ってから計算

● GroupTransform

複数のTransformを掛け合わせます。

> **children**：掛け合わすTransformをリストの形式で渡す

4-2 | OCIO configのカスタマイズ

　実際にOCIOを使ってコンポジット作業を行う場合、納品仕様に沿ったフォーマット対
応にし、自分の環境にマッチさせる必要が出てくると思います。Nukeに内包するOCIO
configは、以下のディレクトリにあります。

> <install_dir>/plugins/OCIOConfigs/configs/

Nukeシーンリニアとカラーマネージメント

以降では、v1、v2それぞれの場合の対応方法を解説します。

> ⚠ Caution　以降のリストでは、誌面の横幅の関係でリストが折り返されている箇所があります。改行を入れてしまうとエラーになります。行末に➡がある箇所は、1行として記述してください。

aces_ocio_v1の場合

OCIO初期の頃には不必要な箇所をコメントアウトし、不足しているカラースペースを追加するなど、ハードルの高いカスタマイズを求められましたが、aces_ocioがリリースされバージョンを重ねた現在では、基本的には「roles」の変更で対応可能だと思います。
　以下は、aces_1.2のroles部分です。

```
roles:
  color_picking: Output - sRGB
  color_timing: ACES - ACEScc
  compositing_linear: ACES - ACEScg
  compositing_log: Input - ADX - ADX10
  data: Utility - Raw
  default: ACES - ACES2065-1
  matte_paint: Utility - sRGB - Texture
  reference: Utility - Raw
  rendering: ACES - ACEScg
  scene_linear: ACES - ACEScg
  texture_paint: ACES - ACEScc
```

たとえば、ACEScgを使わずに「linear－sRGB」を使うケースは、以下のようになります。

```
roles:
  color_picking: Output - sRGB
  color_timing: ACES - ACEScc
  compositing_linear: Utility - Linear - sRGB
  compositing_log: Input - ADX - ADX10
  data: Utility - Raw
  default: ACES - ACES2065-1
  matte_paint: Utility - sRGB - Texture
  reference: Utility - Raw
  rendering: Utility - Linear - sRGB
  scene_linear: Utility - Linear - sRGB
  texture_paint: Utility - sRGB - Texture
```

configファイル内で定義されているカラースペースすべてをrolesとして定義可能です。プルダウンメニューにrolesにしている場合でも、一番下の「Colorspaces」メニューからアクセス可能ですが、選択を簡略化するために、rolesに独自の項目を加えることもできます。
　たとえば、ファイル出力のためにRRToutputを追加するケースは、このような記述です。

```
roles:

（略）

  output_srgb : Output - sRGB
  output_rec1886 : Output - Rec.709
```

「display」項目をコントロールするのは「active_displays:」「active_views:」の2つになります。この後に書かれるリスト値が、アクティブとなります。

```
active_displays: [ACES]
active_views: [sRGB,Rec.709,Raw]
```

図4-2-1 viewer processメニューのカスタマイズ後

独自の出力設定を追加したい場合は、「- !<View>」を追加し、これをアクティブにします。一例として、nuke-defaultでの「sRGB」と同様の「tone-mappingなしのsRGB」をviewに追加する場合は、以下の2つで定義可能になります。

```
  - !<View> {name: "sRGB[nonToneMapping]", colorspace: Utility - sRGB ⮕
 - Texture}

  active_views: ["sRGB[RRT]", "Rec.709[RRT]", "sRGB[nonToneMapping]" ⮕
 ,Raw]
```

カスタマイズの一例として、LUTファイルを提供されて、これをconfigに追加するケースを考えてみましょう。

LUTファイルは、「logC3→Rec.709（Rec.1886）」という形式でファイル名が「ArriAlexaLogC3toRec709.cube」とします。このファイルをOCIOのlutディレクトリ内に「myLUT」というディレクトリを作成して、その中に保存した想定です。

~/lut/myLUT/ArriAlexaLogC3toRec709.cube

この場合は独自の独自カラースペースを定義し、そのカラースペースを「- !<View>」として追加します。

```
- !<ColorSpace>
    name: LUTout-rec709
    family: LUT
    equalitygroup: ""
    bitdepth: 32f
    description: |
      LUT output rec709
```

```
    isdata: false
    allocation: uniform
    allocationvars: [0, 1]
    from_reference: !<GroupTransform>
      children:
        - !<ColorSpaceTransform> {src: ACES - ACES2065-1, dst: Input ➡
- ARRI - V3 LogC (EI800) - Wide Gamut}
        - !<FileTransform> {src: myLUT/ArriAlexaLogC3toRec709.cube,
interpolation: tetrahedral }
```

LUTの入力カラースペースであるlogC3にColorSpaceTranceformで変換してから、LUTファイルを「FileTrasform」で適用する流れになります。なおこの時、rolesで定義されている「default：カラースペース」である「ACES - ACES2065-1」が「src：」となることに注意してください。

この時、提供されたLUTが作業用に使用するsRGB出力がない場合は、sRGB変換を追加します。

```
- !<ColorSpace>
name: LUTout-sRGB
family: LUT
equalitygroup: ""
bitdepth: 32f
description: |
LUT output rec709 to sRGB

isdata: false
allocation: uniform
allocationvars: [0, 1]
from_reference: !<GroupTransform>
children:

- !<ColorSpaceTransform> {src: ACES - ACES2065-1, dst: Input - ARRI - V3 ➡
LogC (EI800) - Wide Gamut}
- !<FileTransform> {src: myLUT/ArriAlexaLogC3toRec709.cube, ➡
interpolation: tetrahedral}
- !<FileTransform> {src: linear_to_rec1886.spi1d, interpolation: linear, ➡
direction: inverse}
- !<FileTransform> {src: linear_to_sRGB.spi1d, interpolation: linear}
```

```
displays:
ACES:

(略)

- !<View> {name: "LUT-rec1886", colorspace: LUTout-rec709}
- !<View> {name: "LUTout-sRGB", colorspace: LUTout-sRGB}
```

```
active_displays: [ACES]
active_views: ["sRGB[RRT]", "Rec.709[RRT]", "sRGB[nonToneMapping]","LUTout-
rec709","LUTout-sRGB"," Raw]
```

　ショット毎のプライマリグレーディング情報として、「ASC CDL」ファイルを提供されることもあります。Nuke内で使用する場合は`OCIOCDLTransform`ノードには「read from file」機能があるので、CDLファイルをloadしてIPとしてViewer Processに適用するなどで対応が可能です。

　ただし、OCIO configではCDLファイルをロードする機能を持たないため、`CDL Tranceform`ノードにパラメーターを展開する必要があります。

```
- !<ColorSpace>
  name: LUTout [SHOT1410]-rec709
  family: LUT
  equalitygroup: ""
  bitdepth: 32f
  description: |
    LUT output rec709

  isdata: false
  allocation: uniform
  allocationvars: [0, 1]
  from_reference: !<GroupTransform>
  children:
    - !<ColorSpaceTransform> {src: ACES - ACES2065-1, dst: Input - ARRI
- V3 LogC (EI800) - Wide Gamut}
    - !<CDLTransform> {slope: [0.9945, 0.9884, 0.9587], offset: [-0.0602,
-0.0695, -0.0625], power: [0.8508, 0.8138, 0.7937], sat: 1.0}
    - !<FileTransform> {src: myLUT/ArriAlexaLogC3toRec709.cube,
interpolation: tetrahedral}
```

aces_ocio_v2の場合

Nuke13.1から、OCIO v2への対応が可能となりました。

- カラースペース、RRTview変換用に大量に使われていたLUTが廃されました
- 多くのカラースペース変換がBuilt-in Transformとなり、高精度となりました
- シンプルなCGアニメーション制作用とCameraIDTを含む、Studio用の2種類のconfigが用意されました

OCIO v1から変更された箇所は、以下になります。

file_rules：rolesからdefaultカラースペースが分離された（v2から）
shared_views：定義したviewを複数のディスプレイで使用可能にする（オプション）
default_view_transform：デフォルトのview変換の定義（オプション）

OCIO v1ではRRT-viewは、LUTを使って「linear→log→device」という変換プロセスで出力変換を行っていましたが、OCIO v2では大きく変更されて、次のようなプロセスになっています。

view_transforms：defaultからSDR／HDRのview設定を行い、CIE-XYZ-D65へ変換

display_colorspaces：CIE-XYZ-D65から各デバイス出力設定

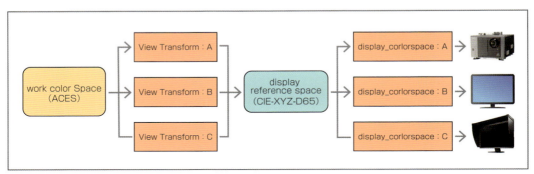

図4-2-2 OCIOv2 view process概念図

　非常にスマートでOCIO v1の時よりわかりやすいプロセスになりましたが、View transformはRRT処理とCIE-XYZ-D65カラースペース変換が合体したBuilt-in Transeformになっており、ユーザーがカスタマイズを行うには非常にハードルが高い状態であると思います。

　OCIO v1で行ったView processへのLUT適用などは、OCIO v1のモノをそのまま転用したほうが現実的だと思います。OCIO v1の時と同様に、logC3に適用するLUTをViewに組み込む場合を想定します。追加するカラースペースは、以下のとおりです。

　なお、studio-configを使用する場合は、「ARRI LogC3（EI800）」は定義済みなので追加は必要はありません。

```
- !<ColorSpace>
  name: ARRI LogC3 (EI800)
  aliases: [arri_logc3_ei800, Input - ARRI - V3 LogC (EI800) - Wide
Gamut,  logc3ei800_alexawide, AlexaV3LogC]
  family: Input/ARRI
  equalitygroup: ""
  bitdepth: 32f
  description: |
Convert ARRI LogC3 (EI800) to ACES2065-1

CLFtransformID: urn:aswf:ocio:transformId:1.0:ARRI:Input:ARRI_LogC3_
EI800_to_ACES2065-1:1.0
  isdata: false
  categories: [file-io]
  encoding: log
  allocation: uniform
  to_scene_reference: !<GroupTransform>
    name: ARRI LogC3 (EI800) to ACES2065-1
```

```
    children:
- !<LogCameraTransform> {base: 10, log_side_slope: 0.247189638318671, ➡
log_side_offset: 0.385536998692443, lin_side_slope: 5.55555555555556, ➡
lin_side_offset: 0.0522722750251688, lin_side_break: 0.0105909904954696, ➡
direction: inverse}
- !<MatrixTransform> {matrix: [0.680205505106279, 0.236136601606481, ➡
0.0836578932872399, 0, 0.0854149797421404, 1.01747087860704, ➡
-0.102885858349182, 0, 0.00205652166929683, -0.0625625003847921, ➡
1.0605059787155, 0, 0, 0, 0, 1]}
```

```
- !<ColorSpace>
  name: LUTout-rec709
  family: LUT
  equalitygroup: ""
  bitdepth: 32f
  description: |
  LUT output rec709

  isdata: false
  allocation: uniform
  allocationvars: [0, 1]
  from_reference: !<GroupTransform>
    children:
      - !<ColorSpaceTransform> {src: ACES2065-1, dst: ARRI LogC3 ➡
(EI800)}
      - !<FileTransform> {src: myLUT/ArriAlexaLogC3toRec709.cube, ➡
interpolation: tetrahedral}
```

```
- !<ColorSpace>
  name: LUTout-sRGB
  family: LUT
  equalitygroup: ""
  bitdepth: 32f
  description: |
    LUT output rec709

  isdata: false
  allocation: uniform
  allocationvars: [0, 1]
  from_reference: !<GroupTransform>
    children:
      - !<ColorSpaceTransform> {src: ACES2065-1, dst: ARRI LogC3 ➡
(EI800)}
      - !<FileTransform> {src: myLUT/ArriAlexaLogC3toRec709.cube, ➡
interpolation: tetrahedral}
      - !<BuiltinTransform> {style: "DISPLAY - CIE-XYZ-D65_to_REC.1886- ➡
REC.709", direction: inverse}
      - !<BuiltinTransform> {style: "DISPLAY - CIE-XYZ-D65_to_sRGB"}
```

「Rec.709→sRGB EOTF」の変換はOCIO v1とは異なり、LUTがないのでBuilt-in Transformを使用しています。そして、それぞれ出力設定を追加してactive viewsにカラースペースを追加すれば完了です。

```
displays:
  sRGB - Display:
    - !<View> {name: Raw, colorspace: Raw}
    - !<Views> [ACES 1.0 - SDR Video, Un-tone-mapped]
    - !<View> {name: "LUT-sRGB", colorspace: LUTout-sRGB}
  Rec.1886 Rec.709 - Display:
    - !<View> {name: Raw, colorspace: Raw}
    - !<Views> [ACES 1.0 - SDR Video, Un-tone-mapped]
    - !<View> {name: "LUT-rec709", colorspace: LUTout-rec709}

active_displays: [sRGB - Display, Rec.1886 Rec.709 - Display]
active_views: [ACES 1.0 - SDR Video," LUT-rec709", "LUT-sRGB", Un-tone-➡
mapped, Raw]
```

付録 nuke scriptの使い方

このPartで掲載したサンプルの画像や、掲載している画像を作成した「nuke-script」および「Nuke-default」「OCIO」の動作確認用のサンプルファイルついて解説します。

ダウンロードして解凍した「Part6」ディレクトリ内は、図のようになっています。Nuke-script内での画像のReadは相対pathで記述しているため、ディレクトリ構成など変更せずにディレクトリごとローカルにコピーして使用してください。

図4-A-1 ディレクトリ構成

 スクリプト実行前の準備

Scriptを開く前に、以下の下準備を2つ行います。

 init.pyを自分の「.nuke」ディレクトリへコピー

すでに自身の「init.py」が存在する場合は、内容をコピー&ペーストして上書き保存してください。なお、各OSの「.nuke」ディレクトリの場所は、以下のとおりです。

- **Windows**：`drive letter:\Users\user name\.nuke`
- **Mac OS X**：`/Users/login name/.nuke`
- **Linux**：`/home/login name/.nuke`

② 「gizmos」「OCIOConfigs」の2つのディレクトリを「.nuke」ディレクトリ内に移動

すでに自身が作成した同名のディレクトリが存在する場合は、ディレクトリ内のファイルを自身のディレクトリ内へ移動してください。

init.pyによってgizmosのpathを認識させ、nuke-defaultで解説しているViewer Process項目の追加を行っています。

 OCIO configの構成の確認

OCIOconfigsディレクリを「.nuke」ディレクトリへ移動することにより、「Project Setting→Color→color management→OCIO」のOCIO configの構成を追加しています。

図4-A-2 OCIO configにメニューが追加された

 nuke scriptの構成

「gizmos」と「lut」ディレクトリ内の各ファイルは、それぞれ以下のとおりです。このGizmoとスクリプトは、510ページの「Nuke defaultのViewer Process」で使用するものです。

表4-A-1 Nuke defaultのViewer Process

ディレクトリ	ファイル	内容
./	init.py	ViewとGizmo追加のためのinit.py
./gizmo	myColor.gizmo	Gizmo本体
	MyColor.gizmo.nk	Gizmoを製作したnuke-script
./lut	ArriAlexaLogC3tosRGB.cube	Gizmoで使用しているLUT
	ArriAlexaLogC4tosRGB.cube	Gizmoで使用しているLUT

「./OCIOConfigs/configs/myColor」ディレクトリ内の各ファイルは、それぞれ以下のとおりです。このocioは、522ページの「aces_ocio_v1の場合」で使用するものです。

表4-A-2 aces_ocio_v1の場合

ディレクトリ	ファイル	内容
./	config.ocio	カスタマイズしたconfig.ocio
./luts	93個のファイル群	ocio-v1のためのLUTファイル
./luts/myLUT	ArriAlexaLogC3toRec709.cube	カスタマイズ用LUTファイル
	ArriAlexaLogC3tosRGB.cube	カスタマイズ用LUTファイル

「./OCIOConfigs/configs/」ディレクトリ内の各ファイルは、それぞれ以下のとおりです。このocioは、525ページの「aces_ocio_v2の場合」で使用するものです。

表4-A-3 aces_ocio_v2の場合

ディレクトリ	ファイル	内容
./	myColor_aces-v1.3_ocio-v2.1.ocio	カスタマイズしたconfig.ocio
./myLUT	ArriAlexaLogC3toRec709.cube	カスタマイズ用LUTファイル
	ArriAlexaLogC3tosRGB.cube	カスタマイズ用LUTファイル

そのほかのディレクトリ内の各ファイルは、それぞれ以下のとおりです。

「v14_1」内の「fig」で始まるnuke-scriptは、本文の図番号に対応しています。

「v14_1」内の「Nuke_default_viewer.nk」は本文の「Nuke defaultのViewer Process」、「OCIO1_myColorConfig.nk」は本文の「aces_ocio_v1の場合」、「OCIO2_myColorConfig.nk」は本文の「aces_ocio_v2の場合」に対応するnuke-scriptです。

表4-A-3 imagesとv14_1ディレクトリ

ディレクトリ	内容
images	各種カラースペースのサンプル画像と解説に使用した参照画像
v14_1	Viewer ProcessとOCIOを使ったサンプルnuke-scriptと各参照画像を作成したnuke-script

Part

A

付録

　付録として、本文では紹介できなかった項目やリファレンスをまとめておきます。「Nukeの環境設定」は、Nukeの作業の効率化や作業ミスの低減などに繋がるため、Nukeをある程度使えるようになったら、目を通しておくことをお勧めします。ただし、チームでの作業を進める上で注意すべき点もありますので、どのような設定を行うかはメンバーとの共有が必須です。

　入門編で紹介しきれなかったNukeのインターフェースと、インターフェースのカスタマイズについてもまとめています。知っておくと便利な画面や機能を紹介しますので、Nukeに慣れてきたら使ってみるとよいでしょう。

　同様に、入門編では解説しなかったプリファレンス設定の詳細も解説します。さまざまな設定項目がありますが、Nukeというソフトウェアの基本となる設定は、ほかの作業者の認識とズレが生じる可能性があるため、変更しないようにしましょう。

　最後に、本文中でも一部紹介していますが、Nukeの作業を効率よく進めるためのショートカットキー一覧を表としてまとめました。こちらはリファレンスとして使用してください。

1 章 — **Nukeの環境設定**	532
2 章 — **インターフェースのカスタマイズ**	539
3 章 — **プリファレンス設定（Preferences）**	545
4 章 — **ショートカットキー**	552

Part A

CHAPTER 01

Nukeの環境設定

Nukeの環境設定を適切に行うことで、作業効率の向上や操作ミスなどによるエラーの低減が可能になります。チームで共有できる便利な機能もありますが、ルールを作って運用することが必要になりますので、カスタマイズを行う際には注意してください。

1-1 Nukeの環境設定の概要

Nukeは、起動時にさまざまなディレクトリをスキャンして、カスタマイズするファイルを検索します。お気に入りのディレクトリ、メニューオプション、画像フォーマット、ギズモ、NDKプラグイン、Pythonスクリプト、Tclスクリプト、Preferenceが検索されます。

それらをNukeに認識させるにはいくつか方法がありますが、最も簡単な方法はホームディレクトリにある「.nuke」フォルダーを使用することです。このフォルダーは、Nukeの初回起動時に作成されます。もしカスタマイズを試してみる場合には、バックアップを取っておくことをお勧めします。また、設定が変になってしまった場合でも「.nuke」フォルダーを削除して、新たにNukeを起動すれば自動的に初期化された「.nuke」フォルダーが作成されます。

「.nuke」フォルダーを設定することで、ほかのソフトウェアと同様に、環境変数を使用して挙動をカスタマイズしたり、プログラムの動作に必要なフォルダーの配置場所を定めることができます。なお、ホームディレクトリにある「.nuke」フォルダーの場所は、使用しているOSによって場所が異なります。

・**Windowsの場合**
  C:/Users/ユーザー名/.nuke

・**macOSの場合**
  /Users/ログイン名/.nuke

・**Linuxの場合**
  /home/ログイン名/.nuke

1-2 .nukeの構成要素

まず、.nuke内の設定で重要な「menu.py」と「init.py」について解説します。init.py、menu.pyが「.nuke」フォルダーにない場合は、新規で作成してください。

なお、環境変数を読み込む順番も非常に重要な要素になります。ここではホームディレクトリでの設定方法を紹介しますが、ホームディレクトリの「.nuke」の設定ファイルが最後に適用されるため、ほかの設定を上書きすることになります。

プロダクションによっては、さまざまな設定がされている場合があるので、個人でカスタマイズする場合は、自分自身がコントロール可能な範囲で設定することをお勧めします。

init.pyはNukeを起動するたびに、自動的に読み込まれるPythonファイルです。また、Nukeが起動する際に最初に読み込まれるファイルで、環境設定やプラグインのパスを設定するために使います。これにより、Nukeが起動する際の基本的な挙動をコントロールします。

たとえば追加で、「/Users/nuke/custom_plugins」のディレクトリを起動時に読み込ませたい場合は、以下の記述をinit.pyに追加します。この指定で任意のディレクトリを読み込ませた状態で、Nukeを起動することができます。

```
nuke.pluginAddPath('/Users/nuke/custom_plugins')
```

menu.pyは、NukeがGUIをロードした後に実行されるPythonファイルです。メニューのカスタマイズ、新しいツールやボタンの追加など、ユーザーインターフェースが設定できます。

具体的な例を挙げると、メニューバーやツールバーにカスタムメニューの追加や、ホットキーの作成、またノードのノブのデフォルトを定義することがで可能です。

ここでは一例として、ノードのノブのデフォルトを定義してみましょう。たとえば、**Blur**ノードのデフォルトのサイズ「8」を変更したい場合、以下の記述をmenu.pyに追加することで、新規で作成する**Blur**ノードのデフォルトサイズが「8」になります。

```
nuke.knobDefault('Blur.size', '8')
```

ホームディレクトリはNuke起動時にデフォルト設定で読みにいくディレクトリですが、Nukeプラグイン・パスを定義することで、Nukeを制御する共通の共有ディレクトリを割り当てることができます。

つまり「プロダクションツール」「プロジェクト設定」などを、複数の作業者（チーム）に任意の設定をして起動時に読み込ませ、共通設定のNukeを使用することができます。

1-3　.nukeフォルダー内のフォルダー

.nukeフォルダー内の「menu.py」と「init.py」のファイルだけでなく、.nukeフォルダーには用途に応じたフォルダーが設定できます。各フォルダーの役割を紹介します。

「NodePresets」フォルダー

NodePresetsフォルダーは、ノードのPresetsを保存します。フォルダー内にある「user_presets.py」に記述されます。階層がある場合は、階層ごとにフォルダーが作成され、その中にあるuser_presets.pyに記述されます。

Presets機能とは、任意のノードのプロパティの設定内容を、同じクラスの別ノードに適用することができる機能です。

1 ノードのプロパティの設定

保存したいノードのプロパティを設定します。設定ができたら、プロパティの左上にある「スパナ」アイコンから「Save as Preset」をクリックします。

2 プリセット名の登録

「Create Node Preset」ウィンドウの「Name」欄にプリセット名を入力します。名前を「/」で区切ると、階層を作成することができます。入力ができたら「Create」ボタンを押します。

図1-3-1 ノードのプロパティをプリセットに保存

3 プリセットの利用

登録されたプリセットは、同クラスのノードのプロパティにある「スパナ」アイコンから呼び出して適用することができます。

図1-3-2 プリセットをアイコンから適用

「ToolSets」フォルダー

ToolSetsフォルダーは、ノード単体やノードの集合体を保存できます。ToolSetsフォルダー以下に「.nk」スクリプトとして保存されます。ToolSetsについて詳しくは、1-5節で解説します。

「Workspaces」フォルダー

Workspacesフォルダーは、NukeのWorkspace（レイアウト情報）がデフォルトから更新された場合に、このフォルダーの中に更新情報が保存されます。

・FileChooser_Favorites.pref
「Open Comp...」で.nkファイルを開くときや、`Read`ノードまたは`ReadGeo`ノードでファイルを読み込む際に立ち上がるウィンドウの左側に、「Favorite」（お気に入り）ボタンを追加した場合、このファイルにスクリプトが追加されます。

・preferences<バージョン>.nk
NukeのPreferences設定を保存するファイルです。Nukeのバージョン毎に保存されます。Nuke 14.0の場合、ファイル名は「preferences14.0.nk」になります。

・resent_files
Nukeで以前開いたファイルのディレクトリとファイル名を保存しています。

・uistate.ini
UI（ファイルパス、各タブなど）の設定内容を保存しています。

1-4　GizmoノードとGroupノード

Nukeには、`Gizmo`（ギズモ）ノードと`Group`ノードという、複数のノードをまとめて扱うことができる手段があります。これらはともに、ほかのアーティストと共有や再利用ができるためとても便利なものですが、使い方や目的に違いがあります。ここでは、それらを紹介していきます。

Gizmoノード

図1-4-1 Gizmoノード

`Gizmo`は、複数のノードを1つの新しいカスタムノードとして、「.gizmo」として保存することにより、ほかのプロジェクトやアーティストと共有することができます。

`gizmo`のノードインターフェースは、ユーザーが編集できるため、特定のパラメーターだけを露出させ、内部の複雑な処理は隠すことができます。保存された`gizmo`には、`gizmo`の名前と制御設定のみが含まれます。そのため`gizmo`の実装を変更し、それを使用しているすべてのスクリプトを変更できます。

ただし、`gizmo`がすでに存在しているスクリプトには、起動時に適切に読み込ませないとエラーが発生するデメリットもあります。そのために「init.py」で「nuke.pluginAddPath()」を使用して、Nuke起動時に`gizmo`があるディレクトリを指定する必要があります。

これがうまくいかないと、nuke scriptsに`gizmo`が含まれている場合、Nukeはその`gizmo`を見つけられず、そのノードが読み込めないというエラーが発生します。

Groupノード

Groupノードは、複数のノードを1つのグループにまとめて、見た目や操作を簡単にするためのツールです。Groupノードは、たくさんのノードを1つのまとまりとしてグループ化し、ノードグラフの整理整頓や特定のパラメーターだけを露出させてコントロールをしやすいノードにカスタマイズが可能です。

図1-4-2 Groupノード

ただしgizmoと異なり、グループノードの中に入ることで、その中に含まれる個々のノードを自由に操作・編集できます。これにより、柔軟にノードを追加・削除することが可能です。Groupノードは複数のノードの集合体であり、スクリプト内に保存されます。gizmoと異なり、起動時に読み込ませないとエラーになることもなく、柔軟性が高いノードです。

また、Groupノードは次の節で解説する「ToolSets」と組み合わせて使用することで、共有や再利用がしやすい仕様になっています。個人的にはエラーを避けるためにも、自分用のカスタムノードはGroupノードを使用することをお勧めします。

GizmoノードとGroupノードの使い分け

Groupノードの役割は、複数のノードを1つのノードにまとめて内部で整理するためのものです。作成後も内部のノード構造にアクセス可能で、自由に編集できます。

Gizmoノードの役割は、複数のノードを1つにパッケージ化したもので、再利用を目的としています。内部のノード構造は基本的にロックされ、ユーザーが簡単に編集できないようになっていますが、外部パラメーターをカスタマイズして使うことが可能です。

Groupノードは作業中に構造を維持したまま編集できるのに対し、Gizmoノードは編集の自由度を制限して再利用性を高めたプリセットのようなものだと言えるでしょう。

プロダクションによっては、Gizmoの使用が制限されている場合もあります。「Nukepedia」などで気軽にGizmoを使用することもできますが、プロダクションで使用する場合にはルールを確認して、エラーが出ないように気をつけましょう。

1-5 ToolSetsとCatteryフォルダー

前述の「.nuke」フォルダーの節でも触れましたが、.nukeフォルダーで設定できる「ToolSets」を改めて紹介します。また、機械学習ツールセットで利用されるCatteryフォルダーについても触れておきます。

ToolSets

ノード単体や複数のノードをまとめて、ToolSetsフォルダー以下に「.nk」スクリプトとして保存することで、後から呼び出して再利用することが可能です。これらは「Snippet」(スニペット)とも呼ばれます。

1 登録したいノードの選択

登録したノードをまとめて選択した状態で、「Toolbar」の「スパナ」アイコンをクリックし、「Create」ボタンをクリックします。

2 ToolSet名の登録

「Create ToolSet」ウィンドウが立ち上がるので、「Menu item」に登録するToolSet名を入力します。名前を「/」で区切ると、階層を作成することができます。入力ができたら「Create」ボタンを押します。

3 ToolSetの利用

「Toolbar」のスパナアイコンをクリックすると、先ほど登録した名前が追加され、クリックすると登録したツール群が呼び出されます。

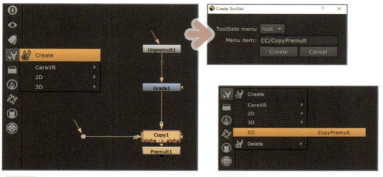

図1-5-1 登録したいノードをToolSetに保存　　図1-5-2 登録したToolSetを呼び出し

　ToolSetsのよいところは「.nk」ファイルで保存されるので、自分のカスタムツールやスニペットなどを保存するのに手軽で便利です。またNuke上から保存するだけでなく、エクスプローラーなどからもフォルダーを作成し.nkファイルを配置すれば、次回Nuke起動時にToolSetsフォルダーを読み込んで起動してくれます。

　個人的にはToolSetsは扱いが簡単で、単一のツールだけでなく、ノードツリーの一部だけを保存できるので、とても重宝しています。また`Gizmo`は使用環境を選ぶので、エラーを避けるためにも`Group`ノードでの運用を心がけています。

　もしうまく機能しない場合は、「.nuke以下にToolSetsが配置されていない」「大文字小文字などのスペルミス」「最後のsが抜けている」などが多いです。一度Nuke上から作成すればそれらのミスも避けられると思うので、うまくToolSetsが機能しない場合は、上記の手順でNuke上から何かノードを登録してみてください。

Catteryフォルダー

　Nuke 13シリーズから`CopyCat`や`Inference`ノードからなる「機械学習ツールセット」が導入されました。Nuke 14.0では、「.nuke」に「Cattery」フォルダーを作成することでツールバーに追加することができます。

　このCatteryフォルダーに、ダウンロードした「.cat」ファイルに変換されたオープンソースの機械学習モデルのライブラリを追加することで、Nukeで使用できるようになります。また、もし独自の場所を選択した場合は、「NUKE_PATH」に追加してください。

　Catteryは、Foundryの公式ページにてライブラリをダウンロードできます。

● CATTERY — Foundry Community

https://community.foundry.com/cattery

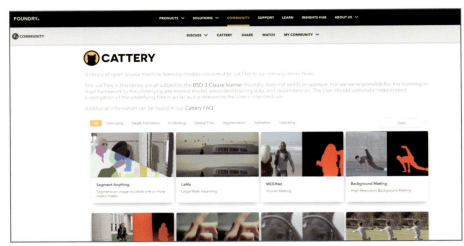

図1-5-3 CATTERYで公開されている学習済みの機械学習モデル

CHAPTER **02** Part **A**

インターフェースのカスタマイズ

ここでは、入門編で紹介しきれなかったインターフェースと、インターフェースのカスタマイズについて解説します。知っておくと便利な画面や機能を紹介しますので、Nukeに慣れてきたら使用してみてください。

2-1 Nukeの画面構成

入門編でも紹介しましたが、Nukeの画面構成について再掲しておきます。

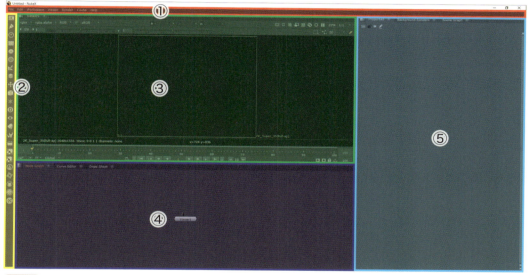

図2-1-1 Nukeの画面構成

①メニューバー（赤色）
　シーンを開く／保存する、ワークスペース、環境設定など、Nukeの基本的なメニューが格納されている場所です。

②ツールバー（黄色）
　各種ノードやGizmo、サードパーティ製プラグインなどが格納される場所です。

③ビューアー（緑色）
　素材や合成結果が表示／再生される場所です。

④ノードグラフ（青色）
　ノードを作成し繋げてコンポジットを行っていく場所で、いわば作業台です。別のタブ

にはカーブエディタやドープシートがあります。

⑤ プロパティ（水色）

各ノードのパラメータの調整を行う場所です。

2-2 ①メニューバー

メニューバーには、Nuke全体の設定や機能がまとめられています。

▶ Workspaceメニュー

作業内容によって適したワークスペースが格納されています。任意のワークスペースに変更したり、現在のワークスペースをプリセットとして保存したりすることができます。

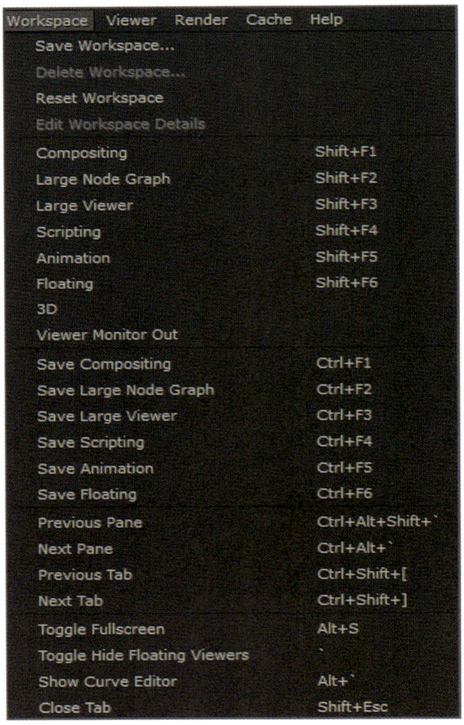

図2-2-1 Workspaceメニューの画面

表2-2-1 Workspaceメニューの機能

メニュー	機能
Save Workspace...	現在のワークスペースを保存。任意の名前やショートカットキーが設定できる
Delete Workspace	保存したワークスペースを削除
Reset Workspace	現在適用しているワークスペースにリセット
Edit Workspace Details	保存したワークスペースの名前やショートカットキーを編集
Compositing	基本のワークスペース。起動したらこのワークスペースが適用される
Large Node Graph Large Viewer Scripting Animation Floating 3D	ワークスペースのプリセット。それぞれの名称のワークスペースが適用される
Viewer Monitor Out	モニターアウトのメニューを表示。Viewer画面だけを切り離したり、設定の変更ができる
Save **** (Workspace Name)	各ワークスペースのプリセットに対して、現在のワークスペースを上書き
Previous Pane	前のPaneをアクティブにする
Next Pane	次のPaneをアクティブにする
Previous Tab	前のTabをアクティブにする
Next Tab	次のTabをアクティブにする
Toggle Fullscreen	Nukeをフルスクリーン表示
Toggle Hide Floating Viewers	分離されているViewerの表示／非表示を切り替え
Show Curve Editor	カーブエディタを表示
Close Tab	現在アクティブなTabを閉じる

▶ Viewerメニュー

Viewerに関する機能が格納されています。

図2-2-2 Viewerメニュー画面

表2-2-2 Viewerメニューの機能

メニュー	機能
New Comp Viewer	新しいViewerを作成
Connect to A Side (B Side)	AとBそれぞれインプットを繋ぐことで、2つの結果をwipeなどで重ねて表示
View	マルチビュー時に前のビュー、次のビューをアクティブにする
Toggle Monitor Out	Viewer画面が切り離される
Goto Frame	指定したフレーム数へ移動

▶ Renderメニュー

レンダリングに関する機能が格納されています。シーン内すべてのWriteノードの書き出し、プロキシ切り替え、Flipbookを使ったプレビューなどを行うことができます。

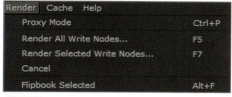

図2-2-3 Renderメニュー画面

表2-2-3 Renderメニューの機能

メニュー	機能
Proxy Mode	プロキシモードを切り替え
Render All Write Nodes…	シーン内にあるすべてのWriteノードを書き出し
Render Selected Write Nodes…	シーン内の選択されたWriteノードのみ書き出し
Cancel	書き出しをキャンセル
Flipbook Selected	選択したノードをFlipbook Viewer、またはHiero Playerで一時レンダリングして再生

▶ Cacheメニュー

キャッシュに関する機能が格納されています。キャッシュのクリアやローカライゼーションなどを行うことができます。

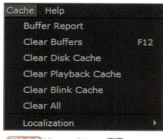

図2-2-2 Viewerメニュー画面

表2-2-4 Cacheメニューの機能

メニュー	機能
Buffer Report	バッファリポートを表示。どのノードにどのくらいメモリを使用しているのかなどを確認できる
Clear Buffers	バッファを削除
Clear Disk Cache	ディスクキャッシュを削除
Clear Playback Cache	プレイバックキャッシュを削除
Clear Blink Cache	ブリンクキャッシュを削除
Clear All	すべてのキャッシュを削除
Localization	ローカライゼーションモードの変更やローカライズデータのアップデートなどが行える

2-3 ③ビューアー

Viewer下部には、解像度やピクセルの情報を表示する「Info bar」や時間軸の「Timeline」、再生に関する機能がプルダウンやボタンでまとめられています。ボタンの機能については「Part 1：入門編」を参照してください。

図2-3-1 Viewer下部のメニュー

Info bar
解像度やピクセル情報を表示

Timeline
Project Settingsで指定したフレームレンジを表示

▶ In/Out設定

　素材や合成結果を再生して確認する際、In/Outを指定することでその部分だけを再生したり、タイムライン上での作業区間を定めることができます。

　カレントフレームをIn点にしたいフレームへ移動し「I」ボタンを押すか、マウスカーソルがビューアー上にある状態でショートカット「I」でそのフレームを指定します。Out点も同様にカレントフレームを移動し「O」ボタンを押すか、ショートカット「O」でそのフレーム指定することで、その間がループ再生されます。

　また、Rangeを「Global」から「In/Out」に設定することで、タイムラインがIn/Out指定した区間にクリップされます。主に長尺のカットや部分的な作業に使用できます。

図2-3-2 In/Outの設定

2-4　インターフェースのカスタマイズの方法

　Nukeのインターフェースは「Pane」と呼ばれる領域で構成されており、Paneの中に「Tab」と呼ばれる各種画面を作成して表示しています。Paneは分割して増やすことができ、Viewerを2画面にしたり、Tabの場所を変えたりと、自由にUI変更が可能です。

　Paneのアイコンをクリックすると、以降で解説するコンテンツメニューが表示されます。

図2-4-1 Paneの画面

図2-4-2 Tabの画面

図2-4-3 Paneの左上のアイコン

▶ コンテンツメニュー

　Paneの分割やTabの制御を行います。

インターフェースのカスタマイズ

542

図2-4-4 コンテンツメニュー画面

表2-4-1 コンテンツメニューの機能

メニュー	機能
Split Vertical	Paneを上下に分割
Split Horizontal	Paneを左右に分割
Float Pane	PaneをTabごとに別ウィンドウで分離
Close Pane	Paneを閉じる
Float Tab	現在表示しているTabのみ別ウィンドウで分離
Close Tab	現在表示しているTabを閉じる
Solo Tab	現在表示しているTab以外を閉じる
Show Tabs	PaneやTabアイコンの表示／非表示を切り替える
Windows	各種Tabを作成（次項を参照）

▶ Windowsメニュー

図2-4-4 Windowsメニュー画面

コンテンツメニューの下部にあるWindowsメニューの機能は、表のとおりです。表の項目をいくつか補足しておきます。

「Pixel Analyzer（ピクセルアナライザー）」は、指定したピクセルやViewerの画面を分析し、画面内の「最小値」「最大値」「平均値」「中央値」を検出します。画像中の一番高い数値、低い数値などを知りたい場合に使用します。

「Profile」はプロファイルノードを使用して、スクリプトのパフォーマンスを測定できます。プロファイルノードを測定したい場所に挿入し、プロファイルタブで選択して使用します。Filterでは、プロファイルデータのフィルタリングを行うことも可能です。

「Script Editor」では、Nukeに搭載されているPython APIでPythonコマンドを走らせたり、コマンドベースでの操作ができます。Preferenceで「echo python commands to output window」設定を入れると、各ノードの作成や操作を行ったときに、その操作のPythonコマンドが表示されるようになります。

表2-4-2 Windowsメニューの機能

メニュー	機能	メニュー	機能
Node Graph	ノードグラフを表示	Background Renders	バックグラウンドでレンダリングしているジョブの進捗を表示。PreferenceやWriteノードで「render using frame server」を使用することで、バックグラウンドレンダリングが使用できる
Properties	プロパティを表示		
Curve Editor	カーブエディタを表示		
Dope Sheet	ドープシートを表示	Viewer Monitor Out	WorkspaceのViewer Monitor Out機能と同じ。指定したPaneに表示できる
Progress	プログレスバーを表示。レンダリングの進行状況が確認できる		
Toolbar	ツールバーを表示	Script Editor	スクリプトエディタを表示
Error Console	エラーコンソールを表示。エラーが発生した際にシーン内のエラーをリストアップし確認できる	Viewer*	シーン内の選択したViewerがここに表示
		New Comp Viewer	新規Viewerを作成して表示
Pixel Analyzer	ピクセルアナライザーを表示	New Script Editor	新規スクリプトエディタを作成して表示
Profile	プロファイルを表示		
Scene Graph	3Dデータのリストアップ、ナビゲート、管理するためのシーングラフを表示	New Scope	各種スコープを表示。ヒストグラム、ウェーブフォーム、ベクターを表示できる
		User Knob Editor	ノードのノブを簡単に作成できるノブエディタを表示

543

2-5 ワークスペースの作成

「Pane」を分割し「Tab」を再配置することで、自分だけのワークスペースを作成することができます。作成したワークスペースは、メニューバーの「Workspace」で現在のワークスペースを保存することができるので、いつでも作成したワークスペースを呼び出すことができます。

ワークスペースを使いこなせるようになれば、作業を効率的に進めていけるので、ぜひ試してみてください。

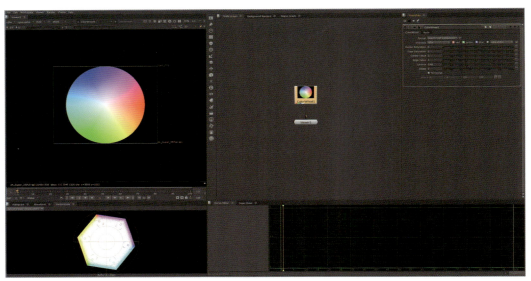

図2-5-1 カスタマイズしたワークスペースの例

プリファレンス設定（Preferences）

ここでは、「Part 1：入門編」の3章で紹介しきれなかったプリファレンス設定を紹介します。

Performance−Caching画面

Performanceでは、Nukeのパフォーマンスに関する設定を行うことができます。「Caching」では、Nukeのキャッシュ設定を行います。

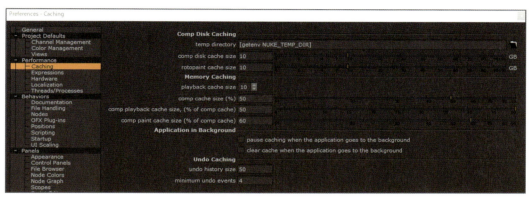

図3-1 キャッシュ設定画面

表3-1 キャッシュの設定項目

項目	機能
temp directory	キャッシュを保存する場所を指定。デフォルトは環境変数によって指定される
各種cache size	ディスクキャッシュ、キャッシュメモリをどのくらい保存するのか、サイズを設定
undo history size	アンドゥに使用するRAM容量を設定。この限界を超えると古いものから削除される
minimum undo events	記録の限界であったとしても、最低限記録する回数を設定

Performance−Localization画面

Localizationでは、ローカリゼーションの設定を行うことができます。ローカリゼーションとは、サーバーなどから直接素材を読み込むと処理に時間が掛かる場合、指定したローカルドライブにキャッシュして動作の安定化を行う機能です。

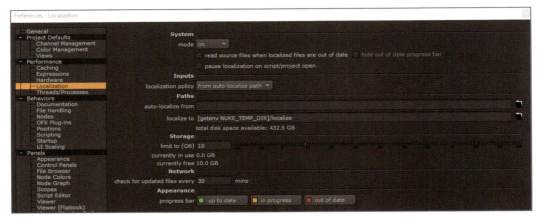

図3-2 ローカリゼーション設定画面

● mode

ローカリゼーションの基本となるモードを設定します。デフォルトは「on」です。

　on：すべての素材を確認し、ポリシーがOnまたはFrom auto-localize pathに設定されたファイルを自動的にローカライズ（キャッシュ）

　manual：ローカライズされた素材の更新を確認し、手動で更新。ポリシーがoffに設定されているものだけが更新されない

　off：素材はローカライズされない

● localization policy

新規で作成する**Read**ノードのデフォルトのローカリゼーションポリシーを設定します。デフォルトは「from auto-localize path」です。

　on：常に素材をローカライズ

　from auto-localize path：素材がauto-localize fromで指定したディレクトリにある場合、自動的にローカライズ

　on demand：手動で素材を更新したい場合に設定。各**Read**ノードのプロパティにてローカライズするかしないかを判断し手動で行う

　off：ローカライズしない

● auto-localize from

ポリシーがfrom auto-localize pathでかつ、ここで指定したディレクトリに素材がある場合、ローカライズされます。

● localize to

ローカライズされたデータをどこに作成するか指定します。/localize以下はサーバーのディレクトリ構造が再現されます。

● limit to (GB)

ローカライズデータの最大サイズを設定します。

● check for updated files every

ローカライズされたデータの更新をチェックする間隔を設定します。

Performance－Threads/Processes画面

Threads/Processesでは、フレームサーバーを使用したレンダリング設定を行うことができます。フレームサーバーを使用したレンダリングとは、レンダリングに使用するスレッド数やキャッシュメモリの割合を変更することで、バックグラウンドでレンダリングをしながら、同時にコンポジット作業を行うことができる機能です。

図3-3 スレッド／プロセス設定画面

● render using frame server（Nuke）

有効にすると、フレームサーバーが常にレンダリングに使用されます。

● frame server render timeout

タイムアウトにする時間を設定します。

● focus background renders

有効にすると、フレームサーバーを使用したレンダリング実行後、自動的にバックグラウンドレンダーパネルを開きます。

● frame server processes to run

フレームサーバーで使用するレンダリングプロセスの数を設定します。

● export renders

レンダリングに使用するリソースの設定です。

● limit renderer（more responsive ui）

レンダリング中のユーザーインターフェースのパフォーマンスが向上する。レンダリングをかけながら、コンポジット作業を行いたい場合におすすめ

● no renderer limits（fastest transcoding）

レンダリングのパフォーマンスを重視します。レンダリング中のユーザーインターフェースのパフォーマンスが低下する可能性がある

● customize render limits

レンダリング中に使用されるスレッド数とキャッシュメモリを手動で設定

Behaviors－Nodes画面

Nodesでは、表のようにノードに関しての設定を行うことができます。

図3-4 ノード関連設定画面

表3-2 ノードの設定項目

項目	機能
New Merge nodes connect A input	ノードを選択した状態でMergeノードを作成した際、Aインプットが繋がれた状態で作成。オフだとBインプットが繋がれた状態で作成
Autokey roto shapes	RotoノードやRotopaintノードでシェイプを作成して動かす際に自動でキーが打たれる。オフにすると自動でキーが打たれない
When Viewer is closed delete its node	ビューアーを閉じると、Viewerノードを削除。オフにすると削除されない
Double click the Viewer node to open the Viewer settings	Viewerノードをダブルクリックした際、Viewerのプロパティを表示。オフにすると表示されない

● Tab Search Menu

設定画面の下部にあるTabサーチの設定は、以下のとおりです。

● Weighting：

「Tab」キーから検索する際に、使用頻度の高いノードを上に表示。オフにすると表示されない。検索結果の右にある緑の丸いアイコンは、使用頻度の高いノードほど大きいサイズで表示され、頻度が下がっていくと小さくなる

● Favorites

「Tab」キーから検索する際に、よく使うノードをマークしておくことで、最初に表示されるように設定。オフにすると表示されない。検索結果のWeightingアイコンの右の「☆」マークがFavoriteで、「☆」マークをクリックするとFavorite登録され、もう一度クリックすると解除される

● Clear Weighting/Favorites

Weighting、Favorite情報を削除

図3-5 ノード検索画面

図3-6 丸の大きさが使用頻度で、星マークがお気に入り

Panels－Node Graph画面

Node Graphでは、ノードグラフ上のインターフェースに関して設定を行うことができます。変更を推奨しない項目もあるため、抜粋して紹介します。

図3-7 ノードグラフの設定画面

● postage stamp mode

PostageStampを使用した際に表示されるサムネイル画像の設定です。

● Current frame

現在のフレームの画像をサムネイルとして表示。フレームが変わるたび、結果をサムネイルにレンダリングし続けるため、パフォーマンスに影響が出る

● Static frame

PostageStampのStatic frameで指定したフレームの画像をサムネイルとして固定

● tile size（W×H）、snap to node

ノードを動かす際、インプット／アウトプットの水平・垂直方向に並ぶ位置にノードを吸着させます。

● grid size（W×H）、snap to grid、show grid

ノードグラフ上にグリッド（格子）を設定および、表示します。ノードを動かす際、そのグリッドに吸着させます。

● snap threshold

ノードを動かした際の吸着の強さです。数字が高いほど、強く吸着します。低いほど、弱く吸着します。

● Arrows

設定は、以下の表のとおりです。

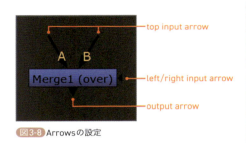

図3-8 Arrowsの設定

表3-3 矢印の設定項目

項目	機能
unconnected top input arrow length	繋がっていない状態のトップインプットアローの長さを設定
unconnected left/right input arrow length	繋がっていない状態の左右インプットアローの長さを設定
unconnected output arrow length	繋がっていない状態のアウトプットアローの長さを設定
arrow head length	アローの頭（三角形）の長さを設定
arrow head width	アローの頭（三角形）の幅を設定
arrow width	アローの幅を設定

Panels－Viewer Handles画面

Viewer Handlesでは、ビューアー上に表示される各種ハンドルなどの色や太さ、サイズ、そのほか3Dビューの操作方法などの設定を行うことができます。変更を推奨しない項目もあるため、抜粋して紹介します。

図3-9 ビューアーハンドル設定画面

● line width

RotopaintやSplinewarpなどのスプラインの幅を設定します。

● 3D hotkeys

3Dビューでのショートカットキー（選択／移動／回転／スケールツールなどの切り替え）を各種ソフトウェアに合わせて設定します。

- **3D navigation**

  3Dビューの操作方法を設定します。デフォルトは「Nuke」です。ほかの3DCGソフトと同じ操作方法にしたい場合は、変更してください。

- **3D transform handle size**

  3Dビューでのトランスフォームハンドルのサイズを設定します。

- **3D handle size**

  3Dビューでの四角いコントロールハンドルのサイズを設定します。

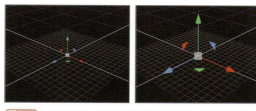

図3-10 トランスフォームハンドル（左：設定前、右：設定後）

- **2D handle size**

  2Dビューでの四角いコントロールハンドルのサイズを設定します。

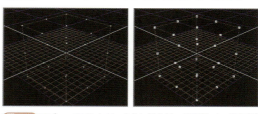

図3-11 3Dビューのコントロールハンドル（左：設定前、右：設定後）

- **icon size**

  2Dビューでのコントロールハンドルのアイコンサイズを設定します。

- **icon scaling**

  ビュー上での拡大／縮小が、各アイコンサイズに与える影響を設定します。「0」の場合、アイコンは拡大／縮小に関係なく、常に同じサイズで表示されます。「1」の場合、画像や3Dシーンと同じく拡大／縮小されます。

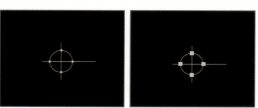

図3-12 2Dビューのコントロールハンドル（左：設定前、右：設定後）

- **object interaction speed**

  オブジェクトの平行移動、回転の連動速度を設定します。値を小さくすると連動が弱くなり、高くすると強くなります。

図3-13 2Dビューのコントロールハンドルのサイズ（左：設定前、右：設定後）

- **camera interaction speed**

  カメラ操作の連動速度を設定します。値を小さくすると連動が弱くなり、高くすると強くなります。

まとめ

ここで紹介した以外にもさまざまな環境設定項目がありますが、Nukeというソフトウェアの基本となる設定は変更を推奨しません。

特に各種ノードのカラーや特定のアローの色などは、ほかの作業者の認識とズレが生じる可能性があるため、変更しないようにしましょう。

ショートカットキー

ここでは、Nukeのショートカットキーを表としてまとめておきます。

全般

機能	ショートカットキー
選択したクリップ、ノードを削除	Backspace／Delete
バッファと再生キャッシュのクリア	F12
数値入力フィールドで仮想スライダー操作	マウス真ん中ボタンを左右にドラッグ
フォーカスされたパネルを画面全体表示	Space
右クリックメニューを開く	Space長押し
Nukeアプリケーションまたはフローティングウィンドウをフルスクリーン表示	Alt+S
カーブエディターを表示	Alt+`
すべて選択	Ctrl+A
選択したノードをコピー	Ctrl+C
選択したノードを複製	Ctrl+D
クリップボードの内容を貼り付け	Ctrl+V
現在のウィンドウレイアウトを保存（#はF1～F6まで）	Ctrl+F#
フロートパネル	パネル名をCtrl+マウス左クリック
現在のペインのタブを順に切り替え	Ctrl+T
現在のタブを閉じる	Shift+Esc
ワークスペースの変更	Shift+F1～F6
環境に応じて最新のプロジェクトまたはスクリプトを開く	Alt+Shift+1～6
どれも選択しない	Ctrl+Shift+A
次のペインに移動	Ctrl+Alt+`
前のペインに移動	Ctrl+Alt+Shift+`
次のタブに移動	Ctrl+Shift+[
前のタブに移動	Ctrl+Shift+]
最後のアクションをやり直す	Ctrl+Shift+Z

Fileメニュー

メニュー	ショートカットキー	機能
New Comp...	Ctrl+N	新規シーン作成
Open Comp...	Ctrl+O	シーンを開く
Close Comp	Ctrl+W	現在のシーンを閉じる
Save Comp	Ctrl+S	シーンの上書き保存

メニュー	ショートカットキー	機能
Save Comp As...	Ctrl+Shift+S	シーンの別名保存
Save New Comp Version	Alt+Shift+S	シーンのバージョンを上げて保存（バージョン管理されているシーン）
Comp Script Command...	X	コマンド入力、実行
Run Script...	Alt+X	Comp Script Command...で入力したコマンドを実行
Comp Info	Alt+I	コンポ情報表示
Quit	Ctrl+Q	Nuke自体を終了

Editメニュー

メニュー	ショートカットキー	機能
Undo	Ctrl+Z	元に戻す
Redo	Ctrl+Shift+Z	戻した作業を再び実行
Cut	Ctrl+X	カット（切り取り）
Copy	Ctrl+C	コピー
Paste	Ctrl+V	貼り付け
Paste Knob Values	Ctrl+Alt+V	貼り付け先のノードを選択し実行
Duplicate	Alt+C	選択したノードを複製
Delete	Del	選択したノードを削除
Clone	Alt+K	選択したノードと親子関係のノードを作成。どちらかのパラメーターを変更したら両方変更される
Copy As Clones	Ctrl+K	選択したノードのクローンをコピー（貼り付けが必要）
Force Clone	Ctrl+Alt+Shift+K	最初に選択したノードと次に選択したノードを強制クローン化
Declone	Alt+Shift+K	選択したクローンノードのクローン状態の解除
Serch...	/	現在開いているシーン内のノードを検索
Select All	Ctrl+A	現在開いているシーン内のノードをすべて選択
Select Connected Nodes	Ctrl+Alt+A	選択しているノードに繋がっているすべてのノードを選択
Remove Inputtract	Ctrl+D	選択したノードのインプットを外す
Extract	Ctrl+Shift+X	選択したノードを外す
Branch	Alt+B	選択したノードのインプットを保ったまま複製
Expression Arrows	Alt+E	Node Graph上でExpressionアローの表示／非表示の切り替え
Preferences...	Shift+S	Nukeの環境設定
Project Settings...	S	プロジェクト設定

Viewer内のショートカット

機能	ショートカットキー
画面内でのパン	マウス真ん中ボタンドラッグ
上部ツールバー切り替え	Shift+[
下部ツールバー切り替え	Shift+]

機能	ショートカットキー
表示しているイメージを上下に移動	Alt（Option）＋マウス左クリック＆ドドラッグ
表示しているイメージを拡大／縮小	Alt（Option）＋中ボタンクリック＆ドラッグ
表示しているイメージを拡大／縮小	ホイールを上下にスクロール（ホイールマウスの場合）
マウスカーソルを中心に拡大／縮小	テンキーの＋、－
イメージをViewerの中央に配置（イメージの大きさはViewerサイズに最も近い整数値）	F
イメージの上下をViewerにピッタリ合わせた中央に配置	H
Rチャンネル表示	R
Gチャンネル表示	G
Bチャンネル表示	B
アルファチャンネル表示	A
イメージの輝度表示	Y
マスクのオーバーレイ表示	M
ゲインの上げ下げ	,（コンマ）と.（ピリオド）
再生／停止	L
後方に再生／停止	J
スタートに移動	Home
最後に移動	End
タイムスライダーのズームインズームアウト	マウス真ん中ホイール上下
タイムスライダーの範囲をドラッグで指定した範囲にズーム	マウス真ん中ボタンドラッグで範囲選択
インポイント登録	I
アウトポイント登録	O
インポイント登録クリア	Alt+I
アウトポイント登録クリア	Alt+O
イン／アウトポイントをクリア	Alt+U
タイムラインを1フレずつ移動	左（←）右（→）矢印
タイムラインを10フレームずつ移動	Shift＋左（←）右（→）矢印
次のレイヤー	PageDown
前のレイヤー	PageUp
オーバーレイを表示、非表示	Q
Viewerのコンポジットモードオン	W
2Dビュー／3Dビュー切り替え	Tab
ディスプレイViewerメニューを表示	右クリックまたはSpace長押し
Viewerの全画面表示	Space
カラーピッカー	Ctrl+マウス左クリック
カラーピッカー領域選択	Ctrl+マウス左ドラッグ
サンプリングされたピクセル選択解除	Ctrl+マウス右クリック
3Dビュー	V
3Dビュー　Rサイド（ノンパース）	X
3Dビュー　Lサイド（ノンパース）	Shift+X
3Dビュー　Topビュー（ノンパース）	C
3Dビュー　Bottomビュー（ノンパース）	Shift+C

機能	ショートカットキー
3Dビュー　Frontビュー（ノンパース）	Z
3Dビュー　Backビュー（ノンパース）	Shift+Z

Node Graph内でのNode作成

機能	ショートカットキー
画面のズームインズームアウト	+、−
ドットの挿入	.（ピリオド）
ノード名またはクラスで検索	/
すべてのノードをグリッドにスナップ	\
ノード選択状態でViewer入力を接続、選択されていない状態で接続されたViewを循環	1、2、3〜
Readノード	R
Writeノード	W
Rotoノード	O
RotoPaintノード	P
Copyノード	K
ColorCorrectノード	C
Gradeノード	G
Blurノード	B
Mergeノード	M
Transformノード	T
Precompノード	Ctrl+Shift+P
すべての書き込みノードをレンダリング	F5
選択した書き込みノードをレンダリング	F7
選択したノードの名前を変更	N
ツリーの前後のノードに移動	上（↑）下（↓）矢印

555

Index

掲載ノード一覧

AmbientOcclusion (3D Classicカテゴリー) ...355

AppendClip (Timeカテゴリー) 270

ApplyMaterial (3D Classicカテゴリー) 351, 352

Axis (3D Classicカテゴリー) 333

Backdrop (Otherカテゴリー) 058, 295

BasicMaterial (3D Classicカテゴリー) 331

BasicSurface (3Dカテゴリー) 387

Blur (Filterカテゴリー) 082, 090, 137, 193

Bokeh (Filterカテゴリー) 428, 429, 469

CameraTracker (3Dカテゴリー) ....

....................................434, 434, 438, 441, 455

CameraTracking (3D Classicカテゴリー) ...445

Camera (3Dカテゴリー) 060, 414, 480

Camera (3D Classicカテゴリー) 337, 404

CenterPin (Transformカテゴリー) 104

ChannelMerge (Channelカテゴリー) 292

CheckerBoard (Imageカテゴリー) ...050, 062, 132

Clamp (Colorカテゴリー) 284

ColorBars (Imageカテゴリー) 062

ColorWheel (Imageカテゴリー) l............ 050, 062

Constant (Imageカテゴリー) 062, 088, 158, 169, 411

Convolve (Filterカテゴリー) 294

CopyCat (機械学習ツール群) 265, 272

Copy (Channelカテゴリー) 096, 169, 195, 252

CornerPinr (Transformカテゴリー) 224

CornerPin (Transformカテゴリー) ...104, 155, 171

Crop (Transformカテゴリー) 101, 135, 149, 281

Cryptomatte (Keyerカテゴリー) 253

DeepColorCorrect (ディープカテゴリー) 419

DeepCrop (ディープカテゴリー) 419, 424

DeepExpression (ディープカテゴリー) 419

DeepFromFrames (ディープカテゴリー) 420

DeepFromImage (ディープカテゴリー) 420

DeepMerge (ディープカテゴリー) 420, 421, 425

DeepRead (ディープカテゴリー) 420, 421, 425

DeepRecolor (ディープカテゴリー) 420

DeepReformat (ディープカテゴリー) 420

DeepSample (ディープカテゴリー) 420

DeepToImage (ディープカテゴリー) 420, 423, 426

DeepToPoints (ディープカテゴリー) 420, 422, 425

DeepTransform (ディープカテゴリー) ... 420, 429

DeepWrite (ディープカテゴリー) 420

Defocus (Filterカテゴリー) 135, 203, 295

Denoise (Filterカテゴリー) 179, 180

DepthGenerator (3Dカテゴリー) 456, 460

Diffuse (3D Classicカテゴリー) 462

DirectLight (3Dカテゴリー) 386

DirectLight (3D Classicカテゴリー) 325

DisplaceCard (3Dカテゴリー) 458

Dot (Otherカテゴリー)................................ 051, 154

EdgeBlur (Filterカテゴリー) 137

Emission (3D Classicカテゴリー) 327, 351

Environment (3D Classicカテゴリー) 325

Erode (Filterカテゴリー)..................... 191, 212

Expression (Mathカテゴリー) 292, 293, 305

FrameHold (Timeカテゴリー) 220, 268, 279

FrameRange (Timeカテゴリー) 092, 102, 268

GeoBindMaterial (3Dカテゴリー) ...387, 393, 413

GeoCard (3Dカテゴリー) 364

GeoCube (3Dカテゴリー)......................................374

GeoExport (3Dカテゴリー) 445, 446

GeoImport (3Dカテゴリー)...................................

.... 060, 364, 370, 377, 382, 412

GeoInstance (3Dカテゴリー) 379

GeoMerge (3Dカテゴリー) 379

GeoPoints (3Dカテゴリー) 479

GeoReference (3Dカテゴリー) 364, 370, 371, 377

GeoScene (3Dカテゴリー) 386, 415, 444, 445

GeoTransform (3Dカテゴリー) 363, 375, 376

Gizmo 535, 536

Grade（Colorカテゴリー）..

.... 149, 154, 164, 194, 206, 229, 253, 453

Group（Otherカテゴリー）.............................536

HueCorrect（Colorカテゴリー）......................197

HueShift（Colorカテゴリー）...........................199

IBKColour（Keyerカテゴリー）............ 183, 184

IBKGizmo（Keyerカテゴリー）..................... 183, 185

Inference（機械学習ツール群）.............. 276, 282

Invert（Colorカテゴリー）........................... 193, 212

Keyer（Keyerカテゴリー）.............................. 106, 166

Keylight（Keyerカテゴリー）.................... 110, 182

LayerContactSheet（Mergeカテゴリー）......249

LensDistortion（Tranformカテゴリー）.. 436, 447

LightWrap（Drawカテゴリー）............................215

Light（3D Classicカテゴリー）..............325, 345, 347

MergeGeo（3D Classicカテゴリー）..............380

MergeMaterial（3D Classicカテゴリー）......354

Merge（Mergeカテゴリー）...050, 068, 070, 132, 148

MotionBlur（Filterカテゴリー）..........................294

MultiTexture（3D Classicカテゴリー）...........466

NoOp（Otherカテゴリー）.......................... 298, 302

Normal（3D Classicカテゴリー）....................337

OCIOCDLTransform（OCIOカテゴリー）......517

OCIOColorSpace（OCIOカテゴリー）...........517

OCIODisplay（OCIOカテゴリー）....................517

OCIOFileTransform（OCIOカテゴリー）.......517

OCIOLogConvert（OCIOカテゴリー）...........517

OCIOLookTransform（OCIOカテゴリー）.....517

OCIONamedTransform（OCIOカテゴリー）517

Phong（3D Classicカテゴリー）......................327

PlanarTracker（Transformカテゴリー）... 100, 102

Point（3D Classicカテゴリー）..........................325

PositionToPoints（3D Classicカテゴリー）...475

Premult（Mergeカテゴリー）.............................

.... 055, 096, 132, 158, 169, 252, 254, 453

PreviewSurface（3Dカテゴリー）.....................387

Primatte（Keyerカテゴリー）...........................187

PrmanRender（3D Classicカテゴリー）ﾞ 325, 346

Project3DShader（3Dカテゴリー）.................413

Project3D（3D Classicカテゴリー）......... 404, 410

Ramp（Drawカテゴリー）.....................................085

RayRender（3D Classicカテゴリー）...... 325, 349

ReadGeo（3D Classicカテゴリー）...330, 403, 410

Read（Imageカテゴリー）....................048, 159, 330

Reflection（3D Classicカテゴリー）.................355

Reformat（Transformカテゴリー）....................

....108, 115, 122, 133, 147

ReLight（3D Classicカテゴリー）.....................462

Remove（Channelカテゴリー）................ 254, 271

Retime（Timeカテゴリー）........................... 139, 153

RotoPaint（Drawカテゴリー）...... 117, 220, 227, 231

Roto（Drawカテゴリー）....................................

...............................075, 096, 113, 129, 141, 177, 222

ScanlineRender（3D Classicカテゴリー）.........

.....................................323, 325, 329, 346, 347, 411, 478

ScanlineRender2（3Dカテゴリー）....................

....................................386, 394, 415, 442, 481

Scene（3D Classicカテゴリー）... 323, 329, 404, 446

Shuffle（Channelカテゴリー）...........................

...............................195, 249, 253, 256, 270, 292, 476

SmartVector（Timeカテゴリー）.......................294

SplineWarp（Transformカテゴリー）...............294

Spotlight（3D Classicカテゴリー）....................325

StickyNote（Otherカテゴリー）.......................058

Switch（Mergeカテゴリー）........................ 296, 303

Text（Drawカテゴリー）....................................288

Tracker（Transformカテゴリー） 091, 154, 171, 223

Transform（Transformカテゴリー）....................

.... 055, 135, 147, 294

Unpremult（Mergeカテゴリー）................ 251, 453

Upscale（機械学習ツール群）..............................260

UVTile（3D Classicカテゴリー）......................466

Viewer（Imageカテゴリー）................................062

Wireframe（3D Classicカテゴリー）.................340

WriteGeo（3D Classicカテゴリー）.................446

Write（Imageカテゴリー）........................... 061, 509

ZDefocus（Filterカテゴリー）...... 294, 431, 469, 459

索引

ショートカットキー

.キー	052
1キー	051, 062, 069
2キー	063
3キー	063
4キー	063
Alt+Eキー	286
Ctrl+Lキー	316
Ctrl+Shift+Aキー	074, 095
Dキー	051, 159, 160
Gキー	165
Jキー	066
Kキー	195
Lキー	058, 066
Mキー	050, 069
Oキー	075
Qキー	074, 089
Rキー	048, 059, 069
Shift+Xキー	051
Tキー	074
Tabキー	047, 313
Wキー	061
Yキー	051

数字・記号

$gui	294
.catファイル	275
.nukeの構成要素	532
.nukeフォルダー内のフォルダー	533
~removal	218
[root.format]	041
2DTracking	091, 100, 152, 223, 229
3D（ツールバー）	034
3Dカテゴリー（Node）	055, 060
3Dカメラトラッキング	432, 454
3Dコンポジット	310, 357
3Dコンポジットのインターフェース	313
3Dコンポジットのワークフロー	310
3Dシーンの作成	323
3D選択ツール	318
3Dノードグラフの作成	441
3Dビューアーの機能	315
3Dプロジェクションマッピング	396
3Dモードのキー操作	313
3Dワークスペース	016
3D Classicカテゴリー（Node）	055

3D Classicノード	323
3D Gaussian Splatting in Nuke	483
3D View Mode	316

A

Aインプット	050, 063
ACES2065-1	502
ACEScc	503
ACEScct	503
ACEScg	503
ACESproxy	503
aces_ocio_v1	521
aces_ocio_v2	525
ACES (The Academy Color Encoding System)	452, 502
Add expression...	295, 304
after (Retime)	154
AIR（ツールバー）	035
AIRカテゴリー（Node）	056
Alembicでのカメラインポート	343
Alembicインポート	333
algorithm (Primatte)	188
all frame (RotoPaint)	122
all (RotoPaint)	220
alpha (Grade)	194
AOVs設定	235, 243, 248
AOVsとは	238
AOVのFrom	255
AOVのPlus	255
AOVの個別調整	253
AOVの設定（Maya）	474
AP0	502
AP1	502, 503
Aperture Blades (Bokeh)	470
Aperture (Bokeh)	432
Apple ProResファイル	434
Arnoldの設定（Maya）	243, 246
Auto Alpha (Read)	159
Auto Tracksの設定項目	439
Auto-Compute (Primatte)	188
Autodesk standardSurface shader	383

B

Bインプット	050, 063
Bライン	022
Back Multiplier (Bokeh)	431

Back to Beauty	250, 252, 254, 257
Batch Size (CopyCat)	274
Beauty	234, 248, 250
Beautyカテゴリー	239
before (Retime)	154
Bezier (RotoPaint)	231
Bias (Light)	348
Blackpoint (Grade)	165
Blade Count (Bokeh)	471
Bloom (Bokeh)	472
brush (RotoPaint)	232
BT.601	493
BT.709	493, 499

C

Camera Motion (CameraTracker)	436
CaraVR (ツールバー)	035
CaraVRカテゴリー (Node)	057
Cardオブジェクトの作成	443
Cattery (ツールバー)	035
Catteryカテゴリー (Node)	057
Catteryフォルダー	537
center (Transform)	161
CGレンダリング	234
CG Compositing	234
C-green (IBKGizmo)	183
Channel (ツールバー)	034
Channelカテゴリー (Node)	054
Checkpoint interval (CopyCat)	274
Chromic Aberration (Bokeh)	472
CIE1931色度図	497, 498
Cinema Camera	501
Circular (Bokeh)	470
Classic 3Dシステム	358
Clean BG Noise (Primatte)	189
Clean FG Noise (Primatte)	189
CleanPlate	218
Clip Black (Keylight)	112
Clip White (Keylight)	115
clipped alpha (Light)	348
Clone (RotoPaint)	123, 220, 231
Color (ツールバー)	034
Colorカテゴリー (Node)	054
Color Management (Preferences)	045
Color Space	497
ColorspaceTransform (カラースペース変換)	521
Combine (DeepMerge)	421
config.ocio	514
config.ocioのフォーマット	518

Contact Sheet Interval (CopyCat)	274
contains (ApplyMaterial)	354
CopyCatの精度を上げる	277
CopyCatのフローチャート	266
Core Matte (keying)	187
Crate all in one node	333
Crate parents as separate nodes	334, 335
Crop Size (CopyCat)	274
Cryptomatte (IDs)	424
Cusped Rectangle (Roto)	158, 163
Cusp (Roto)	168

D

darks (IBKColour)	185
DCI-P3	500
Deblur (CopyCat)	273
Deep (ツールバー)	034
Deepカテゴリー (Node)	056
DeepEXRファイル	417
Defocused Image (Bokeh)	432
Delete UnSolved (CameraTracker)	438
Denoise (Keying)	178
Depth Channel (Bokeh)	431
Depth Generation (DepthGenerator)	457
DepthGenerator	454
Depth Limits (DepthGenerator)	457
Depth Output (DepthGenerator)	457
Despill	196, 197
Diffuse (LightWrap)	215, 236, 237
Dilate (Erode)	212
Direct Lighting	235
Display P3	500
divide (Unpremult)	251
doesn't contains (ApplyMaterial)	354
doesn't equals (ApplyMaterial)	354
Dope Sheet	083
Draw (ツールバー)	033
Drawカテゴリー (Node)	054

E

Edge Matte (keying)	181
Edit (メニュー)	031
Edit expression	290, 297, 300
Emission	238, 249
Eneble Occlusion Testing (3Dビューアー)	320
EOTF	495, 498
Epochs (CopyCat)	272
equals (ApplyMaterial)	353

erode (IBKColour) 186
error-max (CameraTracker) 440
error-min (CameraTracker) 439
ExponentTransform (カラースペース変換) 521
Expression 231, 285
ExpressionのTIPS 305
Expressionを使用したアニメーション 298
EXRファイル 243

F

FBXインポート 332
FBXデータのずれ 342
feather (Roto) 081, 169
file I/0 (Nuke default) 508
File (メニュー) 031
FileTransform (カラースペース変換) 521
Film Back Preset (CameraTracker) 436
Film Format (Bokeh) 432
Filter (ツールバー) 034
Filterカテゴリー (Node) 054
Flipbook (クリップ) 066
Floating Point Slider (ノブ) 298
Focal Distance Visualization (Bokeh) ... 432, 469
Focal Length (Bokeh) 432
Focal Length (Camera) 409
Focal Length (CameraTracker) 436
Focal Plane (Bokeh) 431
Foundryの公式チュートリアル 024
fps (Project Settings) 041, 043
frame range (Project Settings) 041, 043
Frame Separation (DepthGenerator) 457
from (CornerPin) 156
Front Multiplier (Bokeh) 431
full alpha (Light) 348
full frame (ピクセルアナライザー) 206
full size format (Project Settings) 041, 043
FurnaceCore (ツールバー) 035
FurnaceCoreカテゴリー (Node) 056

G

Gain (Grade) 165, 229
Gain (Viewer) 160
Gamma 495, 498
gamma (Grade) 194, 209, 229
Gamma (Viewer) 189
gamma2.2 499
gamma2.4 499
gamma2.6 500

gamut 497
Garbage Matte (Keying) 177
gaussian (Erode) 191
General (Preferences) 044
global font scale (Text) 291
Grain 178
green (IBKColour) 183
Groundの設定 441
GroundTruth (CopyCat) 269, 272
GroupTransform (カラースペース変換) 521
g_sup (HueCorrect) 197
GUI処理の無効化 294

H、I

Help (メニュー) 033
holdout (DeepMerge) 421
Hue 197
hue rotation (HueShift) 199
Human Matteing (CopyCat) 273
Human Matting Medium (CopyCat) 279
IDs (mask) カテゴリー 242
Ignore Mask (DepthGenerator) 457
Image (ツールバー) 033
Imageカテゴリー (Node) 053
Image State 492
Import Prim Path (Camera) 414
Indirect Lighting 235
Inference (CopyCat) 276
Initial Weights (CopyCat) 273
init.py 510, 533
Input (Bokeh) 470
Input (OCIO) 513
Input処理 (カラーマネジメント) 506
input range first (Retime) 139
input range last (Retime) 139
Intensity (LightWrap) 215
intermediate-referred 493
intersection (Merge) 070
invert (Keyer) 212
ISO22028-1 492

J、K、L

Justify (Text) 291
K (ケルビン) 498
keep (Remove) 254
Kernel Type (Bokeh) 470
Keyer (ツールバー) 034
Keyerカテゴリー (Node) 055

Keying 106, 110, 175
Knob 287
Knob Name 288, 293, 300
Lens Distortion (CameraTracker) 436
Life (RotoPaint) 119
Lift (Grade) 165
Lighting 234
lights (IBKColour) 185
Live Group (Project Settings) 043
Log 493
Logに変換 284
LookdevX (アプリ) 384
luminance Key (Keyer) 107

M

Manage User Knobs... .... 298, 300, 301, 303
mask (Merge) 168, 192
Maskの作成 075
match-move 096
Material ID (IDs) 424
Max Error (CameraTracker) 440
Max Track Error (CameraTracker) 439
Maya 234
MayaでのDeepEXRファイルの出力オプション 418
MayaのUSDファイル出力 384
menu.py 533
Merge (ツールバー) 034
Mergeカテゴリー (Node) 055
Mergeノードの合成方法の一覧 070
Mergeノードの設定 070
Merge Mode (GeoMerge) 380
MetaData (ツールバー) 035
MetaDataカテゴリー (Node) 056
metadata from (Merge) 070
Min Length (CameraTracker) 439
mix (Grade) 150, 172
mix luminance (HueShift) 200
Model size (CopyCat) 274
motionblur (Transform) 150
MP4ファイル 434
multiply (Grade) 208 209

N

negative-referred 493
No animation (Tracker) 104
No animation on all knobs (Tracker) 104
Node...047
NodePresetsフォルダー 534

Nuke 019
Nukeとは 016
NukeのUSDレイヤー 361
Nukeの画面構成 030
Nukeのカラーマネージメントの実装 508
Nukeのカラーマネージメントの流れ 506
Nukeの環境設定 532
Nukeの製品ラインナップ 018
Nukeの特徴 016
Nuke Assist 020
Nuke default (カラーマネジメント) 508
Nuke defaultのInput Process 511
Nuke defaultのViewer Process 510
nuke.executing() 294, 297
Nuke Indie 020
Nuke Non-commercial...020
Nukepedia 024
nuke scriptの構成 529
nuke scriptの使い方 528
Nuke Studio 020
NukeX 019

O

Object ID (IDs) 424
OBJインポート 330
OCIO configのカスタマイズ 521
OCIOのワークフロー 512
OCIO設定 (Preference) 514
OETF..498
OFX Gaussian Splatting Plugin for Nukeプラグ
イン 484
OFXプラグイン 487
opacity (Roto) 081
OpenColorIO (OCIO) 512
OpenColorIOのconfigのカスタマイズ................518
OpenColorIOの中身...518
OpenEXRファイル..452
Optical Artifacts (Bokeh) 471
Optimize for Speed and Memory (Inference) ...
....276
Optimize for Speed and Memory (Upscale) 261
Other (ツールバー) 035
Otherカテゴリー (Node) 056, 058
Output (OCIO) 513
Output処理 (カラーマネジメント) 507
output-referred...493
Output-sRGB (Read) 453
over (Merge) 070

P

Particleカテゴリー (Node) 056
Particles (ツールバー) 034
patch black (IBKColour) 186
Pexels (ダウンロードサイト) 028
Photoshopによる写真の加工 396
Pick (Grade) 165
plus (DeepMerge) 421
plus (Merge) 071
PLYデータ 485, 489
PositionToPoints 473
Postshot (アプリ) 484
Preferences (メニュー) 044
Primatte RT+ (Primatte) 188
Prim Path 370
Process (OCIO) 513
Process処理 (カラーマネジメント) 506
Project Setting OCIO 515
Project Settings 041
Propertiesタブ (Transform) 074
proxy mode (Project Settings) 043
Pulldown Choice (NoOp) 303
Python..017, 298

R

range (Keyer) 212
range from (Merge) 070
Real World Lens Simulation (Bokeh) 431
RealityCapture (アプリ) 484
Rec.1886 499
Rec.2020 501
Rec.2100 501
Rec.709 499
reformat (Crop) 281
reformatオプション (Crop) 102
render mode (Project Settings)...........043
resize type (Reformat) 134
Reveal (RotoPaint) 123
RMS Errorの調整 438
Rootタブ (Project Settings) 042
RotoPaint用メニュー 118

S

Samples (Light).....................................349
Scene Graph 314
Scene Graphの詳細 366
screen (Merge) 190

T

TCL 287
Textノードを使用した情報の表示 288
Tile Size (Upscale) 261
Time (ツールバー)...................................033
Timeカテゴリー (Node)..........................054
to (CornerPin) 156
ToolSets (ツールバー) 035
ToolSetsカテゴリー (Node)...................056
ToolSetsフォルダー 534, 536
track len-min (CameraTracker) 439
track to end (Tracker) 155
Trackポイント 223
Trackingデータ 230
Transform (ツールバー) 034
Transformカテゴリー (Node) 055
Transmission 237
Tuning (Keylight) 182

U

UDIMインポート 466

Screen (右列上部)

Screen Balance (Keylight) 112
Screen Colour (Keylight) 111
Screen Gain (Keylight) 112
Screen Matte (Keylight) 112, 182
Screen Softness (Keylight) 115
sequences (オプション) 060
Set key (キーフレーム) 148
Set to input (CornerPin) 156
Shading 236
size (Blur) 193
size (Erode) 191, 213
size (IBKColour) 185, 186
size (IBKGizmo) 185
Slope Bias (Light) 349
Sloveの計算...437
Smooth Point (Roto) 077
solid (Light) 348
Specular 236, 237
Split Vertical (Grade) 206
sRGB 493, 499
ST.2065 502
stabilize (Tracker) 096
stochastic sample (RayRender) 350
Subsurface Scattering 238
Surface Normal (DepthGenerator) 457
Surface Point (DepthGenerator) 457

索引

562

UDIMテクスチャ 464
UDIMワークフロー 467
union（Merge）...................................... 070
Upscale.. 260
Upscale（CopyCat）................................ 273
Upscale使用上の注意 264
USD（Universal Scene Description）... 357, 358, 359
USDインポート 337
USDオブジェクトをインポート 364
USDシーンの作成 361
USDステージ 360
USDでのカメラインポート 343
USDネイティブデータ 384
USDプリム.. 359
USDレイヤー 360
Use Ap Axis（GeoInport）.................... 365
Use GPU if avalable（Upscale）.......... 261, 272
Use Multi-Resolution Training（CopyCat）..... 274
Use Specular Workflow（PreviewSurface）...391
Utilitiesカテゴリー.................................. 240
UVタイル 464

V

Videezy（ダウンロードサイト）............ 028
Viewer 313
Viewer画面のショートカット 065
Viewer画面の操作 063
Viewer上の見た目の変更 065
Viewer処理（カラーマネジメント）...... 507
Viewer Information Bar 317
Viewer Select Mode（3Dビューアー）.... 322
Views（ツールバー）.............................. 035
Viewsカテゴリー（Node）...................... 056

W、X、Y、Z

Whitepoint（Grade）.............................. 165
white point 498
wipe（オプション）................................ 064
Workspace（メニュー）.......................... 032
Workspacesフォルダー 535
World Scale（Bokeh）............................ 432
World Scale Multiplier（Bokeh）.......... 432
Xform（選択フィルタ）.......................... 321
YAMLフォーマット 518
Zdepth 459

あ行

アウトプット（Node）............................ 049
アウトプット・リファード.................... 493
アウトプット・リファードでのワークフロー ... 495
アセンブリ（選択フィルタ）................ 320
新しい3Dシステム 357, 358
新しい3Dノード（BETA）.................... 323
アップスケール 260
アニメーションカメラの作成 408
アニメーションキー 104
アルファチャンネル 049, 071, 075, 131, 181
アルファ残りの除外や軽減 192
色味の調整 206
イメージステート 492
色温度 498
色空間 497
色の調整 198
色の馴染ませ作業 204
色のピック 165, 197
色の平均値 170
色味 205
インターフェースのカスタマイズ 537
インターミディエイト・リファード...... 493
インタラクティブ3Dカメラビューモード 316, 326
インプット（Node）.............................. 049
エクスプレッション................................ 285
エクスプレッションの削除 295
エッジマット 181
エッジをぼかす 081
オートキー 083
オートセーブ 044
オーバーライド 369
オブジェクト表示プロパティ 328
親子関係によるコントロール 285
親子関係のリンクの作成........................ 304

か行

ガウシアンデータ 485
ガウス分布 484
拡散反射 236, 238
学習時間 275
学習済みの機械学習モデル 537
学習の設定 272, 273
学習モデルの生成 272
学習モデルの反映 276
影を落とす 346
画像の焦点距離 428
カーブエディタ 038
ガベージマット 177, 192

563

索引

カメラトラッキング	434
カメラのインポート	337
カラーコレクション	164, 196, 204
カラースペース	284, 492, 497
カラーチャンネル	181, 196
カラーホイール（Constant）	089
カラーホイール（RotoPaint）	119
カラーマネージメント設定	045
カレントフレーム	141
間接照明	235
キーの打ち方	144, 145
キーイング	106, 110
キーイングのワークフロー	176
機械学習	265
キーの削除	084
キーフレーム	084, 268, 278
キーフレームアニメーション	140
キーフレームの間隔	142
キャッシュ	066
教師あり学習	265
兄弟（選択フィルタ）	322
鏡面反射	236, 238, 355
グラデーション（Ramp）	087
クリップの再生	066
グリーンバック	110, 196
グループ（選択フィルタ）	321
グレイン	178
グレインの扱い	023
クローンブラシ（RotoPaint）	121
計算式（Expression）	287
検索領域ボックス（Tracker）	094
コアマット	181, 187
高解像度化	260
合成作業	021
異なる解像度の合成	132
コントラスト	205
コントラストを合わせる	209
コントローラー	064
コンポジットとは	021
コンポーネント（選択フィルタ）	321

さ行

サブコンポーネント（選択フィルタ）	321
サブサーフェス散乱	238
サンプリング	179
シーングラフ	314
色域	497
色相	197
色相の調整	207

ショートカット	048
ショートカットキー一覧	552
照明環境	204
ショット	041
深度情報	459
深度データ	416
深度マップ	326, 454
シーン内の整理	058
シーンの解像度	041
シーンの作成	059
シーンの尺	041
シーンのプレビュー	062
シーンの保存	059
シーンの読み込み	059
人物以外のマスクの作成	212
人物のマスク	110
シーンにリアとは	492
シーンリニア・ワークフローとは	496
シーンリファード	493
数式（Expression）	287
スコープ（選択フィルタ）	321
スタビライズ	091
ストレートアルファ	072
スーパーホワイト	284
スピル	196
スペキュラーワークフロー	391
スポイト	165
スポイト機能（RotoPaint）	119
生成塗りつぶし（Photoshop）	397
精度の低いトラッカーの削除	440
接続関係の反転	051
前景	050
選択フィルタ（3Dビューアー）	320
素材のクロップ	280
素材の読み込み	059
ソリッド（表示）	329

た行

タイムライン	083
足し算のオペレーション	248
チッカー画像	132
チャンネルの削除	271
直接照明	235
チルドレン（選択フィルタ）	321
ツールバー	033, 047
ツールバー（Tracker）	093
ツールバーメニュー（Roto）	081
ディスプレイ特性	495
ディープイメージの設定	417

ディープコンポジット 018, 416	パラメーターのリンク 285
ディープデータ 416	バレ消し 218
テクスチャ（表示） 329	反射の再現 166
テクスチャの接続（PreviewSurface） 392	バレ消しのコツ 221
デスピル 196, 197	ピクセルアナライザー 206
データのインポート 329	日付の表示 289
デノイズ 178	ビューアー 035
デノイズ処理 023	ビューアー上での調整 326
点群データ 493, 485	ビューアーのアイコン 036, 037
透過 237	ファイルの書き出し 061
動画の解析 095	ファイルパス 370
動画の撮影 433	プリファレンス設定 044, 545
動画のブレの解消 098	プリマルチプライでの合成方法 072
動体のバレ消し 226	プリム（プリミティブ） 359
透明度（Roto） 081	プリムのアクティブステータス 368
ドープシート 038	プリムの可視性 368
トラッキングアンカー（Tracker） 094	プリムの複製 371
トラッカーの作成と設定 093	プリムパス 370
トラッキング機能 017	ブルーバック 110
トラッキングの精度 437	フレームの補間 140, 142
トラッキングポイント 098	フレームレート 041
トランスファーカーブ 498	ブレンドモード（Roto） 080
	プロキシモード 043
	プロジェクト設定 041
	プロジェクトのディレクトリ 042

な行

ノードグラフ 038, 048	プロジェクトの保存先 042
ノードグラフ内の操作 057	プロパティ 039
ノードにノブの情報を表示 287	ペアレント（選択フィルタ） 321
ノードのカテゴリー 053	ペイロード管理 368, 371
ノードのカラー 057	ベジェアイコン（Roto） 077
ノードの作成 047, 049	ベジェカーブ（RotoPaint） 121
ノードの種類 053	ベジェ曲線の操作 077, 078, 079
ノードの整列 058	法線情報 460
ノードの接続 050	ホールドアウト処理 416
ノードの配置レイアウト 051	本書のダウンロードデータ 028
ノードの無効化 051	
ノードの有効化 051	
ノードベース 016, 022	
ノブ 287	

ま行

	マスク（Node） 049
	マスク（静止画） 128

は行

背景 050	マスク（動画） 138
バウンディングボックス 070, 132	マスクのアニメーション 083
白色点 498	マスクの色分け 130
パス置換 044	マスクの作成 075, 086
パスノブ 372	マスクの調整（Keyer） 108
パターンボックス（Tracker） 094	マスクの頂点 131
発光 238	マスクの反転 161
パッチ画像 219	マスクノブ 372, 374, 394
	マスクの複製 161
	マスクの輪郭の調整 137

マスクを分ける	130
マッチムーブ	096
マットの合体	190
マットの作成	181
マテリアル（選択フィルタ）	321, 322
マテリアル設定	350
マテリアルユーザー（選択フィルタ）	322
マルチチャンネル（Maya）	243
マルチチャネル画像処理	017
メタリックワークフロー	391
メッシュ（選択フィルタ）	321
メニューバー	031
メモ機能	058
モデル（選択フィルタ）	321
モニタ出力	504

や行、ら行

汚れの再現	166
ライティング	204
ライトのインポート	343
ライト要素（Maya）	246
リニアライズ	504
リファレンスフレーム	092
輪郭	205
輪郭のラインをなくす	210
リンクによるコントロール	285
ルミナンスキー（キーイング）	211
レイトレーシング	346
レベル補正	172
レンダーパス	239
連番素材	060
ワイヤーフレーム（表示）	329
ワークスペースの切り替え	314

澤田 友明（さわだ ともあき）

Part 5／Part 4（1章）

STAR WARSシリーズをはじめ様々なエンターテイメント映像制作や、インダストリアルデザインのビジュアライゼーション制作に関わり、主にレンダリング関連の造詣を深め多くのセミナーを行う。
最近では専門学校非常勤講師、CGWORLDの記事執筆やアドバイザリーボードの一員としてCG業界に情報発信している。

コロッサススタジオ所属　New Area Section / Lead Artist

田原秀祐（たはら しゅうすけ）

Part 3／Part 4（2章）／Part 1（1章、2章、3章）／Appendix（2章、3章）

CG制作会社にてコンポジッターとして8年ほど勤務し、実写映画・ドラマ・劇場版アニメーションなど様々な作品のコンポジットを経験。現在は日本電子専門学校CG映像制作科にてVFXの授業で教鞭をとっている。

X：@THT_av

野口 智美（のぐち ともみ）

Part 2／Part 1（4章、5章、6章、7章、8章）／Appendix（4章）

アニメ、ゲーム、TV番組等の3DCG制作に携わりCGデザイナーとして20年程を経て、現在は日本電子専門学校、コンピュータグラフィックス研究科の教員として勤務。

吉沢康晴（よしざわ やすはる）

Part 6

compositor／マーザ・アニメーションプラネット株式会社
ビデオ編集マンとしてキャリアをスタートしTVドラマ、CMなどの合成・編集を担当。その後、SCEI、スクエアUSA、などでfullCGアニメーション作品をメインとしたcompositorとして働き、2010年よりマーザへ加わり現在に至る。

菅原 ふみ（すがわら ふみ）

Part 0（1章、2章）／Part 3（7章）／Part 4（3章）／Appendix（1章）

VFXアーティスト／コンポジター
ジェネラリストとしてキャリアをスタートし、モデリング、ライティング、レンダリングなど幅広い工程を経験した後、コンポジターに転身。国内外のスタジオで映画、CM、アニメーションなどの制作に携わり、Nukeを中心にコンポジットワークに従事している。

■Special Thanks
　Part 3（7章）モデル制作：木村 卓

■カバー・本文デザイン・DTP：辻 憲二

業界標準のコンポジット＆ VFX ソフトウェア

Nuke 教科書

2025 年 3 月 25 日　初版第 1 刷発行

著者	澤田 友明、田原 秀祐、野口 智美、吉沢 康晴、菅原 ふみ
発行人	新 和也
編集	佐藤 英一
発行	株式会社ボーンデジタル

　　　　〒 102 － 0074
　　　　東京都千代田区九段南 1 丁目 5 番 5 号 九段サウスサイドスクエア
　　　　Tel：03-5215-8671　　Fax：03-5215-8667
　　　　https://www.borndigital.co.jp/book/
　　　　お問い合わせ先：https://www.borndigital.co.jp/contact

印刷・製本 シナノ書籍印刷株式会社

978-4-86246-629-7
Printed in Japan

Copyright©2025 Tomoaki Sawada, Shusuke Tahara, Tomomi Noguchi,
Yasuharu YOSHIZAWA, Fumi Sugawara

All rights reserved.

価格はカバーに記載されています。乱丁、落丁等がある場合はお取り替えいたします。
本書の内容を無断で転記、転載、複製することを禁じます。